科学出版社“十四五”普通高等教育本科规划教材
普通高等教育农业农村部“十四五”规划教材

# 昆虫研究方法
## （第二版）

赵惠燕　胡祖庆　主编

科学出版社
北京

## 内 容 简 介

本书在介绍经典昆虫研究方法的基础上，增加了近年发展起来的应用较普遍的昆虫学实验研究新理论、新技术、新方法，力求内容精练和可操作性强。全书十六章可分为四部分，从不同角度描述昆虫研究方法。第一部分由第一章至第七章组成，论述定性、定量的基本昆虫研究方法，即观察设备与种类鉴定方法；昆虫形态学研究方法（包括 3D 打印技术）；昆虫采集、生态学调查、数据处理方法（包括大尺度生态学调查和数据处理方法）；昆虫生存环境的测量与控制方法；昆虫分子生物学基础研究方法等。第二部分由第八章至第十二章组成，讲述活体昆虫的实验研究方法（包括两性生命表研究技术、刺探电位技术和昆虫雷达技术）。第三部分由第十三章和第十四章组成，介绍昆虫共生菌和群落及系统研究方法（包括近年发展起来的时空替代技术、FACE 技术等）。第四部分由第十五章和第十六章组成，介绍昆虫信息学方法及昆虫学科技论文写作规范。

本书可作为高等院校植保、生物、农学、医学等相关专业的本科生教材，也可供相关领域的研究生、教师、科研人员及昆虫爱好者参考使用。

**图书在版编目（CIP）数据**

昆虫研究方法 / 赵惠燕，胡祖庆主编. —2 版. —北京：科学出版社，2021.11

科学出版社“十四五”普通高等教育本科规划教材　普通高等教育农业农村部“十四五”规划教材

ISBN 978-7-03-070042-1

Ⅰ. ①昆…　Ⅱ. ①赵…　②胡…　Ⅲ. ①昆虫学-研究方法-高等学校-教材　Ⅳ. ①Q96-3

中国版本图书馆 CIP 数据核字（2021）第 206633 号

责任编辑：张静秋　赵萌萌 / 责任校对：郑金红
责任印制：吴兆东 / 封面设计：蓝正设计

科学出版社 出版
北京东黄城根北街 16 号
邮政编码：100717
http://www.sciencep.com

北京华宇信诺印刷有限公司印刷
科学出版社发行　各地新华书店经销

*

2010 年 5 月第 一 版　开本：787×1092　1/16
2021 年 11 月第 二 版　印张：19 3/4
2024 年 8 月第十七次印刷　字数：520 000

**定价：69.80 元**

（如有印装质量问题，我社负责调换）

# 《昆虫研究方法》（第二版）
# 编写委员会


**主　编**　赵惠燕　胡祖庆

**副主编**　朱　芬　李　锐　张志勇　王进军

**编　委**（以姓氏笔画为序）

王　怡（山西农业大学）
王进军（西南大学）
王春平（河南科技大学）
孔维娜（山西农业大学）
史彩华（长江大学）
代　美（西北农林科技大学）
朱　芬（华中农业大学）
刘志萍（西南大学）
杜　超（包头师范学院）
李　锐（山西农业大学）
李　嘉（沈阳农业大学）
李为争（河南农业大学）
李先伟（山西农业大学）
张志伟（山西农业大学）
张志勇（北京农学院）
陈珍珍（山东农业大学）
尚素琴（甘肃农业大学）
罗　坤（延安大学）
罗　晨（西北农林科技大学）
赵惠燕（西北农林科技大学）
胡祖庆（西北农林科技大学）
胡想顺（西北农林科技大学）
侯有明（福建农林大学）
洪　波（陕西省生物农业研究所）
郭洪刚（北京农学院）

**审　稿**　尤民生（福建农林大学）

# 第二版前言

科学的发展离不开研究方法和技术的进步。《昆虫研究方法》第一版自2010年5月由科学出版社出版以来，得到了广大读者的厚爱。十年来，昆虫学研究方法飞速发展，昆虫分子生物学技术、昆虫信息技术、昆虫化学通讯技术、宏观生态学研究技术等在昆虫学研究中的发展和应用，对昆虫学的发展起到了重要的推动作用。教育、科技、人才是全面建设社会主义现代化国家的基础性、战略性支撑，“十四五”期间，国家对人才培养的需求也发生了巨大的变化。为了坚持为党育人、为国育才，全面提高人才自主培养质量，本书的再版迫在眉睫。

本次再版增加了近20种新方法/技术，例如，数字绘图技术、3D打印技术、昆虫种类分子鉴定及系统学研究方法、昆虫标本数据库建立方法、大尺度宏观调查取样方法、昆虫分子生物学基础研究方法与技术、年龄-龄期两性生命表研究技术、昆虫化学通讯研究方法、共生菌与昆虫营养关系及共生菌生态功能研究技术、昆虫雷达的应用技术与新进展、时空替代和FACE等群落与生态系统研究技术、种群历史动态研究方法等。本书还配备了大量数字资源和拓展内容，可扫描书中二维码查看，便于读者学习和应用。

本书共分十六章，由西北农林科技大学赵惠燕、胡祖庆主编，华中农业大学朱芬，山西农业大学李锐、李先伟、张志伟、王怡、孔维娜，西南大学王进军、刘志萍，北京农学院张志勇、郭洪刚，西北农林科技大学胡想顺、罗晨、代美，福建农林大学侯有明，山东农业大学陈珍珍，沈阳农业大学李嘉，河南农业大学李为争，甘肃农业大学尚素琴，河南科技大学王春平，延安大学罗坤，长江大学史彩华，包头师范学院杜超，陕西省生物农业研究所洪波等老师参加编写，福建农林大学尤民生老师审稿。书中不少内容是编者实践经验的总结。在此，感谢各位编写人员的辛苦付出。同时，也感谢科学出版社张静秋女士，她在本书的申请、编辑、出版过程中，付出了大量的心血。此外，还要感谢西北农林科技大学教务处张应辉、植物保护学院江淑平女士对本教材的大力支持和帮助。

由于编者水平有限，书中疏漏之处在所难免，敬请相关专家和同行批评指正。同时也希望青年学生、植物保护工作者、昆虫学研究工作者和昆虫爱好者提出宝贵建议。

编　者

2021年7月于陕西杨凌

# 第一版前言

科学发展离不开方法和技术的进步。基于这种思想，1980年汪世泽教授主编了《农业昆虫学实验研究方法》，这是我国第一本关于昆虫研究方法的专著。他从昆虫学研究实用角度概要地介绍了农业昆虫学研究的基本方法。该书出版以后，得到广大读者的青睐，咨询问题、索要该书者络绎不绝。基于此，1993年汪世泽教授重新编写了《昆虫研究法》一书，该书根据读者的要求，从昆虫的观察方法与设备、昆虫的形态学与组织学方法、野外采集、种群数量估测等方法，昆虫活体的试验研究方法，以及昆虫学田间实验方法三个方面进行了改进，为昆虫学研究提供了技术指导。

随着科学的发展，昆虫学研究取得了长足进步，其中新方法、新技术功不可没。昆虫刺探电位技术、昆虫雷达技术、昆虫嗅觉技术、触角电位技术等在昆虫学研究中得到广泛的应用，对昆虫学发展起到了重要的推动作用。

每当我从国外合作研究返校后向汪世泽教授汇报工作时，他总是语重心长地教导和鼓励我，要将先进的科学研究方法进行总结并向国内学者传播，促进科学研究和本科教学中实验教学和技能的发展。同时，我在美国合作研究期间，Larry Pedigo 教授赠送我一本他编写的 *Entomology and Pest Management*，其中有关昆虫学研究方法在我的教学和研究中得到了广泛应用。另外，近几年不少大学为本科生开设昆虫研究法课程，因此当科学出版社邀请我主编《昆虫研究方法》时，我欣然同意，一方面为完成汪先生的遗愿，另一方面总结、创新、扩大新技术，为昆虫学本科教学贡献力量。

当我邀请华中农业大学雷朝亮教授等参加编写时，他们非常高兴，并予以大力支持。一方面他们当中有的曾参与了汪世泽教授主编的《昆虫研究法》的编写，有的正在讲授这门课程；另一方面这也是本科教学的迫切需要。在此，感谢各位编写人员的辛勤编写。同时，也感谢科学出版社的甄文全博士，从本书的申请到一稿、二稿的审校，再到参加本书的编审会，每个章节逐字逐句地修改，付出了大量的心血。

本书共13章，由赵惠燕主编，华中农业大学雷朝亮、朱芬，西北农林科技大学李新岗、胡想顺、胡祖庆、代美，西南农业大学王进军、刘志萍，山西农业大学李生才、李锐、马瑞燕，福建农林大学侯有明，北京农学院张志勇等同志参加编写。书中不少内容是编者实践经验的总结。由于本书是重点面向大学本科生的教材，因此有关昆虫分子生物学研究方法、昆虫化学生态学研究方法、昆虫毒理学研究方法等不在本书的编写范畴。

由于编者水平有限，错误难免，敬请相关专家和同行斧正。同时也希望青年学生、植物保护工作者、昆虫学研究工作者和昆虫爱好者提出宝贵意见和建议。

赵惠燕

2010年元月于杨凌

# 目　　录

# 第一章　昆虫观察设备与使用方法

**【内容提要】**本章介绍了昆虫的观察设备——显微镜，重点介绍常用的实体显微镜的原理和使用方法等。

**【学习目标】**系统了解昆虫的主要观察设备。

**【基本要求】**了解昆虫的观察设备——显微镜及其类型，掌握实体显微镜的原理和使用方法，并能根据不同的目的，选择不同类型的显微镜。

世界上第一台显微镜是由荷兰眼镜商 Zacharias Jansen 于 1590 年发明，它的出现极大扩展了人类肉眼的观察范围，使科技一举进入了微观领域。随着科技的不断发展，显微镜的性能也得到极大提升，使人们可以观察到更为微观的世界。观察和研究昆虫等生物的显微结构和超微结构时，显微镜是必备且重要的仪器。

## 第一节　显微镜的类型

显微镜种类繁多，一般可分为光学显微镜和非光学显微镜两大类，其中光学显微镜使用最多、应用范围最广泛。显微镜根据不同的分类方式可分为以下几种类型。

- 显微镜
  - 光学显微镜
    - 可见光显微镜
      - 按照明技术分
        - 普通光学显微镜
        - 暗视野显微镜
        - 荧光显微镜
      - 按成像技术分
        - 相差光学显微镜
        - 干涉相差显微镜
        - 偏光显微镜
      - 按镜体结构分
        - 倒置显微镜
        - 实体显微镜
        - 比较显微镜
      - 按应用范围分
        - 教学显微镜
        - 研究显微镜
        - 大型万能显微镜
    - 不可见光显微镜
      - 紫外光显微镜
      - 红外光显微镜
      - X射线显微镜
  - 非光学显微镜
    - 电子显微镜
    - 超声波显微镜

### 一、可见光显微镜

可见光显微镜是指利用光谱的可见光部分（380～760nm 波长）成像的显微镜，它根据照明技术、成像技术和镜体结构的不同又可分为以下几种。

## （一）普通光学显微镜

普通光学显微镜是显微镜中最基本、最普遍的类型。其他各种类型的特种显微镜都是由它演变而来，或者只要在这种显微镜上附加或更换特殊的附件就可以变为其他类型的显微镜。普通光学显微镜分辨率很高，广泛应用于生物学、医学、药物学、细菌学、组织学及胚胎学的研究。

普通光学显微镜由机械装置和光学系统两部分组成（图 1-1A）：机械装置包括镜座、镜臂、载物台、镜筒、镜头转换器和调焦螺旋等；光学系统包括物镜、目镜、聚光器、可变光阑、反光镜和光源等。

普通光学显微镜是将被检物体置于聚光器和物镜之间，平行的光线自反射镜折入聚光器，光线经过聚光器穿过透明的物体进入物镜后，即在目镜的焦点平面上（光阑部位或附近）形成一个初生倒置的实像。从初生实像射过来的光线，经过目镜的接目透镜而达到眼球。这时的光线已变成或接近平行光，再透过眼球的晶状体时，便在视网膜后形成一个正立的实像（图 1-1B）。

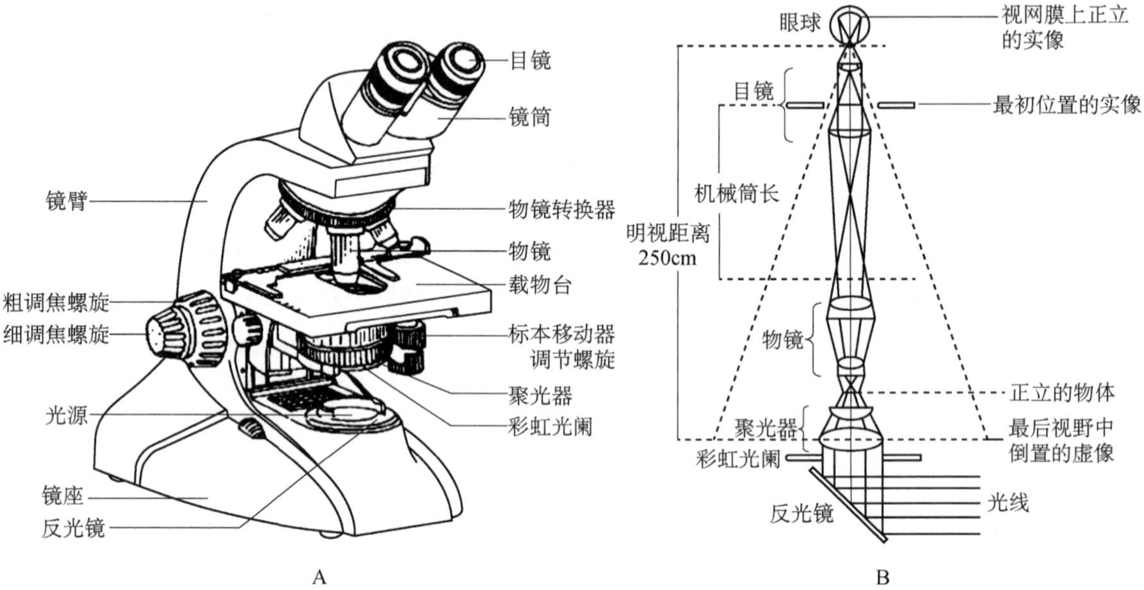


图 1-1　普通光学显微镜的构造（A）与成像原理（B）
（A. 仿黄诗笺等，2001；B. 仿刘国生，2007）

## （二）暗视野显微镜

暗视野显微镜是在普通光学显微镜的基础上换装暗视野聚光镜，以丁达尔（Tyndall）效应[①]原理为基础，使照射样本表面的光线不能直接进入物镜和目镜，而是样本表面散射的光线进入物镜，因此整个视野为黑暗的背景，样本则因斜射照明而被照亮（图 1-2A），操作者能够观察到样本明亮的外貌及运动状况，但看不清样本内部的细微结构，其分辨率可达 4～200nm，为普通光学显微镜的 100 倍，所以，这种显微镜又叫超显微镜。暗视野显微镜要求载玻片厚度为 0.7～1.7mm。

① 丁达尔效应：当一束光线透过黑暗的房间，从垂直于入射光的方向可以观察到空气里出现的一条光亮的灰尘“通路”，这种现象即丁达尔效应

暗视野显微镜广泛应用于生物学研究，用来观察活的标本及明视野所看不到的微小颗粒，通常不用来观察染色的组织切片。

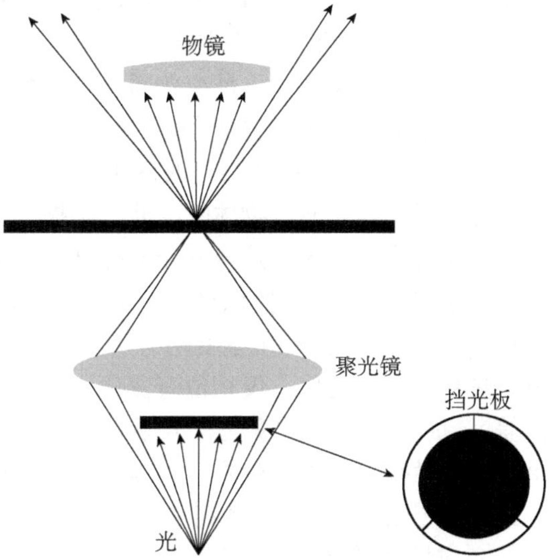


A

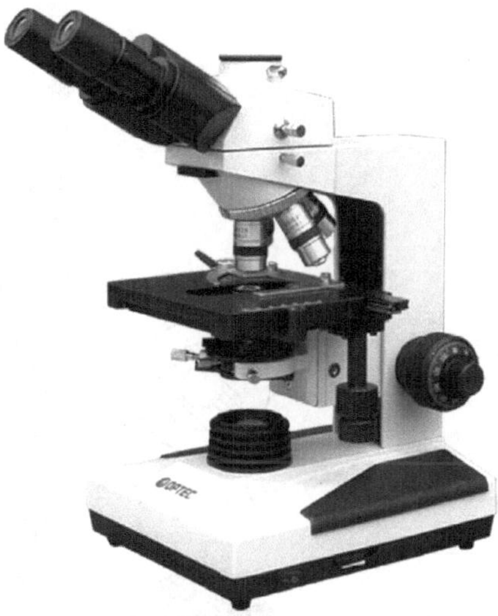

B

图 1-2 暗视野照明方式（A）和 BH300 暗视野显微镜（B）
（A. 仿潘大仁，2007）

## （三）荧光显微镜

有些标本的某些特异性物质受到较短波长的光（如紫外光）激发后，会产生波长较长的荧光，这种通过观察荧光来研究标本的特异性物质成分或结构的显微镜为荧光显微镜（图 1-3）。

荧光显微镜的光源为紫外光，是在普通光学显微镜的基础上，加上一些附件（如激发滤片和阻断滤片等）构成。激发滤片一般有紫外、紫色、蓝色和绿色等种类，其作用是只允许一定波长的激发光透过并照射到标本上，而将其他光都吸收掉。阻断滤片加在物镜后面：一是吸收和阻挡激发光进入目镜，以免干扰荧光和损伤眼睛；二是选择并让特异的荧光透过，表现专一的荧光色彩。这两种滤光片须配合使用。

荧光显微镜光源波长较短，分辨率高于普通光学显微镜，在生物学和医学中有着广泛的用途，可用于所有含可发荧光物质的细胞结构、细胞器、元素、特异性蛋白质、核酸等生物大分子的定性、定位研究。例如，免疫荧光技术以荧光素作为标记物，与已知的抗体结合形成复合物，再通过抗原抗体结合来检测细胞或组织切片中抗原的分布。

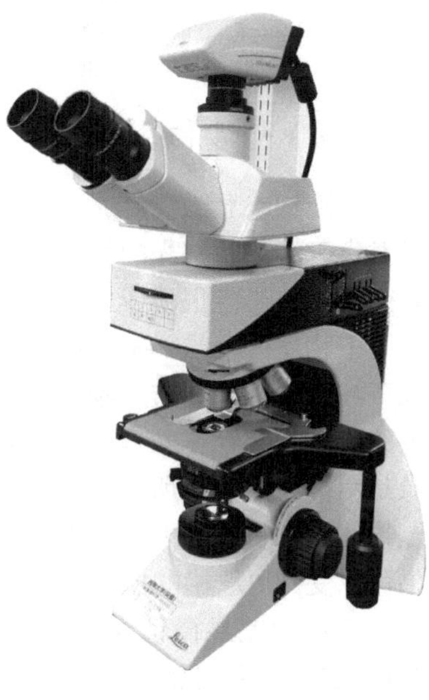

图 1-3 Leica DM2000 荧光显微镜

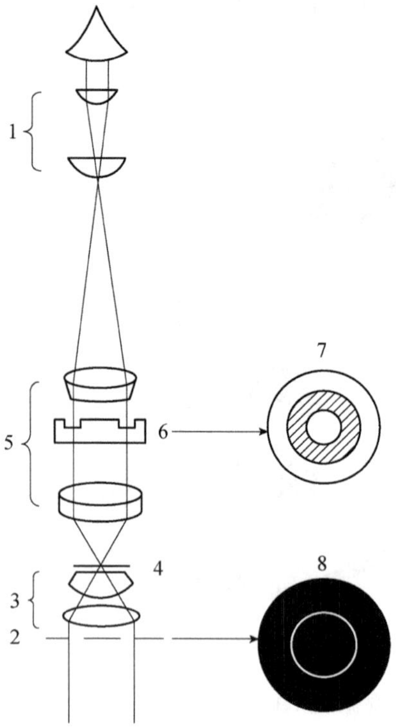


图 1-4 相差光学显微镜成像图解
（仿刘国生，2007）
1. 目镜；2. 环状光阑；3. 聚光器；
4. 载物台；5. 透镜；6. 相板；
7. 相板剖面图；8. 环状光阑剖面图

## （四）相差光学显微镜

相差光学显微镜是由荷兰物理学家 Zernike 于 1935 年发明的，他因此获得 1953 年诺贝尔物理奖。相差光学显微镜与普通光学显微镜基本相同，只是在普通光学显微镜上附加了环状光阑和相板等相差滤光装置。光波有振幅（亮度）、波长（颜色）及相位（指在某一时间上光的波动所能达到的位置）的不同。当光通过物体时，波长和振幅发生变化，人的眼睛才能观察到，这就是普通光学显微镜下能够观察到染色标本的原理。而活细胞和未经染色的生物标本，因细胞各部位微细结构的折射率和厚度略有不同，光波通过时，波长和振幅并不发生变化，仅相位有变化（相位发生的差异即相位差），而这种微小的变化，人眼是无法鉴别的，所以在普通光学显微镜下难以观察到。相差光学显微镜能够改变直射光或衍射光的相位，并且利用光的衍射和干涉现象，把相位差变成振幅差（明暗差），同时它还吸收部分直射光，以增大其明暗的反差，使不经过染色难以看见的结构变得清晰可见，成像原理见图 1-4。相差光学显微镜需用水作封载剂并加盖玻片。载玻片和盖玻片厚度分别为 1.0～1.2mm 和 0.17～0.18mm，清洁无损。

相差光学显微镜主要用于观察未染色的活细胞，能清楚地分辨细胞的形态、细胞核、核仁及胞质中的颗粒结构，也可用于观察固定材料。

## （五）干涉相差显微镜

干涉相差显微镜使通过标本的光线和通过标本之外的光线发生干涉，并把光的相位变化转变为振幅变化，从而可以观察染色、染色很淡或未染色物体的细微结构，并能测定标本中干物质的含量。干涉相差显微镜与相差光学显微镜都是以干涉为基础，使透明标本产生高的反差，然而在干涉像产生的方法上却存在着本质的不同：在相差光学显微镜中干涉像是用衍射的方法所产生的；而在干涉相差显微镜中是用通过物体内和物体外两束光干涉的方法产生的，因此干涉的效果可以受到更严格的控制。

干涉相差显微镜现在还未能得到如相差光学显微镜那样广泛的应用，除了因为昂贵的价格以外，其仪器的安装和调节也比相差光学显微镜更加复杂。

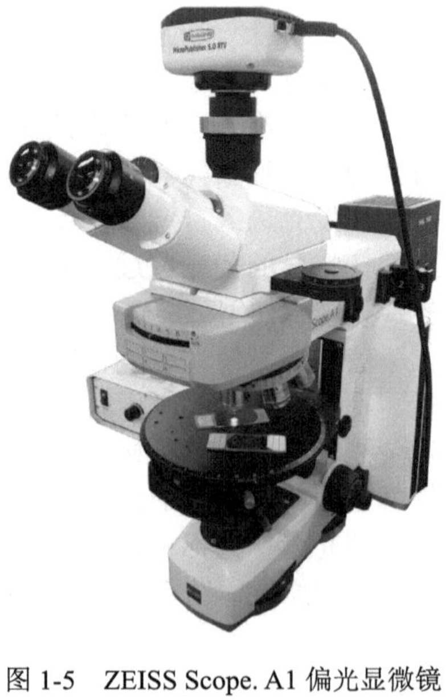

图 1-5 ZEISS Scope. A1 偏光显微镜

## （六）偏光显微镜

生物体中的某些组织成分由于光学性质不同，可不经染色而利用偏光来区别。偏光显微镜（图 1-5）是在普通光学显微镜中安装两块能使光线偏振的尼科尔棱镜：一块为起偏镜，装在聚光镜下面；另一块为检偏镜，装在目镜和物镜之间。两块棱镜中一块固定，另一块可以旋转（或者两块均可旋转），并注有刻度。偏光显微镜利用偏镜光来鉴别晶体和生物体内某些有序结构的光学性质，也可用来鉴别某些组织中（如组织纤维、骨骼等）的化学成分。

### （七）倒置显微镜

倒置显微镜（图 1-6）是将物镜与照明系统的位置颠倒，前者置于载物台之下，而后者在载物台之上，光线由上往下照射样本，再经过反光镜进入目镜。目的是增大聚光器与载物台之间的工作距离，以便培养细胞或组织的培养皿与培养瓶等容器可直接放在载物台上进行观察。

倒置显微镜在细胞学、寄生虫学、肿瘤学、免疫学、遗传工程学、工业微生物学、植物学等领域中应用广泛，多用于对活体细胞和组织、流质、沉淀物等进行显微研究。

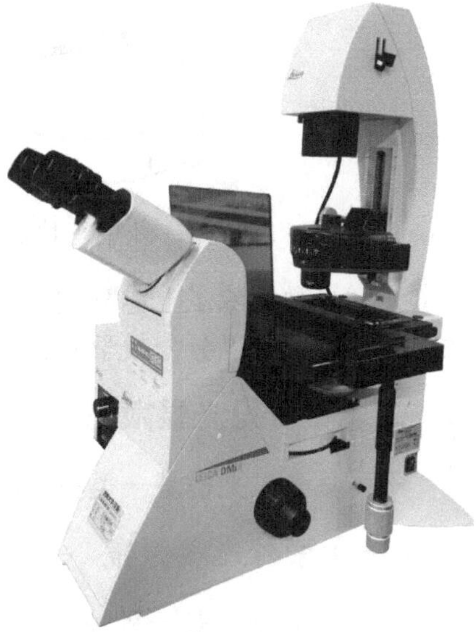

图 1-6　Leica DMi8 倒置显微镜

### （八）实体显微镜

实体显微镜是一种利用斜射光照明，观察物体外部形态和立体结构的显微镜。其特点是双目观察，工作距离大、视野宽广、便于在镜下进行显微操作、被检物呈正视立体放大像，是昆虫及其他生物形态学、组织解剖学观察的重要工具，还可用于电子工业和精密机械工业零件装配、检验，以及农业上的种子检查等。详见本章第二节相关介绍。

### （九）比较显微镜

比较显微镜（图 1-7）不仅有普通光学显微镜的作用，还能用一组目镜同时观察左右两个系统物体的像。并通过对接、切割、重叠、旋转等手段，对两个或两个以上的物体进行宏观或微观上的比较，以检查它们在形式、组织、结构、色彩或材料上存在的微小差异，以达到鉴别、比较的目的。随着科学技术的发展，比较显微镜逐步形成完整的系列。其中有适于司法鉴定、银行、电子商检、质检的普通比较显微镜，适于医药、生物、化工等行业使用的生物比较显微镜，还有适于冶金、机械、材料等行业需要的金相比较显微镜。

比较显微镜一般设有摄像、摄影和计算机接口，通过数码相机和电荷耦合器件（CCD），可将显微镜的比较图像输入监视器，多人观察，共同研讨，还可通过视频、打印机直接输出彩色图像。比较显微镜连接计算机后：比较图像——可运用计算机处理；比较结果——可以输入计算机保存，或用彩色打印机输出。

比较显微镜作为特种光学显微镜，其综合、新颖的性能是其他单一用途光学显微镜无法比拟的，已成为光学显微镜家族的新秀，受到越来越多科研人员和有关专业技术人员的青睐，在各个领域中得到广泛运用。在农林畜牧方面，比较显微镜可系统比较不同染色方法染色相同材料的显微切片，以便找出组织或细胞中的特殊结构或特异变化。

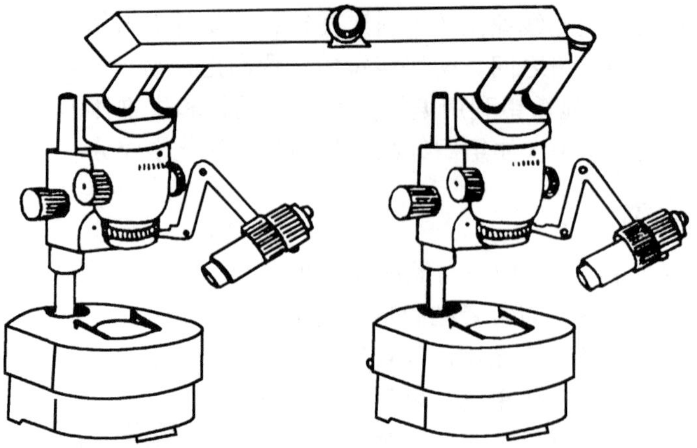

图 1-7　比较显微镜（实体显微镜）（仿谷祝平，1985）

光学显微镜除了上述分类方法之外，还有其他的分类方法，如根据显微镜的使用范围和性能的高低，可以分为教学显微镜、研究显微镜和大型万能显微镜，在此从略。

## 二、不可见光显微镜

不可见光显微镜是一类利用非可见光谱形成像、具有特殊用途的显微镜。

### （一）紫外光显微镜

紫外光显微镜是一种使用波长在 380nm 以下的紫外光形成物体像的显微镜。由于被检物体内各种组成对紫外光的吸收能力不同，因此用紫外光显微镜镜检时，容易鉴别未染色的标本。紫外光的波长约为可见光的一半，分辨率也增加一倍，因此能观察到普通方法看不到的结构，对核酸的研究尤为适用。目前主要用于对紫外光有选择吸收性的物质的显微光度和显微分光光度的研究，进行核酸、蛋白质等物质的分布定位和定量研究成为紫外光显微镜最重要、最广泛的用途。

### （二）红外光显微镜

红外光显微镜是一种使用波长在 760～1500nm 的红外光形成物体像的显微镜。红外光显微镜技术是一种非破坏性技术，仅需少量（皮克以下）样品就可获得司法鉴定结果。它还可以使用可见光观察，使不透明的部分物质变得透明，如可用于研究昆虫中渗入黑色素的甲壳质层。

### （三）X 射线显微镜

X 射线显微镜是一种利用波长极短而具强大穿透力的 X 射线来形成物体像的显微镜，能对细胞内部结构进行立体观测。它为人们提供了一种更深入观察微观世界的方法。X 射线是指波长为 0.01～30nm 的辐射波，其中，1～30nm 的波段称为软 X 射线。软 X 射线显微镜的突出优点是可以在生物活细胞被破坏之前得出其表面特征和内部结构的图像，这是电子显微镜无法得到的。

X 射线显微镜与电子显微镜功能上互为补充，电子显微镜可达到的最高分辨率为 0.2～2nm，现有 X 射线显微镜的分辨率是几十纳米，受到 X 射线衍射限度的限制，X 射线显微镜的分辨率难以超越电子显微镜。因此，X 射线显微镜的主要贡献并不在于分辨率极限的突破，而在于它可以在很接近于生物体自然状态的环境下，对改变很少或完全没有改变的生物样品进行定量测定。因此，X 射线显微镜在生物、医学领域中的应用更加引人注目。

## 第二节　实体显微镜

实体显微镜又称解剖镜、立体显微镜或体视显微镜，与普通光学显微镜的构造相似，但成像原理和使用方法有些不同。它是利用斜射光或透射光观察标本外部形态和内部器官的一种显微镜，可以用来观察植物的根、茎、叶、花等器官及组织的形态和结构，以及动物的微小器官和各种组织的形态结构。实体显微镜有许多类型，目前使用最多的是连续变倍实体显微镜，其次是转换物镜的实体显微镜。

### 一、结构

实体显微镜型号虽然多样，但结构基本一致，现以 22XB-01 型解剖镜（图 1-8）为例进行介绍。

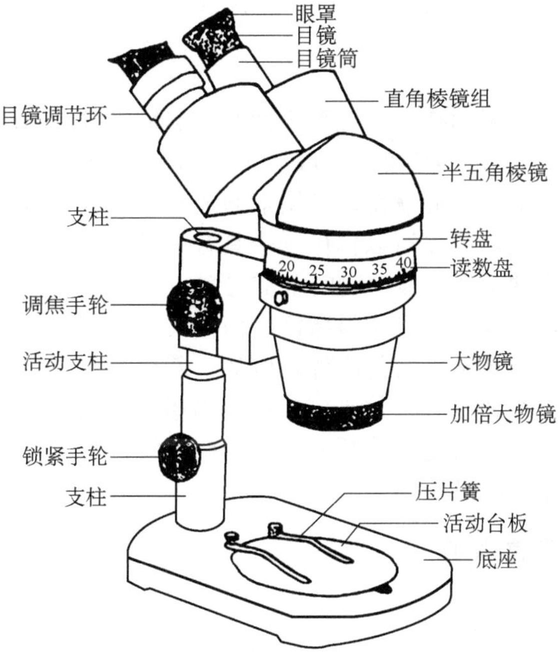


图 1-8　实体显微镜的构造（仿荣秀兰，2003）

#### （一）机械部分

（1）底座　　位于全镜的底部。在底座的中央有 1 个可活动的圆盘，即载物台。载物台一面为白色，另一面为黑色，有的具有透光盒底座，内装反光镜或电灯光源，可进行透射照明观察。在底座的中后部有 1 对压脚，用以固定虫体和其他易动物体。

（2）支柱　　是支持镜体的部件，装有调焦装置及活动槽，可使镜体上下移动或左右旋转。

（3）调焦装置　　在支柱上有两个手轮为调焦装置，上方的为升降手轮（调焦手轮），下方的为锁紧手轮。

（4）读数盘　在镜体中央，有 1 个可向两侧转动的圆盘，用以改变放大倍率。

### （二）光学部分

（1）物镜　在镜体下，安装有大物镜（镜体内部还有变倍物镜），根据观察的需要，大物镜下还可以添置一个加倍大物镜。物镜的功能是将被检物进行第一次放大，形成倒立实像，是实体显微镜的最重要部件之一。

（2）反射棱镜　镜体上部为两棱镜罩，内部为棱镜，棱镜均安装在物镜之上、目镜之下，能够使物像倒转，在目镜中可看到物体的正像。

（3）目镜筒和目镜　在棱镜罩的上方，左右各有一目镜筒，用以放置目镜。目镜由两块复合透镜组成，接目者称接目透镜，下面一块称会聚透镜或场镜。有些型号的目镜中间具有环状隔板，称为光阑，接目透镜在此平面上聚焦。因此，此处也是放置目镜测微尺的地方。有些显微镜无此装置，不能安装测微尺。

（4）视觉圈　一般位于右边的目镜筒上端。视觉圈（目镜调节环）可调节目镜的上下距离，使观察者左右两眼都可以看到清晰物体。

（5）眼罩　为了防止外来光线的干扰，多在目镜上套有眼罩，便于更好地进行观察。

## 二、原理与特点

实体显微镜是由一个共用的初级物镜采集图像，实物成像后，两个光束被两组中间物镜（也称变焦镜）分开后，以一定的角度（一般为 12°～15°），经各自的目镜成像。它的倍率变化是由改变中间镜组之间的距离而获得，利用双通道光路，双目镜筒中的左右两光束不是平行的，而是具有一定的夹角，所以可以提供一个具有三维空间的立体感的图像。其特点为视场直径长、景深大，这样便于观察被检物的全部层面。

实体显微镜放大率虽不如普通光学显微镜，但其工作距离大，便于实际操作。根据实际的使用要求，实体显微镜可选配丰富的附件。例如，若想得到更大的放大倍数，可选配放大倍率更高的物镜和目镜，可通过各种数码接口和数码相机、摄像头、电子目镜和图像分析软件组成数码成像系统接入计算机进行分析处理，照明系统也有反射光、透射光照明，光源有卤素灯、环形灯、荧光灯、冷光源等。

## 三、使用方法与注意事项

### （一）使用方法

1）取（还）显微镜时，若需要连镜箱搬动，应将镜箱锁好，以免零件倾出而损坏。

2）取用显微镜时，须右手握持支柱，左手托住底座，小心平稳地取出或移动，严禁单手操作。

3）使用前须检查附件是否缺少、镜体各部分有无损坏、转动升降手轮有无故障等。

4）将所观察标本置于载玻片上或蜡盘中，针插昆虫标本插于泡沫板上，再放到载物台中央以待观察。可根据观察标本颜色等的需要，选择载物台的黑、白面或用载物台下透射光照明。

5）根据所观察标本的高度调节工作距离，即松开锁紧手轮，调节镜体的高度，目测工作距离为 80mm 左右，调好后锁紧镜体。

6）打开外置或内置光源，调节入射光的方向和强度，使之照亮标本。

7）观察标本时，先转动目镜筒，使两个目镜间的宽度适合两眼间的距离。然后转动升降手轮，使没有视觉圈的目镜成像清晰，另一目镜若不清晰，可转动视觉圈，直至两眼同时看到清晰的物像时为止。如果需要放大观察时，再转动读数盘直到所需要的放大倍率。

8）使用完毕，先取走载物台上的标本，松开锁紧手轮，将镜体放下，并锁紧。关闭电源。将附件恢复原状，擦净镜身，放入镜箱内，锁紧镜箱。

#### （二）注意事项

1）在调节焦距时，转动手轮不能太快，扭不动时不可强扭，谨防损坏齿轮。

2）放大倍数一般是按物镜倍数与目镜倍数的乘积计算的。如需选择高倍率放大时，应先以选择高倍率物镜为主，当最高倍物镜仍不能解决问题时，再选择高倍率目镜。这是因为目镜放大的是虚像，对提高分辨率不起作用。

3）使用时若发现目镜或物镜上有异物，不能用手、布、手绢、衣服等擦拭，应用吸耳球轻吹或用擦镜纸轻轻擦拭。

### 四、保养

显微镜是精密光学仪器，特别是光学部件，如不注意很容易受损，因此必须仔细使用和保养，以保持仪器的良好性能。

（1）良好的存放环境　存放显微镜的环境应干燥，适时通风，还应保持显微镜良好的密封性，注意防潮、防霉、防化学腐蚀性气体的侵蚀、防震动和防撞击等。可在镜室内配备防潮除湿机具，并使机具处于经常运转状态。

（2）及时更换干燥剂　镜箱内存放的硅胶干燥剂，吸潮后由深蓝色变成浅红色，应及时更换。硅胶可以循环使用，将吸潮后的硅胶放到烘箱中（105～120℃）烘干后可再用。

（3）手轮须保持转动顺利、灵活　如果发现对准焦点后，不久影像又模糊不清，这就说明镜筒有下滑现象，应立即检修。如果发现旋转时有阻滞现象，应在手轮涂抹一些优质润滑剂（如钟表油、石油醚），使之恢复原样。

## 第三节　数码显微镜

数码显微镜是一种将传统光学显微镜和视像镜头相结合而成的显微镜，它将显微镜观察到的图像通过数模转换，将其成像在计算机屏幕上，使人们可以对微观领域的研究从传统的双眼观察转移到通过显示器观察上来，从而提高了工作效率。

### 一、结构

数码显微镜（图 1-9）的硬件和软件部分可分成三大模块：显微镜模块（可根据用户要求进行选择）、数码摄像头模块［包括互补金属氧化物半导体（CMOS）、CCD、数码相机及不同用途的接口］、软件模块。其中软件模块主要实现图像的捕获、处理与测量等功能。

数码显微镜硬件设计的关键部分为数字摄像头的选取。摄像头按记录信号的形式分为模拟型和数字型两种：模拟型摄像头将捕获到的模拟信号经过特定的视频捕获卡转化为数字信号，然后再输入计算机中；数字型摄像头可用内部电路直接将图像转化为数字信号，通过USB 接口输入到计算机，是数字图像的最佳采集源和输入源。

数码显微镜最终是通过软件来实现其强大功能的，因此与数码显微镜配套的图像处理软件是整个系统的核心部分，如 MOTIC image2000 1.2，MOTIC image Plus 2.0 等软件。

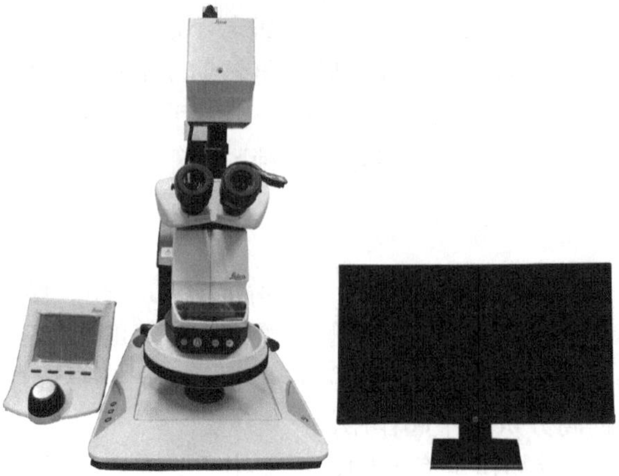


图 1-9 Leica M205A 数码显微镜

## 二、特点

与传统光学显微镜相比，数码显微镜有以下特点：①景深更深，得到的图像目标与背景同样清晰；②具有深度合成和三维显示功能；③可以直接存储图像；④可以同时让多人观察实时图像。

数码显微镜的数码摄像技术允许操作人员先在预览窗口中调节好图像效果，再将图像的最佳状态拍摄下来，然后对所拍摄图像进行保存或处理，可达到既真实又实时的效果；而传统显微照相技术所采集的图像，只有将其输入电脑后才能显示效果，如不能满足要求须重新拍摄。

应用数码显微镜后，人们可以更方便地对着电脑屏幕而不是对着小小的目镜孔观察，而且图像的质量和观察效果都显著提高。在电脑屏幕上对图像的指示更加方便直接，用鼠标进行指向也更准确直观。数码显微镜对图像的记录快捷方便，可直接保存为彩色数码图像，甚至还能记录下动态的影像，这突破了传统手工绘图或显微照相技术的局限，不仅提高了工作效率，也使记录更加准确及时。

# 第四节 电子显微镜

1933 年，德国的 Ruska 发明了第一台电子显微镜。电子显微镜（electron microscope，EM，简称电镜）极大地拓展了人们的视野，它的出现是显微镜发展史上的巨大进步。它是利用电子束流对标本形成的电磁图像进行观察。由于电子波长可以达到可见光波长的十万分之一，因而比可见光观测具有更高的分辨率。可见光的极限放大倍率为 2000 倍，而电镜理论上可以达到 200 万倍。电镜在许多科学领域显示了特殊功能，不仅从细胞、亚细胞及分子水平研究物体的形态结构，而且可以研究纳米级物体内部的细微结构。常用的电子显微镜有扫描电子显微镜和透射电子显微镜。扫描电子显微镜是利用高能微束电子流轰击样品表面，使之发出多种信息，再收集其中某种或某些信号加以放大处理而成像。而透射电子显微镜是以高能微束电子流穿透样品，受到样品内部结构散射的电子流所发出的多种信息，经放大处理再聚集成像，所以二者成像原理完全不同，主要不同点：扫描电子显微镜要求对样品做导电处理，如喷涂、组织导电技术等；而透射电子显微镜则要求对样品做电子染色处理、包埋、超薄切片等。共同点：二者都以高能微束电子流作照明源；在对样品处理要求上相同，如对样品要做良好的干燥处理、在电子流轰击下不变形等。

## 一、扫描电子显微镜

扫描电子显微镜（scanning electron microscope，SEM，简称扫描电镜）的工作原理于1935年由德国科学家科诺尔提出，1942年英国成功研制了第一台实验室用的扫描电镜，1965年开始生产商品化的扫描电镜。我国1973～1975年开始试制并成功制造出第一台国产扫描电子显微镜，型号DX-3，分辨率为10nm。

### （一）结构

扫描电子显微镜（图1-10）主要由电子光学系统、电子信号的收集与处理系统、电子信号的显示与记录系统、真空系统及电源系统等部分组成，此外还包括一些自动控制、自动补偿、图像处理等部件。

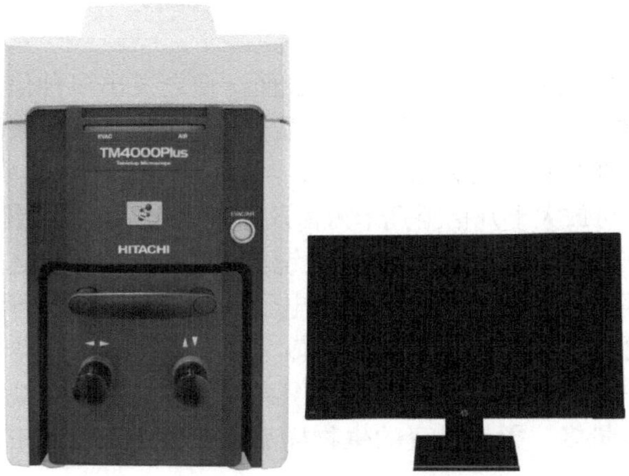


图1-10　HITACHI TM4000Plus 扫描电子显微镜

（1）电子光学系统　分为电子枪、电磁透镜、扫描系统和样品室等部分。其作用是产生很细的电子束（直径约几纳米），并且使该电子束在样品表面扫描，同时激发出各种信号。

（2）电子信号的收集与处理系统　在样品室中，扫描电子束与样品发生相互作用产生多种信号，包括二次电子、背散射电子、X射线、吸收电子、俄歇电子等。其中最主要的是二次电子，它是被入射电子所激发出来的样品原子中的外层电子，其产生率主要取决于样品的形貌和成分。通常所说的扫描电镜像指的就是二次电子像，它是研究样品表面形貌的最有用的电子信号。

检测二次电子的检测器的探头是一个闪烁体，当电子打到闪烁体上时就会发光，这种光被光导管传送到光电倍增管，光信号即被转变成电流信号，再经前置放大及视频放大，电流信号转变成电压信号，最后被送到显像管的栅极，显示图像。

（3）电子信号的显示与记录系统　扫描电镜图像显示在阴极射线管（显像管）上，并由照相机拍照记录。显像管有两个：一个用来观察，分辨率较低；另一个用来照相记录，分辨率较高。

（4）真空系统及电源系统　真空系统由机械泵与油扩散泵组成，其作用是使镜筒内达到 $10^{-5}$～$10^{-4}$ 托（Torr①）的真空度。电源系统供给各部件所需的特定的电源。

① 1Torr=1.333 22×$10^2$Pa

### （二）原理

真空系统将镜筒抽成高真空，阳极一般维持 20kV 的加速电压，从高真空中镜筒上部电子枪里的炽热钨丝（阴极）发射出电子，受阳极高压加速，经过三个电磁聚焦透镜逐级聚焦，形成一个很细的电子束，于样品表面聚焦成一个小点，由此而形成的电子探针，其直径为 0.1～0.5nm，从样品表面的金属喷镀薄膜上产生二次电子。这些二次电子经聚焦和加速后，打到由闪烁体和光电倍增管组成的探测器上，形成二次电子信号，此信号随样品表面形态特征等因素而变化，即产生信号反差。由于显像管偏转线圈和镜筒中电子探针扫描线圈中的扫描电流是严格同步的，所以由探测器逐点检取的二次电子信号，经视频放大器进一步放大后，将逐一对应地调控显像管上相应位点的亮度，从而在显像管上产生样品表面的结构图像，以供观察研究和拍摄照片。

### （三）特点

扫描电镜是利用高能微束电子流轰击样品表面，使之发出多种信号，再用探测器收集这些信息并加以放大成像，其中二次电子是从样品表层（10～20nm 深处）发出的，能很好地反映样品表面形貌，成像柔和，具有以下特点。

（1）分辨率高　可放大十几倍至几十万倍，基本上包括了放大镜、光学显微镜甚至透射电子显微镜的放大范围，其分辨率介于光学显微镜与透射电子显微镜之间，最高可达 3nm。

（2）视野大、景深长　扫描电镜是利用电子束在样品表面进行逐点扫描，获得三维立体图像，图像观察视野大、景深长、富有立体感，对于生物形态分类学的研究非常重要。

（3）样品制备简单　几乎可以将整块组织直接放入样品室中观察，因而更接近于物体的自然状态。对于含水量多、柔软易变的生物样品，在固定、脱水干燥和表面金属化后即能观察，不需超薄切片。

（4）样品的损伤及污染少　扫描电镜的电子束流小，加速电压在 30kV 以内。因此，辐照损伤和污染程度大为减少。

### （四）注意事项

（1）样品必须干净、干燥　肮脏、潮湿的样品会使仪器真空度下降，并可能在镜筒内各狭缝、样品室壁上留下沉积物，从而降低成像性能并给探头或电子枪造成损害。此限制使电镜无法对自然状态下的各种含水样品进行观察，同样对挥发性样品也不能观察。

（2）通常用临界点干燥法　该干燥法利用液体在临界状态下表面张力等于零的特性，使样品中的液相瞬间转化为气相，在无蒸发的潜在热度或密度变化情况下，实现样品完全干燥，从而避免了表面张力作用，可较好地保存样品自然结构。$CO_2$ 临界温度为 31℃，临界压力为 $7.14\times10^6$Pa，是临界点干燥最合适的实验条件。这是因为脱水剂是乙醇或丙酮，$CO_2$ 与它们的互溶性较差，样品脱水后必须用与 $CO_2$、乙醇或丙酮均能很好互溶的乙酸异戊酯溶液将组织中的脱水剂置换掉，再在 $CO_2$ 液体中进行干燥。

（3）样品的喷镀　扫描电镜的成像与电子束流和二次电子束流等有密切关系，但彻底干燥的动物、植物样品是绝缘的，它阻碍电子束流的穿透并导致放电现象，从而影响观察效果。为了使干燥的样品有良好的导电性，常用金属镀膜法给样品镀上一层很薄、非常均匀的金属膜，常选用化学性质比较稳定的铂金或黄金进行镀膜，成像的质量良好。

如果样品上金属覆盖过少，或不均匀，就会产生影像不清或放电现象，这样的样品应重新进行金属喷镀，经喷镀均匀后的样品可供观察。还应该注意，观察之前必须保持样品清洁，以免落上灰尘，出现放电现象。

（4）光电倍增管　常规信号探头使用光电倍增管放大原始成像信号，它对光、热非常敏感，因此不能观察发光或高温样品。

（5）材料特性　在拍摄不同材料样品的照片时，需根据样品特点和观察要求，调节聚焦、亮度和反差，使图像清晰醒目，以保证拍摄照片效果。

扫描电镜在细胞生物学、医学、农业尤其材料等科学研究中得到了广泛应用，主要用于对样品自然表面超微结构和整体形态的观察；如果在扫描电镜上连接能谱分析仪等，还可以在观察样品表面结构的同时，进行微区组成成分和含量的分析。此外，近年来出现的环境扫描电子显微镜（environmental scanning electron microscope，ESEM），更是为生命科学研究领域带来了新的曙光。ESEM 与常规扫描电镜的主要区别在于其可在低真空的状态下，不经样品表面喷金处理即可直接观察非导电的及含水的样品，这意味着可以在保持标本不被破坏、可再利用的前提下拍摄电镜照片，这对于分类学家来说是非常有意义的。因为一些珍稀标本可能仅有一个，研究者不想也不能破坏标本的完整性和可用性，有时甚至不想将活体标本处死，这时就可以应用 ESEM 进行亚显微结构观察。ESEM 的工作原理是在样品室中通入气体使之处于低真空的“环境”状态，根据气体电离及放大原理对样品进行观察，而不是像常规扫描电镜那样要求样品室真空度高于 $10^{-3}$Pa 并且对导电性能不好的样品（如昆虫标本等）要进行表面金属化处理。

## 二、透射电子显微镜

透射电子显微镜（transmission electron microscope，TEM，简称透射电镜），是把经加速和聚集的电子束投射到非常薄的样品上，电子与样品中的原子因碰撞而改变方向，从而产生散射。散射角的大小与样品的密度、厚度相关，因此可以形成明暗不同的影像。

### （一）结构组成

透射电子显微镜（图 1-11）主要由光学系统、真空系统和供电系统三部分组成。与光学显微镜相似，只是光源用电子枪代替，玻璃透镜用磁透镜代替，观察和记录系统相似。

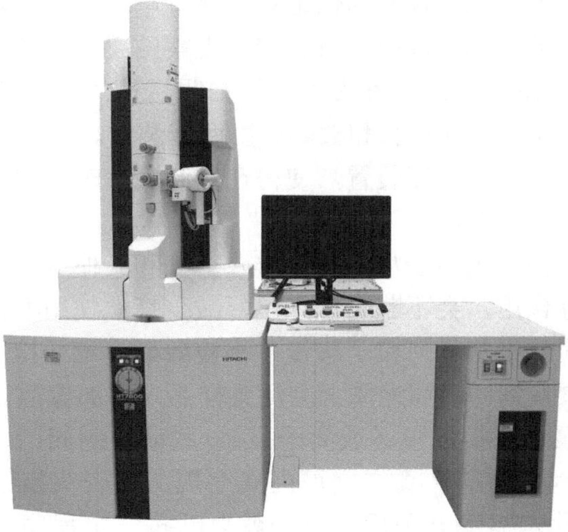


图 1-11　HITACHI HT7800 透射电子显微镜

（1）光学系统　直立式电镜自上而下排列着电子枪、聚光镜、样品室、物镜、中间镜、投影镜、荧光屏及屏下照相记录装置。

1）电子枪：由灯丝（阴极）、栅极和阳极组成的三电极系统，电镜的照明系统由电子枪发射产生。加热灯丝发射的电子束在阴、阳两极形成的电场中加速。经加速而具有能量的电子从阳极板的孔中射出，栅极起控制电子束形状的作用。

2）聚光镜：其作用是将电子枪射出的电子束聚焦，并使其所含的能量以最小的损失递送到样品上，用它来控制照明强度和照明孔径角。聚光镜一般由两个磁透镜组成，双聚光镜有利于提高照明效率，同时照明光斑可调，使样品观察面积和照明面积相同，避免观察区域以外样品的电子束损伤，减少了样品受热而引起的热漂移和镜筒的污染。

3）样品室：样品室是放置要观察的样品及样品与电子作用产生各种信号的场所，由样品架、样品台、样品筒、曲柄杠杆和样品移动控制等部件组成。样品室还有一个气锁装置，镜筒在更换样品后数秒钟内即可恢复正常工作的真空状态。

4）物镜：物镜为磁透镜，是电镜最关键部件，对穿过标本后的散射电子进行第一次成像和放大。物镜由高导磁性、高纯度的纯铁或铁钴合金制成的“极靴”，以及具有非磁性材料的带铁壳的线圈组成，为短焦距磁透镜，放大率约 100 倍。物镜还配有由钼片或紫铜片制成的活动光阑，挡住散射电子，用于改变物镜成像的孔径角及反差强弱。

5）中间镜：中间镜是一个可变倍率的弱磁透镜。由非导磁间隙的带铁壳的线圈和高导磁材料制成的“极靴”组成。主要将成像的物体图像进行二级放大，一般能放大 1～20 倍。只要改变励磁电流，就可使电镜总放大率在很大范围内连续地改变而不会导致像的畸变。还可通过改变中间镜光阑，获得物像微小的“电子显微衍射像”，使电镜起一架电子衍射照相机的作用。

6）投影镜：将物像进行第三次放大，把放大图像投射到荧光屏上。投影镜也是高倍率的强磁透镜，多装有三副不同孔径大小的“极靴”，可转换三种不同倍率，其放大倍率是可变或固定的，通常最大放大倍数约为 100 倍。孔径大小与放大率成反比。

7）像的观察和记录：位于投影镜的下部，包括观察室和摄影室。

观察室内装有一个荧光屏，电子轰击后荧光物质被激发，屏上形成可见的电子显微图像。在观察室外有一个双目观察光学显微镜，以对图像精确聚焦和观察，可把图像放大 3～10 倍。

摄影室在观察室的下方，把选择好的像记录在涂有电子感光乳胶的胶卷上。近年来生产的透射电镜装有高分辨率的数码摄像机，可直接将观察结果拍成数码照片，存储于电脑中，并能进行图片排版，直接输出结果，省去了胶片拍照后期的暗室处理等环节。为了保险起见，有的透射电镜同时安装了普通摄影和数码摄影两套装置。

在观察室和摄影室之间装有气锁装置，使得在装卸底片时能够不破坏镜筒真空。换完底片后，又能迅速恢复到工作真空。

（2）真空系统　真空系统用于从镜筒中排除空气和其他气体，提供工作真空。原理：气体分子和白炽灯丝相互作用，会不断腐蚀灯丝，减少灯丝使用寿命，甚至造成灯丝烧断。电子在平均自由程内，应该不与任何粒子碰撞，不被散射，电子枪内如果存在气体，会产生电离和放电；残余气体聚集到样品和光阑上会污染样品，增加像散。

真空系统包括机械泵、油扩散泵（或离子泵）、联动控制阀门、真空排气管道、空气过滤器、真空规、橡皮密封垫圈等。真空度可由真空规上的表头指示。现在生产的高分辨电镜，真空系统都已自动化，启动开关后，系统就自动按一定程序运行，达到所需的真空状态。镜筒所需要的高真空度，一般保持为 $10^{-4}$Torr。

（3）供电系统　有两种电源：①使成像电子加速的小电流高电压电源；②电子束聚焦与成像的磁透镜的大电流低电压电源。供电系统包括安全系统、总调压器、真空电源系统、透镜电源系统、高压电源系统及辅助电源系统。

### （二）工作原理和特点

透射电镜不同于光学显微镜，它是利用高速的电子束代替光束来放大和检视被检物。电子束在真空中是直线运行的，但是在电场或磁场的影响下，电子束可以会聚或偏转。电子显微镜的电子束是由电子枪产生的。电子枪阴极是一段很细的钨丝，通过电流发热放出电子。由于电子都是带负电荷，且倾向于分散，所以在阴极下的控制极上加很小的负电压来控制电子的运动，而在控制极下的阳极上加几万伏的正电压，造成一个很强的电场，加速电子的运动。电子显微镜多是用磁透镜产生的磁场聚焦电子束。磁场一般是由电流通过铜导线绕成的线圈产生，磁场的强弱由电流的大小控制。为了稳定和加强磁性，线圈外面包有铁芯。透射电镜（相当于光学显微镜台下的聚光镜）使电子束会聚而照射在标本上，经过磁透镜（相当于光学显微镜的物镜）而形成放大像。磁透镜放大的像，再经过中间投像镜（相当于光学显微镜的目镜）的进一步放大而投射在荧光屏或底片上。电子的透射能力很弱，由于被检物不同部位电子透射量的差异而形成图像。这种图像眼睛是看不到的，只能在荧光屏上显示或利用底片曝光后才能看到。由此可见，透射电镜的工作原理与一般的光学显微镜非常相似。

目前高级的透射电镜分辨率可达 0.2nm，放大倍数最大可达百万倍，用于观察物体的超微结构。在生命科学领域，利用多种样品制备方法，用透射电镜可以观察到细胞中各种细胞器的超微结构，如内质网、线粒体、叶绿体、高尔基体、中心粒、溶酶体和细胞骨架等，并可进一步研究细胞结构与功能的关系，深入探索细胞通信与运输、分裂与分化、增殖与调控等生命活动的规律。除此之外，利用计算机数据处理软件，可通过样品连续超薄切片的二维图像建立三维立体图像，全方位展示细胞所处的位置与状态。

## 三、电镜的维护保养

电镜是用于观察组织细胞超微结构的大型精密电子仪器，结构复杂，精密度高，价格昂贵。若使用维护得当，则能延长使用寿命。这就要求我们必须熟悉电镜的基本结构和性能，注意精心地使用、保养及定期检修电镜，使其能保持良好的运行状态。另外，要想获得有科研价值、分辨率高的优质照片，样品制备过程中须保存良好的超微结构，操作者的操作水平及电镜都处于最佳状态。为了保证电镜的正常运行，必须做到如下几点。

1）室内环境的保障：电镜对环境要求比较严格。门窗相对密闭，应每天用吸尘器彻底清洁主机室，保持电镜、桌面、地面的洁净。工作人员进入室内需要换拖鞋，无关人员不得随意进入主机室，尽量减少人员流动，以防止灰尘落在样品和仪器上而影响机器的正常运行和照片质量。室内温度应保持在 20℃左右，用除湿机使相对湿度保持在 70%左右。

2）电镜的调试：开机后，检查各旋钮是否在正确位置，使镜筒内部处于高真空状态，是决定电镜处于正常工作状态的重要因素。若镜筒内真空度低，会降低图像的反差，引起电子束“闪烁”，缩短灯丝寿命，污染样品。因此，电镜必须有良好的真空排气系统来达到高真空。选择高压（80kV）时，灯丝控制钮必须关闭，防止损坏灯丝、样品。应检查灯丝饱和状态，注意缓慢转动旋钮，切勿将灯丝电压加得过高，否则将缩短灯丝寿命。电镜使用前和换灯丝后需进行合轴对中，即将物镜和中间镜、投影镜的光轴重合在一起，使来自光轴上的物点成像于荧光屏的中心。

3）物镜像散的校正：合轴的好坏直接影响电镜的性能，如果物镜存在像散，则不能正确聚焦。像散校正需使用特殊制备的微筛样品，通过小孔检查有无像散的存在，并予以校正。

4）样品的安装与照相：电镜调整完毕后，在样品装入样品室之前，放样品时要摆正放平，载网与样品夹持接触良好。样品杆进入真空系统的部分不能用手触摸，以免手上的水分或污物污染镜筒，破坏真空。低倍率下选择良好的切片，用适当的放大倍率仔细观察。做好电镜观察记录。底片放入电镜照相舱前要求预抽真空半小时，然后放入照相舱，以保镜筒真空。聚焦后，选择好视野进行照相。工作完毕后，先降低放大倍率，关闭灯丝和高压，把样品取出，切断主机电源，10～20min后再关闭总电源和循环水阀门。

5）加强外围辅助设备的维护：为确保电镜各项指标和性能良好，应保养好冷却循环设备。循环水水温应调在20℃左右，及时添加循环水。定期更换，以防污染水管。定期清洗水槽、过滤器、热交换器等，定期给马达轴承加油。若机器发生故障，应及时停机，仔细分析故障原因，根据原理和构造参阅线路图说明书，排除故障。电镜管理人员不能解决的问题，则应请专门人员检修。电镜涉及电子光学、机械及照相等方面的广泛知识，这要求我们不断提高业务素质和理论水平，不断积累经验，熟悉电镜在正常状态下的状况，对出现的问题及时采取相应的措施。严格按规程操作，使电镜保持最佳工作状态，保证各项工作任务的顺利完成。

## 四、电镜图片示例

模式昆虫的卵、体壁、体毛等电镜图片扫描二维码（1）可见。
模式昆虫的组织结构电镜图片扫描二维码（2）可见。
模式昆虫的染色体结构电镜图片扫描二维码（3）可见。

（1）　（2）　（3）

## 【思考题】

1. 显微镜一般有哪些类型？
2. 比较透射电子显微镜与普通光学显微镜的主要异同点。

（刘志萍，王进军）

# 第二章　昆虫种类鉴定方法

【内容提要】本章阐述了昆虫种类鉴定的步骤、种类的记载、形态特征的表述，以及昆虫种类分子鉴定及系统学研究等方面内容。

【学习目标】系统学习昆虫种类鉴定的基本方法。

【基本要求】了解和掌握昆虫种类鉴定的步骤、种类的记载、形态特征的表述，以及昆虫种类分子鉴定及系统学研究，为昆虫种类的准确鉴定奠定基础。

昆虫种类的鉴定（identification）是指将研究的昆虫个体加以鉴别、整理，确定到种，找出各个种的重要识别性状，以及和相似种之间的稳定区别，予以描述和命名。鉴定是分类（classification）的最基本内容，是可能发现分类学问题的研究过程中的初始环节，也是植物检疫、外来物种入侵、植物保护、病媒防治、牧渔养殖、生态监测、环境保护等工作中采取有效针对性行动，或形成基础数据十分关键的第一步。

## 第一节　昆虫种类鉴定的步骤

### 一、确定大类

一个标本在手，首先要确定大类，再依次鉴定到门、纲、目、科级别。熟知的大目或大科一般凭经验即可确定。但对于一些少见、偏僻的目、科则需查阅资料，这项工作可借助昆虫分类学教科书或目科检索表等来完成。

### 二、属和种的检索

科以下各分类阶元的鉴定工作较为困难。一般昆虫分类学教科书中，大多无族以下的分类阶元检索表。属和种的鉴定应尽量依据最近出版的该类群的分类专著（monograph），此类著作往往总结了全世界或一个地区的全部已有研究成果，代表了最近的研究水平，一般还列举有关该类群的全部或主要的分类文献资料，这就大大简化了鉴定的过程。中国的分类资料主要有多卷集的《中国动物志：昆虫纲》《中国经济昆虫志》，以及各省、自治区、直辖市的志书、检索表及鉴定手册等。国外此类资料常以“monograph”“treatise”“revision”“review”“fauna”等名称出现。依靠这类资料所得到的结果有时也只是初步、大概的，这是因为资料中所包含的种类往往不全，只有核对检索表、描述、图、地理分布等各项后都相符，才可以暂时定下来，等有条件时再与已经正确鉴定过的标本进行对比，从而最后确定。在初次接触某一类群的鉴定工作时尤其需要慎重。

我国昆虫分类学中不少门类的研究基础较差，大量类群至今尚无专著问世。在世界范围内，有些类群数十年或近百年来，也未有新的世界性专著出版；有些则从未有过，或只有地区性著作。如遇后一种情况，在没有其他更好的资料可用时：古北界与东洋界的地方性专著

（如日本、俄罗斯、法国、捷克、波兰、德国、印度等国家的动物志），对我国来说仍有重要参考价值；澳洲界及旧热带界的著作在鉴定上的应用价值稍小；新北界与新热带界除北美北部与我国种类有少数共同之处外，关系则更小。对具体地区来说，可选用区系最为相近的著作。依靠这类资料，可以较快地了解全类群情况及所属常见类群，初步划出所需鉴定物种的近似分类地位。

## 三、查考近期目录

在没有专著可用的情况下，或利用专著未得到准确结果，或为了进一步研究推敲，可查找利用该类群最近出版的分类目录，即该类群各已知种的分类信息汇总，其最简单的形式只包括种名，或者还包括第一次记载的文献和分布记录，称为目录（list 或 checklist）。较全面的目录包括全部异名、重新描述、补充绘图、解剖、分布、寄主、生物学等与该种相关的其他文献，这类目录是对分类学研究极为有用的资料。通过目录可以了解该类群所包括的全部已知种类、与本地区有关的已知种数、各个种在研究历史上的变动情况，以及全部有关的文献索引。良好的目录有助于鉴定，因为它将该类群范围内最具意义的参考资料集中在一起，将分类学家引导至最可能存在于标本采集地区的种。但实际上并非各类均有完善的目录，或在早年出版后并未有新著。

## 四、查考当代文献目录

如果未能找到上述目录，或虽有但出版年份过早、未包括新发现的种类及相关文献，则需要自己编制目录或名录，即根据一般生物学或动物学方面的互联网文献数据库和文献索引数据库，从中检索与该类群有关的文献信息，制成自己的文献索引数据库文件，进而编制目录。最常用的索引是《动物学记录》（*Zoological Record*），此书始于 1864 年，由英国博物馆及英联邦昆虫研究所（Commonwealth Institute of Entomology，CIE）联合编制，由美国汤森路透集团出版；另一常用的索引为《生物学文摘》（*Biological Abstracts*）及摘编自其的《昆虫学文摘》（*Abstracts of Entomology*），也由美国汤森路透集团出版。

## 五、查询原始文献

目录编成后，已能掌握类群已知种类、分布及有关文献的出处，下一步是收集、阅读这些原始资料。分类学文献散于世界各国，各种文字均有。由于优先法则的限制，百年以上的古老文献至今在鉴定种类时仍有一定用途，研究工作中更必须参考。此外，有些文献发表在一些偏僻少见、不易获得的出版物上，一般图书馆中没有收藏。加之我国过去分类学基础薄弱，除近年来出现的研究成果外，与我国种类有关的资料大部分是外文的。因此，文献收集较为困难。文献的收集可先从与中国种类相关的做起，再逐步扩大范围。在开始阶段，研究的范围仅限于国内或一个省（自治区、直辖市），所查找的文献可着重在古北界和东洋界各国，暂时省略新热带界、澳洲界和旧热带界的文献。随着分类工作的深入和分类水平的提高，文献收集的范围逐步遍及全世界。有些古老的早期文献一般记录简单，且不易找到，若已为后人所订正或补充，可以先行利用，不必收集全。同时要谨慎地利用文献，不盲目迷信，而是取其精华、去其糟粕。在利用他人文献时，应把他人文献中的内容与自己的见解及有关内容区分开来，文献末尾还应附上参考文献目录。有许多文章所刊载的出版物无法购得，重要的收集途径是与国际同行直接交换资料或索取（应从工作的一开始就建立这些方面的联系），或请有关国家的图书馆、博物馆、大学、科研机构代为查找、复制。电子计算机技术在文献检索方面的应用越来越广泛，大大提高了检索的工作效率。

核对某个种的原始描述时应仔细、多次阅读，首先应建立对该种的全貌性印象，然后比较其各方面的细节，着重体会文中指出的鉴别特征，认真判断。有时可将各种的某些显著特征抽出，编制临时用的工作检索表帮助鉴定。在阅读资料的过程中，可能会发现其中的一些描述模糊、选用特征不具鉴别意义或过于简单、绘图模棱两可等，这些都需要通过进一步研究并加以改进。

## 六、与已正确鉴定的标本或模式标本进行比较

有条件时，可以将自己虽已鉴定但不确切的昆虫标本，送有关单位与已经正确鉴定的标本或模式标本进行核对，从而得到比较可靠的结果。与专家已鉴定的标本核对时，应以尊重事实的审慎态度做出判断，不迷信不盲从，才能得出正确结论。

如果根据以上步骤核查过所有相关文献后还不能鉴定出标本的种类名称，一般来说该标本就是新种。此时，研究经验十分重要，对初学者来说，理解和把握特征很不容易，实践中往往会出现鉴定错误。严格来说正确鉴定的依据是对模式标本尤其是载名模式的研究和精确核对，这一步骤在近代分类学研究工作中是极为重要、应尽量做到的环节。有些分类学工作者在进行一项研究时，周游世界各大博物馆研究模式标本（尤其是欧洲各国之间往来便利，互相访问非常普遍），这样做既有较高的研究效率，又有极好的研究效果，但实际情况中会因种种条件而受到限制，例如，模式标本的存放地点不明确，或标本已破损、丢失，旅行、邮寄困难等。

## 七、昆虫分类专家鉴定或确定

通过以上步骤仍无法准确鉴定昆虫标本时，可以将标本寄送有关科研单位或研究这一类昆虫的分类专家，请他们鉴定或确定，这是比较简单而可靠的办法。目前有不少目、科尚未开展分类研究工作，如果有这类昆虫需要鉴定，可以送往中国科学院动物研究所或有昆虫分类学研究方向的相关院校。此外，蚤目、蚊、家蝇、白蛉等医用昆虫，可以送往相关医学研究所及院校进行鉴定。

送到外单位鉴定的标本须完整无损，标签上注明采集地点、日期、寄主和采集人。最好专人护送，以免损坏。必须邮寄时，应妥善包装，最好不用针插标本，而应直接将标本放在垫有棉花的纸袋内，装于木盒邮寄。如必须邮寄针插标本时，可用一小木盒，盒内垫紧软木板，将标本紧插在软木板上，深度至少达昆虫针长度的 1/3，再用两支昆虫针将虫体交叉固定，然后封盖付邮（如果在小木盒外再套装一个较大的木盒，中间填充纸条，则更为稳妥）。

邮寄鉴定的标本，每种应尽可能多寄几个，并请专家鉴定后退回一个附有学名标签的标本。如果只寄一个标本、自己留一些，则应编号核对，因为有可能留下的标本不是同种，会造成错误（除非是同时饲养出来的，或确知是同一头雌虫所产，才可以寄一个留几个）。

## 八、添加鉴定标签

经过鉴定的标本，无论是已知种类还是新种均应加上鉴定标签，最后写上种名、定名人及定名日期，此外还要写出鉴定者的姓名和鉴定日期等。

在现有的知识和可靠材料不足的情况下，如果对一些标本仍无法鉴定，这些标本就该暂时放下，等待更多的材料或证据。对可疑的鉴定应该以问号标明。经过确切鉴定的标本是可靠的，对随后增加的标本必须进行严格鉴定后才能加入原来的标本系列中。

### 九、昆虫鉴定专家系统

随着农林业可持续发展战略的实施及外来有害生物入侵问题的加剧，加快农林业昆虫及检疫性昆虫信息化建设、昆虫分类检索计算机化和网络建设成为必然，我国昆虫学家已开发了许多昆虫鉴定专家系统。例如，农林害虫辅助鉴定多媒体专家系统，中国蝗总科分类、查询及鉴定专家系统，基于二叉分类推理的昆虫分类辅助鉴定多媒体专家系统通用平台，基于web的等翅目昆虫分类系统，中国检验检疫科学研究院开发的有害生物远程鉴定系统（针对检疫性有害生物），中国植物保护学会开发的“慧植农当家”APP（针对常见病虫害）等，可以快速有效地鉴定出重要害虫。

根据上述一系列过程中所发现的问题，可以通过针对性、系统性的研究，积累、更新某类群已有分类学知识体系的证据，并进行总结。例如，记载和描述新的分类单元，进一步分析性状并找出新的分类依据，组建新系统并建立更合理的分类安排等。许多种类的准确鉴定，往往要在这些步骤完成后才能真正做到，因此初步鉴定和进一步研究往往是连续交替进行的，不易截然区分。除了以上述最直观而常用的昆虫形态学特征作为昆虫种类鉴定的重要依据外，有时还会选用生物学、生态学或地理学特征。对于一些外部形态非常相似，依据生物学和生态学特征难以区分的隐存种（cryptic species），还需要采用生理学、细胞学或分子生物学特征进行区分。

## 第二节　昆虫种类的记载

昆虫标本经过鉴定后，还须对该种标本进行特征记述，称为种的记述（描述、描记），它是对某一分类单元的形态及其他特征的完整说明。对新分类单元的首次记述称为原始描述，在原始描述中还应附上与近似单元相区分的鉴定特征。

### 一、记述内容和特点

正规的记述（包括新种记载）往往是以流水账的形式，按从头部到腹部末端（公认的）或作者自设的次序对各种特征进行表述。对于不同性别的标本，还应说明差异程度，对于性二型的情况应分别加以记述，即使在差异不大的情况下，对于体形大小和生殖构造也须分别描述。如果有不同发育阶段、生物学、生态学等特征信息，可随后描述。

行文力求简洁准确，但是简洁不意味着越短越好。一般认为，较好的记述应既提供该物种的整体形象，又能准确表达其特点，叙述简练明确，并且标点符号使用正确。记述的篇幅和深度差别，应视工作性质而定。上文所述是针对正式的修订或新种记述工作而言，在一般性或较为通俗的分类著作中，往往只需做简短扼要的记述即可。但是由于大量已知种类的原始记载或早期记述往往过于简略，因而在鉴别工作上作用不大，因此修订工作中常需对这些已知种类进行重新记述（redescription）。在正确鉴定的基础上进行的重新记述，其作用和意义常远大于原始记载。

### 二、种的记述

种的记述是最基本、最经常性的，应当简明扼要，重点突出，字斟句酌。记述时应依头、胸、腹的顺序由前向后、由背面向腹面依次记述。一个种的记述常包括以下几项内容。

1）种的学名：中文名、拉丁名。

2）种名的出处：已知种包括鉴定的作者、年份、文献名称、卷、期、页码。

3）种的同物异名：如有，应注明。

4）记述：形态、生物学、寄主、地理分布等。

5）观察标本（已知种）或模式标本（新种）：标本的采集时间、采集地点、采集人姓名和标本保存地点。

6）鉴别特征：在新种描述的最后，要把重要特征总结、归纳出来，以便后人使用。

7）拉丁名词源等（新种）。

8）插图：整体图或重要分类特征图。

9）外文摘要：英文、法文、意大利文、拉丁文等全文主要使用的之外的语言。

10）参考文献：按照中文、日文、英文、法文、德文、意大利文、俄文等顺序列出。

11）致谢：包括研究项目、经费来源和有关指导及帮助者等，常用脚注形式。

## 第三节　形态特征的表述

在对昆虫种类进行鉴定后，需要进行一定的文字描述。在昆虫学研究领域中，描述性内容占有重要地位。科学的描述是认识事物的基础，是“定性”科学与“定量”科学的依据。昆虫种类繁多，形态结构复杂，在昆虫学研究中必须掌握描述昆虫的方法和要领。

文字和图画是两种不同的描述方法。生物科学中的绘图是对表露于“形”的形象写照，一般是静态的，性质与照片类似。文字描述的范围则更为宽广，不仅可以描述静态特征，还可表述动态变化及其他非形态学的内容。所以在昆虫学研究中往往将这两种描述方法结合起来。

### 一、形态文字描述的理论准备

昆虫种类确定以后，常需要将形态特征加以描述记载。在描述昆虫种类前，第一，应对所记载、描述的类群具有透彻的认识，特别是比较形态学方面的知识；第二，应熟悉描述昆虫形态结构的科学名词，因为任何一种形态结构都有其演化上的溯源关系和特定的名称，不能随意更改，即使是方位性的描述也应遵循规定的法则，否则便会上下颠倒、谬传信息；第三，应具有分析相似和相异特征的能力，否则不能正确辨识特征，文字描述会不中肯、不确切；第四，应具备选择重点的能力，形态结构多种多样，研究者应细心观察比较，从分类系统的关系中寻找重点；第五，正确运用文字，描述精准简洁，推理符合逻辑。形态特征的描述既要真实、可信、准确，又要生动、新颖。

### 二、记载文体

对于形态描述记载来说，文字应简明扼要，尽可能做到“增一字嫌多，减一字则少”。要依循陈述的逻辑次序，正确使用标点符号。与分类、鉴别有关的描述或记载，一般不应列入较高阶元的性状。例如，记载一种夜蛾，不应把属、科，甚至目的特征包括进去，但应尽可能包括雌雄的差异、幼虫的性状，以及生物学和生态学的资料，对亲缘种来说，这些资料比形态更重要。

### 三、性状的记载次序

性状的记载次序主要取决于记载目的。在鉴别性的记载中，通常按照性状在鉴别中的重要程度依次叙述，以便识别。而完整的记载，则按一定的标准顺序进行，通常由前到后、由背到腹，便于对照查找，记载应按虫体分段叙述，如头、胸、腹、翅、生殖器……文字较少不宜分段时，可将关键的字用着重号标出。

## 四、记载的方位

记载昆虫体躯时，应将虫体放置成如图 2-1 所示的姿态。背在上，腹在下，头在前，翅展开如飞状，触角及三对足伸展。沿身体纵轴趋向头端为前方，趋向腹部末端为后方，前方、后方分别有头向、尾向之称。昆虫在一个平面上爬行或停落时，与该平面垂直方向的近平面者为腹向，离平面者为背向。自背面观，在昆虫的头向与人头向一致时，人体的左、右向即为虫体的左、右向，左、右两向均属侧向。侧向上，近体纵轴者为内方，远体纵轴者为外方。基部与端部通常是对附肢或体表突出物而言，近着生处者为基部，远离着生处者为端部；此外，对于腹部和小盾片则是以靠近体前方者为基部，远离体前方者为端部。由于昆虫形态的多样性与复杂性，上述体向在实际应用中仍嫌不够，还需用到一些组合式的体向名称，如背侧方、腹侧方、侧前方、侧后方等。

对于翅的记载，一般是将右侧翅取下，按图 2-2 所示放置。将翅分为三个角（肩角、顶角、臀角）和三个缘（前缘、外缘、后缘）。与横轴平行的脉纹为纵脉，在纵脉间相交的脉纹为横脉。再按翅脉的来源及走向，将翅区分为纵脉、横脉及翅面上的斑纹位置。

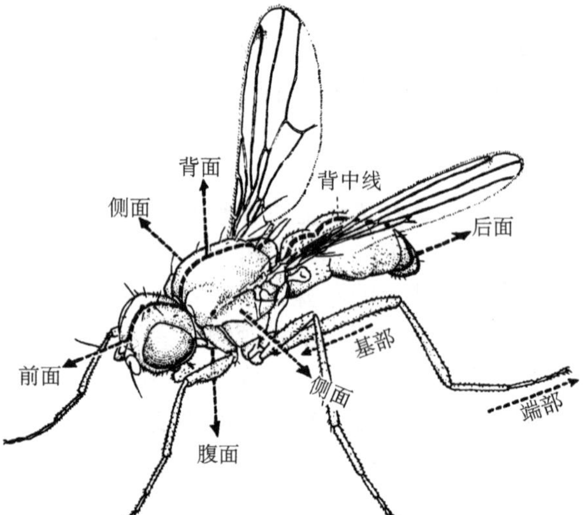


图 2-1　昆虫体向（仿 McAlpine，1987）

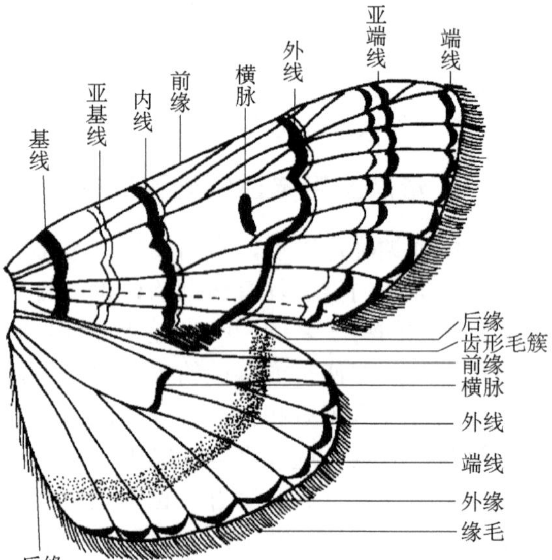


图 2-2　舟蛾科翅面斑纹模式图（仿蔡荣权，1979）

## 五、数量性状的记载

体长记载以头顶至腹末为准，不应包括触角及尾须。翅展一般记录一对前翅的拉伸宽度。身体的宽度应写明度量的位置是胸部还是腹部。除体长和前翅长以绝对数字表示外，其他部位的长度和宽度一般用相对比例表示。

由于数量性状是一类连续性的测量性状，所以需使用测量工具。大型昆虫，可用两角规与尺（分度为 1mm）；中型昆虫，可用两角规与游标卡尺（最小分度为 0.2mm），或者用手持的读数放大镜测量；微小昆虫，则用实体显微镜的目镜测微尺测量，并用台尺校准。数量性状在同种昆虫个体间有差异，应尽可能多测量一些个体，并记述其伸缩范围，或者用平均值和标准差表示。对于数量性状的相对特征，如长宽比等，应有伸缩范围。如果记载的这类性状仅供鉴别和一般性描述，其数字的精度可以不必很高。

### 六、质量性状的记载

在许多类群中，颜色是重要的鉴别性状之一。为使记载一致，应以新鲜标本为准，并参考颜色体系的国家标准（GB/T 15608—2006）给予描述。因为颜色深浅是一种连续特征，记载时可粗可细，也可记为颜色范围。这些需根据鉴别的要求灵活掌握。

## 第四节　昆虫种类分子鉴定及系统学研究

昆虫种类繁多，数量巨大，是分布最为广泛的动物类群。传统分类学派以外部形态特征为基础进行种类的鉴定和系统划分，但经典分类方法也存在一定的局限性，尤其形态学上的表型可塑性和遗传可变性，无法鉴定隐存分类单元和不同发育阶段的昆虫。

随着分子生物学技术的发展，分子标记逐渐应用于种类鉴定，在高级阶元划分、近缘种或者疑难种的区分方面发挥了重要作用，同时能够从不同发育时期的昆虫标本甚至残缺的组织中鉴别出物种。分子标记是以蛋白质、核酸分子突变为基础，检测生物遗传结构及其变异的一种研究技术。它突破了以往形态标记、细胞学标记和生化标记等表达型标记的局限性，其变异来源于基因组 DNA 序列的差异，具有稳定性高、受环境条件影响小、信息含量丰富、不同层次和类群之间具有可比性等优点。因此，在从 DNA 水平上揭示物种的进化速度、遗传距离，以及推断系统关系中发挥着独特优势，成为传统分类方法的重要补充。目前在昆虫系统学研究中应用最多的有线粒体 DNA、核糖体 DNA 及核蛋白编码基因等，主要技术和方法包括核酸序列分析技术、RAPD 技术、RFLP 方法、分子杂交技术、SSCP 方法及 DSCP 技术等。

### 一、昆虫系统学中的常用基因

#### （一）核糖体基因

动物的核糖体主要存在于细胞质和线粒体中。细胞质核糖体 RNA（rRNA）有 4 种，分别为 28S rRNA（4718bp）、5.8S rRNA（160bp）、5S rRNA（120bp），以及 18S rRNA（1874bp）。核糖体 DNA（ribosomal DNA，rDNA）是编码核糖体 RNA 的基因，是一类中度重复的 DNA 序列，以串联多拷贝形式存在于染色体 DNA 中，每个重复单位从 5′到 3′依次包含 1 个基因内间隔区（intergenic spacer，IGS）、1 个 18S rDNA 编码区、1 个内转录间隔区（internal transcribed spacer，ITS）、1 个 28S rDNA 编码区，其中 ITS 分为 ITS1 和 ITS2，二者之间夹有 1 个 5.8S rDNA 编码区。而 IGS 又包含 18S rDNA 上游的外转录间隔区 1（external transcribed spacer 1，ETS1）和 28S rDNA 下游的外转录间隔区 2（ETS2），以及二者之间的非转录间隔区（nontranscribed spacer，NTS）。核糖体 DNA 结构如图 2-3 所示。

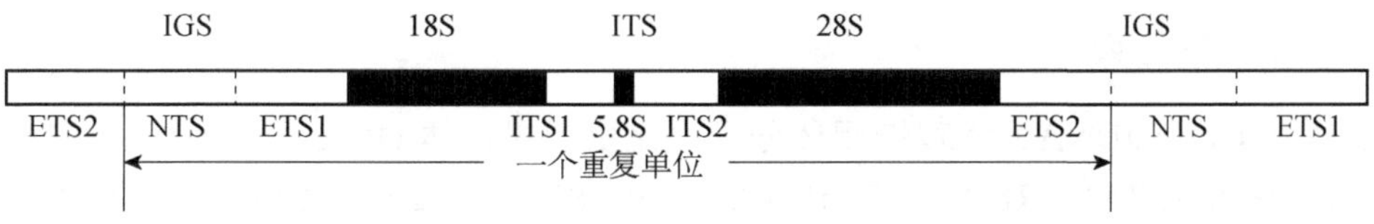


图 2-3　细胞质核糖体 18S rDNA、5.8S rDNA、28S rDNA 重复单位

18S 表示 18S rDNA；28S 表示 28S rDNA；5.8S 表示 5.8S rDNA

rDNA 3 个区域的 DNA 进化速率各有不同，编码区总的来说进化速率很慢，非常保守，适合于构建生命系统树的基部分支，但编码区内，又可分为高度保守区、保守区、可变区和高变区，这些不同的区域适合于不同阶元类群的系统发育研究；转录间隔区为中度保守，适合于推断约 $5\times10^6$ 年前的进化事件；非转录间隔区则进化速度较快，适合于种间关系的研究。其基因片段包括 6 种，应用最广泛的是 18S rRNA、28S rRNA 和 ITS（表 2-1）。

**表 2-1　核糖体 RNA 在昆虫分类中的应用**

| 序列区域名称 | 纲 | 目 | 科 | 属 | 种 | 种群 |
|---|---|---|---|---|---|---|
| 18S rRNA | * | * | * | | | |
| 28S rRNA | * | * | * | * | | |
| 5.8S rRNA | * | | | | | |
| 5S rRNA | * | | | | | |
| *ITS* | | | | * | * | * |
| *IGS* | | | | | * | * |

注：*表示该序列可以用于这一分类水平的研究

1）18S rDNA：真核生物的染色体上编码核糖体小亚基 RNA 的基因称为 18S rDNA，由于 18S rRNA 基因在蛋白质合成中具有重要的功能。而且，18S rDNA 序列大小适中，全长大约 2kb，既能提供足够的系统发育信息，又便于实验室操作，序列两端具有高度保守区，还便于设计通用引物进行序列扩增。在系统发育研究中，18S rDNA 已成为应用最多的 rDNA 片段之一。一般认为它比较适合于研究高级阶元的系统发育，常用于科级以上阶元的系统发育研究。

2）28S rDNA：28S rDNA 是真核生物的染色体上编码核糖体大亚基的基因，28S rDNA 是几种 rRNA 基因中序列最长的 DNA 片段，为 4～5kb。与 18S rDNA 一样，由于其重要的生物学功能，在进化过程中比较保守，其保守序列中含有 12 个高变区（D1～D12），但与 18S rDNA 相比，其变异性较大，也是研究昆虫高级阶元系统发育较好的分子标记，可用于科、属间系统学研究。但由于基因较长不宜全长使用，所以要根据不同的实验目的选择其全序列上的部分区域作为分子标记，以保证系统发育研究的合理性。也有人将 28S rDNA 序列与 18S rDNA 序列结合应用到更高级阶元的系统发育关系研究中。应用最多的片段是 28S rDNA 的 D2 区（324bp），其两端具有十分保守的序列，便于设计 PCR 扩增引物。

3）*ITS* 序列：*ITS* 通常包括核 rDNA 顺反子的 *ITS1* 和 *ITS2*，*ITS1* 指位于 18S rDNA 和 5.8S rDNA 之间的片段，*ITS2* 指位于 5.8S rDNA 和 28S rDNA 之间的片段。*ITS* 通常作为单拷贝基因，由于不参加核糖体的形成，因此受到的压力小，进化速率快，一般应用在从属到种水平的低级分类阶元，也可研究种群分化、种或属间的系统发育关系。

核糖体 RNA 有 16S RNA 和 12S RNA 两种，分别存在于大、小亚基中，编码这两种 RNA 的 16S rDNA 和 12S rDNA 位于核外环状的线粒体 DNA 分子中。

### （二）线粒体基因

线粒体 DNA（mtDNA）为双链闭环分子，昆虫的线粒体 DNA 大小为 15.4～16.3kb，其中含有编码两个核糖体 RNA（12S rRNA，16S rRNA）、22 个 tRNA、1 个细胞色素 b（Cytb）、3 个细胞色素氧化酶（COⅠ、COⅡ、COⅢ）、6 个 NADH 降解酶（ND1～ND6）和 2 个 ATP 酶（ATPase6 和 ATPase8）的基因。线粒体 DNA 结构如图 2-4 所示。

线粒体 DNA 在分子进化中有许多独特的优越性：①mtDNA 的提取类似于质粒，相对于核基因的分离较为容易，基因组小，具高拷贝数目；②基因组中不含间隔区和内含子，无重复序列，无不等交换，在遗传过程中不发生基因重组、倒位、易位等突变；③遗传过程中遵守严格的母系遗传方式，从而避免了双亲遗传方式引起的随机性；④线粒体基因组的基因排列顺序高度保守，结构稳定，但 mtDNA 序列的取代速率却比核 DNA 高 5～10 倍。mtDNA 序列包括以下 7 个基因片段。

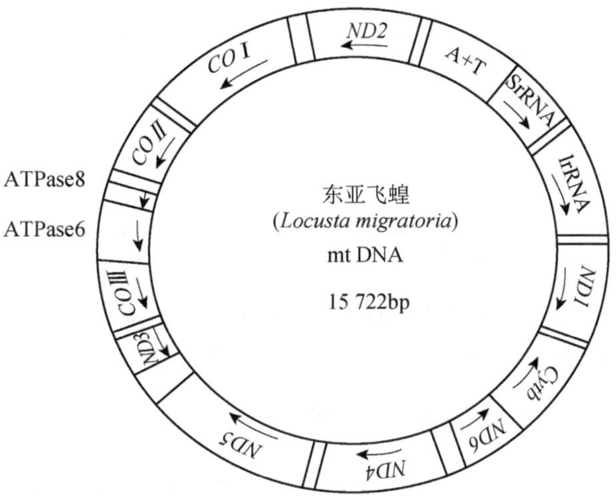


图 2-4　线粒体 DNA 结构示意图

1）*COⅠ*基因：是线粒体呼吸链上编码细胞色素氧化酶亚基Ⅰ的基因，演化速率是其他蛋白质编码基因的 3 倍，有足够的变异来将物种区别开来，两端序列有相对保守性的特点，易用通用引物扩增，该基因不存在内含子，是蛋白质编码基因，所以便于比对，且可通过翻译检测错误，极少出现重组、插入和缺失。在昆虫中基因长度约 1500bp，编码 500bp 左右的氨基酸，常用来分析亲缘关系较近的种、种下单元及地理种群之间的系统关系。

目前作为 DNA 条形码（DNA bar coding）使用的 *COⅠ*基因是靠近 5′端的约 650bp 的一段。除了用于物种间的相互区分和新物种的发现之外，还可以进行物种多样性分析、发现新种和隐存种、监测外来物种入侵及检验检疫工作中的快速物种鉴定等。其技术流程主要包括样品获取、DNA 提取、PCR 扩增、序列测定、序列比对及根据序列差异进行判别。目前已经应用于昆虫纲 31 个目的种类鉴定，已经公布的 *COⅠ*序列主要集中在鳞翅目、膜翅目、双翅目、鞘翅目、毛翅目和半翅目。

2）12S rRNA：12S rDNA 较短，包含的进化信息较少，故在昆虫系统发育与区系研究中一般不以其作为研究的依据。常用来区分亚目、科及种之间的系统关系。

3）16S rRNA：与 12S rDNA 相比有更多的变化区域，大多数用于目水平上的系统发育与区系研究，少数用于科级水平上的研究，适用于种、属阶元水平的系统学研究，但不适用于种内。

4）*COⅡ*基因：适用于区分亚科及以下的属、种。

5）*Cytb*：可以研究种内到种间甚至科间的系统发育关系，在直翅目中用来区分属、种。

6）*ND2*：可用于区分亚目等高级阶元。

7）*ND1* 和 *ND5*：常用于分析亲缘关系密切的种、亚种及地理种群之间的系统关系。

由于进化快的基因和碱基位点适于亲缘关系较近类群的系统学研究，进化慢的则适于远缘类群的系统学研究，因此，选取适当的 DNA 片段作为不同分类水平的研究材料是很重要的。线粒体 DNA 基因序列各区域的应用范围如表 2-2 所示。

**表 2-2　线粒体 DNA 在昆虫分类的应用**

| 序列区域名称 | 纲 | 目 | 科 | 属 | 种 | 种群 |
|---|---|---|---|---|---|---|
| 12S rRNA | * | * | * | * | | |

续表

| 序列区域名称 | 纲 | 目 | 科 | 属 | 种 | 种群 |
|---|---|---|---|---|---|---|
| 16S rRNA | | | * | * | | |
| *ND1*～*ND6* | | | * | * | * | |
| *CO Ⅰ*，*CO Ⅱ* | | | * | * | * | |
| *Cytb* | | | * | * | * | |

注：*表示适合本阶元

由于碱基组成的偏爱及沉默位点的多替代，线粒体 DNA 一般不用于昆虫高级阶元的系统发育分析。

## （三）核蛋白基因

编码核蛋白的基因（nuclear protein-coding gene）具有易排定、能明确确定迅速进化位点的特点，而且在选择适当进化速率的适合某一系统学问题的基因上具有灵活性，且进化慢，因此可应用于解决昆虫分歧久远的系统发育分析中。目前大部分应用于双翅目和鳞翅目昆虫的分子系统学研究，能够普遍应用于多个目的的核基因并不多，主要包括以下 10 种。

1）*EF-1α* 基因：是单拷贝基因，在蛋白质翻译过中具有重要作用，其第一、第二密码子高度保守，而第三密码子替换常常达到饱和，存在一些进化速度比较快的内元，因此常用来分析昆虫高级阶元或者低级阶元的系统发育关系，鳞翅目系统关系分析中常用此基因，并由此扩展到半翅目、直翅目等的系统关系探讨中。

2）磷酸烯醇丙酮酸羧化激酶基因（phosphoenolpyruvate carboxykinase gene，PEPCK gene）：是研究中生代系统发育分歧的一个很有潜力的基因，常用于鳞翅目高级阶元的系统关系分析。

3）组蛋白基因（histone gene）：组蛋白是一类与染色体结构的形成和基因表达的调控有关的碱性蛋白质，包括 H1、H2A、H2B、H3 和 H4 等。其序列高度保守，可用于研究高级分类阶元的系统发育；同时，还存在进化速率较快的间隔区，适于分析亲缘关系较近的物种间的系统发育。因此可用于不同分类阶元层次上的分子系统学研究。

4）视蛋白基因（opsin gene）：视蛋白是 7 个跨膜 α 螺旋域特征的与感受器相关的 G 蛋白家庭成员。其中长波视蛋白基因 *LWRh* 可用于族和亚科水平的系统发育研究。

5）钾钠腺苷三磷酸 α 亚基（NaK）基因：用于区分属及属下分类单元。

6）*Period* 基因：存在于双翅目、鳞翅目等昆虫中，因其进化速率较快，主要用于分析低级阶元的系统发育问题。

7）无翅基因（wingless gene，wg）：是 *wnt* 基因家族中的成员，编码对许多发育过程起重要作用的分泌性糖蛋白。目前只在鳞翅目和鞘翅目的系统发育中应用。

8）白眼基因：广泛存在于原核生物和真核生物中，具有两个结构域，高度保守的 ATP 结合域和在各种不同类型的载体之间不具有序列相似性的跨膜域。用于研究蚊科昆虫高级阶元的系统发育关系。

9）RNA 聚合酶Ⅱ基因（RNA polymeraseⅡgene，POLⅡgene）：在真核生物中，RNA 聚合酶Ⅱ基因负责 mRNA 的转录，是探讨真核生物系统发育的一个很有潜力的基因。曾应用于扁虱系统发育的分析，证明其可用于属及更高阶元水平的系统发育分析。

10）醇脱氢酶基因（alcohol dehydrogenase gene，Adh gene）：醇脱氢酶基因产物在昆虫代谢中的基本功能是将在幼虫和成虫的食物地点中微生物发酵所产生的各种醇可逆催化为相应的酮和醛，对昆虫适应乙醇环境起重要的作用。有学者将其用于研究果蝇的分子系统学。

总的来说，虽然应用于分子系统学的编码蛋白质的核基因种类不少，但大部分都是应用于双翅目、鳞翅目和膜翅目的分子系统学研究中。

## 二、分子生物学技术在昆虫分类学中的应用

随着现代生物技术的不断发展，分子生物学技术在昆虫分类研究中的应用越来越广泛。将传统分类方法与现代生物技术手段相结合，解决传统分类中所存在的学术疑难问题，或者验证已有的分类体系，已显示出其应用的优势和广阔的发展前景（具体方法见本书第七章），下文的介绍主要侧重于分子生物学技术在昆虫分类和系统分析中的应用。

1）核酸序列分析：包括 DNA 的序列分析和 RNA 的序列分析。核酸序列分析是通过测定昆虫特定 DNA 和 RNA 的序列，比较不同类群个体的同源核酸的核苷酸排列顺序，由此构建分子系统发育树，并推断类群间的系统演化关系，是目前进行分子进化及系统发育研究最有效、最可靠的方法。在种内或近缘种的系统发育关系分析时，常用进化较快的线粒体 DNA 的核苷酸片段，而进化较慢的 rDNA 和 rRNA 核苷酸片段则适用于科、属等高级阶元的系统发育研究。昆虫中 rRNA 分布广泛，易于分离，且 rRNA 属于慢速进化的基因，因此对不同昆虫 rRNA 的序列分析可以广泛地应用到科、属等高级阶元的系统发育研究中。由于可通过聚合酶链式反应（PCR）方法对所提取的 DNA 进行扩增，纯化后用于测序，故所需 DNA 量极少。

在生物分类学领域，根据对一个统一的目标基因 DNA 序列的分析来完成物种鉴定的过程，被称为 DNA 条形码编码过程，即 DNA 条形码技术。综合基因序列的长度和进化速率这两个条件，Hebert（2003）最终选定了线粒体细胞色素 C 氧化酶亚基 I 基因中一段约 645bp 的片段作为条形编码基因。其技术流程比较简洁，主要包括样品获取、DNA 提取、PCR 扩增、序列测定、序列比对及根据序列差异进行判别。具有客观、简便、准确、快速、易操作等优点，它的出现弥补了传统形态分类的不足，为提高昆虫物种鉴定效率、发现新种和隐存种、研究系统进化关系、保护昆虫物种资源多样性等提供了新的研究方法。目前已用于昆虫纲 31 个目的种类鉴定，主要集中在鳞翅目、膜翅目、双翅目、鞘翅目、毛翅目和半翅目。

2）RAPD 技术：通过 DNA 多态性的比较，RAPD 技术可应用于昆虫物种的鉴定和系统发育关系的研究中。由于 RAPD 结果受多种条件影响，其研究结果的重复性和可比性较差，不同实验室之间的数据常常不能重复和共享；共迁移问题使具有相同分子质量的扩增产物（可形成共迁移的条带）不一定具有同源性，即很多不同的 DNA 序列可产生相同的电泳谱带，其潜在的序列差异不能估计，而且 RAPD 结果一般是显性遗传，不能分析基因型，只能表示样品是否有差异，无法分析样品产生差异的原因，因此其应用受到一定的限制。

3）RFLP 技术：通常用于 RFLP 研究的是 mtDNA，因为昆虫的 mtDNA 较小，基因结构较清楚，用限制性内切酶切割后可直接进行分析。而昆虫核基因组 DNA 复杂，酶切后片段很多，很难确定其同源性，需进行分子杂交后才能分析。目前，大多研究采取 RFLP 与 PCR 相结合的方法，即 AFLP 或 PCR-RFLP。先用特定引物将某一片段进行 PCR 扩增、纯化和克隆，然后再进行 RFLP 分析。但 RFLP 分析远不如核酸序列分析提供的信息量多，而且结果也不如后者可靠，所以，RFLP 通常只用于种类鉴定或种内种群间的遗传进化研究，很少用于种上阶元的系统发育分析。由于 RFLP 技术存在许多局限性，例如，不能检出所有的核苷酸改变、不同长度的酶切片段提供的多态信息量有限等，国内主要将其应用于双翅目、膜翅目等昆虫的快速鉴定，以及在传统的昆虫分类区系与系统进化研究

方面。

4）AFLP 技术：AFLP 技术信息含量大，多态性丰富，能够为分类学家提供准确的、分子水平的分类依据，解决形态分类不能解决的问题。例如，应用 AFLP 技术对遗传多样性的研究可揭示物种或种群的亲缘关系和进化历史，尤其在种及种下阶元的分类鉴定中更具意义；AFLP 指纹图谱多态性丰富，被广泛应用于昆虫连锁图谱的构建和种群遗传结构，以及分化研究中；AFLP 指纹技术还可阐明不同地理环境和不同寄主的昆虫分化和生态型。

AFLP 技术也存在不足：①其标记大多是显性，不能区分某一位点是杂合体还是纯合体，不能很好地估算种群遗传的变异，不适用于属和科水平的分类研究，更适用于对近缘种、隐种等亲缘关系较近的种间亲缘关系的界定，以及种下水平的研究，如种群的结构和分化；②实验过程包括酶切、接头连接、预扩增和扩增等步骤，操作技术要求较高；③对基因组 DNA 纯度有较高的要求，如果酶切和连接不完全，可能会扩增出不准确的多态性条带。

5）分子杂交技术：用于昆虫近缘种和复合种的鉴定时效果较好，在物种的亲缘关系研究中发挥了重要作用。应用核酸分子杂交技术检测昆虫的遗传多态性、DNA 同源性及 mRNA 的差异，进行昆虫近缘种和地理种群鉴别。例如，Collins（1987）用 DNA 探针杂交技术鉴定按蚊属近缘种类；牛玲玲（1992）将 DNA 探针用于中华按蚊和嗜人按蚊的分类研究等。

分子标记在昆虫系统学中的应用主要表现在两个方面：一是越来越多的新生代分子标记将会不断涌现；二是分子标记在昆虫系统学中的应用领域将会不断地扩大。而这又将极大地促进其自身的发展，昆虫学家可以开展许多以往被认为不可想象的研究工作，这对于推动其他学科的进步也是十分有益的。

但是，分子生物学技术在昆虫分类和系统学研究中的应用时间毕竟不长，还存在不少问题。首先是目的基因或 DNA 片段的选择，在庞大的昆虫 DNA 文库中选择最有利于昆虫分类、最能反映其进化关系的基因或 DNA 片段，仍存在较大难度。其次是用不同的目的基因或 DNA 片段对同一昆虫进行研究时，可能会得到不同的结果。再次是分析软件或程序包的应用，目前有大量的分子生物学分析软件，不同的软件或程序包有许多不同的假设和参数，研究者采用不同的分析软件或采用同一软件而设置不同的参数时，同样的数据可能会得到不同的结果。

## 【思考题】

1. 准确鉴定昆虫种类有何意义？
2. 对昆虫种类的记载和形态特征的表述，为什么要按照一定的顺序记述？
3. 用于昆虫种类鉴定的分子标记有哪些？

（刘志萍，王进军，尚素琴）

# 第三章　昆虫绘图

【内容提要】昆虫绘图是运用绘画的手法，将昆虫的形态特征、内部构造及生存环境等内容科学形象地如实表达，既为昆虫学研究者积累形象生动的研究素材，又能推动昆虫学的教学和科普，对昆虫学的发展有着重要作用。本章针对昆虫绘图及基本要求、草图描绘、图稿覆墨和着色，以及昆虫数字绘图技术进行了介绍，还介绍了3D打印技术的原理、用途和优势，并重点阐述了该技术在昆虫学教育和研究中的应用价值和具体方法。

【学习目标】了解昆虫绘图的传统方法和数字绘图技术在昆虫绘图中的应用，并了解3D打印技术及其在昆虫学教育和研究中的应用方法。

【基本要求】掌握昆虫绘图的概念和基本要求；掌握昆虫绘图的步骤和要点；了解昆虫数字绘图中常用软件的操作方法。了解利用3D打印技术进行微小昆虫虫体模型和昆虫器官结构模型制作的原理和方法步骤。

科学的描述是认识事物的基础，是“定性”科学与“定量”科学的依据。而生物科学中的绘图是对生物“形”的写照，一般是静态的，其性质与照片类似，可以表达一些文字不能或不易说明的事实和现象。论文、专著、研究报告配以合适的插图，将更具说服力，其结论更易被读者掌握。绘图与照相不同。照相虽有真实感，但如果有些构造不在焦点范围之内，会使图像模糊不清。绘图可以克服照相的不足，例如，可以强调某些重要的部分，也可以把不要的部分去掉，给人以鲜明而突出的印象。

## 第一节　绘图要求与工具

昆虫绘图是研究昆虫科学的一项技术，主要应用于昆虫形态学、分类学及其他相关的科研教学中。

### 一、绘图要求

昆虫绘图最重要的是科学性。首先，要求形体、倍数、色彩正确。例如，描绘一头昆虫，要先正确地画出它的全形、各个部分的构造（比例正确）和色彩的变化，并符合所要求的放大倍数和制版的要求。其次，要求画面清洁和精细美观。因此，要求绘图者不仅应具备一定的昆虫专业知识，还要具有相应的绘画和美学基础。如果绘图者只具有专业知识，在绘画中只注意科学性，所绘出的图可能缺少一些艺术表现能力，但尚不失为正确的生物图；倘若绘图者只擅长艺术而缺乏专业知识，绘图中不能做到科学上的正确性，这样的图看起来虽漂亮，却实用性不大。

### 二、绘图工具

“工欲善其事，必先利其器”。昆虫绘图也要选择合适的绘图用品，如纸张、绘图笔、墨水等。绘图纸根据需要可选白色制版纸或硫酸纸等。草图绘制应选质地厚、色白、纸面坚实、耐橡皮摩擦及不沁墨水的纸。绘图笔可根据绘制需要选用绘图专用笔、毛笔等。一般绘制覆墨应选用工程绘图专业套笔，有不同粗细的笔尖可供选择。所用的墨是专门的绘图墨水或碳素墨水，颜色黑亮、稳定性好、见水不化。草图绘制常用铅笔，其硬度要适中，以 HB 或 1H 为宜，使用时必须把笔头削尖。橡皮要软而不带颜色，以免玷污画面。

绘图过程中还要注意保护标本，切勿损坏标本。

## 第二节　草图描绘

草图指昆虫整体或局部特征的轮廓、结构底稿，一般用铅笔绘成。绘制草图的方法很多，需根据所绘实物的大小、主体结构特点，以及透光程度等灵活掌握。

### 一、草图的常用绘制方法

#### （一）直接蒙绘

适用于大型、平展的昆虫，如大型蝶或蛾。先将展好翅的标本去除昆虫针后安放在平面上，四周加垫，在垫上放平板玻璃，然后在玻璃上用墨笔勾画轮廓、色斑界线。取下玻璃，放在透光位置，再蒙以白纸或硫酸纸描出图形。

#### （二）反射描绘

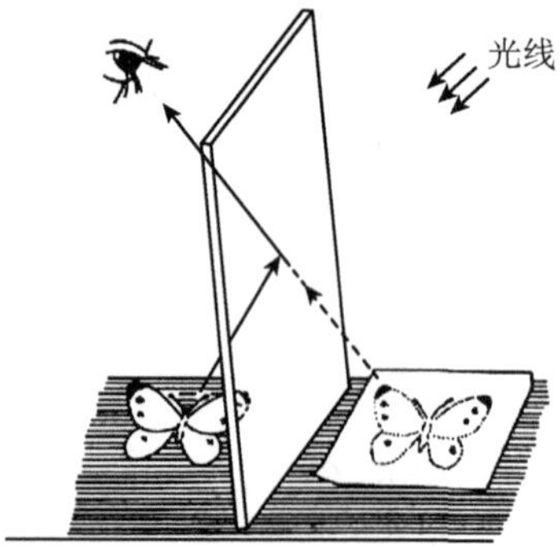

图 3-1　反射绘图

适用于大型的平展或不平展的昆虫，如蝶、蛾、甲虫、蝗虫等。方法是在桌上竖直地放一块干净平板玻璃（最好是茶色玻璃），在玻璃的左边放置要画的标本，玻璃的右边铺一张纸。光线从右侧照射，绘图人的头略偏玻璃的左面，眼睛透过玻璃即可看见在右侧的纸面上有标本的映射影像，用铅笔勾下影像即可得到与原物同样大小的影像图，它的左右与实物相反（图 3-1）。掌握此技术的要领是绘图人的眼睛应固定在一个空间位置上，勿移动，最好用一只眼睛瞄准影像和笔点。因为玻璃有两个表面，故可映出双影，绘图者仅选择其中一个影像轮廓勾画即可。如欲将图像稍许放大，可以将左侧标本垫高或将右侧纸面降低。

#### （三）尺规测绘

适用于大型、中型昆虫，应用此法画甲虫、椿象等均很适宜。所用工具是一个量规，此规可以自装：用一个废弃的镊子，掰成两半，两头磨尖，沿镊子中线钻一排小孔，再用细钉将两片镊子连起来即成（图 3-2A）。量规的一端测量虫体，另一端即为纸面图的放大尺寸。只需将中间的螺丝固定于某一孔位，放大的比例不会改变。如果要做一个可以任意调节放大倍数的量规，可以在两片量规的中间刻出纵长的槽，并用螺钉固定（图 3-2B），测量螺钉中央至量规一端的长度即可算得放大比例。设量规的长度是 1，螺钉固定的位置长度为 $x$，放大倍数为 $b$，则有 $x=b/(1+b)$。应用这种方法绘图时只需在所绘标本的对称中轴上设一条假想的轴线，再在纸上画一条中线便可开始绘图。绘图时可以根据图 3-3 标定的数码依次测量，依次画线，最后将各测绘点连接起来，就成为完整的轮廓草图。

掌握这种绘图法的要领：标定好基准线及点的位置（图 3-3 中的 0，1～3，5），其次是找到适合的待测点（图 3-3 中的 4，10～12，14），头胸腹最宽处在纵轴上的位置（图 3-3 中的 6～9），头胸交界处、前胸前翅间的最小宽度（图 3-3 中的 15、16），触角和足的长度（图 3-3 中的 13，17～20）。对于那些立体结构明显的甲虫，如欲将具有倾斜面的测量特征放大到纸平面上，会使画面尺度拉长而失真（图 3-4）。解决的办法是取直视的平面测量值。因此，量规的一个尖端是虚置于标本之上的。如果没有量规，可用绘图仪的圆规代替，将测量距按整数倍放大。

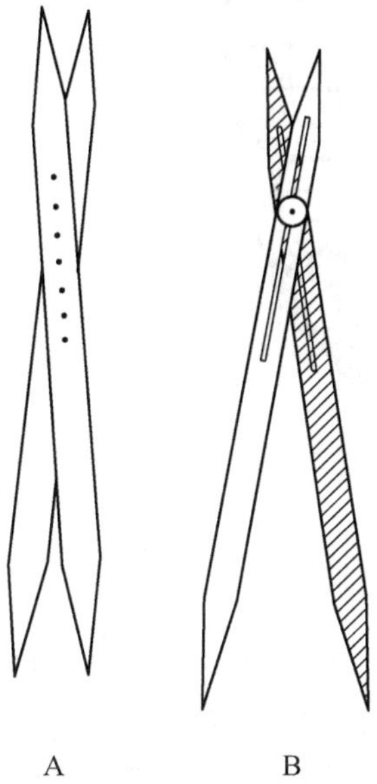


图 3-2 自制量规

A. 排孔调节；B. 无级调节

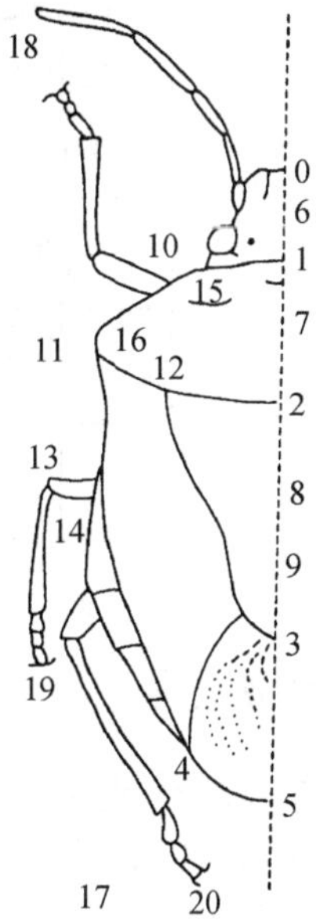


图 3-3 昆虫体躯的测量点

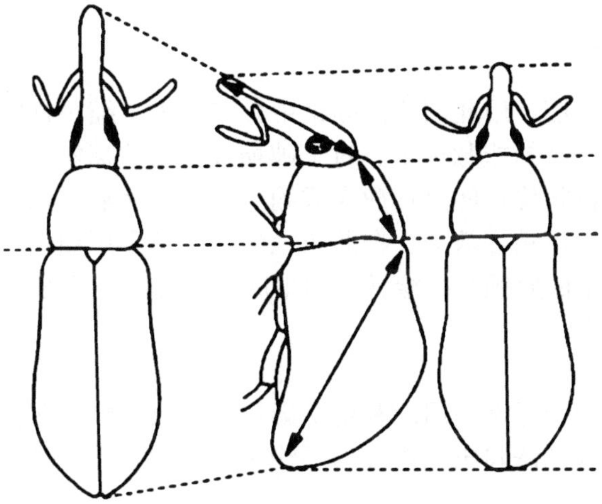

图 3-4 量距的透视背面图与展平的背面图比较

左. 失真的展平背面图；中. 透视背面图；右. 未失真的展平背面图

（四）方格临摹放大

利用画像用的透明塑料放大格，将方格平放在虫体上（四角要填上和虫体一样厚度的软木塞，以免压坏标本），依所需要的放大倍数在图纸上用铅笔也轻轻地划上方格，通过方格观察昆虫，把看到的分块画到纸上相应的方格中去（图 3-5）。微小的昆虫须用显微镜观察，也可在目镜内放上一个网格测微尺，通过网格观察昆虫，进行放大绘图。

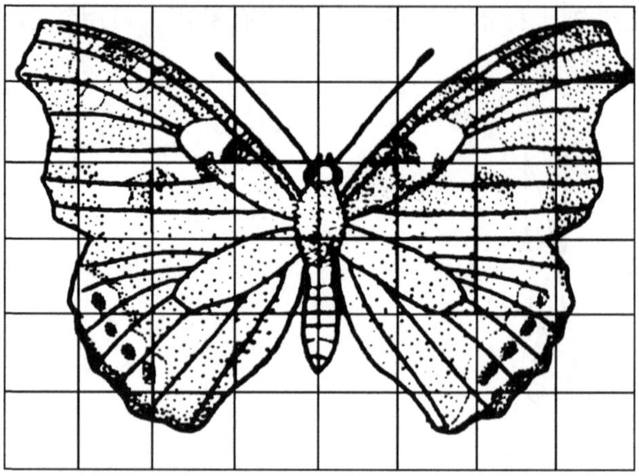

图 3-5　方格放大绘图

（五）投影放大

可投影放大的器械很多，如照相底片放大机、幻灯机、教学投影仪、显微投影仪和电视转换设备等。这些设备的共同特点是被放大的实物必须做成平板形透光体。对于那些须进行透射光放大的标本实物，须做成幻灯片的形式，然后装入底片放大机或幻灯机中放大，用白纸承接影像，铅笔勾绘。放大的倍数可用投影距离来调节。用电视转换设备显示的图像是在电视屏上，应将半透明的纸蒙在显示屏上描绘。由于幻灯机、投影仪的放大倍数较高，绘制小型昆虫的翅脉图、整体图时可以一次成形。

（六）复印机绘图

适用于绘制昆虫翅脉图。用此法绘图须采用具有放大、缩小性能的复印机，直接复印昆虫翅脉标本或复印玻片夹持的翅脉标本。对于破损或歪斜的标本可以在第一次复印图上做描线修补，或剪贴整姿后再将修正图进行放大或缩小复印，然后以修正的复印稿作为底图做进一步加工。第一次复印稿可稍许放大，在此放大的复印稿上用黑白色修理，再将修正稿进行缩小复印。掌握此项技术的要领是待绘标本须平展、整洁，不留杂物污染，否则影响效果。

（七）摄影绘图

摄影技术在昆虫绘画中经常使用。利用摄影机的近摄功能拍照微小昆虫或昆虫局部，打印出放大的照片，再用蒙图法勾出轮廓及形态线条，并做整姿处理，即可勾画出自然逼真的轮廓构图。

（八）绘图仪

现代的高级实体镜、显微镜都具有绘图仪附件（图 3-6）。这类绘图仪统称阿培式绘图仪。它的主要部件是由两个直角棱镜合成的立方体和一个反光镜，在两个棱镜的胶合斜面上涂有银镜，镜中央为透光孔。把棱镜的部分装在接目镜上，反光镜放到右面形成45°角，从棱镜上可以同时看到由透光孔射来的显微镜下的物像，以及通过反光镜与棱镜的反射面反射过来的放在显微镜右边的画纸与铅笔，可依所见物像绘出草图。

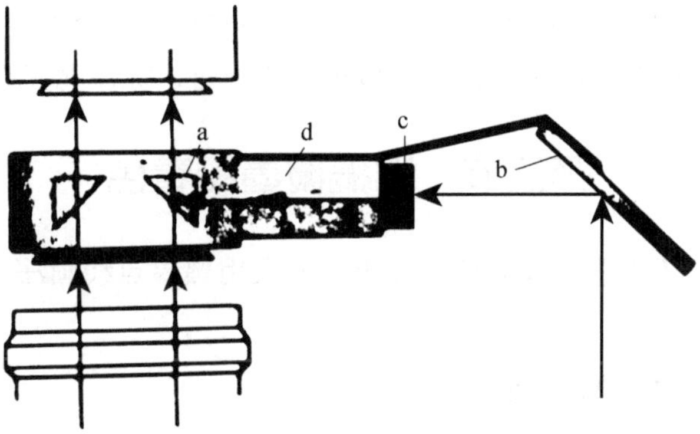


图 3-6　Nikon SMZ-10 实体显微镜绘图仪

a. 棱镜；b. 反光镜；c. 调节镜；d. 通光开关拉柄

绘图仪必须端正，反光镜必须呈45°角，绘出来的轮廓才正确，否则会把圆形画成椭圆形。测定的方法：在镜下放一观察目的物，先沿左右方向画出目的物的长度，再将目的物转角90°，再画目的物的长度，若横竖两个长度相等就算正确。或者是放一个圆形物，勾画轮廓，看其是否仍是正圆形。

利用阿培式绘图仪绘图时要注意光线的平衡。如果只见显微镜中的昆虫而看不见图纸上铅笔尖的活动，原因是显微镜下的光线太强，可转动显微镜下的反光镜、聚光镜或光圈等，使其减弱；反之，如只见图纸和铅笔而标本的形象不清，可将棱镜右边的滤光片放下。此外还可利用几片小的纸屏或电灯来调整两面的光线。

## 二、注意事项

### （一）构图

绘虫体的背面时，头部应向上；绘虫体的侧面时，头部应向左。绘制对称的图，如昆虫的背面观，可在绘图仪下只画半面，另半面可用透明拷贝纸反托过来，画出来的图是完全对称的。如果虫体对称、正反面特征都有画的必要，也可画一中轴，中轴左右各画标本的背、腹面，如介壳虫（图3-7）；也可左面画虫体和左翅的背面，右面画离开的翅的反面或翅脉，如蝶（图3-8）和蛾。

图 3-7　介壳虫的背、腹面

图 3-8　凤蝶的翅及翅脉

### （二）细节

图的大小，起稿前应心中有数。付印的图，一般可照印刷的版面放大 2～4 倍。线条的绘制要一气呵成，不应中途停顿。显微镜下 1mm 所对应的用绘图仪画在纸上的毫米数，即是放大倍数（绝不能直接用物镜放大倍数计算）。

草稿角上应立即注明昆虫的名称（或号码）、绘图所用的方法，以及目镜、物镜的倍数，以免混淆，且便于核对。同时绘很多近似种的特征时，标注尤其必要。

## 第三节　图稿覆墨和着色

铅笔草图完成后，还须覆墨或着色。覆墨主要采用黑墨点线画法，着色有水墨渲染画法和彩色绘图法等。

### 一、覆墨和着色的基本方法

### （一）黑墨点线画法

画线条是绘图的基本功。要求绘出的线条细而均匀，两边光滑，不露笔尖起落的痕迹。一般说来，不论直线或弧线，从左下方向右上方画，较为顺手。因此，在处理横线或圆圈时，可将图纸转移，依着顺手的方向逐段画成。

线不仅可表现节与节、面与面的分界，还可以表现阴阳、色彩、质地和远近。一般而言，虫体阴面的线条应比阳面的粗，色彩深处的线条应比色彩淡处的粗。质地硬的部分的线条应粗而硬，质地软的部分的线条应柔而细。近的部分线条要粗，越远就越细。

和线条一样，点画也可以表现质地的硬软、表面的糙滑、距离的远近等。昆虫形态学所用的整体图或局部图，一般用稀疏的点表示膜质的部分（图 3-9）。点要点得圆、点得匀，粗细、疏密应符合虫体浓淡明暗的要求。点的排列要保持整齐、匀称。明的、色淡的部分，点小些、稀些；暗的、色深的部分，点要大些、密些。在明暗交界处或色斑的分界处，点要点得整齐些，显得界线更加分明。

昆虫的全体图要求有立体感、真实感，需要注意光线和色彩的浓淡，一般用点线结合的方法绘制。用线来表示节间或骨片的分界、毛和刺等；用点表示不同颜色和身体的凹凸，以表达立体感。昆虫学研究中，完全用点组成的图不多，如组织切片，则用点表示细胞间界限不清的部分；完全用线组成的只有形态图或描述生活状态的图（图 3-10）。

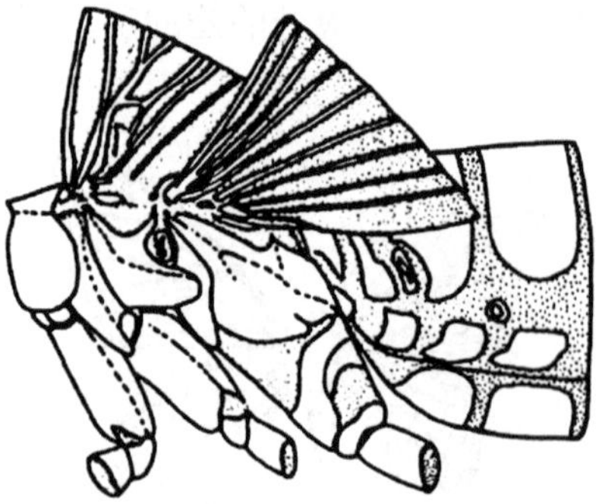

图 3-9　斑衣蜡蝉的胸部侧面

图 3-10　昆虫学绘图中常见的点线结合图（仿李琦等，2007）

### （二）水墨渲染画法

水墨渲染画是以毛笔为工具，蘸水和墨，在草图上渲染浓淡的层次，表达虫体光线的明暗，使画面呈现立体感的画法。这种画法常用在科普宣传画中。

墨汁与所加清水的比例不同，会出现由黑到灰等不同色调。墨加白粉也有同样的效果。渲染时可由淡到深，一层一层地加上去。

笔上含水量不宜过多，以免墨色流走且在一处沉积而不匀。在第一次渲染的墨色尚未干时不能再加第二层墨，否则会刷掉下层墨色，出现癣状斑纹。

水墨渲染画可以表达比较生动活泼的画面，效率较高，有绘画基础的人容易掌握，没有绘画基础的人容易画脏，效果反不及点线画。

### （三）彩色绘图法

绘彩色图时首先要看准标本的颜色。应把标本放在白纸上，在阳光明暗适当时观察色彩，以避免背景颜色的影响。黄色在灯光下看来会是白的，但在太阳直射的光线下倾向于橙色。同样，在太阳直射光下，青色会近于紫色。在弱光下，则一切颜色都会带有青灰的色调。

许多昆虫死后体色会发生变化，因此绘彩色图时应参考活虫着色。可先把颜色调在白色小瓷碟里，调好后先在另一张纸上试涂，待干后观察是否与虫体颜色相符。涂彩时要掌握由浅至深的原则，笔上少蘸一些颜色，一层一层地加上去，直至与实物相似为止。明部可少加几次，暗部可多加几次。在上次颜色未干以前，切勿上第二次颜色，同时笔上水分不宜太多，以免冲淡上次的颜色。

在虫体暗部加上暗色后，最后一层应盖上很薄的一层虫体本来色相的正色，使暗色由下层柔和地反映出来。

## 二、注意事项

覆墨着色是昆虫绘图的重要一环，应当注意以下事项。

1）保持笔墨流畅。绘图笔流水不畅，是墨水太浓或笔尖滞墨干燥所致。应注意保存绘图墨水，勿使冰冻和干燥，用后加盖，用时摇匀。

2）保持笔尖光滑。线条均匀程度受笔尖光滑度影响。如笔尖触纸有“沙沙”声，可在玻璃板上略磨，使它光滑，以免绘出的线条发毛。覆墨时，应准备一块湿布，随时擦去干涸在笔尖上的墨迹，以免笔尖滞墨，同时可以保证画出的点线均匀一致。每次用完必须拭净笔尖，妥为收藏。如笔尖使用过久变粗时，可将笔尖在火柴盒的磷面、0 号细砂纸、磨砂玻璃或未涂釉的陶瓷面上以相同角度各磨相等次数，即可再用如新。

3）尽量不修改。在不得已的情况下必须修改时，线图可以毛笔蘸广告色白粉，把疵点盖住，或用锋利的小刀或刀片，将要刮去部分的纸纤维切断，然后刮去疵点。水墨渲染或着色用的草图，不宜用橡皮摩擦，橡皮摩擦易造成着色不匀，有玷污之感。

4）注意出版需要。虽然线图原则上要力求精细，但线条粗些有时会显出生动有力。线的粗细要根据制版的要求而定。如准备缩小很多，点线可画粗些，太细了缩小后就看不清了。如缩小不多，则应尽量画得精细些。为了检查图稿的制版效果，如点线疏密粗细或所表示的虫体形象是否恰当，可取显微镜的目镜，倒转观察缩小的图像。

## 第四节　昆虫数字绘图技术

随着专业绘图软件（如 Photoshop、CorelDRAW 等）的普及，电子绘图技术在昆虫绘图中逐渐兴起。传统昆虫分类中形态绘图花费时间较长，电子绘图技术容易掌握，上手快，并且可以根据昆虫实际比例缩放绘图，从而做出更真实、生动、精细美观的昆虫特征图，大大提高昆虫绘图质量和工作效率。专业绘图软件很多，可查网址 https://www.coreldraw.com/cn，https://www.autodesk.com.cn 等。

### 一、草图绘制

草图绘制是电子绘图的基础和关键。最初需要在显微镜下观察昆虫标本，根据其基本形态及主要特征手工绘制草图，扫描手工草图样稿，以图片格式保存，用于后期电子绘图；伴随显微镜技术的不断飞跃，也可以对体视镜进行适当改装（安装相机），或直接利用电子显微镜自带的拍照功能，获得能充分展示身体构造特征和尺寸大小、颜色鲜明的昆虫图片，用于后续电子绘图。下文着重介绍几种专业绘图软件在昆虫绘图中的应用。

### 二、电子绘图软件

#### （一）CorelDRAW12 模式图绘制

进入 CorelDRAW12 界面，依下述步骤进行电子绘图。

1）点击文件菜单下的“新建”命令进入新建的界面（图 3-11）。

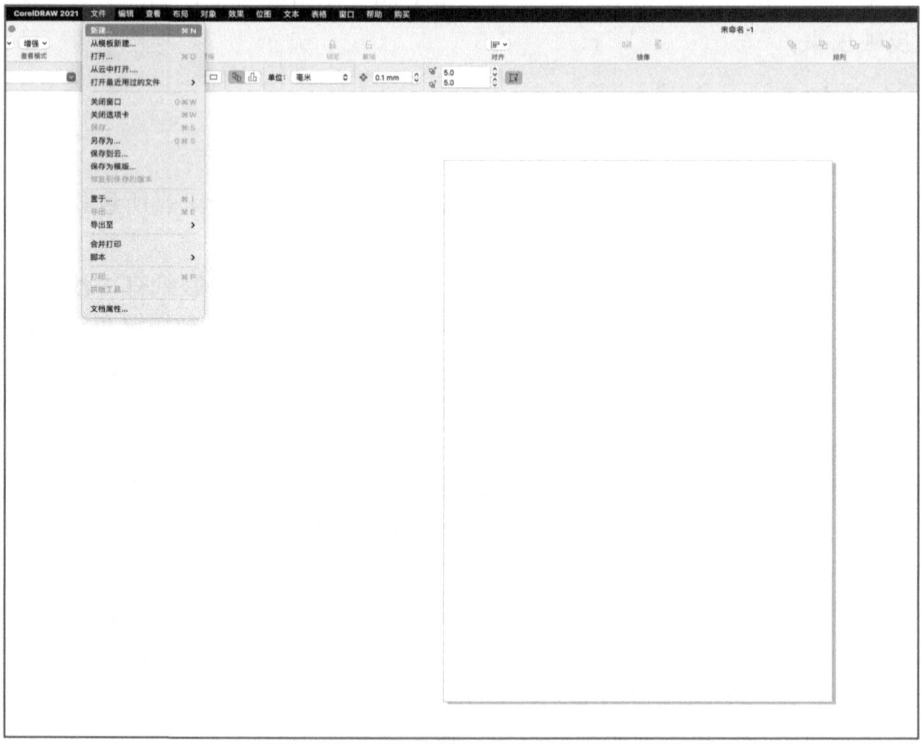


图 3-11　CorelDRAW12 新建界面（徐小安等，2007）

2）将扫描的草图导入新界面。单击菜单中“导入”命令，在对话框中选择要导入的草图。选中文件后，单击“导入”键，拖动到合适位置后按下鼠标左键，导入位图至工作区，确定后保存。

3）为防止描绘线条时位图移动，可在图形上单击鼠标右键，单击“锁定对象”键，使位图变成不可编辑对象。

4）单击左边工具栏中的钢笔绘图工具，在位图上绘图。绘图完成后点击选择草稿位图后，在对象属性栏中点击“解除锁定”。将草稿位图删除就得到新的电脑绘制的线条图（图 3-12）。

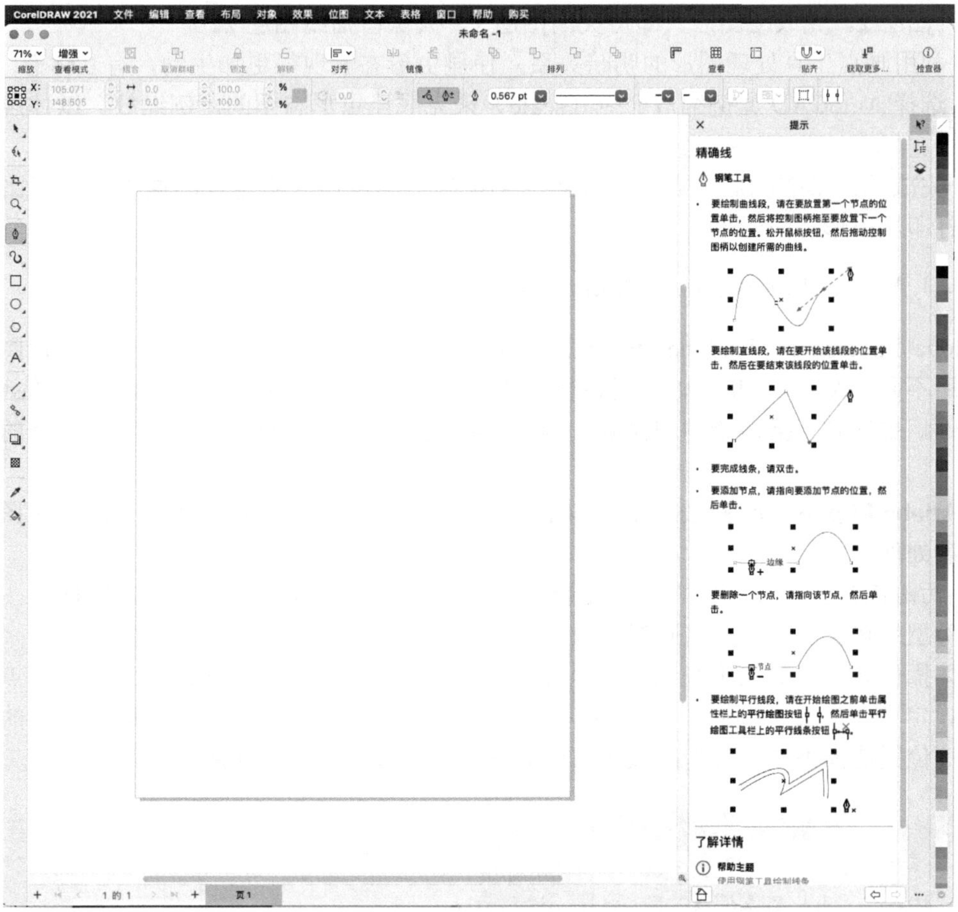


图 3-12　CorelDRAW12 位图绘图界面（徐小安等，2007）

5）单击左边工具栏中的椭圆工具，绘制实心小圆点，复制后，不断粘贴在不同位置，获得模式图上的打点绘阴影的效果。

6）模式图中有一些毛及刺的绘制，可用钢笔工具绘好多种类型、角度不同、大小不等的毛及刺。同时可以结合分类学形态结构的特点，建立专门的图形库，将这些绘制好的毛和刺保存在库中，便于在日后绘图工作中使用（图 3-13），然后按需要粘贴到不同位置。

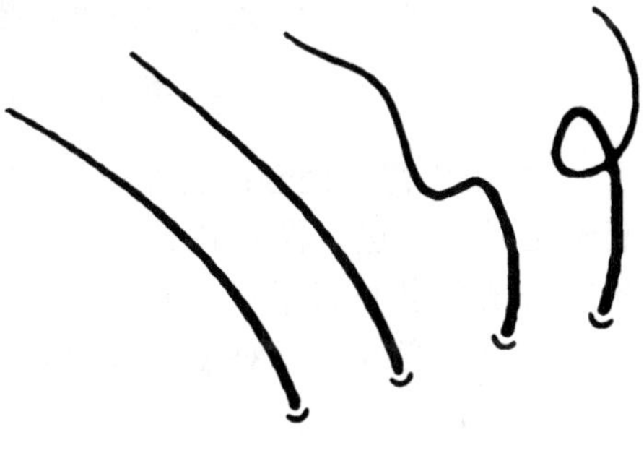

图 3-13　不同毛刺库（徐小安等，2007）

## （二）AutoCAD 模式图绘制

进入 AutoCAD 界面，按照如下步骤进行电子绘图。

1）利用插入光栅图像功能，导入昆虫草图。注意在插入光栅图像时选用带有刻度的方格纸为背景，方便后期对描画好的昆虫形态图进行缩放。

2）利用临摹功能和计算功能进一步刻画昆虫形态图，通过 line、样条曲线等工具，将昆虫的形态特征表示出来。注意绘图过程中图片图层和描线图层要设定为两个图层，可以避免原有图片的干扰，更有利于成功导出昆虫形态图。例如，图片图层设定为图层 1，描线图层设定为图层 2。完成绘图后，即可关闭图层 1，只保留描线图层 2。

3）利用画点工具处理图形的明暗关系，使昆虫形态表现得更加生动，有立体感。

4）选择 AutoCAD 比例缩放命令（scale）来完成昆虫形态图的比例缩放，以体现昆虫的实际大小。

5）完成昆虫形态图后，点击“开始”菜单的打印按钮，确定打印像素、图形比例等信息后，打印昆虫形态图即可。

## （三）Adobe Photoshop 和 Adobe Illustrator 模式图绘制

Adobe Photoshop 和 Adobe Illustrator 是两款专业的图像处理软件，它们在处理图片时侧重点有所不同：Adobe Photoshop 是图像处理工具，更适宜于图像处理；Adobe Illustrator 是矢量软件，更适宜于插图绘制和排版。两款软件联合使用可以获得更加精美和准确的昆虫特征图。

**1. Adobe Photoshop 在昆虫绘图中的应用**　Adobe Photoshop 适用于昆虫形态图草稿图片的后期处理。

1）污迹或缺损修复：清理时一定要注意仔细观察和比较同种昆虫的其他标本，确定图片污秽类型或缺少的部分，以确保昆虫形态特征的准确性。

具体操作如下：导入手绘图片或电镜照片，采用图案图章中的仿制图章工具，点击鼠标右键，设定直径参数、颜色深浅、硬度参数等，然后按住 Alt 键的同时选取要仿制的区域，根据污迹位置选择不同的仿制区域在污迹处盖戳，完成污迹处理（图 3-14）。

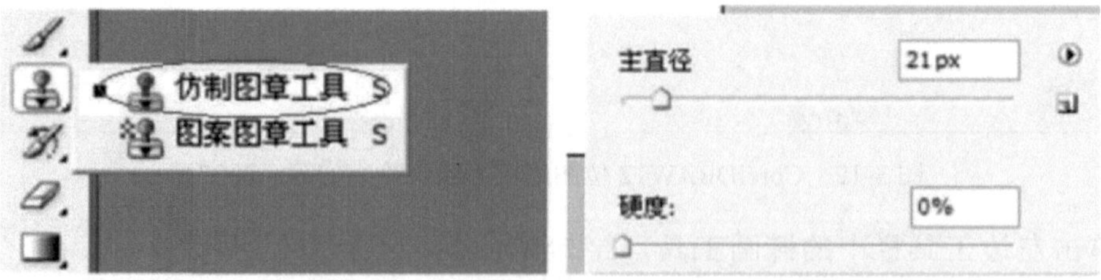


图 3-14　图片污迹或异物处理时所需工具框（崔俊芝等，2012）

2）图片背景处理：首先，设定背景颜色为黑色，用快速选择工具、魔棒工具或多边形套索工具等，选定图片轮廓；然后，利用橡皮擦工具和模糊工具处理样图轮廓，使得样图轮廓平滑并且与背景融合较好（可以反复多次，直至达到预期效果）；最后，选用色阶或亮度、对比度等工具对图片进行亮度调整（以自然清晰为最佳），输出保存为 TIFF 格式待用（图 3-15）。

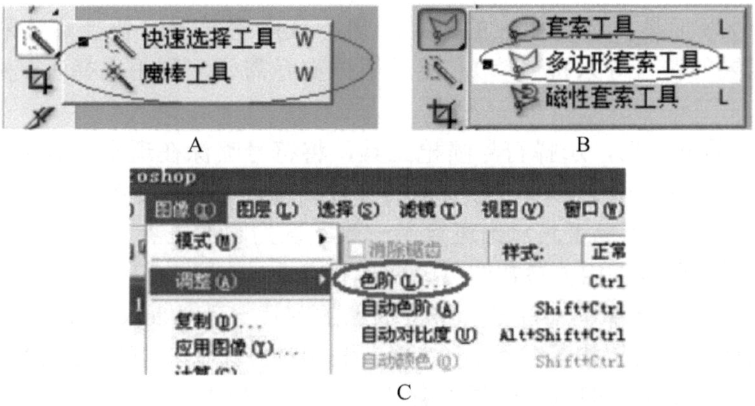


图 3-15 图片背景处理时所需工具（崔俊芝等，2012）

A. 快速选择工具栏；B. 多边形套索工具栏；C. 颜色调整工具栏

**2. Adobe Illustrator 在昆虫绘图中的应用** Adobe Illustrator 软件适用于昆虫绘图覆墨、描摹及排版等。

（1）手绘特征图覆墨 打开文件，可预先根据需要多设计几个图层，方便后续的修稿。首先，进行描边：使用铅笔或钢笔工具，沿着草图线条描摹。描摹过程中出现有偏差的点，可用鼠标左键点住相应线条进行适当的拉伸调整，使线条与草图一致。然后，选用平滑工具使描摹的线段平滑，完成对手绘特征图的覆墨过程。

（2）刻点、斑点、刚毛等微小特征的描绘 昆虫刻点、斑点、刚毛等微小特征是物种鉴定的重要依据，但绘图软件往往很难精确描绘这些特征。Adobe Illustrator 软件解决了这一难题（图 3-16）。

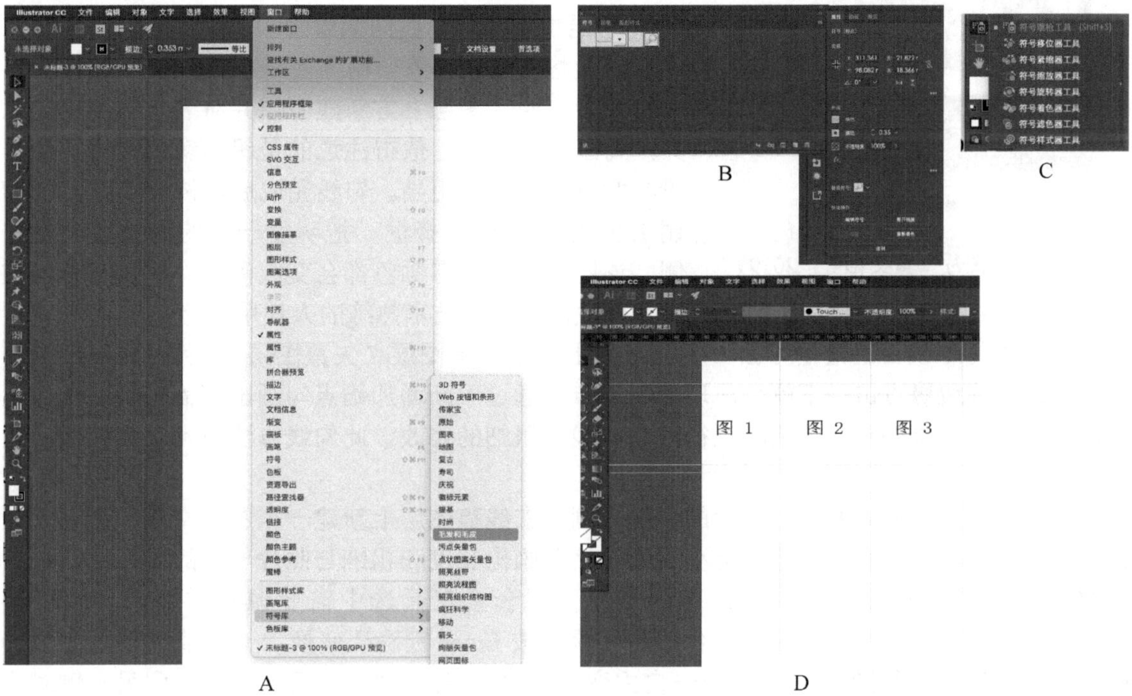


图 3-16 细小特征描绘所需工具（崔俊芝等，2012）

A. 毛发和毛皮工具栏；B. 符号工具选项；C. 喷枪工具栏；D. 图版版心设定及图片大小设定

1）选用符号库工具，选择相应的刻点、斑点或刚毛符号（需要事先利用“效果”工具，自行画出需要的符号导入符号库）；然后根据实际需要，利用选择工具缩放符号至合适的比例。

2）选择恰当的符号后，选择符号喷枪工具，将符号喷涂在适宜位置上。双击符号喷枪工具会弹出一个窗口选项用于修改符号喷枪的参数（直径、强度等）。

3）也可以选用斑点画笔工具点出斑点（一般默认为圆形斑点），双击斑点画笔工具出现复选框，根据实际需要调整相关参数即可改变形状。

（3）已发表图片的描摹　首先，将待描摹的图片导入 Adobe Illustrator 软件，选择描摹选项（根据实际需要设置描摹参数）；然后，利用选择工具进行实时描摹；最后，扩展、复制并粘贴成为一个新文件即可。值得注意的是有时会遇到临摹图片分辨率过低、不适于临摹、难以保证细节的情况，此时可以利用 Adobe Photoshop 软件扫描原图，获得一个新的临摹图，适当放大后导入 Adobe Illustrator 软件进行描摹，效果会得到明显改善。

### （四）数字绘图

数字绘图是一种同时利用数位板和绘图软件在电脑上直接进行绘画的图像创作方式。下文将具体介绍一种基于数字绘图技术的昆虫黑白点线图绘制方法，该方法选用的绘图软件是 SAI 软件。

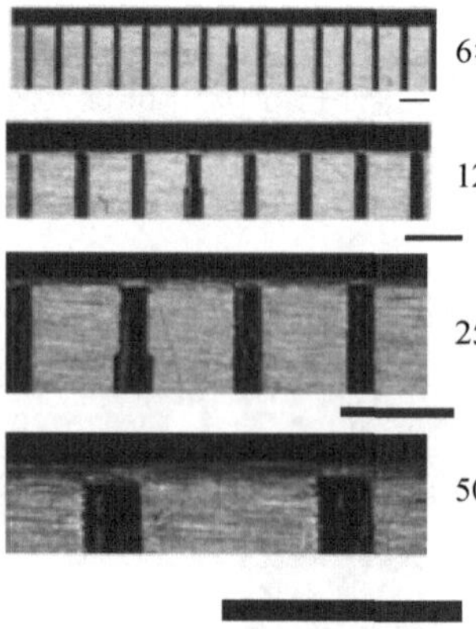

图 3-17　标尺图片（董文彬等，2019）

**1. 标尺的准备**　首先拍下不同放大倍数下尺子的刻度。打开 SAI 软件，新建文件，命名，复制尺子照片到画布，然后用矩形选框选出不同倍数下 1mm 的长度，用油漆桶工具填充颜色，标注放大倍数，即得到一系列放大倍数下的标尺（图 3-17）。

**2. 昆虫结构的勾线图稿绘制**

（1）格栅勾线图稿绘制方法　打开 SAI 软件，导入图片。在照片图层上方新建图层并命名，选用铅笔工具，勾画出轮廓线，值得注意的是铅笔颜色的设置应尽量与背景颜色差异明显。勾线完成后，按快捷键 Ctrl+U 调出色相/饱和度选择框，把明度一栏的滑块拉到最左侧，该图层上的所有颜色都会变成黑色。此勾线方法技术难度较高，适合技术熟练的人使用。

（2）矢量勾线图稿绘制方法　在照片上新建钢笔图层（矢量图层），利用曲线工具，鼠标每在图片边缘点击一下就会出现 1 个锚点，通过不断增加锚点勾画出图稿轮廓。然后选择修改线工具，调整合适的笔刷直径，完成线条粗细的修改。此勾线方法技术难度较低，适合初学者使用。

（3）细微结构的绘制　以鬃的画法为例：在线稿图层上新建一个图层文件，命名。选择铅笔工具，先在鬃着生部位画上小圆圈，接着画出长度和粗细与照片一致的鬃，然后根据实物标本形态，对鬃进行形态调整；然后使用套索工具选中需要调整的鬃，自由变换（Ctrl+T），以着生点为中心旋转至合适的位置，按 Enter 键确认变换。一般情况下，完成一侧鬃毛勾画后，执行图层/复制图层—自由变换/左右翻转，把旋转后的图层拉到另一侧对应位置；最后确认、合并两个图层，鬃的绘制即完成。

其他细微结构的画法类似，完成一半后，复制图层、旋转图层，把旋转后的图层拉到另一侧对应位置，合并两个图层，即完成绘制。

（4）打点衬阴

1）网点图层的准备：在一张A4尺寸的硫酸纸上使用0.8mm的针管笔铺一层密度适中的点，在四角画十字标记，扫描成电子稿；然后在此硫酸纸上继续打点，增加点的密度，完成后再次扫描，得到第二张高密度点的电子图片；重复此操作，获得第三张密度最高的点图片。打开SAI软件，新建画布，复制三张点图片到三个图层，执行图层/亮度操作，调整三个图层明暗度；以四角的十字标记为基准，使用自由变换功能对齐三张图片的位置，按照图点稀疏程度依次命名为“3”（密度最大）、“2”和“1”（密度最小），保存图片，获得网点图层文件。

2）笔刷的制作：选择橡皮擦工具—复制，设置复制的橡皮擦参数（形状参数为Noise 2，形状强度参数为100%，倍率参数为300%，纹理参数为纸张质感，纹理强度为100%，飞白参数选项应用最小浓度），其他参数任选即可，然后双击复制的橡皮擦命名“刮网笔刷”。这种笔刷的功能特点是能够获得过渡自然、低密度、色调均匀变化的图案。

3）打点衬阴的过程：①选择魔棒工具，点击线稿外侧区域，执行选择/反选，在线稿下方新建图层并命名图层“底色”。选择油漆桶工具，填充图层底色为白色，随后取消选区（Ctrl+D）；在图层“底色”上新建一个图层组并命名为“点”。将先前做好的网点图层复制到图层组“点”中，对图层组“点”执行创建剪贴蒙版，使点只在底色范围内显示。②使用橡皮擦工具擦除图层“3”中黑斑区域以外的点，得到黑斑的形状。③使用“刮网笔刷”对图层“2”中部区域进行擦拭，擦除亮部区域，使其过渡均匀。继续在图层“1”和图层“3”上擦出合理的高光和反光，完成打点衬阴。最后显示所有图层，完成绘图（图3-18）。

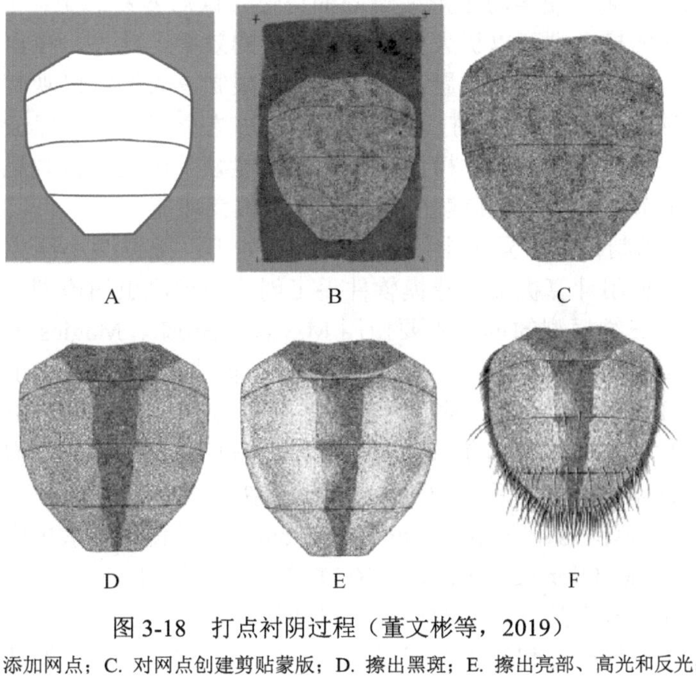


图3-18　打点衬阴过程（董文彬等，2019）

A. 线稿和底色；B. 添加网点；C. 对网点创建剪贴蒙版；D. 擦出黑斑；E. 擦出亮部、高光和反光；F. 加上刚毛和鬃

（5）通用模板应用　通用模板可以用于在具有近似分类地位或相似形态结构昆虫之间，能够进一步缩短绘图时间，显著提高科学绘图效率。

把已经绘制好的特定部位的图稿复制到其他线稿上，一般情况下需要使用“自由变换”

功能调整大小和位置，使其基本符合当前线稿形状，使用“变形”功能对形状进一步细微调整，确认变换。对于边缘仍有差异的区域，可使用套索工具选中相应的区域，进行细微调整，然后使用铅笔工具和橡皮擦工具对局部特征进行修饰，直至与当前线稿完全吻合即可。

## 第五节　3D 打印技术在昆虫学中的应用

3D 打印技术是一种以数字化三维模型为基础，利用塑料或粉末状金属等可黏合材料，通过逐层累加的方式来制造实体物品的技术。3D 打印技术的原理与传统打印技术类似，只不过 3D 打印机不用纸张和墨，而是常通过加热使特定的高可塑性材料或金属粉等熔化，按照计算机设计从喷头喷出，参照模型图的尺寸逐层向上堆积成型，最终把模型图变成实物。该技术自 20 世纪 90 年代诞生以来，普遍应用于模型制作、文化创意产品开发等领域，其所构建的实体模型比数字化模型更能表现出完整和真实的视觉效果。此外，3D 打印技术也让模型制作从以前的工厂车间走进普通实验室，只要有一台 3D 打印机和模型结构的数字参数，就可以在实验室内完成实体模型制作，这比传统方法的成本更低、工序更简化。3D 打印技术在昆虫学中的应用主要包括微小昆虫虫体模型制作及昆虫器官结构模型制作。

### 一、微小昆虫虫体模型制作

利用 3D 打印技术可以制作放大的微小昆虫实体模型，有利于微小昆虫的三维观察和形态教学。昆虫体型大小多种多样，其中微小昆虫的形态教学基本是利用放大的图片或借助显微镜观察来进行的。虽然通过这样的途径也能学习到微小昆虫的体型细节特征，然而这种可视而不可触的图像教学无法使学习者形成牢固的记忆，课后容易忘记；利用 3D 打印技术制作出的可见、可触摸的模型则可以极大地提升教与学的效率。此外，在自然博物馆中，微小昆虫的科学展示是一个长期存在的难题，由于受条件限制，人们难以观察它们的细微形态特征，教育效果常不够理想。利用 3D 打印技术可以解决这个问题，在保证科学性和真实性的前提下，完成微小昆虫放大后的实体模型制作，使其能触手可及、直观呈现，这样人们可以审视昆虫的每一个细节，从而增强自然博物馆的展示教育功能。

利用 3D 打印技术制作微小昆虫虫体模型的方法如下：根据微小昆虫的全方位显微照片和活动视频资料等，使用计算机辅助建模软件手工创建微小昆虫的模型，将二维图像信息转化为三维模型文件。三维模型的创建主要使用 Maya、ZBrush、Magics 等三维数字软件来实现：Maya 由美国 Autodesk 公司研发，能通过曲面、多边形和细分等方式准确建立三维模型；ZBrush 由美国 Pixologic 公司研发，它独特的数字雕刻工具可以自由地对三维模型进行细节处理；Magics 由比利时 Materialise 公司研发，能方便快捷地编辑和修改三维模型的数字文件，并有效降低打印误差。之后，通过 3D 打印机快速成型。例如，联泰 SLA 3D 打印机（RSPro 450），其成型范围为 450mm×450mm×350mm，可以使用光敏树脂（Somos ProtoGen 18420）和透明光敏树脂（Somos WaterShed XC）作为打印材料。

原尾虫、蜱螨和水熊虫是三类小型动物，虽然蜱螨和水熊虫在分类学上不属于昆虫，但它们是昆虫的近亲，身体构造和昆虫有相似之处。下文以它们为例，阐述利用计算机辅助建模和 3D 打印技术对其进行实体模型制作的过程。

#### （一）3D 建模

1）创建基本模型：原尾虫的基本模型使用 Maya 软件中的多边形建模方式，利用基本圆柱体的变形，通过调整点和线的位置表现原尾虫的体节比例，通过改变身体的弯曲度表现原尾虫的运动姿态。蜱螨的基本模型使用ZBrush软件中的基本球形几何体，用Move和Clay笔刷进行细化，使变形的球体与蜱螨的大致体形相吻合。水熊虫的基本模型使用ZBrush软件中特有的ZSphere建模方式，通过调整Z球的位置和尺寸来展现水熊虫的体节，将这些Z球连接起来形成水熊虫的身体轮廓。

2）雕刻身体细节：主要用ZBrush软件中的各种笔刷来进行微调：使用Move笔刷调整原尾虫模型体节的比例；使用Alpha工具展现蜱螨模型皮肤的纹理；使用Clay笔刷展现水熊虫模型皮肤的皱褶，使用Alpha工具来展现其背部的颗粒。

3）添加体节和器官：首先通过基本几何体变形来制作体节和器官，再使用ZBrush软件中的Subtool工具把体节和器官拼接在身体上。原尾虫模型增加假眼、口器和足；蜱螨模型增加口器和足；水熊虫模型增加口器、触须、足、爪和刚毛。

4）输出模型文件：将所有身体部分进行组合，把制作完成的模型保存为STL文件。将STL文件导入Magics软件中，修补破面并去除重叠部分，减少打印过程中的出错概率。在工具中选择抽空模型，设置打印壁厚为2mm。

图3-19展示了原尾虫、蜱螨和水熊虫的3D建模过程。

原尾虫

蜱螨

水熊虫

图3-19 原尾虫、蜱螨和水熊虫的3D建模过程（缪克佳等，2016）

左. 构建基本轮廓；中. 雕刻并添加细节；右. 完成后的模型

## （二）3D打印

将检查完毕的STL文件导入3D打印机进行打印，制成的模型尺寸为10～20cm。图3-20展示了原尾虫、蜱螨和水熊虫的显微照片和模型成品。与实物相比，原尾虫模型的体节比例准确，假眼、口器、足等器官均有呈现；蜱螨模型的表皮条纹清晰，爬行姿态逼真；水熊虫模型的头部和体节结构匀称，触须、刚毛等细节明晰。

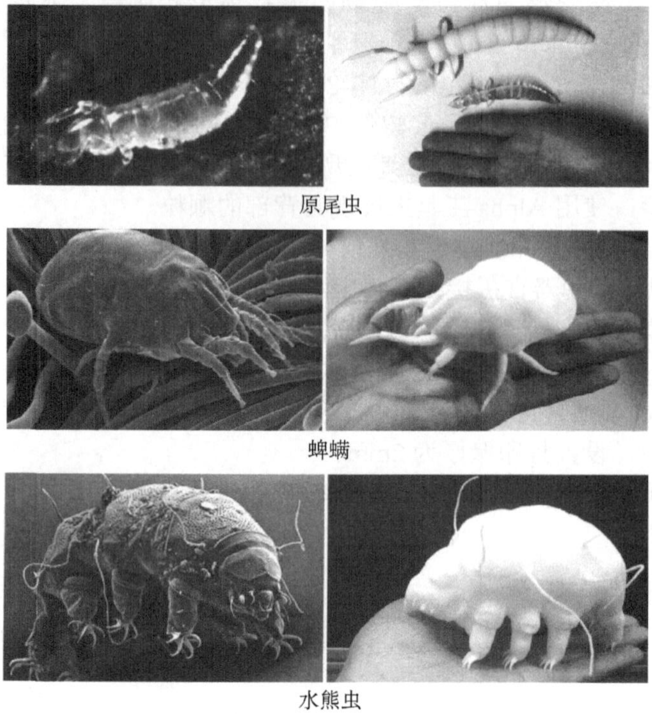


图 3-20　原尾虫、蜱螨和水熊虫的显微照片和模型成品（缪克佳等，2016）

左. 显微照片；右. 模型成品

## 二、昆虫器官结构模型制作

制作昆虫器官结构的实体模型，不仅对昆虫器官解剖结构及功能研究有重要意义，也可以为科研和教学工作者提供一种很好的教具。在昆虫众多的器官中，脑是中枢神经系统的重要组成部分，脑解剖结构是昆虫学领域的一个重要研究内容，有助于理解昆虫行为和生理活动的神经调控机制。利用 3D 打印技术制作的昆虫脑实体模型大小适中，可以放在手中任意旋转，方便从不同角度观察其结构的形态、位置和空间关系，也便于比较不同昆虫脑结构的异同，加深对其结构和功能演化的认知。下文以鳞翅目昆虫烟芽夜蛾的脑实体模型制作为范例，讲解如何利用 3D 打印技术实现这一过程。

### （一）脑解剖和免疫组织化学染色标记

将烟芽夜蛾成虫头部剪下，置于林格液中。在解剖镜下用精细解剖镊子把脑解剖出来，放置于用磷酸缓冲液（PBS，0.1mol/L，pH7.4）配制的 4%多聚甲醛固定液中，在 4℃条件下过夜。用 PBS 缓冲液连续冲洗 4 次，每次 15min，随后把脑转移至 5%正常羊血清封闭液中，室温预孵育 3h。然后将脑转移到含抗突触蛋白抗体 SYNORF1（浓度为 1∶100，*V*/*V*）的 PBS 溶液中 4℃孵育 5d。用 PBS 缓冲液冲洗 6 次，每次 20min，随后将脑转移到 Cy2 荧光偶联的抗鼠二抗（浓度为 1∶300，*V*/*V*），4℃孵育 3d。用 PBS 再冲洗 6 次，每次 20min。利用 50%、70%、90%、96%和 100%的乙醇溶液由低浓度到高浓度将脑脱水，每个浓度脱水 10min，其中 100%的乙醇脱水 2 次，之后把脑置于水杨酸甲酯中透明。最后将脑放在铝制载玻片孔内的中性树胶中，调整姿势，用盖玻片密封。

### （二）脑图像数据获取和三维模型构建

利用激光共聚焦扫描显微镜获得脑结构逐层图像集（图 3-21A～D）。扫描激光为 488nm 氩激光，扫描图层间隔 3μm，图像分辨率设定为 1024×1024 像素。将激光共聚焦扫描图像集导入图像分析软件 AMIRA，利用图形分割编辑器“label field”重建脑内部各神经髓结构。对所构建的脑结构进行识别后，使用板刷将该结构的所在区域进行标记。最后将同一结构的多张标记图形叠加，生成脑三维结构（图 3-21E～G）。

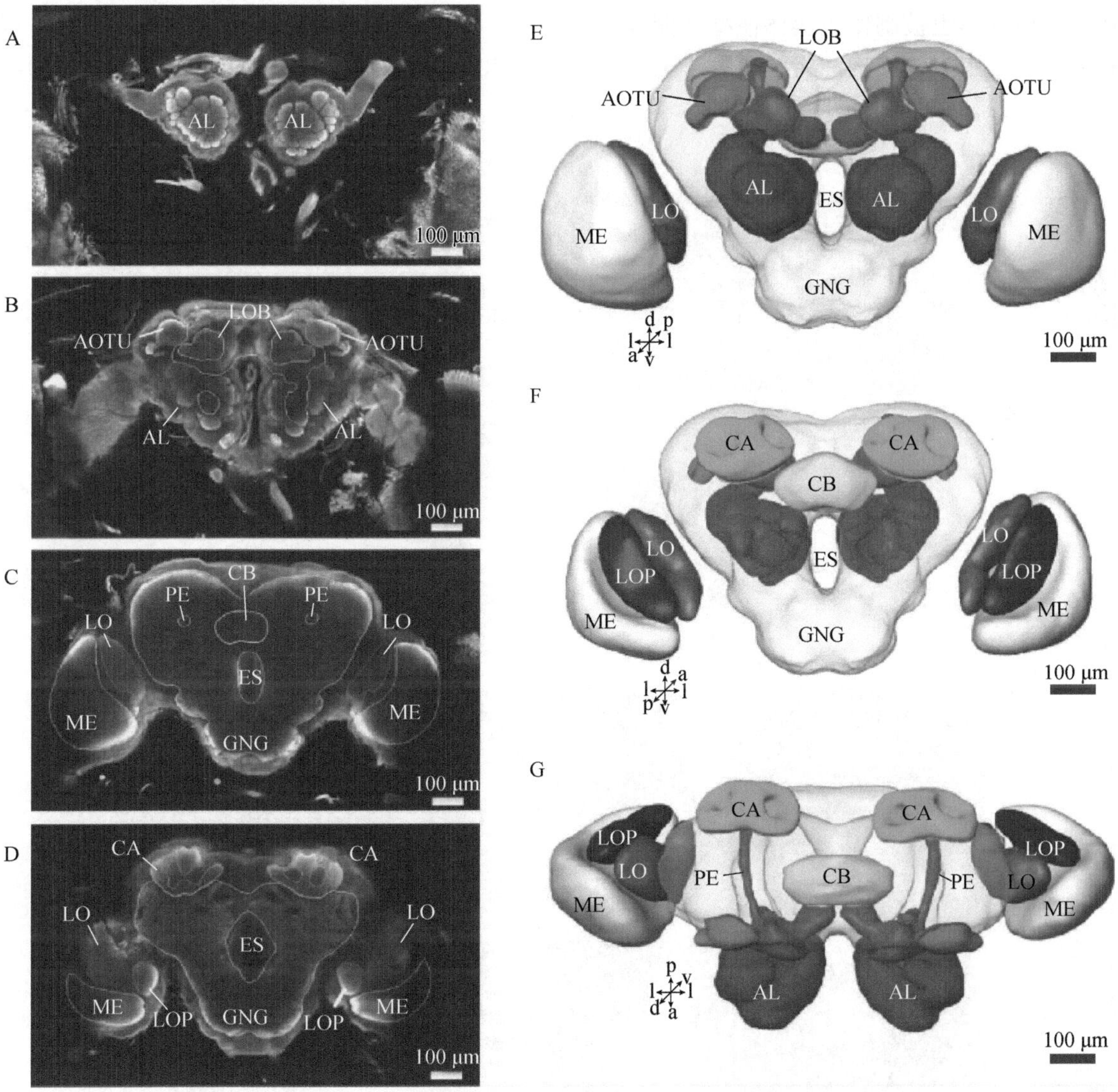


图 3-21 烟芽夜蛾雄成虫脑激光共聚焦扫描图像和数字化三维模型（陈秋燕等，2018）

A～D. 从前到后不同深度的脑显微图像；E～G. 脑数字化三维模型，E. 正面观，F. 后面观，G. 背面观。AL. 触角叶；AOTU. 前视结节；CA. 蕈形体冠；CB. 中央体；ES. 食道；GNG. 腭神经节；LO. 视小叶；LOB. 蕈形体叶；LOP. 视小叶板；ME. 视髓；PE. 蕈形体柄。方位：a. 前向；d. 背向；l. 侧向；p. 后向；v. 腹向

扫码见彩图

## （三）3D 打印

首先使用 AMIRA 将脑三维模型数据转换为 STL 格式文件，然后将其在 Cural 软件中打开，调整三维模型的长、宽、高，设置打印模型的大小、打印起始位置、打印厚度、支撑类型等。随后，将模型数据保存为打印代码 Geode 格式。Geode 格式文件将数据模型沿纵向层层切割，成为 3D 打印机可识别的数据。打印材料为聚乳酸，喷头温度设置为 200℃，底板温度设置为 50℃。点击打印指令，3D 打印机即开始打印脑模型（图 3-22A、B）。该模型结构清晰，其尺寸约为脑实际大小的 100 倍，体积放大约 $10^6$ 倍。为了便于区分，触角叶、前视结节和蕈形体等不同的结构涂上不同的颜色。由于蕈形体结构复杂，在脑内部，为了便于观察，蕈形体也被制作成实体模型（图 3-22 C、D），其尺寸约为实际大小的 100 倍。为了展示脑内部的中央体结构，将脑模型作矢状、垂直和水平切割后进行 3D 打印（图 3-22A、B，E～J），可将脑的切面清晰展示出来。

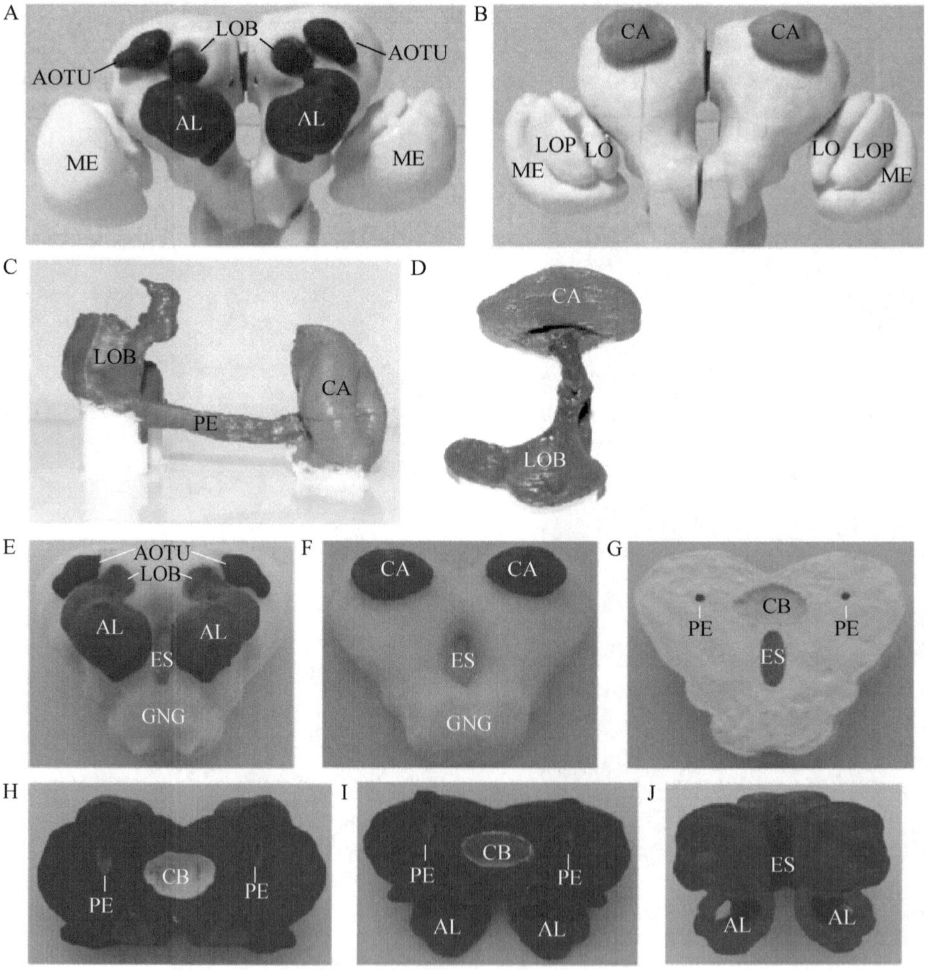


扫码见彩图

图 3-22　烟芽夜蛾雄成虫脑结构模型成品（陈秋燕等，2018）

A. 脑正面观；B. 脑后面观；C. 蕈形体侧面观；D. 蕈形体背面观；E. 垂直切脑模型（无视叶）前面观；F. 垂直切脑模型（无视叶）后面观；G. 垂直切脑模型（无视叶）截面；H～J. 不同深度水平切脑模型（无视叶）截面。AL. 触角叶；AOTU. 前视结节；CA. 蕈形体冠；CB. 中央体；ES. 食道；GNG. 腭神经节；LO. 视小叶；LOB. 蕈形体叶；LOP. 视小叶板；ME. 视髓；PE. 蕈形体柄

## 【思考题】

1. 传统绘图方法的主要元素是点和线，绘图过程中点和线的使用需要注意哪些方面？

2. 试述传统绘图方法的一般步骤和注意事项。

3. 与传统手绘相比，数字绘图技术的优势体现在哪些方面？

4. 专业绘图软件种类繁多，除文中介绍的图像软件外，还有哪些图像软件可以进一步开发应用于昆虫绘图？

5. 现要进行昆虫虫体和器官的形态及结构教学，选用什么教具比较好？该怎样制作？

（张志勇，郭洪刚，李　嘉）

# 第四章　昆虫标本采集、制作、保存与数据库建立方法

【内容提要】本章主要介绍昆虫标本的采集、制作、保存与数据库建立的方法和技术，并介绍昆虫标本采集、制作与保存常用的试剂和使用方法。

【学习目标】系统掌握昆虫标本采集、制作、保存与数据库建立的方法与技术。

【基本要求】理解昆虫的生物学习性在昆虫标本的采集、制作、保存与数据库建立工作中的重要意义，并能结合昆虫的生物学特性进行昆虫标本的采集。

昆虫标本是教学和科研的重要材料。采集昆虫标本是学习和研究昆虫的基础工作，是初学者必须掌握的专门技术。昆虫种类繁多，生活习性和生活环境复杂，要想得到大量、理想的标本，必须掌握特定的采集工具和采集技术。

## 第一节　常用的采集工具

### 一、捕虫网

捕虫网的种类很多，按其功能可分为捕网、扫网、水网和刮网 4 种。

#### （一）捕网

捕网用来捕捉正在飞行或停息着的活泼昆虫。网袋料用薄、细、透明的白色或淡色织物如尼龙纱等制成（图 4-1）。

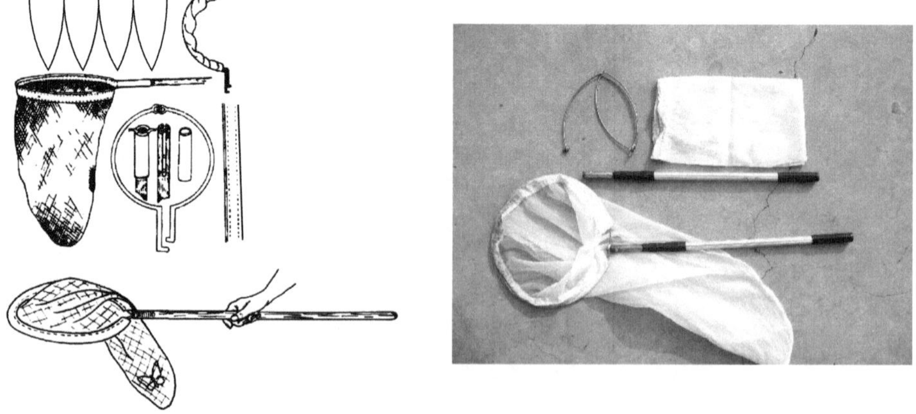

图 4-1　捕网的构造及用法

左. 构造图；右. 实物图

### （二）扫网

扫网用来扫捕草丛等茂密植物上的昆虫。网袋和网圈要结实，使用扫网时边走边扫，形如在地面画水平“8”字（图 4-2）。

### （三）水网

水网用来捞捕水栖昆虫，以铜纱或尼龙纱制成。水中阻力大，因此网柄稍长，网圈网袋也相对结实（图 4-3）。

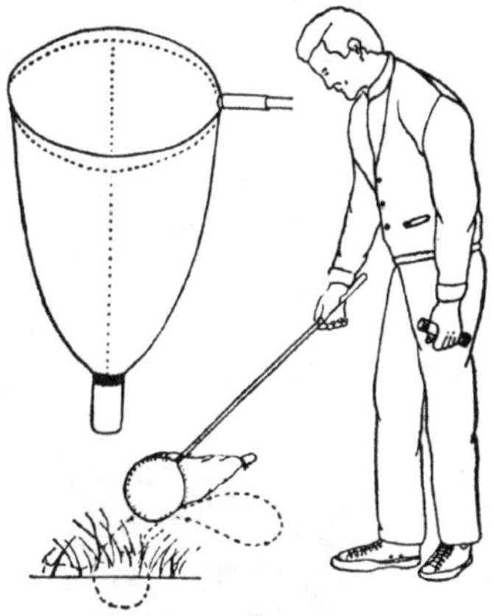

图 4-2　扫网形状及使用方法

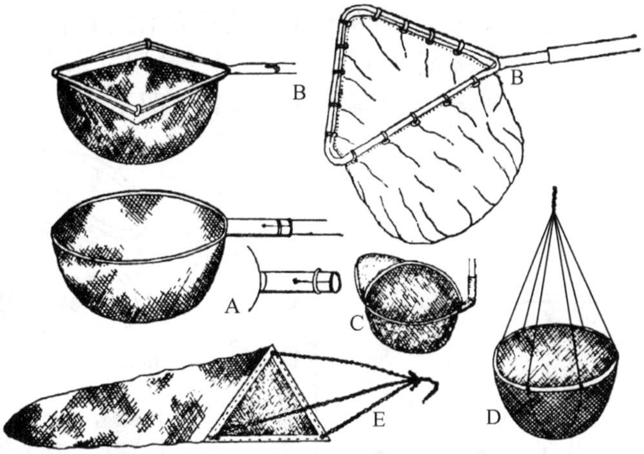


图 4-3　各种形式的水网

A. 捞网；B. 铲网（两种形状）；C. 挖网；D. 吊网；E. 水底采集网

### （四）刮网

刮网又称剥虫网（图 4-4），用于采集树皮、朽木及墙壁等建筑物中的昆虫，可用粗铝丝作架，前面连接上一段有弹性的钢条，再缝上用白布制作的下面留有开口的网袋，在网袋下面的开口处捆扎上个小瓶。用这种网采集昆虫时，可将网口紧贴在树干或其他物体上，刮入网中的昆虫可集中在小瓶中，毒杀后再挑选。

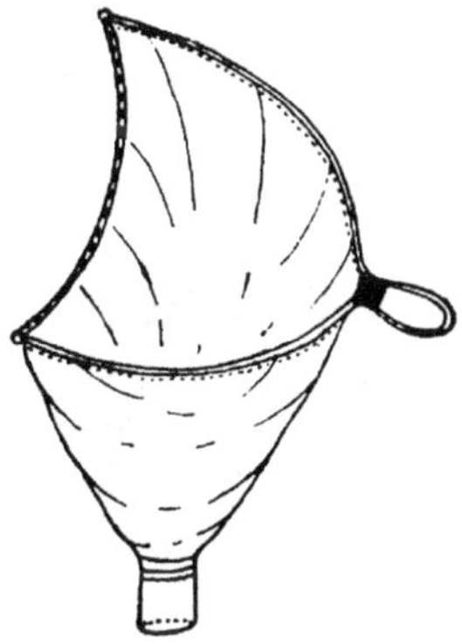

图 4-4　刮网

## 二、捕虫伞

敲打或摇动树枝时，常有许多昆虫掉下来，利用昆虫的假死性来采集昆虫时，可用捕虫伞（图 4-5）。捕虫伞形似普通用的布伞，但它的伞柄是活动的，可以抽出一段，伞柄与伞成直角，不用时只要把活动的一段推进去，就可以代替伞用，采集时可遮阳或避雨。

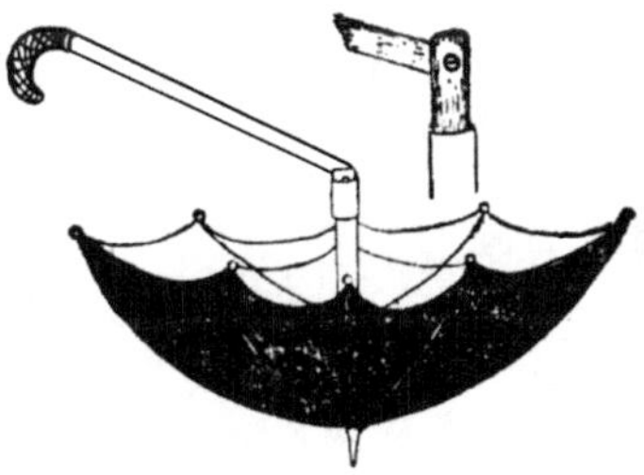

图 4-5　捕虫伞

捕虫伞也可用简单装置来代替：取两根竹片或木棍等交叉作架，套在白布的四角上。为了携带方便，可以把木架折叠后用白布裹起来。

## 三、放虫工具

### （一）吸虫管

对微小和不易拿取的昆虫可用吸虫管采集。用较粗的玻璃管，配好软木或胶皮塞，在塞上打两个孔，分别插一段塑料或玻璃的弯管，在接吸气胶管的弯管一端缠一小块纱布或铜纱，以防止将虫吸入胶皮管中（图 4-6）。

### （二）活虫采集器

用木板或铁皮做成的梯形纱笼称为活虫采集器，有一门，或装虫孔。也可用无底的大指形管，一端扎细铜纱或尼龙纱，另一端用软木塞，用来装活虫或养虫。还可用有机玻璃制作，活虫采集器可根据需要灵活设计（图 4-7）。

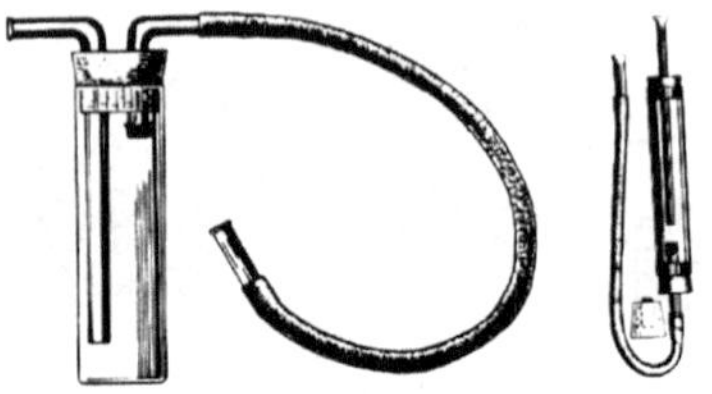

图 4-6　吸虫管

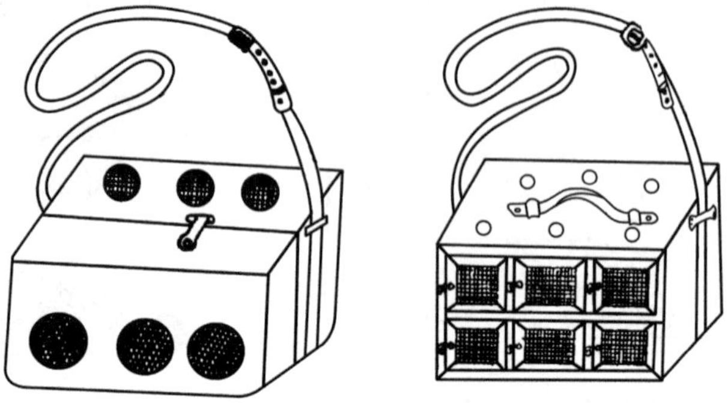

图 4-7　活虫采集箱（左）和微小昆虫采集器（右）

### （三）指形管

指形管用来装昆虫和保存标本等。常用 80mm×20mm 或 60mm×12mm 的玻璃管，配以软木塞、棉花塞或橡皮塞。其他小管、小瓶也可以代用，医用的青霉素小瓶带有橡胶塞，很方便、价廉。

## 四、毒瓶

采到的昆虫，除需要饲养以外的都要杀死，杀死得越快标本越完整。所以毒瓶是不可缺少的采集工具（图 4-8）。毒瓶的制作参见附录 1。

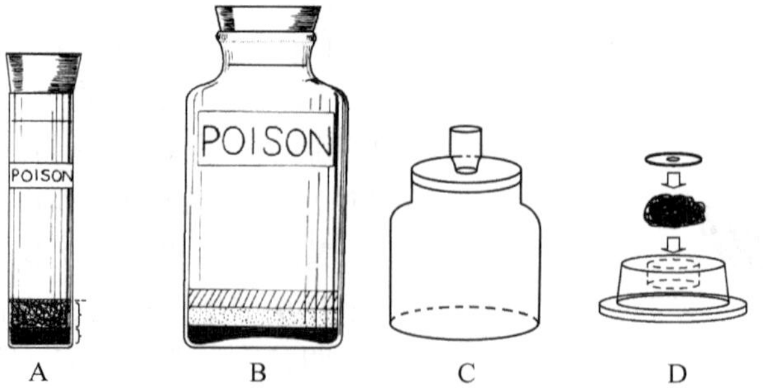


图 4-8　各种形式的毒瓶

A. 毒管；B. 毒瓶；C. 简易毒瓶；D. 毒瓶盖的制作

## 五、其他采集用具

采集袋用来携带采集用具，大小式样如一般的背包，袋内有两排装指形管的筒状小袋，每排十余个，还有几个大小不同的装毒瓶（管）的小袋。袋可分 3 层，装镊子、剪刀、水铲、手拿式放大镜、拆下的捕虫网、笔记本、标签和毛笔（刷小虫用）等。采集袋不能过于复杂，要轻便实用。此外，根据需要还可携带折刀、枝剪、小铲、小锯和植物标本夹等（图 4-9）。

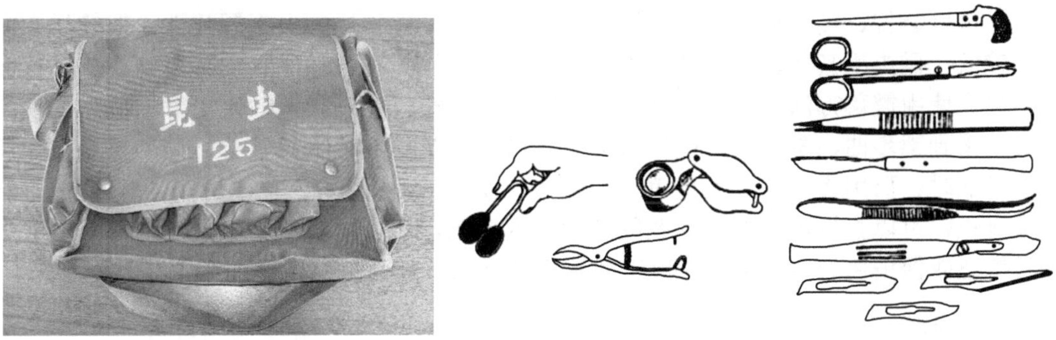


图 4-9　其他采集工具

采集包、毒虫铗、放大镜、剪刀、镊子等

# 第二节　采集昆虫的方法

昆虫的生存环境多样，形态特征各异，采集的方法也多种多样，根据昆虫的形态学、生物学特性可用不同的方法进行采集。

## 一、采集方法

### （一）观察

采集昆虫时，可根据不同昆虫的生物学特性或观察到的生存踪迹及危害症状等找到昆虫的生活场所。例如，可凭听觉找到蝉、螽斯（蝈蝈）、蟋蟀（蛐蛐）等发音昆虫；可依照植物叶部卷缩或茎部畸形、蜜露找到蚜虫及吃蜜露的蚂蚁、蜂类和蝇类，以及以蚜虫为食料的瓢虫或其他天敌；可根据植物基部蚂蚁用细土粒堆成的蚁冢找到植物地面部位寄生的蚜虫或介壳虫；可根据啃食的叶片痕迹、地面粪便发现预知昆虫的种类及龄期；可根据潜道判定不同潜叶蝇的种类等。认真观察，不仅可找到目的昆虫，还可对不同类群进行初步判断。

### （二）搜索

许多小型昆虫和一些昆虫处于越冬时期、蛹期或不活动的时间（如白天）时，都存在于隐蔽之处，必须仔细搜索才能找到。在发现昆虫存在迹象附近的植物上、砖石下、泥土中、枯枝落叶下、树皮下、缝隙间、树洞里、动物的尸体和粪便中，以及昆虫可能栖居的地方，可以搜索到很多种类的昆虫。例如，砖石下可采到肉食性的甲虫；泥土中可采到金龟子的幼虫、金针虫、地老虎幼虫，以及正在休眠状态的多种昆虫的幼虫和蛹；在腐烂植物中可采到蝼蛄、隐翅甲、蠼螋、蓟马；在树皮下及树干中可采集到茶蛀虫、木蠹蛾幼虫、天牛幼虫、吉丁虫、多种小蠹虫或长喙蚜属的蚜虫；在雨后储水的树洞中、竹根中可采到蚊虫及其他双翅目昆虫；在动物身上可采到跳蚤、虱等寄生性昆虫；在仓库的角落及储藏粮食的用具中，可搜索到多种仓库害虫。在高山、森林、沼泽、湖泊沿岸等地方采集原尾纲、弹尾纲、双尾纲等时，使用搜索法效果更好。对于有共生性的昆虫，如在蚁巢、蜂巢及鸟、兽的巢穴中，有许多昆虫共栖生活，更需要使用搜索法才能采到。

### （三）震落

许多有假死性的昆虫一经震动就会往下落，可在树下铺白布单等来采集。有些白天隐蔽的昆虫，可以敲打、震动植物，使其惊起，然后网捕。有些昆虫虽无假死性，但趁早上或晚上温度较低，昆虫不甚活动，或当昆虫专心取食时，趁其不备猛然震动寄主植物，其也会被击落下来。使用震落方法时可配合采集伞、网或方白布单等工具，效果更好。例如，使用震落法时可采到梨步曲、枣步曲、槐尺蠖等鳞翅目幼虫及其他有吐丝下垂习性的昆虫。在黄昏或中午炎热时，可用震落法采到金龟子、锹甲、象甲、叶甲及一些半翅目昆虫。蚜虫、蓟马等小型昆虫，可以直接击落到网中或硬纸片、木板上，然后用小毛笔收集浸入乙醇溶液中。有些具拟态或保护色的昆虫可用震落法使其行动暴露，从而被发现进而采集。

### （四）网捕

网捕是采集时最普遍且最常用的一种方法。会飞善跳的昆虫不论是活动还是静止时，都应采取网捕。采集时用手握紧网柄，把网口迎面对着飞翔或停止的昆虫，虫一进网就要立即封住网口。随扫网的动作顺势将网袋向上甩或迅速翻转网口使网圈与网袋叠合一部分，入网昆虫便不会逃跑掉。虫入网后应先将网的中部附近捏住，将毒瓶伸入网中，开盖、装虫、封盖，再取出毒瓶，切勿先从网口往里看，以免入网昆虫逃脱。

为保持鳞片类昆虫标本翅上的鳞片不受损伤，将昆虫捕入网中后，可先在网外用拇指和食指将蛾、蝶类标本的胸部轻捏一下，使其窒息。较大种类也可用注射器在胸部注入少许乙醇溶液，使其迅速死亡。蝶类翅大、易破，可以隔网捏住胸部，渐加压力，使其不能飞行时，再取出放入毒瓶，取出时趁肌肉没有僵硬之前，将四翅叠向上方，否则时间稍长便不易矫正。因为翅正面有鳞片组成的花纹，较反面的花纹更为重要。标本处理好后应立即放入三角纸袋中，写好标签待用。有螫针等能伤害人类的蜂类，以及猎蝽等昆虫，捕入网中后，可用镊子或毒虫夹取出，或将有虫的网底一起塞入毒瓶，经杀死后再取出。

草丛及灌木中的昆虫（包括有翅和无翅种类）可用较结实的布制扫网在上面左右、上下摆动来回扫捕，扫几网后小虫和杂物会集中在网底，然后将网底塞入毒瓶，待虫毒死后倒在白纸上挑选，进行分离，或将标本先倒在备好的布袋中，回到驻地后再进行处理。也可将网中的收集物装入指形管，等以后再分离和毒杀。

要采集水生昆虫，就要选用各种用途的水生昆虫采集网。在比较脏的浅水或有水草覆盖的地方、深水或清水中，都有昆虫存在，不同的生活环境中采到的种类也不一样。

马氏挂网（Malaise trap）主要用于网集日出性昆虫，特别是膜翅目和双翅目昆虫（图 4-10）。近年来国外新发展了一种简便、高效的昆虫采集工具——飞行拦截网（flight interception trap）。昆虫飞行拦截网（图 4-11）最早由 Masner 和 Goulet（1981）在加拿大使用，主要捕捉膜翅目飞行较慢、体型较大的姬蜂和叶蜂类昆虫。之后陆续有很多研究者采用，并取得良好效果。

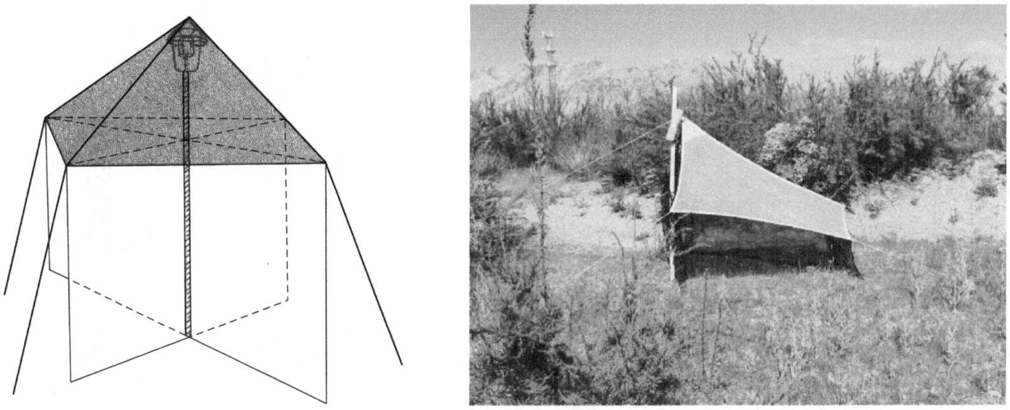

图 4-10　马氏挂网

左. 构造图；右. 实物图

许多昆虫紧靠地面以不规则方式飞行，碰到垂直物体时就会掉落到地面，飞行拦截网就是利用昆虫的这个习性来诱捕昆虫。飞行拦截网是一块由深色或黑色尼龙网制成的长方形纱网，拦截网正下方放置盛有保存液（5%甲醛：80%乙醇：冰乙酸 = 5：15：1，体积比）的容器（12cm×24cm×6cm 塑料托盘）。为防止落入昆虫逃脱，一般在保存液中加入少许洗涤剂以降低液体的表面张力。保存液中加入少许苯甲地那铵（或液体肥皂）以防止其他鸟类和动物破坏。最好每隔 2～3d 检查一次，把诱捕到的昆虫移入 70%乙醇溶液中保存，必要时给槽内补加保存液。

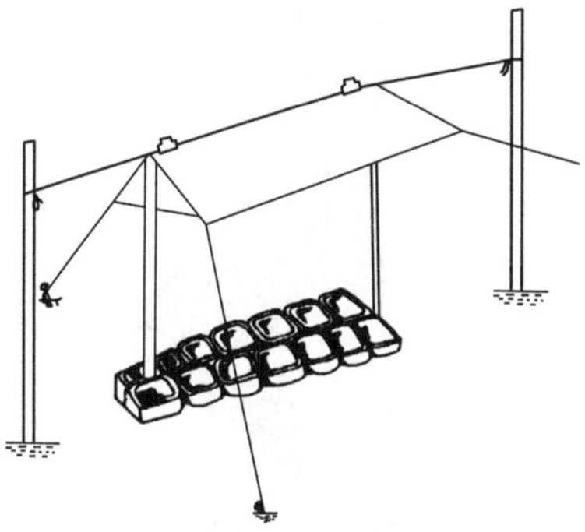

图 4-11　飞行拦截网

这种诱捕器长期使用效果最好，会采集到用其他方法一般采集不到的昆虫，对于夜出性但不具趋光性的昆虫特别有效。这种方法既可诱捕到飞行缓慢的昆虫（如甲虫、蜚蠊和蟋蟀等），也可采集到大量的膜翅目、双翅目、半翅目等昆虫，还可采集到大量白天飞行的昆虫。与其他采集方法相比，飞行拦截网最大的特点是简单、经济、省时、省力，减轻了昆虫采集工作的负担。只要在一个地方安装好飞行拦截网，就会不分白天和夜晚，持续不断地捕捉碰网的昆虫，只需每隔 2～3d 检查、收集一次，在野外进行长期昆虫标本采集。如果同时设置多个拦截网，采集效率会更高。昆虫飞行拦截网可以固定在地面上，也可以固定在自然保护区或者森林里的树冠上。

## （五）诱集

可利用昆虫的趋光性、趋化性、趋异性、趋食性甚至负趋性来诱集昆虫。主要包括以下几种。

**1. 灯光诱集**　　在黑暗环境中，利用许多昆虫的趋光性进行诱集。在田间架一只大瓦数的电灯和一块白布，会诱来许多昆虫，其中不少停在白布上，可供采集。农业上常用的光源主要有黑光灯（3600Å 左右）、200～400W 的白炽灯、高压汞灯、频振灯、太阳能杀虫灯等。目前在农业生产上常用灯光诱集来测报虫情（图 4-12～图 4-16）。

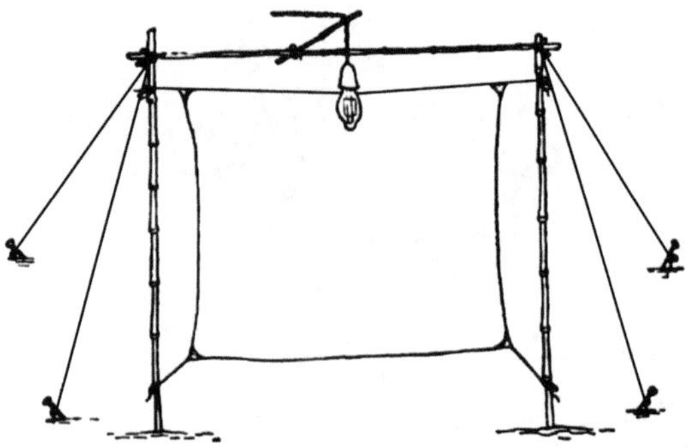

图 4-12　幕布诱集

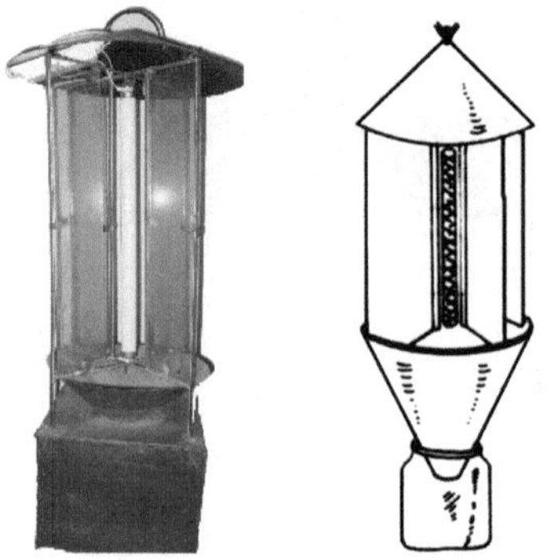

图 4-13　黑光灯

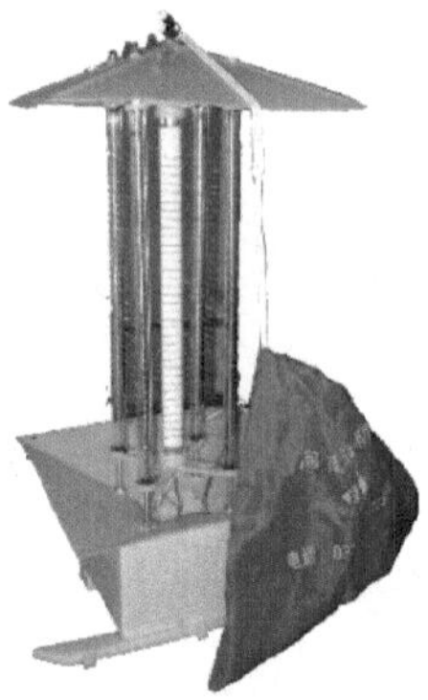

图 4-14　频振灯

图 4-15　虫情测报灯

图 4-16　太阳能测报灯

野外采集时，可以采用高压汞灯，配合架好的伸展幕布进行昆虫诱集（图 4-12），也可临时用充电应急灯等来诱集昆虫，在没有月光又无风的夜晚，选择一个附近植物茂盛，最好还有水流的地方，挂起灯，后面张开一块白色幕布，就可诱来非常多种类的昆虫，最多的是大小不一的蛾类，多停留在幕布上。多备几个毒瓶，可大量收集。这种灯光诱集法在闷热的夏夜进行最好，阴天或雨后也可以，即使正在下着小雨，只要把灯和幕布遮好，一样可以进行诱集。也可使用功率小的光源采到趋光性较弱的昆虫。

**2. 颜色诱集**　色与光从实质上讲是一样的，任何物体的颜色都是对阳光中某种光谱的反射表现。用颜色引诱昆虫是在白天进行。对于昼出活动较强的昆虫，可利用趋色性实现诱捕。例如，利用黄板诱集蚜虫、斑潜蝇，利用黄盘诱集寄生蜂等，利用蓝板诱集蓟马、冠蜂等。目前市面上各种色板都有，利用不同色板可诱集到不同的昆虫。

**3. 信息素诱集**　目前有多种昆虫信息素，包括性信息素、聚集信息素、示踪信息素、告警信息素等，可利用人工合成的性信息素制作成各种诱捕器进行诱集。目前全世界已经鉴定和合成两千余种昆虫信息素，在农林业中广泛诱集棉铃虫、小菜蛾、桃小食心虫、梨小食心虫、枣黏虫、小蠹虫等。信息素诱集的特点是环境友好、特异性强、诱集量大（图 4-17）。

**4. 气味诱集**　利用昆虫对不同食物的趋化性可诱集到各种各样的昆虫。

（1）糖醋诱集　蛾类喜欢带甜酸味的物质。将一定比例的糖、醋、酒液用微火熬成糖浆，把糖浆、蜜水等有甜酸发酵气味的浆液涂在木板、草把、树干上可诱来大量蝶类、蛾类和双翅目昆虫，生产上常利用糖醋诱集地老虎、黏虫等，继而预测其发生情况。

图 4-17 性信息素诱捕器（水盆型）

（2）腐烂果菜诱集 用烂水果、瓜果皮等发酵物质可诱集家蝇、花蝇、果蝇等，常用蝇类诱捕器（图 4-18）进行。

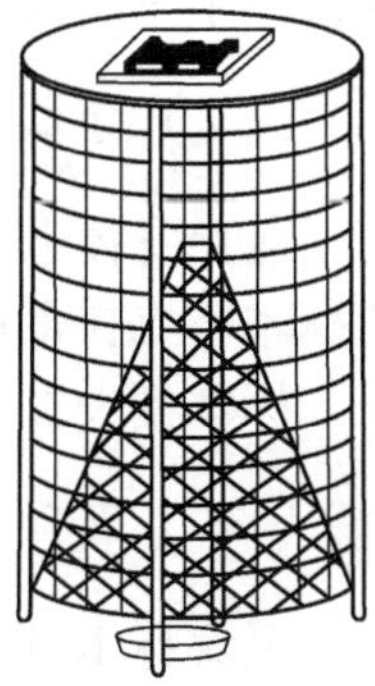

图 4-18 蝇类诱捕器

（3）腐肉诱集 用腐肉等可诱集某些蝇类，如用鱼肉等诱到的主要是麻蝇和丽蝇等；配合陷阱诱集，可采集腐食性埋葬虫、隐翅甲及一些金龟子等。

（4）其他诱集 利用新鲜蔗渣引诱寄生蜂，利用尿液或汗水诱捕蝴蝶，把马粪、杂草、糖渣、酒糟在田间堆成小堆，可诱集到多种地老虎的幼虫、蝼蛄及金针虫等。家庭害虫不善飞翔，如衣鱼及蜚蠊，可用开口诱虫盒诱捕：盒深 100～120mm，放在地面，设置一斜面物放在地面与盒顶之间，诱饵可用有油腥味的饼干或其他类似物质，在盒的内壁上部 50～70mm 处涂上凡士林，刚诱来的昆虫便不会爬走。

**5. 陷阱诱集** 用于采集甲虫、蚂蚁、蝼蛄、蟑螂等昆虫很有效果，陷阱中放有味诱剂时效果更好。陷阱应放置在昆虫经常出没的环境中，如草丛中堆积一些疏松的杂草，给昆虫制造人为的隐蔽环境。陷阱就是埋入地下的“干井”，一般可用广口玻璃瓶、罐头瓶或罐头盒（图 4-19）。用大罐头盒可制作陷阱诱虫器：将罐头盒埋入土中，使顶部与地表相平，为防止盒中积水，最好在盒底戳几个小洞，使用时将腐烂肉、烂水果或动物尸体等诱饵放在盒底，在诱饵上放一个与罐头盒粗细相等、中间有一根提放铁丝的纱网，以便收集所捕到的昆虫。诱来的不善飞翔的甲虫和其他昆虫，坠入陷阱中便难以逃跑。同样，用不同的诱饵可诱到不同种类的昆虫。

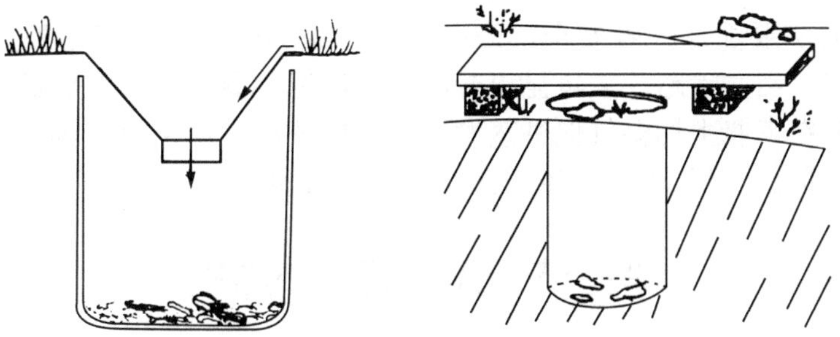

图 4-19 陷阱捕虫

**6. 其他诱集方法**

（1）声音诱集 一些昆虫利用声音进行通信，如蝉、螽斯、蟋蟀等，可利用声音进行诱集。

（2）负趋性采集 昆虫的趋性有正趋性和负趋性，可利用它们的负趋性进行诱集，如温度高时玉米象易从玉米堆里向外窜行，许多昆虫都可采用此法采集。

## 二、采集昆虫的注意事项

采集昆虫时，除有必要的工具、掌握一套完整的采集方法和熟悉大部分昆虫的生活习性和生活环境外，还应注意以下几点。

### （一）全面采集

对于初学者，采集昆虫时需注意不要只采大的，不采小的；只采漂亮的，不采丑陋的；只采活泼的，不采停滞的；只采表面的，不采隐蔽的；只采芳香之地，不采腐败之处；只采成虫，不采其他虫态；只采危害严重的，不采发生轻的；一种昆虫只采一头等。

### （二）标本完整

昆虫身体上的足、翅和触角等附肢，以及毛、鳞片等极易损坏，应格外加以保护，毒死的标本不宜在毒瓶久放，鳞翅目昆虫不宜和其他类同放，若损坏了这些分类鉴定所必需的特征，标本便失去了价值。

### （三）正确记载

采集标本时要及时、正确地写明采集时间、采集地点、采集人。最好用罗马字母表示月份，如“6 月 10 日”应表示为“Ⅵ-10”，因为“6/10”容易造成误解——是 6 月 10 日？还是 10 月 6 日？采集地点要写省、市、县或镇名。写明采集人是对标本和资源的负责，体现后人对前人劳动的肯定。记录越清楚，标本价值越大。

### （四）爱护生物

目前在最新版的《国家重点保护野生动物名录》中，国家一、二级保护昆虫，如中华蛩蠊、金斑喙凤蝶、陈氏西蛩蠊、阳彩臂金龟、中华虎凤蝶等，共计 75 种，主要集中在竹节虫目、鞘翅目和鳞翅目，而鞘翅目和鳞翅目昆虫常是采集的对象。应注意国家级保护昆虫是不能捕捉的，在日常的采集工作中要特别注意对这些珍奇物种的保护。

### （五）注意安全

在野外采集时除要注意人身安全，防范蚊虫、蛇和野生动物等之外，还应必备应急药物，不能到处乱跑，当心迷路。采集昆虫时应尤其注意毒瓶、毒管的保护与应用，如不慎瓶子破碎，千万不要在毒瓶上加湿气促进蒸发，而是应该尽快用密封袋等包装，将碎片立即转移到不涉及溪流、果园、菜园等的偏僻之地，深埋 1m 以下，并报告指导老师。

# 第三节 昆虫标本的制作

昆虫标本的制作有许多方法，主要有昆虫干制标本、昆虫液浸标本和昆虫整体封装玻片的制作方法；根据特殊用途有琥珀包埋、薄膜包覆、贴翅、塑封等制作方法；根据研究昆虫的不同部位还有整体、翅脉、生殖器等的特殊制作方法。

## 一、昆虫干制标本的制作

绝大多数昆虫用毒瓶杀死后，经整理姿势、充分干燥，不需任何药品处理就能长期保存。这是最普通的一种标本制作法，其主要工具和用法如下。

### （一）昆虫干制标本制作常用工具构造及用法

**1. 昆虫针** 昆虫针主要是对虫体和标签起支持和固定作用。目前市售的昆虫针由优质不锈钢丝制成。针的顶端是以铜丝制成的小针帽，便于手摇移动标本。根据针的长短、粗细，昆虫针有数种型号，可根据虫体大小分别选用。

（1）型号 按照昆虫身体的大小不同，昆虫针的型号也不同。按照昆虫针的粗细、长短，可分为00、0、1、2、3、4、5共7种型号（图4-20）。0号针最细（直径为0.3mm），5号针最粗，其中以直径0.6mm的3号针最常用。还有一种没有针帽、和0号针同样粗细的短针，为00号针，可用来制作微小昆虫标本，将标本插在小木块或小纸片上，故又名二重针。

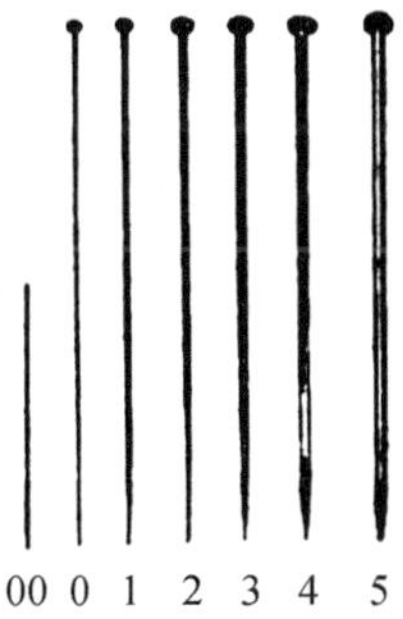


图4-20 昆虫针

（2）使用方法 昆虫种类不一，插针位置也有所不同，主要是避免昆虫针的针插位置不当损伤虫体中间部分的特征而影响分类鉴定。

各类昆虫的插针部位有一定要求。一般都插在中胸背板的中央偏右，以使同一大类的昆虫标本制作规范化，保证分类上的重要特征不受损伤。针插昆虫标本的位置如图4-21所示：鞘翅目甲虫（图4-21A）插在右鞘翅基部1／4处，不能插在小盾片上，腹面位于右侧中后足之间，要避开胸部腹面的胸足基节窝；半翅目蝽类（图4-21B）的小盾片很大，虫针应穿插在小盾片（棱状部）略偏右方，这不但保证了小盾片的完整，而且不会损坏胸部腹面的喙及喙槽；双翅目（蝇类）体多毛，常用毛来分类，虫针应插在中胸偏右；直翅目蝗虫等（图4-21C）前胸背板向后延伸盖在中胸背板上，针应插在中胸背中线的偏右侧，这样不会破坏前胸背板及腹板上分类特征的完整性；膜翅目蜂类等（图4-21D）及鳞翅目蛾蝶类昆虫（图4-21E），插在中胸背板中央，通过中胸足基节的中间穿出。

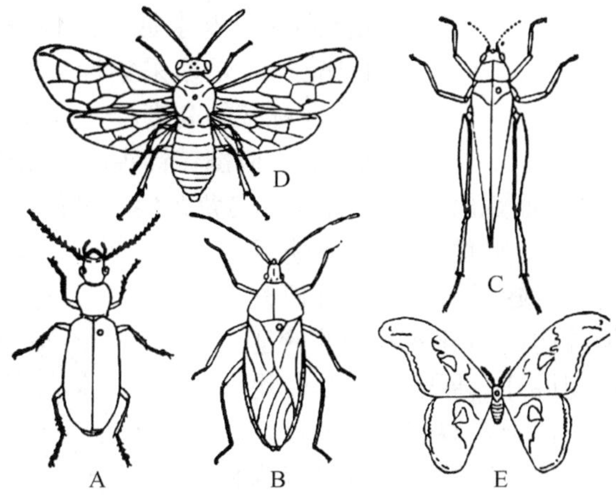


图4-21 插针位置

A. 鞘翅目；B. 半翅目；C. 直翅目；D. 膜翅目；E. 鳞翅目

微小昆虫干制标本一般采用黏制与双插。微小昆虫如跳甲、跳蝉、粉虱、飞虱、小蛾和一些多毛的蝇类等不能直接插针，需要微虫针穿刺或用胶液粘在小三角纸卡上，然后用昆虫针间接固定。二重针刺法对于微小而坚硬的小昆虫极为适用。用小镊子夹起虫体，按规定针位用微虫针垂直刺穿，并把标本插在小软木块上，然后再用昆虫针插小木块。用三级台固定虫位，加插标签，标本和标签均位于昆虫针的左边。三角纸卡胶黏法：在一根长针上先插上用硬白纸或透明胶片特制的小三角纸（一般底边长 4mm，高为 10mm），把特制的小三角纸插在昆虫针上，然后用昆虫针尖在纸尖端蘸上极少黏虫胶（或乳胶），将虫体黏在上面，如需调姿，可用昆虫针尖拨挑，加标签后放标本盒保存（图 4-22）。

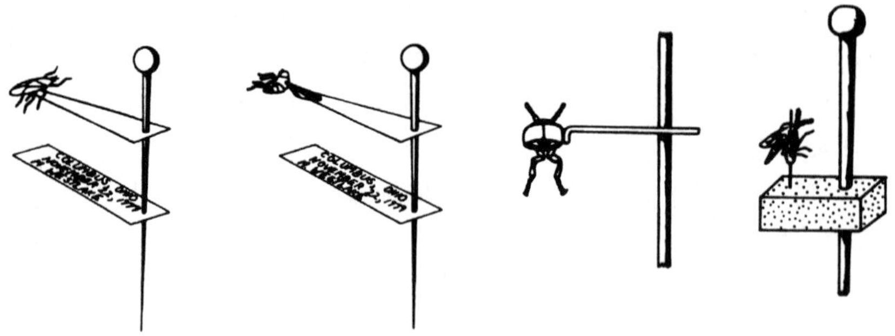

图 4-22　微小昆虫标本制作

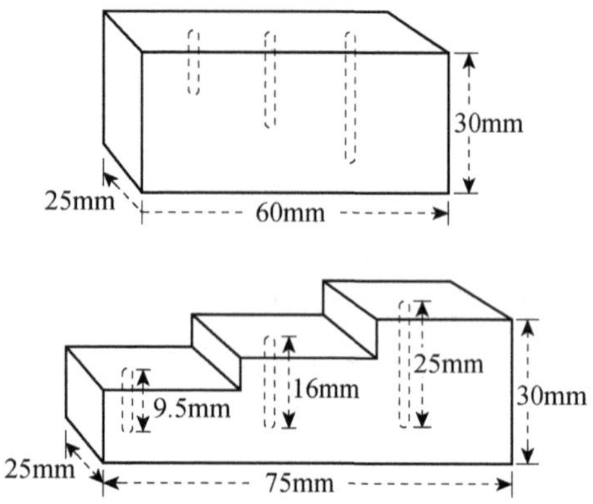


图 4-23　三级台

**2. 三级台**　要想使昆虫标本或虫体下方的标签在昆虫针上的高度完全一致，符合国内外交换标本的要求，又方便插入标本盒中保存，并保证整齐美观，使用三级台作为尺度标准最适宜。三级台又称平均台。三级台是用优质木板或有机玻璃板按一定规格分层制成（图 4-23）。第一级高 24mm，用来确定标本的高度。用双插法和黏制小昆虫标本时，纸三角、软木片和卡纸等都用这级的高度。做标本时，先把针插在标本的正确位置，然后放在台上，沿孔插到底。要求针与虫体垂直，姿势端正。第二级高 16mm，是插采集标签的高度。第三级高 8mm，为定名标签的高度。一些虫体较厚的标本，在第一级插好后，应倒转针头，在此级插下，可使两个标签之间的距离适当靠近，使虫体上面露出 8mm，此层又名背距层，可使标本整齐、便于提取。

**3. 展翅板**　有些昆虫，如鳞翅目、双翅目、膜翅目、蜻蜓目、脉翅目和直翅目等，在进行研究工作时，需要观察它们的翅脉构造和身体两侧的特征，因此制作标本时，必须把翅展开。展翅板就是专用作伸展昆虫翅的主要工具。为便于在展翅板上插针，制作的木材要尽量选择量轻质软的泡桐、杉木等轻木材料。展翅板是个“工”字形的木架，上面装两块表面略向内倾的木板，一块固定，另一块可以左右移动，以调节两板间的距离（图 4-24）。木架中央有一槽，

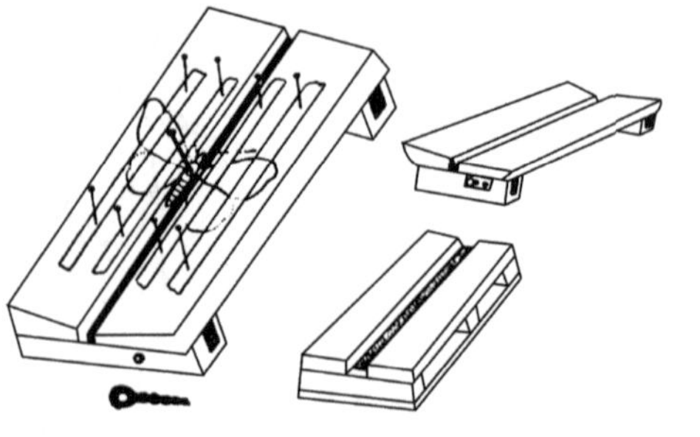

图 4-24　展翅板

铺以软木或泡沫塑料板，以便插针。也可把展翅板做成固定式，需要多做几种宽窄不一的沟槽，以便根据虫体大小分别选用。展翅的操作步骤如下。

（1）调整工具　使用移动式展翅板展翅时，需先根据虫体（头、胸、腹）的粗细移动板面，使虫体正好纳入槽内，以左右两侧不触及板体为准，然后拧紧旋钮。

（2）放虫入槽　把已插针的虫体放进沟槽插在底板上（底板上粘一条软木板，易于插针）。用小镊子调整虫体，使翅基部与板持平，固定虫体。

（3）挑翅固定　先展左侧前后翅，再展右侧前后翅；同侧先展前翅，再展后翅。用较透明而光滑的蜡纸或塑料纸等纸条将翅压在板上，左手拉住纸条向下轻压，右手用解剖针（或大头针）拨动左翅前缘较结实的地方，使翅向前展开，拨到前翅后缘与虫体垂直为度（再稍前挑一点，以待虫翅干燥后缩时，正好与体轴相垂直），再将后翅向前拨动，使前缘基部压在前翅下面，用大头针插住纸条固定，大头针从压纸条上插进去时，垂直插入效果并不好，应将针与压纸条呈小于45°角的方向插入。同上法再展右侧前后翅。

（4）整理虫姿　鳞翅目、蜻蜓目、直翅目等前翅后缘比较直的种类，一般以两个前翅后缘左右成一直线为准。展翅完毕后要把昆虫的头摆正，触角呈倒“八”字形平伸在头的前方，或尽量使它与天然姿势相同（如天牛）。触角应与前翅前缘大致平行并压在纸条下。腹部应平直，不能上翘或下弯，必要时可用针别住压平或下面用棉花等物垫平。为了使较大的标本迅速干燥从而防止腐烂，也可在展翅前将腹部剖开，把内脏取出，塞入适量的脱脂棉。昆虫的展翅步骤如图4-25所示。双翅目昆虫一般要求翅的顶角与头顶相齐。膜翅目昆虫前后翅并接线与体躯垂直。脉翅目昆虫通常以后翅前缘与虫体垂直，然后使前翅后缘靠近后翅，但有些翅特别宽或狭窄的种类则以调配适度为止。蝗虫、螳螂在分类中需用后翅的特征，制作标本时要把右侧的前后翅展开，使后翅前缘与虫体垂直，前翅后缘接近后翅。

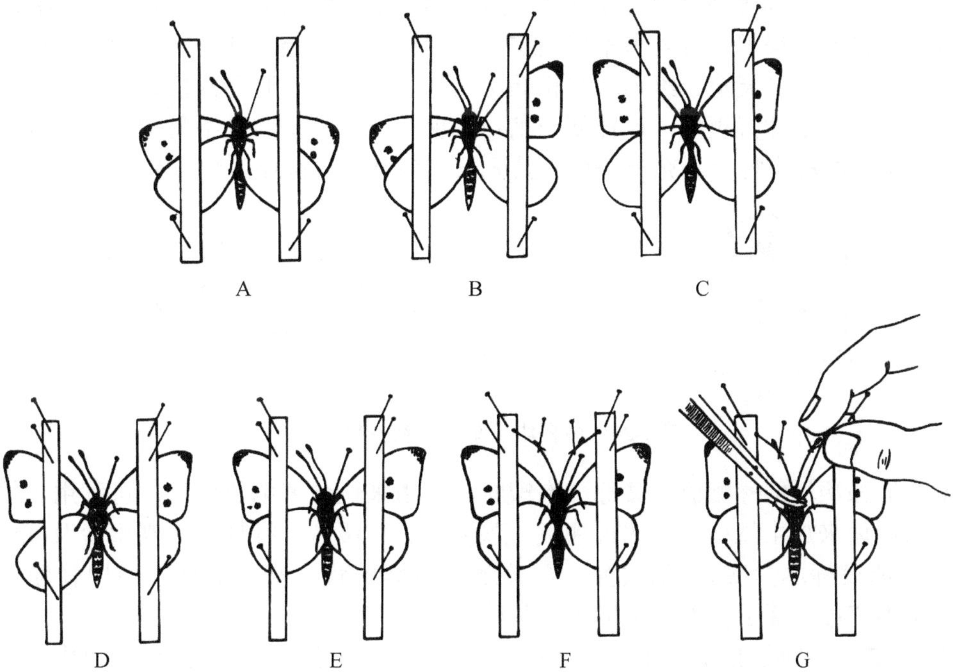


图4-25　展翅步骤

A. 固定虫体；B. 调整右前翅；C. 调整左前翅；D. 调整右后翅；E. 调整左后翅；F. 调整触角；G. 调整虫体

（5）干燥标本　展翅并整好姿势的标本，要放在特制的标本干燥橱中，以便通风干燥，也可连同展翅板头朝上尾朝下地垂直挂在干燥的墙壁或木板上，展翅标本也要附上临时标签，待标本充分干燥后，随同取下，供书写采集标签时参考。要注意避免日晒，以及防止被其他昆虫咬损。一般需 7～10d 干妥。

（6）撤针取虫　标本干妥后，即可轻轻撤针，去掉纸条，拔针时为避免震坏标本，最好先用拇指及食指将昆虫针辗转后再拔。应先撤两侧外边的纸条，再撤靠近翅基的纸条。撤针后加插标签。

（7）入盒保存　制成的展翅标本，可以放入标本盒（柜）内长期保存，但需要注意防晒、防潮、防虫。

**4. 展翅块**　展翅块是小型蛾类的展翅工具。一般用 35mm×35mm×35mm 的木块，上面开一条宽 5mm 左右的沟，沟底中央钻一洞，洞内塞些棉花（图 4-26 左）。展翅时将针插好的标本插入洞中，翅基与块面持平，展翅时用线来代替针和纸条。先在木块边刻一小口，将线卡住，用小毛笔轻轻拨动翅的腹面，使其托伏在展翅板上后，最后把线头卡在木块的切口中。为避免在翅面上压出线条痕迹，可在线下压一片光洁的纸片。用昆虫针固定住纸条。制作小蛾类展翅标本时使用透明玻璃纸的好处是能够透过压条看到前后翅是否按要求伸展到适当位置，同时由于表面光滑，不会对翅表面的花纹（鳞片）造成损伤。

**5. 整姿板和整姿台**　整姿台一般为 10cm×30cm×3cm 的长方形木框，上面盖有软木板或厚纸板，以泡沫板代替也很好用（图 4-26 右）。板上有规律地钻上与 5 号针粗细相同的小孔，该板一种用途为用昆虫针刺插毒杀后的昆虫标本时，按要求部位准确刺插，不易滚动；另一种用途是将昆虫刺穿后，将昆虫针尖端穿过整姿台上的小孔，昆虫的六足便伏于板上，便于用镊子将足及触角按自然姿势摆好。三级台上插好的昆虫标本都可插在整姿板上整理。使虫体与板接触，用针把触角拨向前外方，触角较短的昆虫如甲虫、蟒象等，可摆成前伸的倒“八”字形。触角很长的天牛和螽斯等应将触角顺虫体向后展，前足向前，中、后足向后，使其姿势自然、美观。若姿势不好固定，可用针交叉支起或纸条临时别住，切勿直接把针插在这些附肢上。供展览、绘图和照相等用的标本，宜将附肢展开摆好。专供研究用的标本，把附肢收回贴于体旁更好，这样便于携带、保存、节省空间且不易碰坏。经过整姿后的标本，要附上临时标本标签，充分干燥，其天然姿势可永久保存。

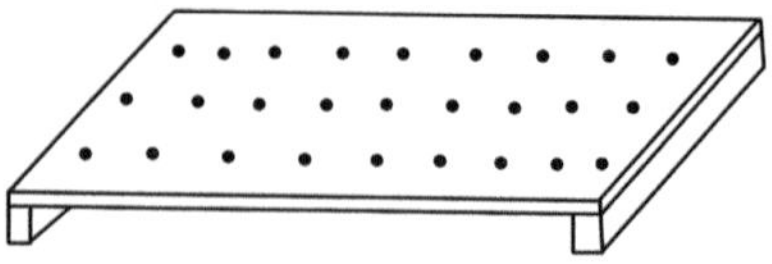

图 4-26　展翅块（左）和整姿台（右）

聚氨酯泡沫塑料俗称绷板，又称肺泡塑料，多用来包装家电仪器等。可利用电炉丝高温熔化绷板的原理来加工规格不同的展翅板、整姿台、三级台、针插标本观察台及 0.5cm 厚的薄板（用于铺设标本盒底）。制成品洁白美观，质地松软，操作顺畅，使用轻便，防潮防水，常温下不变形，适于作为昆虫标本的各种制作工具。

**6. 回软缸**　回软缸是用来使已干硬的标本重新恢复柔软，以便整理制作的用具（图 4-27）。采回的标本如未及时制作，放置时间已久，或外单位寄来鉴定但未经展翅及整姿的标本，躯体干燥，关节、翅基僵硬，虫体硬脆，展翅、整姿时极易损坏，必须经过回软缸还软后，才能制作。凡是有盖的玻璃容器（如干燥器等）都可用作回软缸。缸底放些湿沙子，加几滴苯酚以防发霉。标本用培养皿等装上，放入缸中，勿使标本与湿沙接触。密闭缸口，借潮气使标本回软。回软所需时间因温度和虫体大小而定，注意不能回软过度、引起标本变质。实践表明，干燥多年的标本，在夏季一般2～3d即可还软。存放在标本盒（柜）内的插针标本，如果存放日久，虫姿变形，也可把它们放到回软缸内，待软化后再重新调姿。此外，如果急需鉴定标本，但又没有经过还软制作、展翅，或已经展翅但又需要提取外生殖器做进一步鉴定的昆虫标本，可使用蒸汽高温喷射还软器进行局部还软，也会达到既快又好的效果。

图 4-27　回软缸

**7. 昆虫标签**　昆虫标本标签是一个标本的原始记录，一般有两个标签，如图 4-28 所示，左边为采集标签，主要包括采集地点、采集时间、采集人及单位、采集生境等；专业采集还常常包括 GPS 定位数据（经纬度、海拔）、采集寄主、采集方法、生境特征等。注意时间的写法，月最好用罗马字母表示。右边为鉴定标签：写有中文名、拉丁名、目、科及鉴定人的姓名、单位、鉴定时间。前人还未发现过的新种，在标本下面还要加上新种或新亚种标签。

| | |
|---|---|
| 标签编号：No sxauzb-200601-36-118 | 中 文 名：莲草直胸跳甲 |
| 采 集 人：××× | 拉 丁 名：*Agasicles hygrophila* Selman & Vogt |
| 单　　位：××× | 鞘 翅 目：Coleoptera |
| 采集时间：2008-Ⅵ-10 | 叶 甲 科：Chrysomelidae |
| 采集地点：××省××市×××区 | 鉴 定 人：××× |
| 寄主植物：喜旱莲子草 | 单　　位：××× |
| 采集生境：荷塘 | 鉴定时间：2009-Ⅱ-12 |

图 4-28　采集标签（左）和鉴定标签（右）

昆虫标本上的标签插在虫体的下方：采集标签在昆虫针上的位置，相当于三级台第二级的高度；鉴定标签相当于三级台第一级的高度；定名或模式标签紧贴标本盒底，正模用红色标签，副模用黄色标签。标签用比较坚硬、表面光滑的白纸，排版印刷成长 1.5cm、宽 1.0cm 的黑框，标签上的字要用绘图墨水书写或打印清楚，防止日久褪色或不易识别。液浸标本的标签一定要用耐水墨水或软铅笔书写。

## （二）成虫剖腹干制法

有些腹部比较粗大的成虫如蝗虫、螽斯之类，进行干制标本时可分为剖腹清洗、填料复位、整姿干燥三个主要步骤，即解剖其腹面第二至第五节，清除干净内脏及脂肪等，填充粘有樟脑粉的脱脂棉，虫表自然复位，整姿干燥，加插标签，入盒保存。

## （三）贴翅标本制作法

在教学中，蝶蛾类插针标本因经常取放、传递观察而颇易损伤，而蝶蛾类昆虫的主要特征又多体现于翅面，因此用透明胶带粘贴双翅制成贴翅标本，在教学中有一定的应用价值。

贴翅标本一般分为选材取翅、胶带盖贴、剪边粘卡三个步骤，经初步制作好的剪贴标本要注意防潮，湿度过大会出现褶皱或边缘开裂，以及胶纸失去黏性和颜色变污。做好的标本，最好先书压 1～2d，待其干燥或黏着部分完全贴服即可取出。作展览用的标本可装入镜框，镶嵌或裱贴在展览橱窗中。贴翅标本是以观察虫翅形态特征为主的一种鉴定方式，虫体的其他部分如头、胸、腹及附肢，也是分类鉴定的重要依据，因此贴翅标本多用一般标本来制作，珍稀的蝶蛾类仍是以整体插针保存为好。如用作教学实习、交流经验、推广防治等，可将贴翅标本粘贴成册或插入照相册、集邮册中编号保存。

## 二、昆虫液浸标本的制作

### （一）煮杀与注射

为使软体昆虫体躯舒展，在投入浸渍液保存以前，应放入沸水中煮烫一下，煮烫时间应视虫体大小、老嫩及种类而定，一般要求煮到虫体僵直为止。在野外采集时，直接投入 75%乙醇溶液中保存的蚜虫、蓟马等弱小昆虫，可将标本瓶密闭，隔水加温使虫体伸直。经过水煮或热浴处理的标本，取出稍凉一下再投入保存液中保存。

对体型较大的昆虫（如蝗虫等），可给活虫注射 4%甲醛溶液。幼虫应先饥饿一段时间，排空，然后从肛门或腹部节间膜注射 4%甲醛溶液，放入培养皿中几小时，待注射剂渗入体躯各部分后才投入保存液中保存。

体柔软小型的昆虫及一般昆虫的卵、幼虫和蛹，放入指形管或小瓶中保存，并用铅笔或墨笔写一标签投入管（瓶）中，蚜虫等小型昆虫浸在小指形管内，将许多小管再浸在大广口瓶中保存则更好。教学实验用的大量浸泡标本可放入玻璃缸等容器中密闭保存。含水较多的标本在保存液中浸泡约 20d 后更换一次保存液，再长期保存。

### （二）保存液

昆虫液浸标本的保存液（配方见附录 2）一般是用具有防腐性和有固定虫体内部组织的化学药品配制而成。①常用的乙醇浸渍液是含 75%乙醇的溶液。此液保存标本的优点是标本干净，虫体伸展，观察方便，是最常用的保存液。缺点是内部组织较脆，不利于进行内部解剖，如果瓶塞不严，容易挥发。在液中加几滴甘油，可保持虫体柔软。②福尔马林浸渍液，它是含 4%甲醛的溶液。此液配制简单，利于保存解剖用标本，但气味难闻，刺鼻，使人不快，标本的附肢容易脱落。上述两种保存液适用于保存昆虫的成虫和身体较大较硬、颜色较浅的幼虫。③乙酸白糖浸渍液，对绿色、黄色在一定时间内有保色作用，但浸泡前不能水煮，缺点是虫体易瘪。④乙酸福尔马林乙醇混合保存液，对于昆虫内部组织有较好的固定作用。缺点是日久标本容易变黑，并有微量沉淀。适用于颜色浅、身体柔软的昆虫类型。

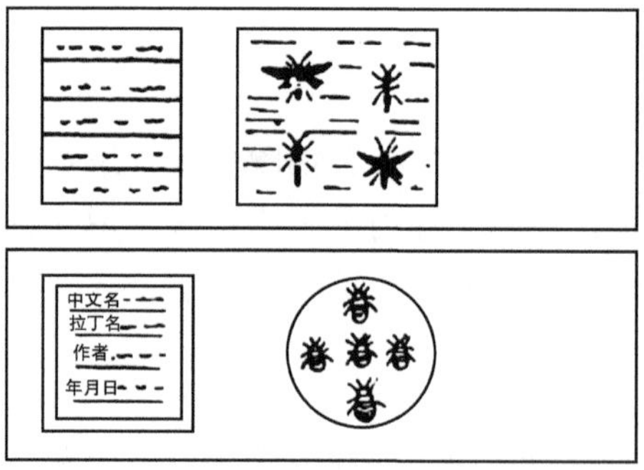

图 4-29　玻片标本

## 三、昆虫整体封装玻片的制作

微小昆虫如蓟马、蚜虫、蚤、虱和螨类，以及昆虫的某些构造如口器、足、触角、翅、雌雄外生殖器等，往往要做成整体封藏的玻片标本，才便于在双筒体视显微镜和显微镜下观察、研究与鉴定（图 4-29）。

根据玻片标本是否需要长期保存，往往把整体封藏玻片的制作分为永久玻片制作和临时玻片制作两种。永久玻片标本制作一般要经过杀死与固定、软化处理、洗涤、脱水、透明及封藏等步骤。必要时还需进行染色。因为永久玻片标本制作经过脱水、透明，又用折射率高的封藏剂封片，所得的玻片标本清晰度高并可保存多年，甚至数十年。临时玻片标本制作则在永久玻片标本制作的基础上省去脱水、透明两步骤，因而操作较简单、有利于快速镜检。

### （一）永久玻片标本制作方法

**1. 杀死与固定** 微小昆虫和昆虫的器官构造，一经解剖或直接取材后，应立即用固定液将组织细胞杀死固定。固定后的材料就不会变质、变形。

常用的固定液是70%～75%的乙醇溶液。这个浓度的乙醇不仅适于作固定液使用，若按1%的比例加进甘油还可用于保存标本。此外也可用福尔马林或布勒（Bless）氏固定液固定材料，固定液的配方见附录2。

**2. 软化** 昆虫体壁都有不同程度的骨化，固定过程会引起虫体硬挺，为了避免在整姿展翅时损伤材料，常在固定后用5%氢氧化钾溶液或乳酸酚、70%乳酸对材料进行软化处理。软化处理可使骨化程度较高的部位软化，有利于封片前的整姿展翅而不易损伤材料；同时可使色素沉积深的材料脱去部分色素而透明，表现出丰富的层次而利于观察；对体表的蜡质，脏物，体内的脂肪、肌肉起到销蚀溶解的作用，有利于清洁材料而使之洁净。软化液配方见附录2。

氢氧化钾是碱性软化剂，而乳酸酚和乳酸则为酸性软化剂，后两者对材料的软化作用不如氢氧化钾的作用强烈。浸渍材料的软化，所用氢氧化钾水溶液一般是5%～10%的浓度。软化处理时将已经杀死固定的标本（干燥多年的标本也可以）投入5%氢氧化钾的水溶液中，一般水浴煮沸5～10min即可。那些坚挺、颜色极深的材料可适当延长加热的时间或把氢氧化钾水溶液浓度稍提高。为避免材料受损也可在40～50℃恒温箱中，或在60～100W的灯泡下缓慢加热，甚至采用冷浸过夜的方法来处理。1.2～1.5mm大小的蚜虫在水浴中软化处理一般需20～30min；已干燥的螨类标本室温下在乳酸酚中浸渍48h，效果较好。软化处理时应常在镜下检查，只要材料柔软合适、透明适度就可停止处理。

**3. 洗涤** 软化处理后的材料须用蒸馏水充分漂洗干净。微小材料漂洗2或3次，每次5～10min。较大的材料则需多漂洗几次，然后转入70%乙醇溶液中保存。由于软化处理后的材料透明且比较柔软，所以洗涤时一般不转移材料，而是用吸水管吸去旧的蒸馏水，注入新的蒸馏水进行洗涤，这样可以避免损伤或丢失材料。

**4. 脱水** 常用的脱水剂为不同浓度的乙醇溶液。脱水时，将洗涤过的材料经70%、80%、90%、95%、100%乙醇溶液逐级由低浓度至高浓度脱水，直至材料中所含水分全部置换出来。梯度脱水的好处：一是保证脱水彻底；二是避免因脱水过快引起材料收缩变形。脱水时一般也采用不移动材料而置换新液的方法，可避免损伤及丢失标本材料。为了保证把材料中的水分脱净，要注意以下几点：①材料不要在高浓度乙醇溶液中停留过久以免材料变硬变脆，进入无水乙醇后为了保证脱水彻底，可在相等的时间里再换一次新的无水乙醇，即经过两次无水乙醇脱水；②微小昆虫在室温（20℃）时，在各级乙醇溶液里约停留5min即可，如果气温偏低或材料偏大可适当延长在各级浓度乙醇溶液中的脱水时间；③如果材料中仍有少量水，最后封片就会出现白雾状而使标本看不清。

**5. 透明** 脱水后的材料为了使其特征清楚、层次分明、镜检时有最佳的折射率，在封片前常进行透明。透明时间与前面的软化处理有关系。如果经软化处理后材料透明度好，那么在透明时间不宜过长。如果软化处理后的材料颜色还偏深、透明度还不够，那么透明处理的时间可相应延长。常用于永久玻片标本的透明剂有二甲苯、香柏油和冬青油。

1）二甲苯（xylene）透明能力强，微小昆虫透明约 10min 即可。经软化处理后透明度高的材料在二甲苯中放置时间要短，为 1～2min，仅仅是起过渡作用，以便后面用加拿大胶封藏。二甲苯处理后的材料会发脆变硬易损坏，所以二甲苯不适用于翅透明柔软的昆虫。此外二甲苯挥发性强，在大风干燥的天气里由于加速了二甲苯的挥发，往往极易造成材料抽缩变形。

2）香柏油（cedar oil）溶于醇，可作为乙醇溶液脱水后的透明剂。香柏油透明速度慢，微小昆虫往往也需经 1～2h，有时甚至更长。但其优点是不会使材料发硬变脆，不会损伤材料。

3）冬青油（wintergreen oil）为无色油样液体，溶于醇。材料经脱水后直接进入冬青油中透明。冬青油透明速度也很慢，材料可长时间停留其中而不易受损，所以很适于具翅小昆虫的透明。

用香柏油、冬青油透明的标本在用加拿大胶封片前，最好在二甲苯中略停留一下，以便封片时加拿大胶能较快渗入标本材料中。

**6. 封片**　将已脱水透明好的标本材料放置在载玻片上滴上加拿大胶，再加盖玻片，然后放在 40℃恒温箱中经较长时间烘烤使胶凝固不动，永久玻片标本即制作完成。要做好一张永久玻片标本，封片是不易掌握的一步。应注意以下几点。

1）常用于永久玻片标本的封片剂是加拿大胶。加拿大胶（下文简称树胶）可用二甲苯作溶剂，调成各种不同稠度的胶备用。极小而薄的材料可用稀的树胶封藏，大型而厚实的材料或在盖玻片四周用碎玻璃粒垫高，或用较稠的胶封藏。厚实的材料用稠胶加以小型盖玻片封藏，只要树胶的量够，效果就会较好。应注意制成永久玻片后烘烤玻片的时间要长，有时甚至长达半年之久树胶才会彻底凝固不动。如果树胶未彻底凝固就装盒收藏，材料会因重量而下滑移位。

配制好的树胶绝对不要随意搅动，搅后会产生很多气泡而不利于封片。如果树胶中有很多气泡，或冬季树胶滞稠，可把密封的树胶瓶放在 40℃恒温箱中，经过一段时间后气泡会消失，滞稠的树胶能回软使用。

2）载玻片、盖玻片要洗净、透亮。在一张载玻片上可根据不同性别、不同发育阶段、不同观察部位封藏几个材料，既容易操作又便于对比观察。

3）材料放到载玻片上要在二甲苯未挥发完前整理标本姿势，如把触角、足、翅展开，不使其扭曲折叠。而且要避免因二甲苯的挥发造成材料抽缩变形。有时为了有较充分的时间对材料整理姿势、摆正位置，不妨在材料表面滴少许稀薄的树胶，待摆正材料后吸去稀薄树胶，再加滴稠度合适的树胶进行封藏。被封藏的材料如周围有小气泡，在 40℃恒温箱中放置一段时间会消失，不必急于用热针把气泡烫去。

### （二）临时玻片标本制作方法

临时玻片标本在经固定、软化处理及洗涤后可用水溶性封藏剂直接封藏。常用的水溶性封藏剂及配方见附录 2：①配制 Berlese’s 阿拉伯胶氯醛液时，先把阿拉伯胶均匀溶在蒸馏水中，然后加入水合氯醛，水浴加热至全部溶解成透明胶状液，稍冷却后加入冰乙酸、葡萄糖，并用玻璃丝过滤装瓶备用。②Hoyer’s 阿拉伯胶氯醛液，因水合氯醛对材料具有透明作用，如经软化处理的材料透明度很合适，则不宜用该液封藏，否则封藏一段时间后，会因透明过度而使细微特征尤其是螨类标本难以辨清。这种玻片放置过久特别是过于干燥时，水合氯醛还会析出结晶使标本破损，故不宜作永久保存。③聚乙烯醇封片剂，先将聚乙烯醇逐渐溶入冷水充分搅拌，然后水浴加热使全部溶成黏稠液（聚乙烯醇溶入冷水时出现乳状浑浊，加热后即可变清），加入乳酸，最后加甘油搅拌均匀。配成后放置 24h 才能使用。

临时玻片标本制作快速，而且一般不易损伤材料。临时玻片标本制作完成后，经 40℃恒温箱烘烤硬化 1～2d 后，用加拿大胶涂抹盖玻片四周，可保存相当长一段时间。

### （三）染色

整体封藏的玻片标本，如果透明度合适，一般不需染色。特别是临时玻片标本经软化处理后，材料的折射率高于封藏剂的折射率，如果透明度合适，标本材料的细微结构不染色也清晰可见。用加拿大胶封藏的永久玻片标本，因封藏剂的折射率高，加上标本材料经软化处理、脱水、透明后折射率也较高，在这种情况下，标本材料的细微结构如果不易显示就需要染色了。常用于整体染色的染色剂有以下两种。

**1. 硼砂洋红**　配制硼砂洋红（附录 2）时，将洋红加入硼砂水溶液中，加热煮沸使洋红充分溶解，冷却过滤。在滤液中加入 70%乙醇溶液即成。硼砂洋红是一种动植物整体染色的染色剂，用于细胞核染色，细胞质也能被染，但色彩浅淡。硼砂洋红用于整体染色，着色美观。材料经洗涤后即可入液染色。室温下染 15～30min。过染部分可用 1%盐酸乙醇溶液（100mL 70%乙醇溶液加入 1mL 盐酸配制）分色。再经 70%乙醇溶液洗涤几次，每次约 5min，洗涤后可进行高一级脱水。

**2. 锂洋红**　配制锂洋红（附录 2）时，将洋红加入碳酸锂水溶液中，煮沸后冷却过滤即可使用。碳酸锂水溶液的溶解度很小，所以也可以把洋红加入早已配好的饱和碳酸锂水溶液中配制。过染部分也可用 1%盐酸乙醇溶液分色，经洗涤后脱水。

### （四）其他制片法

**1. 甘油鱼胶制片法**　配制方法详见附录 2。先把鱼胶切成小片，在蒸馏水中浸泡 2h，连同放鱼胶的容器放在沸水中隔水煮至鱼胶块完全溶解后，加入甘油与苯酚，同时用玻璃棒加速搅拌，趁热过滤，保存在有色瓶中。这种胶液冷却后便会凝固，用时先把胶液放在热水中溶解。制片时先把标本放在甘油及水各半的混合液中一段时间，并将载玻片擦干净烤暖，将标本放在适当位置，整姿，加甘油鱼胶在标本上，盖上盖玻片，贴好标签。用这种胶液制片，可省略脱水步骤，作为一般观察效果很好。但在高温潮湿地区使用，长期保存的盖玻片边缘的胶有生霉的现象，可用毛笔蘸少许苯酚清除。

**2. 蛋白甘油液制片法**　配制方法详见附录 2。配制时将福尔马林和甘油与鸡蛋白混合后，放在有盖的玻璃瓶中，立即用力振荡 10min，静止一段时间，等蛋白中气体上升到表面时，倒入平底玻璃皿（平皿）中，再把平皿放入干燥器中吸去水分直到原量的 1/2 左右为止，倒入清洁的有色瓶中，密封待用。进行封片时，只要把胶液滴在载片的适当位置，放好标本、整好姿势、盖上盖玻片、贴上标签即可。本法缺点与甘油鱼胶制法相同。

**3. 阿拉伯胶甘油乙醇制片法**　配制方法详见附录 2。把阿拉伯胶细粉缓缓放入水中，用玻璃棒充分搅拌，如不十分清洁，待完全溶化后，可用人造纤维棉过滤（过滤后要保持原来分量）。再加入甘油、乳酸和冰乙酸，充分搅拌，加入 95%乙醇溶液，这时可能会出现极少的白色凝固物，必须使用玻璃棒急剧搅动，使乳白色小块完全消失。刚做好的封盖胶要静止数小时，使气泡上升集中在表面，用滤纸或脱脂棉拭去后才可使用。封盖标本时可直接从乙醇溶液或蒸馏水中取出标本，放在载玻片上，整好姿势，滴上胶液，盖上盖玻片即可。要放在通风干燥处使其自然干固，或放在湿气饱和的器皿中，经过一日，取出后再放入大气中干固，就不会有小气泡了。

**4. 阿拉伯胶混合液封片法**　该法适用于制作小型的整体装片标本，如蚜虫、蚧虫，以及无翅亚纲中的弹尾目、原尾目、双尾目及纺足目等昆虫。制作方法可分为胶液配制和透明封片两步。

（1）胶液配制　阿拉伯胶混合液的配方见附录 2。先把阿拉伯胶压成细粉，放入 500mL 容量的烧杯中，缓缓加入蒸馏水，用玻璃棒搅拌至溶解到没有干粉后，放入 1000mL 烧杯中水浴加热至胶粉完全溶解。再缓缓加入水合三聚乙醛，边加边搅拌均匀，最后加入甘油拌匀。趁热放入有色细颈瓶中，盖上玻璃塞，放入 60℃恒温箱中 24h 后，在温箱中用洁净玻璃棉及纱布过滤，保存在黑暗处备用。

（2）透明封片　一般淡色小型整体标本，从乙醇浸渍液中取出后，放入水合三氯乙醛酚混合液中（附录 2），水浴加热 3～15min 即可透明。如果是体色较深或体型较大的整体标本，应先在 10%的氢氧化钾水溶液中水浴加热 1～5min，使其透明后再移入三氯乙醛酚中，水浴加热 3～5min。封片时将擦干净的载玻片放正，将数滴阿拉伯胶混合液滴在载玻片正中，使其扩散到与盖玻片相等的面积，如胶中有气泡先用拨针清除。在三氯乙醛酚尚热时，把要封入的标本提出，放在吸水纸上吸去表面的三氯乙醛酚液后，移入已滴好的胶内，经整姿后盖上盖玻片。制好的玻片于 50℃烘箱中烘烤 12～24h，为使标本保持时间长可在盖玻片周围用加拿大胶涂抹。

## 四、有机玻璃包埋昆虫标本的方法

采用聚甲基丙烯酸甲酯（俗称有机玻璃）把昆虫标本包埋起来，可作为一种类似琥珀的昆虫标本，也称人造昆虫琥珀。用这种材料制成的标本有不怕虫蛀、不生霉和避免损坏的优点，由于透明度高，便于观察，作为展览和教学材料尤为适宜。

### （一）材料

制作有机玻璃包埋昆虫标本的原材料包括生、熟单体：生单体是未经过预聚合的甲基丙烯酸甲酯，为无色透明液体，在制作昆虫包埋标本时起溶剂作用；熟单体是经过聚合的甲基丙烯酸甲酯，为无色透明的黏稠状液体，只有在 5℃低温下才能保持原来性状，在高温下即逐渐聚合硬化。生、熟单体应盛于大型玻璃塞广口瓶中，放在冰箱中保存。

### （二）制模

制模可根据设想来选择外部形状（方形、长方形或菱形等）。决定好模具形状后，先将所需玻璃模具清洁至洁净、光滑。制模时先在玻璃板下垫一张方格透明蜡纸，以便用载玻片按标本大小和所要求的模型做成模壁。然后用镊子蘸少许熟单体滴在载玻片接缝处的上方，使其沿接缝外方自行流下将缝黏合，这样的黏合处理方法要进行两次。随后即放置在 40℃恒温箱中，约半小时，使熟单体聚合硬化。模具做好后，即可注入 4～5mm 厚的熟单体（不能过厚，以免接缝处的黏着部位溶解）。再放入 40℃恒温箱中 12h 使其聚合硬化，作为固定层。以后再用同样方法注入两次，使模底聚合硬化后的单体厚度不少于 3mm，避免将来脱模后底面过薄而破裂，造成空气进入而使虫体与聚合硬化后的单体分离，产生变色、失真和有气泡现象。为了标记所包埋的昆虫名称（中文名或拉丁名），在第二次注入熟单体前，将在生单体中浸泡过的、用绘图墨水清晰书写的标签放入，使其溶于熟单体中，这样制模及固定过程即完成（图 4-30）。

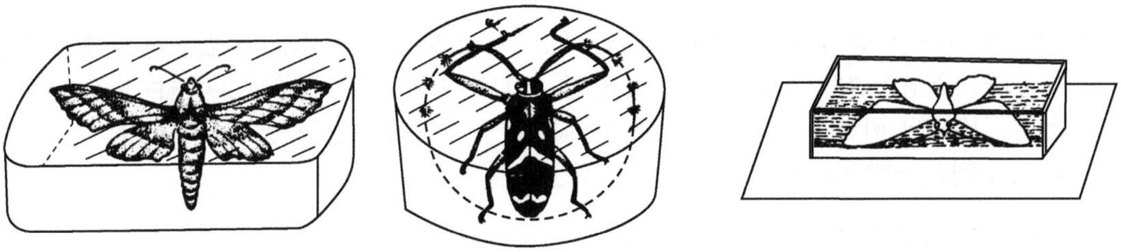

成品　　成品　　制模

图 4-30　成品和制模

## （三）包埋

先将整姿干燥后的昆虫标本浸在生单体中约 1h，使虫体完全浸透。这时在预先制好的模具中注入熟单体，一次注入量不能超过虫体厚度的一半，以免放入标本后虫体漂浮移动。然后把浸在生单体中的虫体取出，使虫体背面向下，放在模具中的熟单体上。立即用镊子或解剖针将虫体平整摆在模子中的适当位置，待熟单体稍有聚合，虫体不会再移位时，便平稳地移到有玻璃盖的盒中，防止空气中的灰尘溶入模内熟单体中，以便日后观察。在包埋全过程中尽量使熟单体在自然条件下聚合，这样虽然固聚时间较长，但不易产生气泡。约经过 2d 后，可用解剖针试探，当熟单体已聚合成半固体、尚未完全硬化前，便可再加入 5mm 厚的熟单体。以后每隔 1～2d 依次按上述方法检查，再加入熟单体。如果包埋体壁较软的种类或昆虫的幼期，以及为了加快聚合速度和一次加满熟单体且需要加温处理时，要准备一套抽气泵，一旦发现虫体周围产生气泡，应立即连同放有标本的模具放入密闭的器皿中，将气体抽出。等到熟单体完全聚合硬化后，即可进入下道工序。

## （四）脱模和整修

当标本四周的熟单体完全硬化后（从第一次注入到完全硬化大致需时半月），即可进行脱模。脱模时先拆去下面的底托玻璃，再依次拆去四周的玻片。脱模后的标本聚合体的边缘往往不够整齐，特别是最后聚合部分，容易出现皱褶或不平整，可用剪刀、钢锉、磨石等工具修整。需先用细砂轮打磨，再用抛光剂或牙膏软皮将其磨光修整成形，也可用布伦抛光机进行抛光，随即恢复原来的透亮光洁度，被包埋的昆虫标本清晰可见。全部制作过程应在无风、无尘的室内进行：灰尘落入单体中，容易造成污染、变色、浑浊不清，失去透明度；风会使单体中的溶液加快挥发，表面产生皱褶；温度变化大则会产生雾状。

应用聚甲基丙烯酸甲酯制成的昆虫标本具有透明度好、保持了昆虫正常的状态和色泽、可清晰地观看昆虫体表结构和体色、不易损坏且能够永久保存等优点，达到防蛀、防霉、防震的效果。在教学、科研和生产中有广泛的应用前景。色彩鲜艳、图案精美、形态奇特的昆虫标本也是家居收藏、娱乐装饰的良好工艺美术品。

此外，在实验室条件下，利用工业用的 36%甲醛和含氮 46%农用尿素合成脲醛树脂包埋昆虫标本，也是一种极具价值的人工琥珀标本制作方法。尿素、甲醛用量比为 1∶2，氢氧化钠用量为 1%，固化剂、冰乙酸的用量控制在 10%～12.5%，凝固过程中，凝固材料置 40℃恒温箱中定型干燥，制成昆虫标本。用脲醛树脂制作的昆虫标本，耐湿、耐温差变化，透明度高，不怕摔碰和虫蛀，不发霉，便于携带、邮寄和保存。

## 五、昆虫标本薄膜包覆法

20 世纪 80 年代中期由美国开发的用聚对二甲苯加固昆虫标本的方法，具有良好的抗透湿、透气性能，能在所有暴露表面上形成透明、厚度均匀、无缺陷的化学惰性聚合物膜，被涂膜的物品不拘形状和大小，均可在成膜室内覆盖上一层均匀、致密、无针孔的薄膜，厚度可以从 0.1μm 到几十微米，据需要而定。方法如下。

### （一）选择固定标本

选择无霉无虫的标本或将标本经药物熏蒸除霉除虫后，固定在一个特制的架上。

### （二）蒸发气化原料

将固定架装入可转动的真空成膜室中，将原料对二甲苯环二体放入成膜机的蒸发室内。将蒸发炉升温，环二体蒸发气化，蒸汽通过一个高温裂解管热解成双游离基的活性单体。

### （三）成膜包覆标本

在真空条件下导入室温下的成膜室，与虫体表面碰撞冷凝聚合，形成一层与虫体表面形状一致、紧密包覆的聚对二甲苯膜。

该法的优点是包覆标本过程中无毒无气味，包覆后的标本重量轻、体积小，工序少，时间短，价格低，可根据不同需要包覆不同厚度，降低成本。整个包覆过程在一天以内完成，但包覆的标本却可以达几百个。用聚对二甲苯膜包覆标本，因膜的透光率在 90%以上，可保形包覆保持原有颜色，标本形象生动逼真，蝴蝶的每一个鳞片都能得到包覆保护。包覆后加固了的标本，热稳定性和机械性能好，用手触及不易损坏。具有优良的屏蔽性，包覆后的标本防霉（防霉等级为最优级），不怕潮湿、盐雾，不怕水淋，不怕有机溶剂，沾污灰尘后可用乙醇溶液等溶剂清洗而无变化。

## 六、幼虫标本制作法

幼虫标本通常是用浸渍法保存，此外也可干制。现分述如下。

### （一）幼虫标本浸渍

**1. 排空肠道**　采集或饲养的活虫，须先停食致饥，待其肠道里的食物消化完毕，排尽残渣之后，再加工渍制，以防止虫体污腐不洁，污染浸渍溶液而损坏标本。

**2. 热水浴虫**　为防止浸渍后皱曲变形，需在浸渍前用热水浸烫，使虫体伸直，充分显露出虫体特征，用热水浸烫时要注意火候，时间过长则会使虫体破损。比较稳妥的方法是把热水（90℃左右）倒入玻璃容器内，利用热水和蒸汽将虫杀死，使虫体伸直，此法称为热浴。一般体小而软嫩的幼虫可热浴 2min 左右，大而粗壮的需要 5～10min，待虫体伸直，即开盖取出，稍凉后再浸入标本液。

**3. 浸液选择**　热浴后的虫体可根据需要选择浸液，通常使用的浸渍溶液有以下几种，配方见附录 2。

1）乙醇浸渍液，指 75%乙醇溶液。

2）福尔马林浸渍液，应分两次浸渍：第一次以浸过虫体为度，稍停一时，很容易看到虫体上有小气泡出现，放置一旁，过几天等虫体内的余气都排净（时时震动，帮助排气），按虫体的大小确定排气时长，然后再倒入第二次液，此次应注满并盖好塞子。此液缺点是易使虫体收缩。

3）乙酸白糖浸渍液，此种浸液可缓解单用乙醇溶液或单用福尔马林的不足，易使标本保持常态。

4）乙酸福尔马林乙醇混合保存液。

5）绿色幼虫标本浸渍液，将已饥饿几天的幼虫，用注射针把第一液（注射液）从肛门处注入，静放玻璃皿内 10h，浸透各部，然后放入第二液（浸渍液）内，保存 20d，经过几天后，换一次浸渍液即可，装入指形管内，密封保存。

6）黄色幼虫标本浸渍液，制作的步骤与绿色幼虫标本浸渍液相同。

7）红色标本浸渍液，将食物已消化尽的昆虫直接投入该浸渍液里，过几天换浸渍液一次。

8）黑褐等色幼虫浸渍液，将食物消化尽的昆虫，浸入第一液内 24h。再移入第二液内浸液 24h，换新液一次，如是大型昆虫，经过 7～8d 后，须再换一次。

9）红色、棕色幼虫浸渍液，此液对于大螟、二化螟、棉铃虫等红色、棕色幼虫保色保形效果良好，加入甘油可使虫体稍软，标本不易干坏，浸渍前用开水将虫体稍加煮沸或浸泡，效果更好。

### （二）幼虫标本干制法

幼虫标本（包括蛹）一般是用液体浸泡保存，但在教学观摩和展览使用时不够真实美观。将幼虫或蛹体内的内脏排出，吹胀加温使其干燥，吹胀干燥的幼虫标本能保持原来颜色，虫体上的环节、斑纹等都很清楚，适于作教学、展览用。其步骤如下。

**1. 选择幼虫**　将躯体完整的活幼虫平放在较厚的纸上或解剖盘中，腹面朝上，头向操作者，尾向前展直。用玻璃棒（或圆木棍、圆铅笔杆）从头胸连接处向尾部轻轻滚压，使虫体内含物由肛门渐渐排出，以后逐渐用力滚压数次，直到虫体内含物全部压出，用镊子或剪刀去掉压出物，留一段直肠，只剩一个空的虫皮为止，准备吹胀。

**2. 吹胀**　取医用注射器，拉空针管，将针头插入肛门，然后用一细线将肛门与尾部的插针处扎紧。将虫体连同注射器一起移到烘干器上加温吹胀。

**3. 干燥**　烘干器是一个放在酒精灯架上的酒精灯罩，把扎在针头上的虫体轻轻送入罩内，即可点灯加热。也可放入特制的烤箱或烤罩中进行烘烤，最简便的方法是放在瓦数较小的电炉上烘烤。操作时，一边加热一边徐徐推动针管，向虫体内注入空气，此时需注意边注气边查看虫体伸胀情况，并反复转动虫体使之烘匀，待恢复虫体的自然状态时，即停止注气，把虫体彻底烘干，移出罩外，在尾部扎线处，滴一小滴清水，用小镊子把扎线褪下，用一粗细适当的小玉米秆或火柴棍从肛门插入虫体，以能支撑虫体为度，然后在秆（棍）的外端插上昆虫针，用三级台固定虫位，插上标签，幼虫吹胀的干制标本即告完成（图 4-31）。

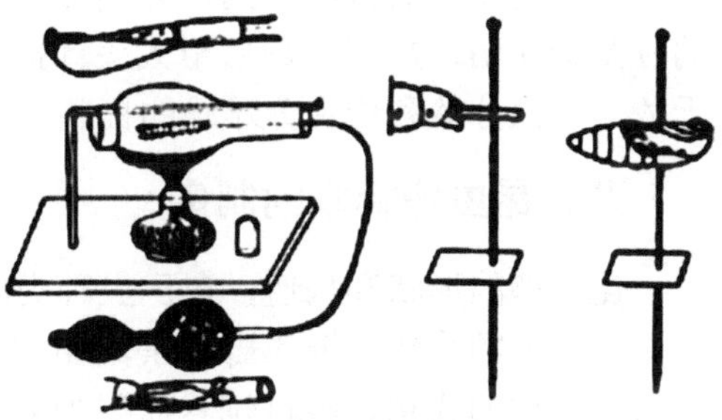

图 4-31　幼虫、蛹标本干制

如果吹胀干燥个体较小的标本，可用较有弹性的铁丝，顶端加上细铜纱网，将昆虫的肛门插入较细的玻璃管内，将昆虫头部顶着铜纱网以防把小的幼虫吹跑。制作幼虫干燥标本时要使它充分干燥，否则幼虫的表皮上会出现凹凸不平的皱纹，很不美观，但干燥过度又会将身体上的附肢烤焦。鳞翅目等昆虫的被蛹及双翅目的围蛹，体壁一般要比幼虫硬，所以干燥比较容易。制作时只要将腹部中央从体节间剪开条缝，用镊子将体内易腐烂的内脏取出，并用镊子夹着脱脂棉把腹腔内的液体吸干，用胶水或虫胶把剪口重新粘好，然后用昆虫针插好（像针插成虫标本时那样），用镊子夹住虫针在烤虫玻罩中烘烤即可。

**4. 加标签**　见本章第三节图 4-28 及正文相关阐述。

## 七、昆虫生活史标本制作法

图 4-32　昆虫生活史标本

昆虫生活史标本（图 4-32）是把一种昆虫的各个虫态、植物被害状和天敌等标本有序地装在一个盒内，以表示这种昆虫的生活过程。这种标本综合干制、液浸昆虫标本及压制腊叶标本等于一体，在教学、生产和展览等方面经常使用。所用材料与制作方法如下。

### （一）标本盒

大小多种多样，一般用 37cm×22cm×2cm 的硬纸盒，用玻璃面作盖，盒内装满棉花，将标本放入。或不装棉花，用松紧带把指形管标本固定于盒底，成虫标本针插于盒中，在盒的一角做一小盒放置防虫的药剂。

### （二）指形管

大小依标本而定，塞子一定要配得严密。指形管用来装卵、幼虫、蛹等虫态。制作时先将脱脂棉剪成长条，用乙醇溶液或其他保存液浸透，把标本放在棉花上一起装入管中，淡色标本在棉花上不明显，可垫以黑纸。用长柄针伸入管中整理姿势，然后用滴管加满保存液，盖严管口，用石蜡、火漆或封口胶密封，也可用安培管方式封口。

### （三）装盒及标签

标本自左向右依次排列，分别加上卵、幼虫、蛹和成虫等的标签，在盒的左下角放上总的标签或说明，加盖。最后用大头针把盒盖固定住。一套完整的生活史标签应包括被害状、天敌、幼虫分龄和成虫分雌雄的标签。

## 八、昆虫卵标本的制备

昆虫卵的形状和构造，在昆虫种类的识别和分类上有极为重要的价值。

昆虫卵的收集主要靠野外采集和饲养。为了明确卵所属种类，最可靠的方法是从野外采来未经产卵的成虫，经过饲养而得到卵。收集材料时，要保持卵面整洁，最好选择已受精并经过一段发育时间的卵，其斑纹更加明显清晰。

已受精或胚胎开始发育的卵，一般可保存在 75%乙醇溶液中。如果未受精或初产的受精卵，以及卵壁过薄的卵，最好用甘油乙醇液浸泡，以防卵壳皱陷或表面裂开。个体较大或胚胎色素过深的卵，在投入浸泡液前最好先用清水煮片刻，可防止卵壳变形和胚胎色素污染卵壳。经过处理后的材料，装入瓶中并加上标签，可长久保存备用。

### （一）制备工具与方法

制备工具：体视镜（主要用来观察整体、解剖和制片），显微镜（用于仔细观察细微部分），一套自制的不同粗细拨针（尖头、圆头、弯头）和一把用5号昆虫针将尖端压扁后磨制成的切割小刀，以及直头和弯头镊子各一把，凹形方玻皿数块。

卵的形态构造观察可分为整体观察与局部观察，材料制备方法如下。

1）整体观察（卵的形态、表面刻纹、棱格的数量和组成情况等）比较容易，只要注意透明程度和透光情况便可。卵上的色斑，一般都是卵壳内的浆膜和胚胎透衬过来的。要想清楚地看到卵壳表面的构造，最好先将已保存的卵粒浸于凹玻皿内的蒸馏水中（乙醇易蒸发，卵壳发脆，且容易游动），用拨针将卵的底部轻轻拨开，再用端部有小钩的拨针钩住胚胎并拉出。用蒸馏水清洗后的空卵壳，卵面的构造在解剖镜下便清楚可见。

2）局部观察（精孔周围形状及花冠区构造），切割时先将卵浸泡在凹玻皿内的蒸馏水中，一手用切刀轻轻压住卵的中部，一手用拨针轻刺卵的底部，使卵内的液体流出，再用弯头拨针拉出卵胚，卵壳即透明。切割时要使卵的表面向下，选好所需部位后，一手持圆头拨针固着，一手持刀切割，要轻而准，将卵壳切开，取其中主要部分，在不影响主要特征的情况下，切割的面积不宜过大，否则在封片前的脱水透明过程中容易折叠在一起，或因盖玻片压力而裂开，以及出现不整齐现象。最后在显微镜下更加仔细地观察。

### （二）制片

卵的制片方法，可分为干封和湿封两种。

**1. 干封**　干封是用较浓的加拿大胶，在载玻片上按盖玻片的大小、形状和厚度，先用旋转台滴上树胶圈，将切好、经过脱水干燥后的卵壳放在中央（必须使卵壳十分干燥，防止湿度过大而起雾），在树胶圈内不再加任何胶液，然后盖上盖玻片，用拨针轻压，使卵壳不再移动为止。一张玻片上可放入一片或几片材料。干封适用于材料面积较大，卵壁较厚、色深、刻纹稠密而清晰的卵型。其优点是可保持卵壳的本色，增加立体感，并且不致因封液的成分和胶液对卵壁上刻纹的填充而影响清晰程度。缺点是如果清洗不彻底，会因原保存液蒸发而遗留下一层乳白色凝固物体，影响透明度。

**2. 湿封**　湿封是将切割好的材料依据所用封片胶的种类要求进行脱水、清洗等程序后，先将材料放在载玻片上的适当位置，再滴上胶液、盖上盖玻片即可。湿封适用于材料面积较小，卵壁薄、色淡，刻纹和纹饰少、微细的卵型。优点是不会因材料小、卵壁薄而卷缩折叠。由于胶液中有透明融合剂，可增加材料的透明程度和避免产生不正常的折光，并能防止卵壳表面的棘、瘤、毛等附属物的损坏。缺点是不能保持卵面的本色，卵面的构造没有逼真的立体感，并且会因所用封片胶的种类不同而产生不同的透明度，影响卵面清晰。因此，在封片胶的种类上就要依据卵的种类做适当选择。

无论干封或湿封，最好使胶液自然干燥一段时间，待接近干固时放入不超过70℃的干燥箱中烘烤，能除去玻片上的湿气污点。玻片制好后，卵的制备全过程即告完成，经过加签、编号、入盒等处理手续备作观察或研究之用。

## 九、鳞翅目翅脉标本制作法

先自虫体上取下完整的前后翅，浸入75%乙醇溶液中使其湿润。然后将翅移至1份水加

9 份盐酸的稀盐酸液中 1～2min，吸去稀盐酸液，滴入由 0.4g 漂白精加 10mL 蒸馏水的漂白精溶液中，如此反复。在稀盐酸及漂白液中时，常见到翅面上有许多气泡，较薄的翅也同时会卷缩。遇有此种情况，可用毛笔轻压，排出气泡。为使翅上脉纹更为明显，将洗涤干净的翅放入盛有伊红或酸性复红的小型染色凹玻皿中，隔水加温 5～10min 取出，依次移入 75%、95%、100%三种浓度乙醇溶液中脱水。吸去乙醇溶液，注入二甲苯，使之透明后即可放在载玻片上，滴上加拿大胶，盖上盖玻片。

如制作麦蛾、菜蛾等小型蛾类标本，上述方法可能将翅损坏，可直接在载玻片上漂白脱水。先在双目解剖镜下取下前后翅，平放在擦干净的载玻片上，先用吸管轻轻在翅面上滴上一滴 75%乙醇溶液，2min 后用吸水纸吸干。再用另一只滴管吸取稀盐酸液滴在翅上，过 2～3min 后吸去，滴上漂白精液，2～3min 后吸去，再滴上稀盐酸液，多次反复直至鳞片透明脱落。多次滴上蒸馏水洗净稀盐酸及脱落的鳞片，然后滴上冰乙酸一滴，在 10～20min 内更换 4～6 次后，用吸水纸吸干，加二甲苯透明。如见滴上的二甲苯液有浑浊现象，也要更换几次，待完全清晰后，吸去二甲苯，滴上加拿大胶盖片封固即可。每次换液时，滴上的溶液不宜太多，以免将翅浮起而卷缩。换液时一定要将前液吸净，避免脱水不净、透明不彻底而导致封片后出现白雾状，影响镜检工作。

## 十、昆虫外生殖器标本的制作

利用昆虫外生殖器上相当稳定的特征进行分类与鉴定在昆虫研究中有十分重要的意义。

### （一）外生殖器标本的提取方法

**1. 鳞翅目昆虫外生殖器标本拉取**　刚毒杀死或死后 24h 内的新鲜成虫标本，将标本腹面向上，安放在软木解剖台上，在双目解剖镜下，用右手直握细微钩针，左手按住小软木台，使左手拇指托住针身，沿标本尾端腹面里侧中央部位，使针钩尖端向上伸入（图 4-33 左）。然后很均匀地用力向外拉，不久即可见到抱握器两端平均向外伸开，逐渐被拉露出来，再继续向外拉，直到完整地拉出来为止。如果是长久保存的干燥标本，必须进行还软工作。

**2. 膜翅目昆虫外生殖器标本提取**　以叶蜂为例，其雌性外生殖器的基部骨化较强，在制备时要先用剪刀剪断才能取下来。使用的标本首先要适当还软（初毒杀死或死后 24h 内的标本按新鲜标本使用），一般还软 24h 即可。操作时把标本放在小软木台上，使腹面向上。用两支细昆虫针交叉插在软木台上将腹部压住，使标本身体略侧置，生殖器部位略向右侧方。左手按住软木台，右手握剪刀并以左手拇指作依托，伸向腹端。剪刀要以里刃在下方、外刃在上方，这样可防止将生殖器的基部及护板损伤。剪刀要从腹部腹板第七节与背板第九节间伸入，但角度不能过直或过前、过后。位置摆好后，先右一剪，后左一剪。如所剪位置恰当，生殖器端便不会翘起来，可用拨针将生殖器拨动，使负瓣移动而显示出来再剪第三剪（图 4-33 右）。

图 4-33　昆虫外生殖器的拉取（左）和提取（右）

**3. 鞘翅目昆虫外生殖器标本获取方法**　鞘翅目昆虫的雄性外生殖器，在一般种类中骨化程度都比较强，而且形状长大于宽。所以杀死 24h 内的新鲜标本，只要将钩针自腹端腹板的里侧靠边伸入，再将钩针半翻转使其横着向中央移动，然后徐徐向外拉，都可全部拉出。干燥后再经过还软的标本（还软时间最好在 24h 以上），因腹内脂肪牵连太多极易将腹节拉长或拉断。要先用剪刀在腹板内两侧各剪一下，但下剪不宜过深，以免将生殖器损伤。剪后再拉，也能全部取出。

### （二）处理和保存

处理和保存昆虫外生殖器的方法很多，经常使用且效果较好的有以下几种。

**1. 制片保存**　昆虫的外生殖器一般角质化都比较强。因此，获取的外生殖器材料最好经过脱水、透明后，用加拿大胶封在玻片中保存。

**2. 贴封保存**　贴封保存是将厚纸剪成长方形块，在一端的中央打好圆形孔，先用透明玻璃胶纸贴好一面，将处理好的外生殖器标本粘在胶纸向内的一面上，再用另一张胶纸贴好；或先用两块胶纸把材料贴封在中间，再用两块打好圆洞的方形纸将其黏合在中间，然后在纸块上注明种类、采集日期等，插在原来标签下方。贴封保存昆虫外生殖器，适合于体形较小的种类。

**3. 瓶装保存**　瓶装保存是将用甘油临时封装法观察研究过的昆虫外生殖器材料，用甘油浸泡装在小玻璃管内，同原来的标本插在一支昆虫针上，日后随用随取。

## 十一、破损成虫标本的修补

在保存中，需要对损毁的昆虫标本加以修复。修复前的准备工作主要包括还软标本、制胶、准备工具和用品。先将乙醇溶液放在烧杯内煮沸，熄火后将破碎标本放入热乙醇溶液，浸泡 10min，标本即变软。在 100mL 水中放入 15g 聚乙烯醇，水浴加热至聚乙烯醇粉粒全部溶解，装瓶密封保存备用；也可将有机玻璃磨成碎粒，放入氯仿内自然溶解成胶状，密封保存备用。工具和用品主要有刷胶用的毛笔、做底板用的平板玻璃、分离用的甘油、黏接用的万能胶、清洗标本用的汽油或乙醚、烘干用的电吹风、镊子、透明清漆等。

成虫标本最易破损折断的部位是触角及足。如果已经折断，要立即捡起粘好。捡拾时千万不能用手直接去拿，以防再折成几段。应先用小镊子夹起，或用小毛笔托住，再用拨针尖端蘸点胶水，轻涂在断裂的一端，使其按原来部位和形状对接。如果标本翅膜破裂，可用韧性较强的纸片，涂上胶液贴敷在翅的腹面，并用昆虫针交叉支撑，待其干固后即可取下。如果是头部、腹部断裂或整个翅从基部断裂，也要用同样方法粘好。

有的标本不慎被虫蛀食（一般都是腹部含脂肪多的部位）时，首先检查蛀虫是否尚在里面，先将蛀虫除去，然后用镊子夹一小棉球，蘸上少许克鲁苏油填入蛀洞内，再用胶液将蛀口封闭。进行黏接肢体工作时，最好在放大镜或双目解剖镜下进行，并可充分利用整姿台作为托架。

如在同一标本盒内，有一只以上同种标本断掉同一部位，那就要非常慎重，最好在双目解剖镜下检查，充分证明断肢属于哪一个标本后，才能进行黏着或修补。如实在无法确定，宁可“忍痛割爱”，也不能随意迁就，严防张冠李戴，给将来鉴定时增加麻烦。经过黏补的标本，最好在标签背面注明黏补部位，以免将外露胶液或衔接不当部分误作为特征。

将断掉的肢、翅、触角等按昆虫原样粘好后，再插在展翅板上整姿。待标本彻底干燥后即可装入昆虫盒内保存。

## 第四节　昆虫标本的保存方法

研究昆虫形态学、分类学，进行昆虫学教学、科普等都需要大量的标本，已经专家鉴定或经过研究定有学名的昆虫标本，尤其是模式标本，都是极为宝贵的科学财富。此外，野外采集的大量标本，未加工、制作、鉴定的昆虫标本都应及时处理或妥善管理，以免发霉、腐烂或遭受蛀虫危害。使用妥善的保存方法与工具，以及适量的防蛀、防腐剂，或进行适当的处理都可达到安全有效的保藏目的。

### 一、昆虫标本的干燥与保存

#### （一）昆虫标本的干燥

干燥昆虫标本一般可选用自然干燥法、烘箱法、硅胶干燥法等。

1）自然干燥法：在北方，空气湿度小，通常可将做好的标本置于自然状态下干燥，该法耗时稍长，但标本自然、本色。

2）、烘箱法：为了加快标本干燥，以免生霉、腐烂，可采用烘箱，一般将标本置于40～50℃烘箱中烘烤，时间依昆虫种类、大小而定。

3）硅胶干燥法：选择变色硅胶作干燥剂，用于采集标本时的临时保存及最终的干燥定型，效果都比较理想。具体做法如下：在野外，把装有标本的棉花包放进厚实的塑料袋里，倒进一些硅胶，硅胶用量为每个棉花包 50g 左右，然后扎紧袋口，可临时存放一两天。整姿、展翅后的昆虫标本，也可用变色硅胶干燥定型。方法是将标本连同展翅板一起放进玻璃干燥缸里，然后倒进适量硅胶，盖上玻璃缸盖，缸盖之间用凡士林密封。用毛发湿度计监测，在容积为 16L 的玻璃缸里，使用 1000g 变色硅胶，缸里的湿度在 20min 内可由 80%降至 16%。2d 后开封，标本已经相当干燥，完全符合保存要求，而且颜色、光泽基本保持不变。

若用直径 25cm、高 20cm 的磨砂口玻璃标本缸作为干燥缸，效果最为理想，另外，密封性能好的玻璃鱼缸也可使用。近年来普遍使用的泡沫塑料展翅板，由于重量轻，在长方形玻璃标本缸里可以层层叠放起来，一个缸一次可以处理几十个标本，干燥速度快、效率高。变色硅胶的用量是越多越好。发现硅胶的吸水能力下降，就应及时取出，烘干后再用。使用硅胶干燥法处理，标本脱水快，保存效果好，操作简单可靠，而且成本极低——变色硅胶可以反复使用，一次投资，可用多年；烘干硅胶所需电费只有用恒温箱烘干标本的几十分之一；而且没有恒温箱失灵、失控或调节使用不当，造成因温度太高或太低而损坏标本的缺点。

#### （二）昆虫标本的保存

保存昆虫标本的工具可分为临时保存工具和长久保存工具两类。

**1. 临时保存工具**　昆虫标本的临时保存是指把采集到的标本暂时保存起来，带回室内整理制作。

（1）三角纸　用毒瓶杀死用来备作针插标本的种类，可趁肢体柔软时略作整理。例如，蝶蛾类尽量使双翅背面向里并起来，起到保护鳞片的作用；其他目昆虫，要把触角顺在背上，三对胸足紧贴腹部向后伸直。包装体躯含水量较大的昆虫时，要选用较厚而柔软、吸水性能好的纸张，便于吸收和蒸发水分，防止标本发霉；包装虫体较厚的甲虫和蝗虫等，可把两个底角捻紧，使三角纸袋鼓起或将纸卷成筒状，两头捻紧来保存，注意其触角和足等附肢应理顺、贴于体躯，以免损坏；包装体躯含水量少、害怕磨损的种类，如蝴蝶、蛾及蜻蜓等，可选用半透明的油光玻璃纸。标本装入三角纸袋前，要做好准备工作，先将标本进行初步分类，尽量将同一种或同一科的放在一个袋中。在三角纸袋直折边上，预先写好采集地点、采集时间、海拔、寄主、采集方法及采集人等必要事项，再将标本装入，这样便不会因写字而把标本压坏。此外，短时采集的三角纸袋可集中夹于携带的旧书籍隔层中临时保存（图 4-34）。

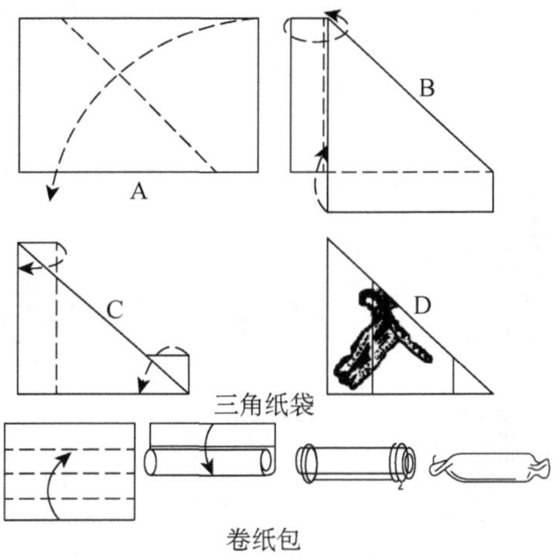


图 4-34 三角纸袋和卷纸包制作法

A. 沿长边对折；B. 短边折叠封闭；C. 短边余角沿斜边折叠固定；D. 昆虫腹部沿斜边放置

（2）棉花包 棉花包是用长方形的脱脂棉块（15cm×10cm×5mm，长×宽×厚）在外面包一层油光纸和一层牛皮纸做成。将标本整齐地放在棉花上，用一块白纸注明采集的时间、地点等，放在包中。如果是不同时间、地点和植物上采集的标本，应用带颜色的线将它们隔开，并加上编号纸条。一个棉层装满后，上面要盖上一张按编号次序写有采集地点、采集时间、海拔、寄主、采集人等信息的吸水性能较好的白皮纸，再将下面垫的牛皮纸边先左右后上下压好，一个棉花包中可存放数量可观的标本。

（3）层纸包存放箱 为携带方便而整齐，还可制作三角纸包及棉层纸包存放箱。箱子的式样、大小与采集箱类似。制作尺寸：长、宽、高分别为 13mm、33mm、20mm。上面开盖，中间用三合板按 10cm 的宽度分为三格，每格装满时可盛装有标本的棉层纸包 100 个。为防止上下挤压，可将木箱的一侧开口，设计成双层抽屉形，每层抽屉内也隔成三格，将装有标本的棉层纸包平放在里面，携带也极方便。

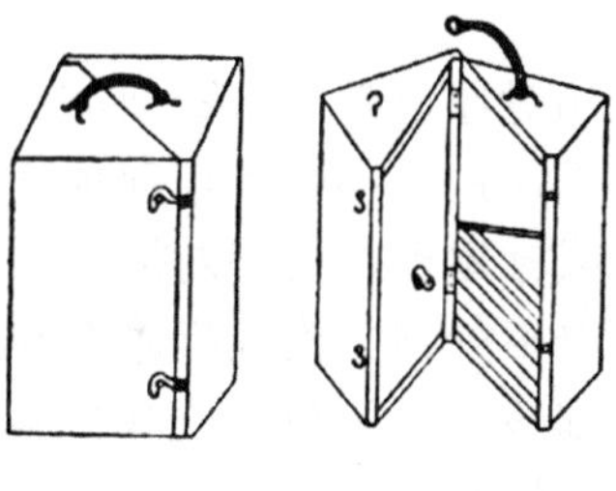

图 4-35 三角纸包存放箱

（4）三角纸包存放箱 三角纸包是临时贮藏昆虫标本或作为野外采集时的临时容器。但三角纸包过多时，容易散乱挤压，为克服这些缺点，研究人员设计了一种 15.7mm×15.7mm×27mm（长×宽×高）的方形木盒。木盒可自中间斜形打开，分成两个三角形的空间，每个空间上面做一个盖，这样两个空间装满时，可容纳装有标本的三角纸袋 200 个。然后将两个三角形盒合在一起，用铜钩锁住，成为一个长方形箱子。将上面的活动提手挂好，携带起来也很方便（图 4-35）。

（5）饱和酒精棉球密封保存法 在野外采集昆虫标本工作中，有时已采集的标本需要保存几天甚至几十天，饱和酒精棉球密封保存法可完好无损地保持昆虫标本的颜色。在各种规格的指形管或 500mL 以下的广口瓶底部放置一个饱和的 90%乙醇溶液棉球块（以勿使其饱和液自然流出为度）。上面垫一薄层干脱脂棉，虫体装入指管或广口瓶中，在虫体上加一层薄干脱脂棉，再放置一个饱和酒精棉球块，最后用蜡密封广口瓶或指形管口即可。

适用此法保存的昆虫标本有鞘翅目、半翅目、膜翅目、广翅目及直翅目的成虫。从微小昆虫至大型的甲虫均可用此法临时保存，保存的昆虫数量可从一头至数十头。采用此法的优点：在临时保存期间，昆虫色彩基本不变或改变甚少；虫体能保持柔软，在制作干标本整姿时便于造型；避免了标本霉烂，变质腐臭。此法乙醇用量极少、操作简便、节省时间，尤其便于远距离运送和邮寄。

**2. 长久保存工具**　采到的昆虫经临时存放、运输、还软，再经针插、加签等手续制成的标本，之后的保管工作更为重要。常用的长久保存工具有标本盒、标本柜、幼虫标本柜、幼虫标本架、标本橱等（图 4-36），可根据需要购置或定制。

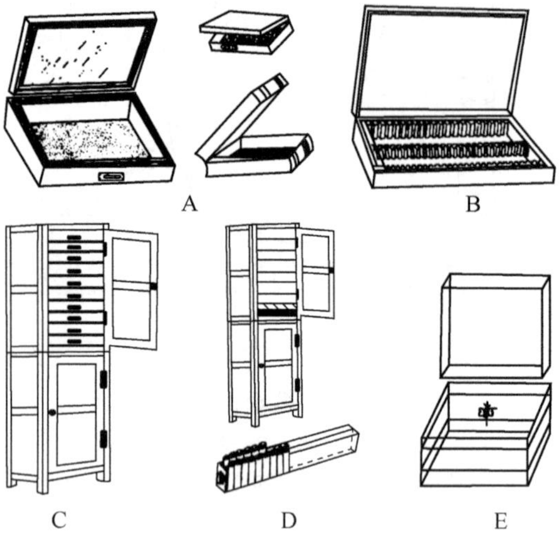

图 4-36　保存昆虫标本的器具

A. 针插标本盒；B. 玻片标本盒；C. 标本橱；D. 幼虫标本柜；E. 简易昆虫标本盒

下文介绍一种简易昆虫标本盒（图 4-36E）。常见的昆虫标本盒都是用木制玻璃盒制作，需要一定的成本，且工艺烦琐。可利用废弃材料（纸盒、泡沫板、透明塑料盖和纸质盒盖）制成一种简易的昆虫标本盒，对普通的昆虫标本进行较长时间的保存。制作方法：找废弃的衬衫或其他衣服包装盒 1 套（盒子高度 4～5cm），泡沫板 1 块（厚约 1.5cm）。根据盒子底部的尺寸，用刀将泡沫裁剪成相应的大小，放入盒内。将烘干、整形好的昆虫标本插针、插上标签，插入泡沫板摆放好，放入包好的樟脑丸、盖上透明塑料盖，用塑料胶布密封，盖上外盖，即制作完成。

## 二、玻片标本的保存

制作好、晾干的玻片标本，也要装入玻片标本盒中保存，再装入玻片标本柜中，这样不易损坏，且免受空气中的尘埃污染，还可以避免湿气进入封盖玻片使胶液返潮。

## 三、模式标本的保存

模式标本是定义一个种（或亚种）的实物根据，是载名标本。如对原记载产生疑问或记载不够详细时，便要靠模式标本来查对。模式标本是一个国家的宝贵财富，不能有任何损坏或丢失。所以模式标本的保存要格外仔细。保存模式标本的标本盒或标本柜，要绝对清洁后才能入室，一般不能轻易更换。新定名的模式标本入室前，要经过严格处理。模式标本要有专人管理，详细登记编号，甚至连每个标本入室时的完整情况部位都应一一记载。模式标本一般是不随意出借的，如有人来室查对，要有专人陪同，并预先讲明注意事项。归还时要仔细检查，与原来登记项目是否完全相符。总之，模式标本是特殊宝贵的标本，要特别慎重对待。

## 四、解剖用昆虫标本的保存

生理实验、昆虫研究常要进行解剖。备作解剖用的昆虫标本，要先用刚停止沸腾的热水杀死，再放入 70%乙醇溶液中或放入 4%甲醛溶液中保存。身体过于柔软，或者体内含水量多的种类，在上述溶液中也会皱缩，需经过乙醇浓度逐渐增加的方法处理才好保存：即先把活虫投放到刚停止沸腾的热水中，经过 2～5min 后取出，移入 30%乙醇溶液中，经 2～3h

后，移入50%乙醇溶液中，经3～4h后移入70%乙醇溶液中，12h或1d后移入80%乙醇溶液中保存。这种保存方法对昆虫的卵和蛹都适用。昆虫内脏器官的解剖标本，可保存在5g水合氯醛溶于100mL水配制的药液中。

## 五、保存昆虫标本的注意事项

### （一）临时标本的保存

采集后用毒瓶毒死的标本，要设法使其很快干燥后才宜保藏。如时间不允许，未经制作的标本也同样重要，应与制作好的标本同样受爱护，进行干燥、检查、编号、登记、入盒、加药保存，留备以后还软制作，绝对不能抛弃。

### （二）液体浸渍标本

液体浸渍标本要定期检查：瓶中液体颜色污染，要及时更换新液；液体蒸发太快，可能是瓶塞松动或破裂，要立即检查、加液、塞紧或更换新塞，不能使标本干坏。指形管内的液体以占管内体积的2/3为宜：液体过多，日久瓶塞会被浸泡老化；液体过少，露出液面的标本会变黑。

### （三）干制昆虫标本

干制昆虫标本需注意以下几点。

**1. 防潮防霉**　解决发霉问题主要依靠标本的干燥和密闭。为防生霉，田间采集时用氯甲苯酚暂时保存标本，标本会在较长时间里保持一种松弛状态，可在以后方便的时间和地点再制作标本；还应对空标本盒进行提前消毒。交换来的标本、新采集来制作好的标本，要经过严格检查并经药物处理后，才能拿到标本室与原来的标本存放在一起，以防带入霉菌。此外，还应在标本盒或标本橱内放吸湿剂，或室内装抽湿机。若标本已经发霉，可用无水乙醇与苯酚混合液（7∶3）以软毛笔刷洗，也可直接用无水乙醇刷洗。

**2. 防鼠防虫**　标本防鼠相对容易，而标本防虫是我国北方地区标本保藏中需要注意的首要问题。有多种皮蠹危害标本，包括花斑皮蠹、红圆皮蠹、中华圆皮蠹等，其中以花斑皮蠹为主要种类。防虫主要采用熏蒸处理和冷冻处理。

（1）熏蒸处理　标本室内如发现有虫，或在标本下面的纸上看到蛀虫的粪便，表明标本体上已经有虫，则应立即进行熏蒸，防治对卫生球、樟脑精等保存药剂有抗性的害虫也可用熏蒸法。多年来，人们防治皮蠹类昆虫危害标本的传统方法主要有两种：一是采用溴甲烷、硫酰氟、磷化氢、环氧乙烷等强氧化物对标本实行熏蒸处理；二是加药驱虫。

室内的熏蒸方法可参考植物检疫的熏蒸法。一是熏蒸室熏蒸，作为固定的熏蒸室应具备如下条件：气密性良好；具有性能优良的气体循环系统，能用于熏蒸气体的扩散与分布，而且熏蒸结束时能快速有效地排除残存的熏蒸剂气体；具有熏蒸剂气化、定量、施药和熏蒸剂气体扩散装置；对熏蒸操作人员和工作室附近人员不构成任何威胁。二是在昆虫标本盒内进行熏蒸，放入装药剂的小白纸袋，用大头针固定，再将标本盒放入较大的塑料薄膜袋，为使药效迅速挥发，在袋内放入蘸少许清水的脱脂棉，然后密封袋口，7d后效果良好。熏蒸处理时间最好在皮蠹的初孵幼虫期或成虫羽化期，效果较好。操作熏蒸要在通风橱，避免人吸入毒气。

（2）冷冻处理　冷冻法不受气温、季节限制，仅用一台普通冰柜即可随时处理，冷冻时间应在3d以上，放置在冰柜表层及上层的有皮蠹幼虫的标本盒经第一次冷冻结束后，间隔数天应再进行第二次冷冻，从而提高和巩固冷冻杀虫的效果。该方法简便易行，成本低，不污染环境，也不影响人体健康。而且冷冻前后标本都是整盒搬出搬进，对标本几无损害。该方法治理皮蠹幼虫危害的效果明显，是当前有效、可靠而实用的标本害虫防除方法之一。

**3. 防尘防光**　昆虫标本保藏后，标本室门窗应少开，窗上加帘，避免阳光直射标本，可推迟因日照而褪色的时间。标本盒密闭、少开，防止灰尘、病菌、蛀虫进入。

**4. 定期查防**　为了保护标本免受损坏，应经常检查并每年用药剂熏蒸 1 或 2 次。

## 第五节　昆虫标本信息的获取与数据库的建立

昆虫标本的科学管理对研究和利用昆虫具有重要意义。世界各国先后建立起各种类型的数据库，希望通过信息网络相互交流，促进昆虫物种信息共享，推动相关研究发展。昆虫标本信息的管理是昆虫系统分类、生物生态学等科学研究的重要基础，以便更好地利用益虫、防治害虫。随着科学技术，特别是信息技术、数字图像等技术的发展，昆虫标本信息的概念已经发展到涵盖昆虫全方位信息的层面，包括昆虫标本的基本信息、图形信息、生态信息、声音信息、化学信息、生化遗传信息等。

### 一、昆虫标本信息的获取

昆虫标本是进行科学研究、教育展示和保存资源的客观载体，而昆虫标本信息对于这些工作的开展具有十分重要的意义。昆虫标本信息主要来自采集人、制作人和鉴定人的原始记录，这些原始记录信息的详细程度有一定差别，规范的采集信息包括采集地点、采集时间、采集人及单位、采集生境等；专业采集还常常包括 GPS 定位数据（经纬度、海拔）、采集寄主、方法、生境特征等。鉴定信息包括中文名、拉丁名，科及鉴定人的姓名、单位、时间等。全世界约有 5000 个生物标本馆，大多由博物馆、科研院所、大学建设和管理，有重要的保存、科研和教育功能，馆藏着数以亿计的生物标本，这些标本几乎包含所有分类单元的地理分布和时间，为我们提供了各种生物的原始地理分布及其分布随着时间变化的大尺度的、可证实的信息。标本信息获取的主要途径如下。

1）通过文献记录查询：在公开发表的学术论文、学位论文、各类昆虫志等文献中查询昆虫标本的信息，是昆虫学研究，特别是昆虫系统学研究常用的方法。通过这种途径，可以获得昆虫标本的采集信息和鉴定信息，但这些信息记载的翔实程度在科学技术发展的不同阶段有差异，整体而言是记录越来越详细。

2）通过网络数据库查询：很多生物标本馆都建有自己的数据库，甚至有集合世界范围内数据库的数据库网，如全球生物多样性信息机构（Global Biodiversity Information Facility，GBIF），以及区域性的昆虫标本数据库、特定类群的数据库等。有的网络数据库是开放访问的，也有的网络数据库实行会员制访问。很多网络数据库会提供交互式检索功能，可以便捷地查询昆虫标本信息。

3）通过信函索取：如果原始发表文献的昆虫标本信息记载不甚翔实，可以通过信函（包括 E-mail）向标本保存单位进一步索取昆虫标本的信息。这种昆虫标本信息的获取方式一般耗时相对较长。

4）实地检视获取：如果通过文献记录、网络数据库查询和信函索取等方式无法获取昆虫标本信息，就需要向标本保存单位申请，实地检视以获取昆虫标本信息。实地检视获取的昆虫标本信息最为全面，也最为可靠；但需要投入更多的人力、财力和时间。

## 二、昆虫标本数据库的建立

昆虫标本是重要的昆虫学研究资源，是基础昆虫学研究的重要客观载体，建立昆虫标本数据库对于昆虫学研究具有重要意义，对永久保存生物样本、解析生物演化历史和认知生物多样性也具有重要价值。

1）昆虫实体标本数据库的建立：主要依托各级博物馆、科研院所和高等学校设立的昆虫标本馆或标本室，永久保存昆虫标本，用于科学研究、科普教育、展示和保存昆虫物种资源等。还有很多昆虫爱好者会针对自己喜欢的类群建立实体标本数据库，一部分学者还会对实体标本进行数字化建设，丰富了昆虫实体标本库的类型和内容，有利于生物多样性和生物演化研究。

2）昆虫数字标本数据库的建立：依托昆虫实体标本数据库，越来越多的机构建立昆虫数字标本数据库，把实体标本的信息通过计算机软件系统的编辑、记录，进行数字化。一般而言，昆虫数字标本数据库的工作原理大同小异，基本包括标本标签、目录、高清照片与其他媒体文件、遗传信息和采集记录等信息的数字化，以及数据库的录入和数据库的检索等模块。随着信息技术的发展，昆虫数字标本数据库已经向多维全息化数据发展，昆虫标本信息的数字化速度越来越快，数字化程度越来越高，信息量也越来越大。

### 【思考题】

1. 采集昆虫标本时要注意哪些问题？
2. 如何科学选择昆虫标本的浸渍液？
3. 昆虫玻片标本有哪几类？分别适用于哪些类群？
4. 如何获取昆虫标本的相关信息？

（张志伟，李先伟）

# 第五章　昆虫抽样调查的理论与方法

【**内容提要**】系统学习昆虫抽样调查理论，明确抽样调查的种类与方法，掌握昆虫抽样调查方案的科学制订方法，正确选择不同生境、不同尺度下的昆虫抽样调查方法，对科学研究昆虫种群密度调查、自然种群生命表、害虫为害程度、预测预报和防治效果调查等方面具有重要的意义。

【**学习目标**】了解昆虫空间分布型和抽样方法间的关系，理解昆虫抽样调查的理论和方法，掌握昆虫抽样调查方案的制订方法，并能根据研究目标选择正确的抽样调查方法。

【**基本要求**】理解昆虫抽样调查的原理，掌握不同尺度下常用的抽样调查方法。

昆虫抽样调查的目的是在科学理论的指导下，运用科学的方法进行实地调查，掌握特定环境中昆虫的群落结构、分布区域、发生规律、发生时期、发生数量及与环境因素的关系，以及寄主的受害程度和防治效果等，在统计整理与分析的基础上，明确防治对象和防治时期，确定防治指标及防治方法，为有益生物资源的保护利用和害虫的综合治理提供科学依据。

## 第一节　昆虫空间分布与抽样方法

### 一、昆虫空间分布类型

种群是由个体组成的，且种群内个体的组合有一定规律。由于种群栖息地内的生物和非生物环境间相互作用，使得种群在一定的空间内表现为个体扩散分布的一定形式，这种形式被称为空间分布型。它揭示了种群个体某一时刻的行为习性与各种环境因子的叠加影响，以及选择栖境的内禀特性和种群空间结构的异质性程度。种群的分布型不但因种而异，而且同一种内不同世代，同一世代的不同发育阶段，以及同一发育阶段的不同龄期、密度或环境等条件下的分布型也不同。若物种个体间相互吸引，则表现为聚集分布；若个体间相互独立，则为随机分布；若个体间相互排斥，则为均匀分布。研究种群的分布型，不仅有利于发展精确而有效的抽样技术设计，还可以对研究资料提出适当的数理统计处理方法，同时对了解昆虫种群的猖獗、扩散行为、种群管理均有一定的实际应用价值。

根据种群内个体聚集的程度和方式不同，可把昆虫种群的空间格局分为随机型和聚集型两大类：随机型包括正二项分布和泊松分布；聚集型包括负二项分布和奈曼分布。

（1）随机型　种群内个体独立、随机地分配到可利用的生物资源中去，每个个体占据空间任意一点的概率是相等的，即种群内的个体相互之间是独立的，一个个体的存在位置不影响其他个体存在的位置，可分为以下两种类型。

1）正二项分布：也称二项分布、均匀分布，它是指数为正的二项式展开后所得到的各项分布，其特点是种群内的个体在空间的散布是均匀的，分布比较稀疏，不聚集，个体间相互独立，无影响，$S^2/\bar{x} \leq 1$，$S^2$ 表示方差，$\bar{x}$ 表示均数。

2）泊松分布：该分布的特点是种群内个体在空间的分布比较稀疏，种群内个体间相互独立，即任一个体在某一抽样单位中是否出现与其他个体是否在该抽样单位中存在无关，其 $S^2/\bar{x}=1\sim1.5$。当调查单位内实查数值增大时，一般指 $x\geq16$ 时，可趋于正二项分布。

（2）聚集型　聚集分布是指昆虫个体因种种原因呈现的分布不随机性，这种不随机性的显著特点是稀疏不均，也分为两种类型。

1）负二项分布：也称嵌纹分布，这是昆虫种群中最常见的一种分布，其特点是由于种群内个体间具有明显的聚集现象或由于环境条件的不均匀性，使种群个体呈现疏密相嵌、很不均匀的分布，种群内各个体在抽样单位中出现的机会不相等，$S^2/\bar{x}$ 通常介于 1.5～3.0。

2）奈曼分布：也称核心分布，其特点是昆虫种群内的个体在栖息地里聚集为多个小集团，形成很多核心，这些核心大小基本相等。在每一个抽样单位中，各个体群之间呈泊松分布，而个体群内的个体也呈泊松分布，种群内个体彼此不是相互独立的，$S^2/\bar{x}$ 通常介于 1.5～3.0。多数昆虫所产卵块孵化为幼虫后，自核心呈放射状蔓延时，属于这种分布。

## 二、抽样方法概述

抽样方法是根据对总体部分样本的调查来估算总体的方法。具有相同性质的一群事物称为总体，总体是有限且肯定存在的，并具有一定容量或数量，如稻田纵卷叶螟和褐飞虱各为一个总体。总体的数量过大时，一一数清必然困难，通常采用抽样的方法，通过样本的计算，可以获得总体的资料。抽样是按其分布型选用适当的抽样方式，从总体随机选取一部分抽样单位，已确定的抽样单位需全部调查，且不能用别样的单位代替。抽样调查所获的平均数是估计值，从样本所得的估计值与总体的绝对值或真值的差异，称抽样误差，一般是用样本平均数标准差表示。昆虫学调查中，抽样用于种群密度调查、自然种群生命表研究、害虫为害程度调查、害虫预测预报和害虫防治效果调查等方面。

### （一）抽样单位

抽样单位指抽样时样本的计量单位。在昆虫动态调查中采用的抽样单位随昆虫种类、生活方式、寄主植物或栖息场所不同而异。常用的抽样单位有以下 8 种。

1）长度单位。以米为单位，常用于密植条播作物上的害虫密度或受害程度调查。例如，调查条播麦田里的黏虫幼虫密度，以 1m 行长为单位，然后根据播幅和行距，折算成每亩虫数。

2）面积单位。以平方米或公顷为单位，常用于调查地面或地下活动的害虫，撒播、密生、矮小作物上的害虫，或害虫密度很低情况下的虫量。例如，调查小地老虎的卵或幼虫、剥查稻兜中越冬的二化螟幼虫，常用平方米为抽样单位；查残蝗时以公顷为单位。

3）体积单位。以立方米为单位，常用于调查地下害虫、贮粮害虫或木材中的害虫。例如，调查蝼蛄的取样单位是 1m×1m×（0.4～0.6）m。

4）重量单位。以千克为单位，常用于调查统计粮食和种子中的害虫数量，也用于籽棉中棉红铃虫数量的调查。

5）时间单位。适用于调查活动性较大的昆虫，可在一定面积范围内，观察单位时间内经过、起飞或捕获的虫数。例如，观察蝗虫群起飞，常统计蝗群起飞群数，估计起飞数目。

6）以植株或植株某部位、某器官为单位。适用于株行距清楚、害虫栖息部位较固定，或体小而不太活泼的昆虫。对矮小植物，以每株或每百株，或折算成每亩虫量表示；对高大植物，以某部位、某器官上的害虫量表示。例如，调查棉蚜在棉苗期的密度，以蕾、铃为单位，最后计算出平均每株或每百株（或百花、百蕾、百铃等）虫数。

7）诱集物单位。对用诱集物诱集的害虫，常以所采用的物品或器具（包括诱盘、草把、黄皿）为单位。例如，用糖醋液诱集黏虫、地老虎时，以糖醋盆（或钵）为单位；灯光诱虫时，以一定规格的诱虫灯在一定时间内诱获的虫数为单位。

8）网捕单位。一般是口径为 30cm 的捕虫网，网柄长 1m，以网在田间来回摆动 1 次为 1 网单位，常以百网为 1 次统计数。适用于小型活动性强的昆虫。

### （二）调查数量表示法

1）数量法：凡属可数性状，均可折合成单位面积内的虫数或受害损失率。植株大的植物可折合成百株虫数，对树木的叶片也可折合成百叶虫数。

2）等级法：凡是数量不易统计或不易表示时，可划分为一定的等级后统计其百分比，以便比较。

## 三、抽样方案制订

在进行一次抽样调查前，必须先制订一个切实可行的抽样方案。正确制订抽样方案必须考虑以下几点。

### （一）抽样调查的目的和指标要求

在制订抽样方案时，首先应明确抽样目的及要解决的问题，要有具体的目的和指标。是要了解总体的平均数，还是要了解事物间的相应联系，这些问题要通过具体的指标（即性状）来体现。

### （二）确定调查对象

调查对象（subject of a survey）是指我们所要研究的总体，即根据调查目的确定的观察对象；而观察单位（observation unit）是指组成调查对象的各个单位或个体，如一块棉田、一株棉花等，只有对这些单位有严格的界定，才能保证调查结果的科学性。例如，调查棉株受棉蚜的危害程度，其调查对象可以是一块棉田的每一棉株上的蚜虫头数，也可以是一个地区所有棉株每株的蚜虫头数，在抽样之前必须确定下来。

抽样单位也不是固定不变的。如前所述，调查棉株蚜虫头数时，抽样单位既可以是单株蚜虫头数，也可以是一定面积中若干棉株上的蚜虫头数。一般来说，总体大，抽样单位可大一些；总体小，抽样单位可小一些。抽样单位的大小应视具体问题的性质及成本等来确定。

### （三）确定抽样调查的方法

抽样方案中采用何种方法是制订抽样方案的关键。应根据具体调查研究的目的和对象，结合各种抽样方法的特点，并考虑抽样成本、工作难易和估计值的精确度等综合因素来做出决定。一般来讲，精确度要求高的，尽量采用分层随机抽样、整体抽样和顺序抽样，其中尤以分层随机抽样的精确度相对较高；要求计算抽样误差时，就必须采用随机抽样，如简单随机抽样、分层随机抽样或其他形式的随机抽样；要求费用低廉、抽样易于进行时，采用顺序抽样、典型抽样、整体抽样及最优配置是合适的。同时也要考虑到人力、时间及其他因素的限制，以便使抽样调查工作如期、保质完成。

不论采用何种抽样方法，均有一个抽样步骤或阶段的问题，使我们能够在耗费较少的人力和物力条件下，获得较为可靠和准确的原始资料。因此，有必要采用两次抽样法（twice sampling），或称两阶段抽样法（two-stage sampling）。其中第一次（第一阶段）抽样先做小型的初步调查，以摸清总体的概况为主，适当注意数量、分布及变异程度。先确定抽样的初级单位是什么，如一个县、区、乡或村；然后再确定次级抽样单位是什么，如某一种家禽的年龄、性别、头数及观测项目。在此基础上再做出第二次（第二阶段）抽样调查方案，确定第二次抽样的样本容量、抽样方法，以及做出测量单位和方法的具体规定，达到两次抽样的最优配置。

### （四）确定样本容量和抽样分数

一般地讲，样本容量与精确度有关，样本容量越大，精确度越高。但样本容量的增加势必引起人力物力耗费的增加和时间的延长，因此样本容量的大小应适当。样本容量与置信概率也有关，置信概率要求高的，样本容量应适当大些，否则样本容量可适当小些。要求抽样误差小的，样本容量应大些，否则样本容量可适当小些。

在一定容量的总体中，抽样分数与样本容量成正比。一般地讲，抽样分数应在样本容量确定后再确定。这样可以根据样本容量，适当考虑总体容量来确定抽样分数。

### （五）总体单位编号

对总体单位编号就是将总体的所有抽样单位依其所处的自然位置或某种特征编排号码。例如，对一块麦田抽样估产，以 $5m^2$ 为一个抽样单位，假定这块麦田长 100m，宽 50m，这样共有 1000 个抽样单位，可将麦田截成 20 段，每段长 5m，给以编号 1～20，而将宽截成 50 段，每段 1m，1m 种 5 行，给以编号 1～50，这样每一个抽样单位依其所处位置不同都有一个四值编号：前两位代表麦田长的方向，后两位代表麦田宽的方向。当然也可以使用连续编号 1～1000。编号方法无统一规定，可根据实际情况及习惯酌情确定。

### （六）编制抽样调查表

在制订抽样调查方案时，要根据调查内容编制各种表格，以便调查时使用。进行一次调查就意味着要对调查总体的某些调查对象的某些指标进行测量。为了记录测量值及指导测量过程，需要设计一份调查问卷和详细的填表说明。调查问卷也称调查表，它应该包含所有的调查项目。

### （七）抽样调查的组织工作

抽样调查的组织计划包括组织领导、时间与进度、人员分工、经费核算、质量检查方法等。只有严密的组织计划，才能保证整个抽样工作有条不紊地顺利展开。大规模调查开展之前，最好做一次小规模的试查以取得经验。这样可以及时发现问题，并加以改进。

## 第二节　简单随机抽样

简单随机抽样又称非等距离机械抽样，是根据随机原理直接从被研究的总体中抽取若干单元组成样本的方法。它是一种最简单、最基本的抽样组织形式。特点是每个样本单位被抽中的概率相等，样本的每个单位完全独立，彼此无一定的关联性和排斥性。简单随机抽样是其他各种抽样形式的基础。通常只有在总体单位之间差异程度较小和数目较少时才采用这种方法。

## 一、简单随机抽样的概念

简单随机抽样也叫作纯随机抽样，其概念可有两种等价的定义方法。

1）简单随机抽样是从总体 $N$ 个抽样单元中，一次抽取 $n$ 个单元时，使全部可能的样本被抽到的概率均相等。

2）简单随机抽样是从总体 $N$ 个抽样单元中，每次抽取一个单元时，使每一个单元都有相等的概率被抽中，连续抽 $n$ 次，以抽中的 $n$ 个单元组成简单随机样本。

简单随机抽样抽到的样本称为简单随机样本。

## 二、简单随机抽样的具体实施方法

### （一）抽签法

抽签法是先对总体 $N$ 个抽样单元分别编上 1～$N$ 的号码，再制作与之相对应的 $N$ 个号签并充分摇匀后，从中随机抽取 $n$ 个号签（可以是一次抽取 $n$ 个号签，也可以一次抽一个号签，连续抽 $n$ 次），与抽中号签号码相同的 $n$ 个单元即为抽中的单元，由其组成简单随机样本。

### （二）随机数法

随机数法就是利用随机数表、随机数骰子或计算机产生的随机数进行抽样。由于计算机产生的随机数实际上是伪随机数，不是真正的随机数，特别是直接采用一般现成程序时，产生的随机数往往不能保证其随机性。因此，一般使用随机数表，或用随机数骰子产生的随机数（特别在 $n$ 比较大时）。

# 第三节　机 械 抽 样

机械抽样又名系统抽样、等距抽样、顺序抽样或机械间隔抽样。其基本方法：设总体 $N$ 个单元，欲从中抽取 $n$ 个单元组成样本，设 $K=N/n$ 为抽样间隔，即每隔 $K$ 个样本抽取一个；在 1，2，…，$K$ 个数字中随机抽取一个作为起点数字，以后每 $K$ 个数字的第一个数字即为抽中号码。若起点号码为 $i$，则 $i$，$i+K$，$i+2K$，…，$i+(n-1)K$ 为抽中号码。从 $N$ 个单元中不重复地抽取 $n$ 个单元组成样本，每套系统样本有 $n$ 个单元，故 $N=Kn$。对机械抽样，总体中每单元必须属于 $K$ 套系统样本中的一套系统样本，任何一套系统样本中所含单元数相等，在 $K=N/n$ 能整除时允许有一个单元之差，为近似相等；从 $K$ 套系统样本中任抽一套系统样本时，每套系统样本被抽中的概率相等。

## 一、抽样方法

一般常用的机械抽样方法，可分别采取以下方法抽取抽样单位（图 5-1）。

1）五点抽样：适于密集的或成行的植物及随机分布型的昆虫调查，可以面积、长度或植株数作抽样单位。

2）对角线抽样：适于密集的或成行的植物及随机分布型昆虫。又分单对角线和双对角线两种。

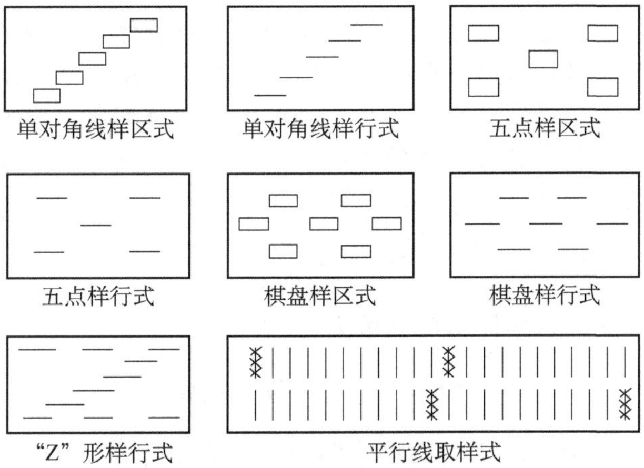


图 5-1　几种常用的抽样方法

3）棋盘式抽样：适于密集的或成行的植物及随机分布型或聚集分布型的昆虫。

4）平行线抽样：也称分行式抽样，适于成行的植物及聚集分布型的昆虫。

5）“Z”形抽样：适于嵌纹分布型的昆虫。

## 二、样本数量

调查的抽样方法和抽样单位决定以后，就要决定抽样数量。如抽样过多，就需花费较多时间和人力，抽样太少又影响估计量准确性。所以确定适当抽样数至为重要。可根据害虫分布型和采取的抽样方法决定抽样数量。

# 第四节　分层抽样

在生物资源抽样调查过程中，调查的总体如果其变量的分布比较均一，可不必分层；反之，如果变量分布差异很大，则应分层。例如，在飞蝗的发生地区，田埂、小路边蝗卵很多，而松软的农田卵密度较小，这就需要将总体分为两层。再如，调查一个较大地区内的地下害虫平均为害指标时，水浇地与旱地、高地与低地的土壤环境不同，为害不同，可划分为两类分别进行抽样调查，以提高估计效率。

分层抽样又称分类抽样、分组抽样。分层抽样可这样定义：将 $N$ 个总体单元组成的总体划分为互不重叠的 $L$ 个部分，即 $L$ 个层（或类、组），每层包含的单元数分别为 $N_1$，$N_2$，…，$N_L$，且 $\sum_{i=1}^{L} N_i = N$，在每层中分别抽取容量为 $n_1$，$n_2$，…，$n_L$ 的随机样本，各层抽取独立，且 $\sum_{i=1}^{L} n_i = n$。该定义要求分层抽样需满足以下三个条件。

1）总体划分为层时，任一单元不重复不遗漏，即 $\sum_{i=1}^{L} N_i = N$。

2）每一层的总体单元数 $N_i$ 是已知的，即层权重 $W_i=N_i/N$（$i$=1，2，…，$L$）是已知的。

3）各层间的抽样是相互独立的。

进行分层抽样调查时，首先要做层的检验，按照生境条件的差异分为几个不同的层。分别调查计算各层次的平均数（$\bar{x}$）与方差（$S^2$）。如果只有两层，用 $t$ 检验法测定各层之间差异是否显著：显著者，应分层；反之可以混合调查。如果总体包含两个以上的层次，则应用方差分析法检验其相互差异是否显著存在，并将不显著者合并，再做分层调查。

预计抽样的 $n$ 个样本单元应分配到各个层，可用比例分配法。样本单元数 $n$ 按各层总体单元数的权重比例进行分配。总体层权重 $W_i=N_i/N$（$i$=1，2，…，$L$）越大，分配的样本单元数越多，反之则少。即样本单元数 $n_i$ 与层总体单元数 $N_i$ 成比例，即

$$\frac{n_1}{N_1}=\frac{n_2}{N_2}=\cdots=\frac{n_L}{N_L}=\frac{n}{N}$$

由此得到按比例分配的各层样本单元数为

$$n_i=n\frac{N_i}{N}=nW_i \qquad (i=1，2，\cdots，L)$$

例如，调查飞蝗卵，分为农田与田埂小路两层，农田卵密度为 $x_1$ 粒/m$^2$，田埂小路卵密度为 $x_2$ 粒/m$^2$。农田面积为 $f_1$ m$^2$，田埂小路面积为 $f_2$ m$^2$。则该地区的总卵量（$X$）等于各层面积与该层卵密度的乘积之和。

$$X=f_1x_1+f_2x_2$$

## 第五节　阶层抽样

在简单随机抽样和分层抽样中，均假定组成总体的最小单位可直接抽取。但是在有些情况下，最小单位不能直接抽取。例如，在果园中调查害虫时，不可能将抽得的果树全部叶上的害虫数完。又如，调查棉田伏蚜数量时，对抽到的棉株不能全部统计蚜量。对于这一类调查，就需要采用阶层抽样。

阶层的“阶数”可以任意，但一般是二或三阶。如果调查果园叶螨及蚧，可分为三阶：第一阶以树为单元，第二阶以枝为单元，第三阶以叶为单元。在每一个单元采用何种抽样方法，应视调查对象而定。应注意，简单随机抽样和顺序抽样既是一种方法，也是直接取样过程，而分层抽样法只是一种方法，并不涉及直接抽样。

为了说明阶层抽样的种种关系，下文以果树叶螨为例，说明调查方法的设计。

1）如果果园的品种一致，叶螨分布与方法有关，可用顺序-分层-随机法。第一步是每隔若干株抽取一株，第二步是按东南西北 4 个方位分层，第三步是在不同层次中按随机法抽取枝条，第四步是在枝条上随机抽取叶片。设分层法的代号为 L，顺序法为 S，随机法为 R，上述抽样法为 S-L-R-R 方法。

2）如果果园有几个品种，则可按照分层-随机-分层-随机法抽样（即 L-R-L-R），先依品种分层，在同一品种中随机定株，在一株果树上再分东南西北层，在不同层次内随机抽取叶片。

3）调查苗期棉花的百株蚜量时，一般按照顺序-随机-随机法抽样，即将棉田分为棋盘式的 20 个区，每区按行次随机定行，每行连续抽样 10 株蚜量（S-R-R 法）。

4）调查苗期棉花的百株蚜量也可按照随机-随机法设计，即先将棉田分为 $N$ 个小区，在其中随机抽取 $n$ 个初级单元，再在每个被抽单元中随机抽取 $m$ 株（R-R 法）。

5）如果采用相对数量调查法估计种群变化或动态，同样可以采用上述方法。例如，欲通过扫网捕捉了解相对虫量变化，可以按照顺序-随机法，或随机-随机法布点扫

捕。因为扫网法的最后计数单位是扫网掠过的面积，但在计算方法上，则是单位网中的虫数。如果是用扫网法研究不同植被的虫量，以及该地区总虫量的相对丰度，就应采用分层-随机法设计。同理，如果采用诱捕法研究虫量的相对丰度，一般是按顺序布点或分层法布点，不再附加随机抽查项目，这是因为抽样的最小单元就是“引诱器”本身，引诱的空间范围很大，景观空间的差别太大，失去了随机的意义。在这种情况下，“代表性”就显得更为重要。

# 第六节　序贯抽样法

## 一、序贯抽样法的特点

序贯抽样本是工业产品质量检验的一种方法，已逐步应用到昆虫学研究中，作为检验田间种群是否超越某种规定限界的判断方法。如果我们在抽样时，只需了解某作物环境内某种害虫发生情况是否已达到防治标准，或想了解该环境的害虫发生程度是严重、中等、还是轻微，而不需要具体掌握该环境内的精确虫口密度，并对抽样结论能用概率保证来控制其误差，这就需要应用序贯抽样法。

序贯抽样主要用于假设检验，即用数理统计中假设检验的方法，在一定概率水平的保证下，提供检定结果是好是坏，或者是“接收”还是“拒绝”。并不回答“田间虫口数量是多少”。假设田间的某种昆虫群体具有泊松分布特点，那么，衡量种群密度的重要代表值便是它的平均数$\bar{x}$（即单位空间内的平均密度）。进行序贯抽样检定时，我们的目的虽然不在于回答$\bar{x}$是多少，但是可以具体地回答田间种群的$\bar{x}$是否低于某一个低水平$\bar{x}_0$，或者高于某个高水平$\bar{x}_1$，与此同时，还要告知做此判断的保证概率有多大。

序贯抽样法的特点：①抽样数不预先确定，而是根据准确性要求结合田间虫口分布实际来确定，因此可以在不影响结论准确性的前提下，尽量减少抽样的数量；②能将所了解的昆虫田间分布型的信息知识具体地应用于抽样技术方面，以提高抽样的准确性；③可利用概率保证来控制抽样误差；④一般多用于检验昆虫的发生程度、防治效果、防治标准等方面。

序贯抽样是为检验某种批量生产的产品的次品率是否超过规定标准而设计的，因此被检验产品（或调查）的次品率（$P$）就只有两种可能：设$P_0$为可以接收的高限（即检验的次品率≤规定标准下限），设$P_1$为不可以接收的低限（即检验的次品率≥规定标准的上限）。于是便有$P \leqslant P_0$或$P \geqslant P_1$的判断。当$P \leqslant P_0$时，认为可接受假设$H_0$为真；当$P \geqslant P_1$时，认为不可接受假设$H_1$为真。这就归结为判断$H_0$与$H_1$假设哪个真实的问题了。

序贯分析的特点是在调查之前就将可能犯以上两种判断错误的概率规定出来，一般是将两种错误的概率同时规定为0.1或0.05。以概率保证为出发点进行抽样，则抽样所得的结论有两种可能：$P<P_0$，$H_0$为真；$P>P_1$，$H_1$为真。其误差概率均为0.1或0.05。至于误差概率究竟是规定为0.1还是0.05，取决于对调查精度的要求。规定的误差概率越小，抽样数量越多。

序贯抽样的具体计算方法，因害虫或病害的田间分布型而异，因此欲应用这种方法，还必须对调查对象的分布规律有所了解，以免用错公式，导致计算上的错误。

## 二、以频次分布函数为基础的序贯抽样公式

序贯抽样是在接收与拒绝的直线范围内进行的抽样过程，这两条直线可用下述公式表达：

$$d_0=SN+h_0$$

$$d_1=SN+h_1$$

式中，$d_0$与$d_1$分别为接收（合乎标准）与拒绝（不合标准）的计算数据标准；$S$为两条直线的斜率；$N$为抽样数量；$h_0$、$h_1$为两条直线在纵轴上的截距；$h_0$、$h_1$及$S$的计算公式为表 5-1 所示的三组 9 个公式。

**表 5-1　序贯抽样直线参数计算公式**

| 分布 | $h_0$ | $h_1$ | $S$ | 备注 |
| --- | --- | --- | --- | --- |
| 正二项分布 | $\dfrac{\log\frac{\beta}{1-\alpha}}{\log\frac{P_1}{P_0}-\log\frac{1-P_1}{1-P_0}}$ | $\dfrac{\log\frac{1-\beta}{\alpha}}{\log\frac{P_1}{P_0}-\log\frac{1-P_1}{1-P_0}}$ | $\dfrac{\log\frac{1-P_0}{1-P_1}}{\log\frac{P_1}{P_0}-\log\frac{1-P_1}{1-P_0}}$ | $P_0=\bar{x}_0/n$<br>$P_1=\bar{x}_1/n$ |
| 泊松分布 | $\dfrac{\ln\frac{\beta}{1-\alpha}}{\ln\frac{m_1}{m_0}}$ | $\dfrac{\ln\frac{1-\beta}{\alpha}}{\ln\frac{m_1}{m_0}}$ | $\dfrac{m_1-m_0}{\ln\frac{m_1}{m_0}}$ | $m_0=\bar{x}_0$<br>$m_1=\bar{x}_1$ |
| 负二项分布 | $\dfrac{\log\frac{\beta}{1-\alpha}}{\log\frac{P_1Q_0}{P_0Q_1}}$ | $\dfrac{\log\frac{1-\beta}{\alpha}}{\log\frac{P_1Q_0}{P_0Q_1}}$ | $\dfrac{K\log\frac{Q_1}{Q_0}}{\log\frac{P_1Q_0}{P_0Q_1}}$ | $K$为负二项分布特征值<br>$P_0=\bar{x}_0/K$；$P_1=\bar{x}_1/K$<br>$Q_0=1+P_0$；$Q_1=1+P_1$ |

注：$\alpha$、$\beta$代表犯两种错误的概率，一般规定为 0.05 或 0.1；$n$为调查株数；$\bar{x}_0$为未达到防治指标时的危害株数；$\bar{x}_1$为达到防治指标时的危害株数。

例如，棉蚜经有翅蚜迁飞以后，有蚜株在田间分布比较均匀，经分布型调查发现符合正二项分布，可用序贯抽样法。根据经验、资料，以及为害率与产量损失间的关系，可以事先确定一个防治的标准：如果认为此期有蚜株率在 60%以上时，必须立即防治，否则会造成一定的损失；有蚜株率在 40%以下，可以暂不防治，以免造成人力物力上的紧张和浪费。这样我们便可确定上下两个规定标准：

$$P_0=40\%=0.4$$

$$P_1=60\%=0.6$$

如果田间实际的有蚜株率在 0.6 以上，而误认为在 0.4 以下的误差概率$\alpha$=0.05，又如果田间实际的有蚜株率在 0.4 以下，而误认为在 0.6 以上的误差概率$\beta$=0.05。于是便可根据以上规定的$P_0$、$P_1$、$\alpha$、$\beta$计算正二项分布的$h_0$、$h_1$、$S$。

$$h_0=\frac{\log\frac{\beta}{1-\alpha}}{\log\frac{P_1}{P_0}-\log\frac{1-P_1}{1-P_0}}=\frac{\log\frac{0.05}{1-0.05}}{\log\frac{0.6}{0.4}-\log\frac{1-0.6}{1-0.4}}=-3.6316$$

$$h_1=\frac{\log\frac{1-\beta}{\alpha}}{\log\frac{P_1}{P_0}-\log\frac{1-P_1}{1-P_0}}=\frac{\log\frac{1-0.05}{0.05}}{\log\frac{0.6}{0.4}-\log\frac{1-0.6}{1-0.4}}=3.6316$$

$$S=\frac{\log\frac{1-P_0}{1-P_1}}{\log\frac{P_1}{P_0}-\log\frac{1-P_1}{1-P_0}}=\frac{\log\frac{1-0.6}{1-0.4}}{\log\frac{0.6}{0.4}-\log\frac{1-0.6}{1-0.4}}=0.5$$

将以上数字代入两个直线公式得

$$d_0=0.5N-3.631\,6$$

$$d_1=0.5N+3.631\,6$$

在调查之前先将一系列 $N$ 值代入上述两个公式可得到检查表（表 5-2）。

**表 5-2　后期棉蚜田间调查序贯抽样查对表**

| 调查株数 $N$ | 下限分界值 $d_0$ | 上限分界值 $d_1$ |
|---|---|---|
| 5 | −1.10 | 6.13 |
| 10 | 1.37 | 9.63 |
| 15 | 3.87 | 11.13 |
| 20 | 6.37 | 13.63 |
| 25 | 8.87 | 16.13 |
| 30 | 11.37 | 18.63 |
| … | — | — |

调查时是按规定的取样方法进行，将检查的总株数 $N$ 与累计的有蚜株数 $d$ 逐步对照上表查对，如发现 $d$ 仍在 $d_0$、$d_1$ 之间，检查继续进行；如果在检查中发现 $d$ 比对应 $N$ 的 $d_0$ 小，则证明棉田有蚜株率在 0.4 以下；如果发现 $d$ 已大于对应 $N$ 的 $d_1$，则证明棉田有蚜株率在 0.6 以上，调查可以停止。

后期棉蚜调查法举例：以上述计算数据公式为标准，在执行调查之前，先规定田间调查所走的路线和方法。例如，有一块棉田为方形，计划按对角线抽样、每隔一定行数抽 5 株查虫，现将调查结果记入表 5-3。

**表 5-3　棉蚜田间调查累计虫数记录**

| 株号 | 1 | 2 | 3 | 4 | 5 | 6 | 7 | 8 | 9 | 10 | 11 | 12 | 13 | 14 | 15 | 16 | 17 | 18 |
|---|---|---|---|---|---|---|---|---|---|---|---|---|---|---|---|---|---|---|
| 有无 | √ | √ | 0 | √ | √ | 0 | 0 | √ | √ | √ | √ | 0 | 0 | √ | √ | 0 | √ | √ |
| 累计 | 1 | 2 | 2 | 3 | 4 | 4 | 4 | 5 | 6 | 7 | 8 | 8 | 8 | 9 | 10 | 10 | 11 | 12 |
| 株号 | 19 | 20 | 21 | 22 | 23 | 24 | 25 | 26 | 27 | 28 | 29 | 30 | 31 | 32 | 33 | 34 | 35 | |
| 有无 | √ | 0 | √ | √ | √ | 0 | √ | √ | 0 | 0 | √ | √ | √ | 0 | √ | √ | √ | |
| 累计 | 13 | 13 | 14 | 15 | 16 | 16 | 17 | 18 | 18 | 18 | 19 | 20 | 21 | 21 | 22 | 23 | 24 | |

注：√表示有虫；0 表示无虫

根据以上调查结果，对照棉蚜田间调查序贯抽样查对表，调查至 25 株以前的各累计有蚜株数均在 $d_0$ 与 $d_1$ 之间，故调查继续进行；当调查至第 25 株时，累计有蚜株数为 17，按表 5-2，$N$=25 时，$d_0$=8.87，$d_1$=16.13，现在调查数据为 17，大于 $d_1$，说明田间有蚜株率必定超过 0.6，概率保证为 95%。

如果田间的实际有蚜株恰好介于规定的上下限之间（大于 0.4，小于 0.6），则调查的累计有蚜株数 $d$ 永远不会超越 $d_0$、$d_1$，使 $N$ 无限增大。在这种情况下，就应调查到适当的株数后停止调查，按照调查株及累计虫数计算出真实的有蚜株率。

# 第七节　标记再捕技术

标记再捕技术也称为标志-回收抽样估值法，此法由丹麦的彼得森（C.G.J. Petersen）于1894年首先提出。它依据的原理是如果用某些方法在调查的动物种群中标记了一定比例的个体数，再将它们放回到原来种群中去，经完全混合后，再进行第二次抽样，第二次抽样中所获得的标记个体数，将在该次抽样种群总数中占同样的比例，这样即可根据释放的标记个体数、第二次抽样中捕捉的个体总数及其中再捕捉的标记个体数来估计该昆虫的种群总数。

这种方法常应用于活动性较强的动物，例如，水域中昆虫、鱼类等种群的估计，进行长距离迁移的昆虫、鸟类等种群的估计，进行短距离扩散的动物种群的估计等。为了了解这些动物的行为特性，如飞行的范围和方向，以及辨识种群的迁移率、消失率均可应用此法。

## 一、标记再捕法原理

假设某一生物种群是被封闭在一个有界的小范围之内，在试验期内无个体增殖，从中捕获一部分个体，加标记后再释放到这个空间，令标记个体与未标记个体充分混合，再进行第二次捕捉。在第二次捕捉的个体中便可能混有第一次捕捉的带标记个体。可用 Peterson 法估计种群数量。

Peterson 法是利用下列几点假设来建立方程：①标记释放的个体与未标记的个体分布是均匀的，而且以后任何标记的个体与未标记的个体在再捕捉方面有相同的机会；②再捕捉是在释放后马上进行，或者至少是在标记的个体死亡或离开以前进行，或者在任何迁入的个体进入此区前就要进行；③种群的迁出与迁入是相等的；④捕捉一次或多次并不影响动物以后被捕捉的机会。

假如满足上述条件，则可根据下列方程估计总体的种群密度（$P$）：

$$P=\frac{an}{\gamma}$$

式中，$a$ 为被标记的个体总数；$\gamma$ 为总的再捕捉数；$n$ 为在第二次抽样中的个体数。

方差公式：

$$S_P^2=\frac{a^2n(n-1)}{\gamma^3}$$

上述情况只在当标记个体在抽样中呈随机分布时才是正确的。但若 $\gamma$ 较大，即 $\gamma$ 大于20时，也可应用。若 $\gamma$ 较小，Bailey 提出校正公式，即 $n$ 与 $\gamma$ 分别加1，即可有一小的有偏估值：

$$P=\frac{a(n+1)}{\gamma+1}$$

近似方差：

$$S_p^2=\frac{a^2(n+1)(n-1)}{(\gamma+1)^2(\gamma+2)}$$

事实上，上述假设在自然界中是不可能的，因为标记的个体必须随着时间而与未标记的个体混合。这样从释放到再捕捉的间隔时间必须延长，这就要求以许多次的再捕捉来代替一次的再捕捉，或以许多次的标记释放后，只进行一次再捕捉。前者称正方法，后者称负方法。在样本误差的极限内，两者均导出同样的结果。

## 二、昆虫种群的群体标记法

### （一）标记的基本要求

施行标记的方法必须：①不影响昆虫的行为和寿命；②被标记的个体不会在群体中受到排斥，也不会受到不一致的遭遇，如被捕食的概率与其他个体一样；③有辨识被标个体的准确方法。

### （二）标记方法

标记分为个体点涂和群体喷布。①个体点涂可用绘图油彩染料或硝酸纤维漆、烷基乙烯基松脂漆、带生物荧光素的瓷漆等，用绘图小毛笔涂于虫体前、中胸背面或翅面上，点涂前用 $CO_2$ 将活虫做昏迷处理 50～60min。②群体喷布可选用水溶性小，但溶于乙醇、丙酮的碱性染料，如碱性品红、品绿、龙胆紫、橘红 G、刚果红或生物荧光素。溶液浓度多为 0.2%～6%，其中再加少量虫胶漆（0.25%～0.5%），直接对采捕的昆虫喷布标记，或对大田中、诱虫灯下、养虫笼中的虫群进行喷雾标记，然后放回大田。此外还可用饲喂标色（在人工饲料中加染料）、放射性同位素标志等标记法。

再捕可用灯光诱集（最好用高效诱虫灯如卤素灯和双色灯等）、化学引诱剂诱集、性外激素诱集，或用扫网、捕虫网、吸虫器等法。每次回捕样本均要记载回捕总数及其中有标记虫数。标记昆虫的鉴定技术因标记方法不同而异：①用染料或油漆标记的可先经目测、镜检、挑出有标记的昆虫，然后进行纸层析或氧化铝薄板层析鉴定，层析时要设对照（即标放时留下的标记样本），同时将虫体浸入无水乙醇内，经浓缩后分别滴于滤纸或层析薄板的原点。②如标记时加过荧光素，可将滤纸或薄板放在紫外灯下，标色样本便会呈现出所用荧光素的同色荧光，然后进一步将滴加虫样的滤纸或层析薄板展开，比较各显色斑点的颜色、荧光显色及比移值，与对照样本进行比较后定性鉴定。③用放射性同位素标记的样本则要用定标器测定射线脉冲数，并与对照样本比较后定性。④用中子活性法标记的，则要将样本放在中子源下照射，稀有元素标记的标本须使其放出 γ 射线。

下文介绍常用的颜色标记法和同位素标记法。

（1）颜色标记　适用于群体标记。用作标记的颜色必须易黏着虫体，无毒，不易脱落，不影响行为，便于识别。对于不同种类可以采用不同的着色方法和颜色类型。按照颜色的化学性质来分，有水溶性和油溶性两种类型。目前各地实践经验认为油溶性的苏丹红效果较佳，因为它不易被水冲刷，对昆虫的毒性较小，用喷雾法标记群体时简单易行。对回收个体可以通过有机溶剂或酸碱溶解显色鉴别。据杨怀文等（1988）的研究，用 0.5%苏丹红Ⅱ、苏丹红Ⅲ的染色培养基饲养昆虫病原线虫 3d，对桃小食心虫的侵染力无影响，在 4℃中保存的线虫，经过半年仍未褪色。据伊藤加昭编写的《动物生态学研究方法》记载，用含有 0.1%蓝光碱性蕊香红的 10%糖溶液饲喂金翅夜蛾成虫，直到卵都可染上颜色，这种色素对寿命及行为无不良影响。Johnson 等（1995）在砂糖液中加入 0.01%蓝光碱性蕊香红标记蚊虫也有效。食物标记法的缺点是有较大比例的染料被排泄掉了。

采用喷雾法的体外染色，可以在短时间内标记大量个体，可用的颜料种类很多。因为考虑到体外标记易于冲洗脱落，因此多采用油漆类染料。例如，我国黏虫迁飞标记和稻纵卷叶螟标记所采用的配方是 95%乙醇溶液 500g+颜料 50g+虫胶片 12.5～25g。为了便于回收鉴别，还可以在染料中加入适量的荧光素，这样便可在紫外光照射下显示标记个体。荧光素的用量为染液的 0.2%～0.5%，为了使标记个体不与其他项目的标记混淆，还可以在染料中加极少的保密色，这种颜色在外观上肉眼看不出来，用化学分析方法可以准确鉴别出自己标记的个体。标记时用压缩喷雾器喷洒染料，喷头与虫群相距 1m 左右。以虫体有色点为度，不需反复喷涂。我国在稻纵卷叶螟的标记中，用上述方法染色的蛾体经淋洗后晾干，标记点仍清晰可见。用这种方法还可标记蚊虫、蝇类。喷雾法的缺点是喷雾点有可能落在复眼或感觉器官上，影响行为活动。

粉状染料及荧光粉剂对多毛的昆虫有更好的标记效果。Johnson 等（1995）认为，把 1 份染料和 6 份阿拉伯胶混合，加水成糊状，然后烘干并研成粉末，具有良好的黏附作用。这种粉剂对生活在高湿地区的昆虫做标记尤为适用。据报道，被标记的蜂、虻等可在其行动之处留下痕迹，这种方法对传粉昆虫研究很有用。在荧光粉标记法中，Norris（1957）提出一种蝇类成虫的自我标记法，颇有启发性。标记的原理是对含有蝇类蛹壳（围蛹）的土壤，用 40 份细砂和 1 份荧光粉混合物覆盖，或者直接用染料涂抹。蝇羽化时，会有少量的粉末黏附在额囊上，当额囊收缩时，粉末便集中在额囊缝内。因此，当用紫外光照射其颜面时，可以看到这条缝闪闪发光。

> 1979～1980 年，我国科研机构用碱性品红+荧光粉标记回收方法，首次取得了小地老虎越冬代成虫由低海拔向高海拔迁飞直线距离 22～240km 和由南向北迁飞 490～1818km 的记录；并查明 1 月份 10℃等温线以南的华南为害区及其以南是国内主要的虫源基地，江淮蛰伏区也有部分虫源，成虫从虫源区交错向北迁飞为害。为明确我国华北、东北草地螟虫源交流关系，验证其迁飞方向、距离、时间和迁入与迁出路径，内蒙古自治区植保植检站在鄂尔多斯市、乌兰察布市和呼伦贝尔市等地做了草地螟越冬代成虫标记放飞试验，用雷马素红 3BS（乌兰察布市）、雷马素黄 3RS（呼伦贝尔市）、雷马素翠兰 G-X（鄂尔多斯市）标记虫体，于 2009 年 5 月 28 日至 6 月 20 日（即虫体标放始至标放结束后 12d 止），结合常规监测进行灯诱和田间网捕回收，增加网捕数量，各地尽可能多点田间网捕回收。要求有黑光灯的病虫测报站（点）必须在上述时间内每夜开灯回收。并设专人负责检查鉴别标放蛾。

（2）同位素标记　同位素标记法是一种广泛适用的标记方法。可用作体表涂布和内服吸收标记。使用同位素时，首先应了解各种同位素的半衰期，并结合标记对象的生命周期选用适合的半衰期。常用的几种元素的半衰期：$^{131}$I 为 8d；$^{32}$P 为 14.2d；$^{59}$Fe 为 45d；$^{35}$S 为 87d；$^{45}$Ca 为 165d；$^{65}$Zn 为 245d；$^{60}$Co 为 5.27 年。同位素标记法可分为以下两种。

1）浸泡法。对于蝇、蜂、叶蝉、蝗虫和鞘翅目一些种类，可以将虫浸泡在 5μg/mL 浓度的 $^{32}$P 和湿润剂的溶液中 1min。标记物不会穿透体壁，仅留外表，只有经长时间的淋洗才能被冲掉。用这种方法可以对大量昆虫群体一次做出标记。

2）饲喂法。首先将同位素化合物，如 $^{32}$P 的磷酸盐放入食料、饮水或标记寄主植物，再用这些食物饲喂昆虫，这样便可通过消化吸收，对全身进行标记。检查时一般可用盖革计数器（Geiger counter），或者是用放射自显影技术来显示被标记个体。

## 第八节　土壤昆虫的取样方法

土壤动物是生物界非常重要的组成部分，其种类繁多、数量众多、分布极为广泛。该类动物在土壤生态系统中占有多个营养级，与其他土壤生物共同形成复杂的食物网，在维持土壤生态系统稳定、促进物质循环和能量流动方面起着重要作用。据估测，地球的生物量大约是人口的20倍，其中昆虫占有非常重要的地位。

土壤是昆虫的一个特殊生活环境，与地上环境有很大的不同。土壤主要由固体颗粒组成，还包括水和空气。因此，砂土、壤土、黏土等土质的不同和酸碱度的不同，都能影响生活在土壤中的昆虫。有的昆虫长时间生活在土中，如蝼蛄；也有的是一个虫期或几个虫期生活在土壤中，如蛴螬、金针虫、地老虎、黏虫、蝗虫等。昆虫生活在土中的阶段，受到土壤的软硬、干湿、温度及化学成分的影响。土壤的不同还影响着植物的种类、分布和生长情况，从而间接影响昆虫的食料和发育。

## 一、土壤昆虫数量观测方法

### （一）直接挖虫法

直接挖虫法是在一定的土壤面积上，按厚度10cm、20cm、30cm进行挖土调查。主要适合于大型土壤昆虫。直接挖取1/4m$^2$、一定深度的土壤（如15～20cm），立即进行手检，需要工具有尺、铁铲、枝剪、解剖盘、镊子和指形管。样方的选择对直接挖虫法的调查结果影响很大，因为地下昆虫的分布极不均匀，只取一个样方时没有代表性；若取多个样方，工作量太大。该法的唯一优点是容易获得完整的标本。

### （二）土壤抽样法

土壤抽样法是以一定直径的土壤抽样器圆筒在不同的土壤中取样，再进行分离和计数，主要包括以下几种类型。

（1）直接从土壤中筛选　通常适用于较大的昆虫。用不锈钢大环刀切入土中5cm，然后把枯枝落叶和土壤一起取出手检，此法可较容易取走土壤中的大型土壤动物，但有些分布在5cm深度以下的动物（如鞘翅目幼虫或蝉类若虫等）就不能得到。用直径8cm的取土器打入土层，取出土芯，然后手检。以这种方法取样，可以把同样的取样面积分散到一个较大范围内，因而可以克服昆虫分布不均匀所造成的取样偏差，主要缺点是有时取得的标本不完整，影响种的鉴定。

（2）干漏斗法　又称为Berlese-Tullgren漏斗法。适用于正趋光性昆虫类。最常用的各种干、湿漏斗分离器是根据土壤动物怕光、怕热、怕干燥等特性而设计的。干漏斗法根据不同要求，有小型、中型和大型三类（图5-2），它们都是由三个部分组成：上部是罩及热源，大型的可有250W红外线灯泡，小型的有40～60W灯泡；中部是金属网筛，供装料（土壤或枯枝落叶样品）用，其网眼大小可根据要求而定，一般小型的主要是收集跳虫、蜱螨等小型节肢动物或稍大的动物，网眼一般在1～2mm，要想落下的分离物少带泥沙杂物，则网眼越小越好，但是能通过的动物个体大小就更受限制；下部是收集漏斗，将通过网筛的动物收集到一个盛有75%乙醇溶液的器皿内。

（3）湿漏斗法　又称为Baermann漏斗法。适用于幼虫或水生昆虫。湿漏斗可收集小型湿生土壤动物，是为适应其不耐干、活动能力差的特点而设计的。其基本结构也是分成与干漏斗相似的三个部分：罩及热源与干漏斗相似，中部装土样部分也只是网眼不同（一般用60目的尼龙纱），下部的漏斗要装水（水位一般浸没试样）。漏斗下的细管接一橡胶管，并用止水夹夹住（图5-3）。土壤中的小型湿生动物，如线虫、线蚓、熊虫、甲壳纲、昆虫纲双翅目幼虫等，因受到上面热的影响而往下移动，并穿过网筛进入水中，由于密度大于水而继续往下沉，聚集到橡胶管下端，放开止水夹，即可将聚集的动物注入盛虫的器皿内，留作镜检或再作杀死固定处理。根据采集目的，湿漏斗也有小型和大型之分。

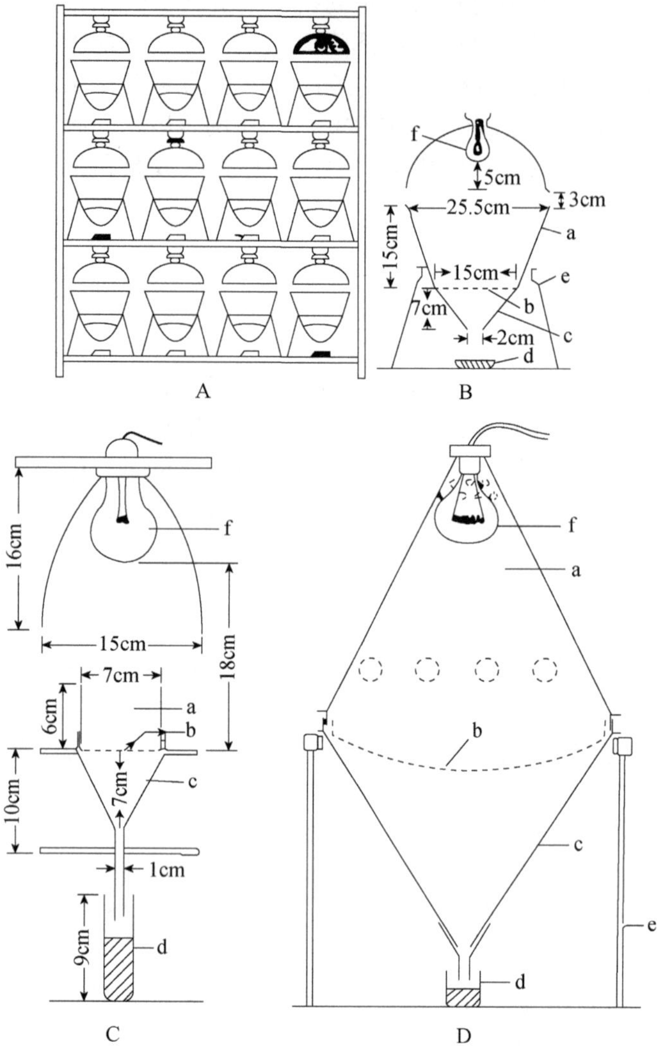


图 5-2　各种型号干漏斗装置

A、B. 中型漏斗；C. 小型漏斗；D. 大型漏斗。

a. 装料筛；b. 金属网；c. 漏斗；d. 接收器；e. 支架（或筒壁）；f. 灯泡

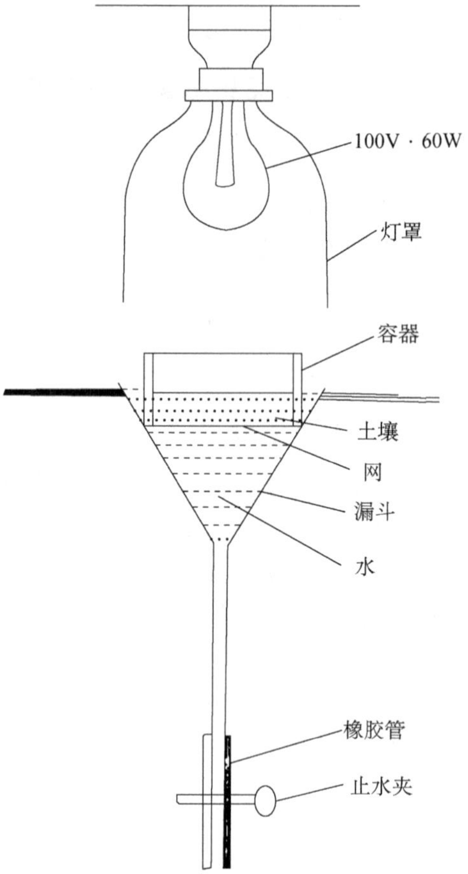


图 5-3　湿漏斗装置

（4）干、湿漏斗控温

1）小型干、湿漏斗的控温：这类漏斗主要是针对土壤中的小型昆虫，它们因本身活动能力差，也因土壤的阻碍而不容易通过。故样品的升温要求速度放慢，否则有些昆虫会来不及逃离而被热死。一般维持的温度不要超过 35℃。整个收集时间一般要用 24h 或 48h，时间的长短视收集目的和样品装填的厚薄而有变动，如只收集蜱螨目及弹尾目昆虫，装料也较薄，加热 24h 即可。使用小型湿漏斗时需注意，落入水中的小型昆虫会因时间太长而死亡，所以从开始加热后 4h 就要取出一次，杀死固定。以后相隔时间可以长些。

2）大型干、湿漏斗的控温：大、小土壤动物在这类漏斗中的移动不会受阻碍，能较快逃离，所以加热温度可以稍高一些。加热时间视土壤或枯枝落叶样品的温度而定，一般为

30～60min，至底部全都干、热为止。大型湿漏斗，如果为大量收集标本，且要求高的收集率，可以用大功率的灯泡，大约加热 2h，漏斗上部水温达到 40℃左右即可。

## （三）辅助采集法

为获得满足抽样调查和分类鉴定的标本，有时还要采用其他较为特殊的采集方法。

（1）吸虫瓶采集　由吸嘴、装瓶和吸球组成（图 5-4）。将吸嘴对着小虫，同时掀动吸球，即把昆虫吸入瓶内。此法可直接吸取细小的、行动较慢的小型节肢动物，如小蜘蛛、蜱螨、跳虫、小蚂蚁等。

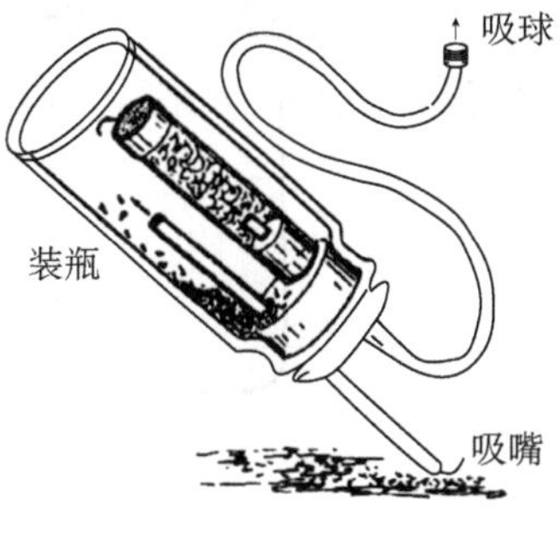

图 5-4　吸虫瓶

（2）陷阱法　在地面或地下埋设内壁光滑和较高的器皿，使动物落下后爬不上来，陷阱有暴露式陷阱、隐藏式陷阱和诱饵式陷阱三种形式。

1）暴露式陷阱：将一次性塑料水杯埋在地下，口与地面齐平（图 5-5）。在杯内放入少量稀乙醇溶液。一般一字排开，埋设 10～20 个，每隔 1m 一个。用此法可以捉到地面上活动的各种类型的节肢动物，如蜘蛛、蜈蚣、蜱螨、跳虫、甲虫、蟋蟀、蜚蠊、蚂蚁等，有时蚯蚓、小爬行动物也能捕到。此法在晴天效果较好。如下雨，可在杯口上加个棚罩，但会影响跳虫、蟋蟀的落入。

2）隐藏式陷阱：此法最好用宽口瓶，埋设与暴露式一样，但瓶中不加乙醇。瓶口要低至枯枝落叶层下或低于地面约 10cm，在枯枝落叶层或地面上盖一薄板（木板、玻璃板都可以），然后再覆盖枯枝落叶或土壤（图 5-6）。此法主要捕捉步行虫类的甲虫。

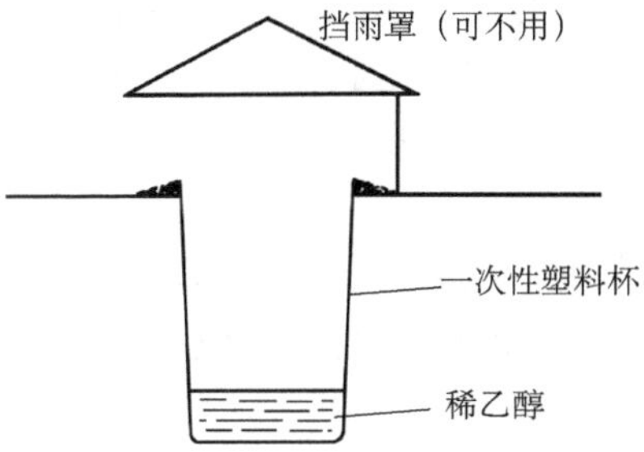

图 5-5　暴露式陷阱

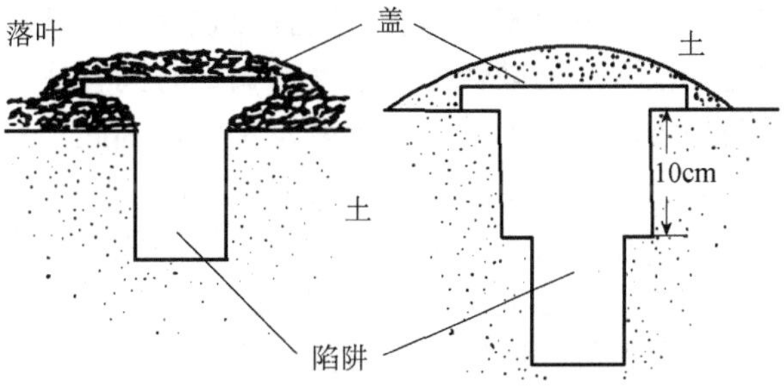

图 5-6　隐藏式陷阱

3）诱饵式陷阱：将宽口瓶埋入土中，瓶口稍高出地面一些，再用土在瓶周围培成斜坡。瓶中加入饵料（图 5-7），瓶口再加一个防雨罩。饵料用肉类、畜粪、蜂蜜混合而成，并用细金属网包好，可诱捕埋葬甲科、隐翅甲科等；用肉类、鱼、蜂蜜混合的饵料，可以诱捕步甲科、阎甲科和隐翅甲科的昆虫。

（3）引诱法　在地面上挖穴，放入豆饼、花生饼等诱饵，上面盖薄木板，然后在薄木板上覆盖原土壤，或在地上埋一容器，盛满水。另将一条湿麻布浅埋在附近地表上，麻布的一头浸在容器的水中。这两种方法均可引诱马陆等节肢动物。

（4）羽化捕捉法　主要是为调查土壤中鳞翅目、双翅目和一些甲虫的幼虫。由于这类幼虫在分类鉴定时有较大的困难，所以可转用查成虫的方法。即在一定面积的地面上罩一细

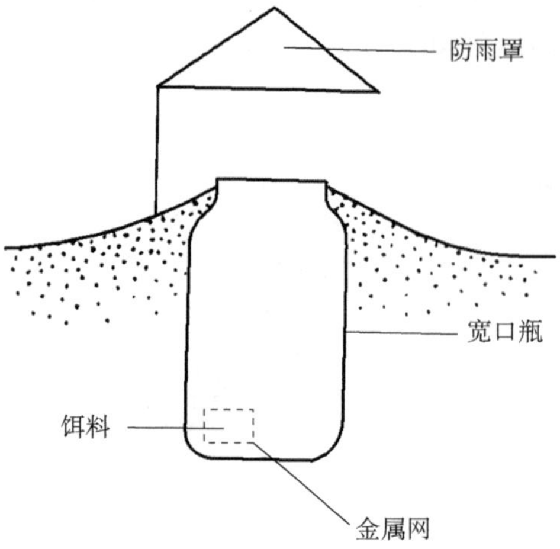


图 5-7　诱饵式陷阱

孔的尼龙网罩，然后定期检查羽化出的成虫的种类与数量。此种方法既可定性，也可定量。

（5）手摇网筛法　手摇网筛是用大型干漏斗采集枯枝落叶或土壤中动物的辅助工具，网袋是用布制成的，有时为了定性分析或要大量收集某一类的动物标本，可采用这一工具，将大量枯枝落叶先进行粗筛，除去大部分没有虫的枝叶，以便带回室内做进一步处理。操作方法是先把下面的漏斗口扎紧，然后迅速地把枯枝落叶从上到下一齐刮起，放入网筛内，接着左、右手分别握两个手柄，前后或左右筛动。这样大部分的动物都往下钻，并与枯枝落叶碎片一起落入漏斗中。最后，将网筛中余下的枯枝落叶倒掉，再解开漏口，把里面的碎枯枝落叶装入袋中。

## 二、土壤昆虫调查内容和方法

### （一）田间种类和虫口密度调查

地下害虫种类众多，特别是蛴螬。有时田间虫口密度虽然很大，但很可能是粪食性或小型种类，所以无危害或危害较轻。因此，查明主要地下害虫种类是做好防治工作的前提，掌握虫口密度大小，是拟订防治计划的依据。

（1）调查时间　应根据各地气候和作物栽培情况而定，选择在秋季或春、夏、秋播种前进行。越冬虫口密度调查时间宜在收获后、秋耕和土地结冻前，在东北地区，地下害虫越冬时潜土很深，为减轻挖土强度，调查时间宜早不宜迟。黄淮海地区是我国冬小麦主产区，麦播面积大，又是地下害虫猖獗发生区，因此，在麦播前调查应作为重点工作进行。黄淮海地区的花生、大豆田地下害虫危害严重，也应作为重点田块进行调查。

（2）调查方法　选择有代表性的地块，分别按不同土质、地势、茬口、水浇地、旱地等进行调查。由于地下害虫在土壤中分布不均匀，在调查时可以棋盘式多点取样，代表性大，样点数和每点取样面积因虫种而异。

1）蝼蛄：因蝼蛄活动能力强，每点取样面积要稍大些，以 $1m^2$ 为准（长、宽各 1m 或长 2m、宽 50cm），1ha①以内的田块取 5 个点；超过 1ha 的田块，面积每增大 0.667ha，增加一个取样点。挖土深度可根据土温高低而定，一般以 30cm 为宜，在东北、西北等地越冬调查时，可深达 60cm。挖土时，若样方内无蝼蛄活动的孔洞，即不再向下深挖，以节省劳力。调查蝼蛄时还可采用目测地面隧道的方法结合进行。

2）蛴螬、金针虫：用棋盘式多点取样法，也可以用“Z”形取样法，一般在 1ha 以内的田块，以取样总面积 $2m^2$ 为宜，最少为 $1m^2$。每点取样面积 $1/4m^2$（即长、宽各 50cm），取 8 个样点，取样深度以 30cm 为宜，秋季气温下降快的地区可适当深些。

① $1ha=1hm^2$

### （二）成虫观测

成虫观测主要是观测当地蝼蛄和金龟子优势种的发生始、盛、末期的活动特性等，对最主要种类的金龟子要进行卵巢发育进度剖查，以掌握其发生时期、发生量、发育进度等，以便预测成虫防治适期和估计以后土中幼虫数量。

（1）观测时间　要因地、因虫种而定，一般从 3 月 1 日开始，至 10 月底止。例如，黄淮地区大黑金龟子应从 4 月初开始，至 6 月中、下旬止；暗黑金龟子从 4 月下旬开始，至 9 月中、下旬止；铜绿金龟子从 5 月上、中旬开始，至 9 月上、中旬止。

（2）观测方法

1）灯光诱测：用 20W 黑光灯或 100W 白炽灯，每日诱测，诱测对象是蝼蛄（特别是非洲蝼蛄）和趋光性强的金龟子。

2）定点观察：对趋光性弱（如大黑金龟子，单靠灯光诱测的结果不能反映田间发生实际情况）或日出性金龟子，需定时、定人隔天观察一次，在金龟子出土后，每次 0.5～1h，定地段或定寄主进行观测和捕捉。应用此法，可基本掌握大黑金龟子的发生消长情况。同时，要利用测报站附近的气象资料，以助分析虫情。

### （三）卵巢发育进度调查

为掌握主要金龟子的发育进度，可进行雌虫剖查，将卵巢整个发育时期分为五级：一级，卵巢发育不完全，肉眼看不见卵；二级，卵发育不完全，肉眼可见不成熟卵；三级，抱卵量多，成熟待产卵少；四级，抱卵量多，成熟待产卵多；五级，卵巢管萎缩，空腹或仅有极少成熟卵。一般隔日剖查一次，每次剖查不得少于 20 头，最好剖查 50 头。实践证明，随着金龟子发生进入盛期，其卵巢发育的级别也相应增高，因此，利用黑光灯诱测或定点捕捉，通过掌握发生盛期来指导防治成虫、推算一龄幼虫孵化期、预测幼虫防治是可行的。

### （四）危害情况调查

调查掌握地下害虫危害的实际情况，不仅可采取措施，进行补治，以减少作物受害损失，而且可以预测下一茬作物的受害趋势，做好防治计划和准备工作。

（1）调查时期　要因不同作物而异。春播作物应在出苗后、定苗前、定苗后各调查一次。冬小麦在越冬前和返青后各调查一或两次，有时抽穗后仍有受害，可视具体情况再调查一次。花生应在结果期和收获期各调查一次。甘薯可在收获时调查薯块受害程度。甘蔗可在春季调查枯死（心）苗数。若为了系统掌握当地重点地块主要地下害虫危害的情况，可根据人力适当固定少数田块，自作物受害后每隔 5～7d 调查一次，直至地下害虫停止危害。

（2）调查方法　在了解虫种的基础上，根据不同的土壤类型和作物，按棋盘式或“Z”形取样，调查 3～5 块地，每块地调查 10～20 个点。每点条播小麦调查 1 行，每行查 1～2m 长，株距较大的作物如玉米、高粱、甘薯、甘蔗可适当增加，每点调查 2～5m，也可调查一定株（穴）数，分别记载健苗（株、果、薯等）和被害苗（株、果、薯等），最后计算出地下害虫的危害时期、危害率，并分析发展趋势。

## 第九节　水生昆虫的取样方法

水生昆虫（aquatic insect）是水域生态系统（aquatic ecosystem）内生物的组成部分。在淡水水域中（fresh water），水生昆虫可分为两大类群：一类是真正水生，即生活史中的全部虫态都生活于水中，包括半翅目的隐角亚目（Cryptocerata）中的许多科，鞘翅目的龙虱科（Dytiscidae）、沼梭科（Haliplidae）、豉甲科（Gyrinidae）等。另一类是两栖类，即成虫为陆生，而幼虫为水生或半水生，即在水域的底层土壤，水域沿岸，沼泽、池塘岸边的高湿土壤环境中生活，生活于这类环境的昆虫称为两栖类昆虫（amphibiotica），包括蜻蜓目、蜉蝣目、襀翅目（石蝇）、毛翅目（毛蚕）、双翅目的水虻科和水蝇科，以及鞘翅目的水龟甲科、泥甲科、沼甲科、水叶甲科、象甲科等，不仅成虫和幼虫具有陆生和水生两栖特性，而且幼虫也有水生和底栖习性，因而其中大多数又可称为两栖类土壤昆虫。

## 一、采样类型

### （一）开阔河流的采样

在对开阔河流进行采样时，应包括下列几个基本点：①用水地点的采样；②污水流入河流后，应在充分混合的地点及流入前的地点采样；③支流合流后，对充分混合的地点及混合前的主流与支流地点的采样；④主流分流后地点的采样；⑤在根据其他需要设定的采样地点采样。各采样点原则上规定应横过河流不同地点的不同深度采集定点样品。一般选择采样前连续晴天、水质较稳定的日子（特殊需要除外）进行采样。采样时间是在考虑人们的活动、工厂企业的工作时间及污染物质流到采样点的时间的基础上确定的。另外，在潮汐区，应考虑潮的情况，确保把水质最坏的时刻包括在采样时间内。

### （二）封闭管道的采样

在封闭管道中采样，也会遇到与开阔河流采样中出现的采样点和采样时间的确定等类似的问题。采样器探头或采样管应妥善地放在进水的下游，采样管不能靠近管壁。湍流部位，如在“T”形管、弯头、阀门的后部，水流可充分混合，一般作为最佳采样点，但是等动力采样（即等速采样）除外。

### （三）开阔水体的采样

开阔水体，地点不同和温度的分层现象可引起水质很大的差异。在调查水质状况时，应考虑到成层期与循环期的水质明显不同。欲了解循环期水质，可采集表层水样；了解成层期水质，应按深度分层采样。在调查水域污染状况时，需进行综合分析判断，抓住基本点（如废水流入前、流入后充分混合的地点，用水地点，流出地点等），以取得代表性水样。一般选择采样前连续晴天、水质稳定的日子（特殊需要除外）进行采样。

### （四）底部沉积物的采样

底部沉积物可用抓斗、采泥器或钻探装置采集。典型的沉积过程一般会出现分层，或者组分有很大差别。此外，河床高低不平及河流的局部运动都会引起各沉积层厚度的很大变化。采泥地点除在主要污染源附近、河口部位外，还应选择由于地形及潮汐原因造成堆积及底泥恶化的地点，另外也可选择沉积层较薄的地点。在底泥堆积分布状况未知的情况下，采泥地点要均衡设置。在河口部分，由于沉积物堆积分布容易变化，必须适当增设采样点。此外，如对底部沉积物的变化程度及其性质难以预测或根本不可能知道时，应适当增设采样点。采泥方法：原则上在同一地方稍微变更位置进行采集。混合样品可由采泥器或者抓斗采集。需要了解分层作用时，可采用钻探装置。在采集沉积物时，不管是岩芯还是规定深度沉积物的代表性混合样品，必须知道样品的性质，以便正确地解释这些分析或检验。采集单独样品，不仅能得到沉积物变化情况，还可以绘制组分分布图，因此，单独样品比混合样品的数据更有用。样品容器一般均使用广口容器。由于这种样品含有大量的水分，因此要特别注意容器的密封。

## 二、水生昆虫采样方法

### （一）采样点的布设

**1. 溪域水生昆虫采样**

（1）直接捕捉法　先以 10m 的卷尺量好 3 段共 30m 的调查溪段，在每 10m 溪段分别以乒乓球采用漂浮法来计算溪流流速：溪流流速（m/s）=10m/乒乓球漂浮所需秒数。在每 10m 溪段中，随机选择两块石头，经 70%乙醇溶液喷洗后，用镊子挑出石头上的水生生物，记录其种类、数量，此外采样的石头体积、水深、水温均予以记录。每一个调查溪段共挑选 6 块石头，将采集的水生昆虫置于乙醇溶液中保存、带回实验室，再以解剖镜观察鉴定。

（2）网捕法　在 100m 采样范围内，分别在急流、缓流、静流处各取 2 个共计 6 个平行样，用索伯网（0.25$m^2$，40 目尼龙纱）、“D”形网（或称抄网，0.3m 宽，40 目尼龙纱）采样。采样时用脚或铁扒有力地搅动索伯网前定量框内的底质，并用手将黏附在石块上的底栖动物洗刷入网。将采集到的标本去除枯枝落叶、有机碎屑和砂砾，用 4%～10%的福尔马林固定，带回实验室鉴定和计数。

**2. 水质监测水生昆虫采样**　在实施河水水质评价以前，首先要确认周边环境污染源，如工厂、家畜养殖场、加油站等。确定环境污染源后设定两个监测地点：环境污染源上游设定一个；环境污染源下游 50～100m 处设定一个。在进行一般测量的时候，使用以下两种采样方法。

（1）从河底表面采样　对河底水质进行目测以后，将石子、落叶和树枝下的水生生物用手收集到水桶里。将收集的生物用图鉴进行确认并记录结果后返回河里。

（2）用细网收集水中生物　两名调查员来到河水最急的地方。一人将网兜放在河底，另一人在上游 3m 处将河底土壤搅拌 3min。将网兜慢慢提上来，将其中的收集物倒入水桶里。将收集的生物用图鉴进行确认并记录结果后返回河里。

### （二）定量采样设备

为了从河流和湖泊底部采集水生昆虫，研究者设计了一些定量和定性的采样器。最常用的定量采样设备有以下几种。

**1. 挖捞采样器**

（1）彼得生挖捞器　广泛用于采集坚硬的底质，如砂、砾石、泥灰岩及急流和深水中的黏土。它是铁质的蛤壳形挖捞器，有多种尺寸，采样面积为 0.06～0.09$m^2$。使用彼得生挖捞器（图 5-8）时，装上铰合钳口后应慢慢地放至底质，以免搅动较轻的底质。放松绳子即可释放掣子。提起挖捞器时杠杆就关闭钳口。

（2）波那挖捞器　越来越多地用于中等水深的河流、湖泊和水库。波那挖捞器（图 5-9）的大小、重量、杠杆系统和样品室同彼得生挖捞器相似，但它有侧板，样品室顶部有筛板，在关闭时可防止样品流失。这种采样器最适于采集砂、砾石或有淤泥的小石块，除了基岩外都能使用。

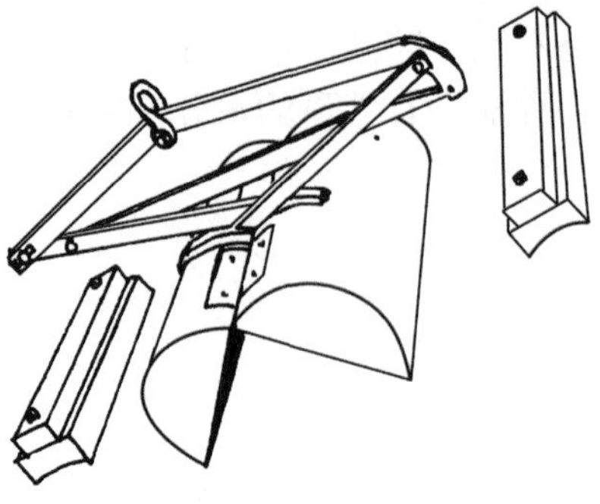

图 5-8　彼得生挖捞器

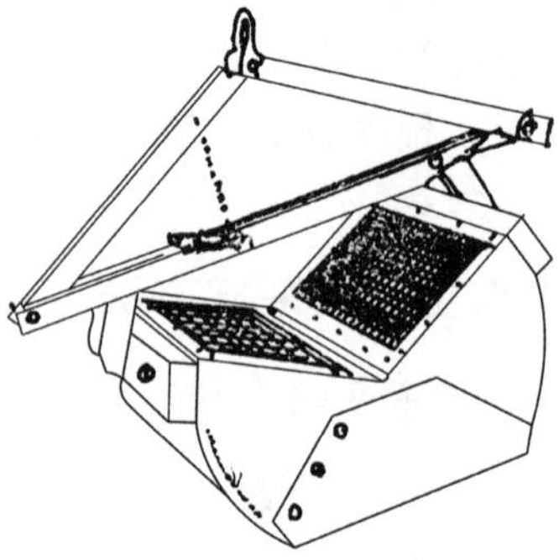

图 5-9　波那挖捞器

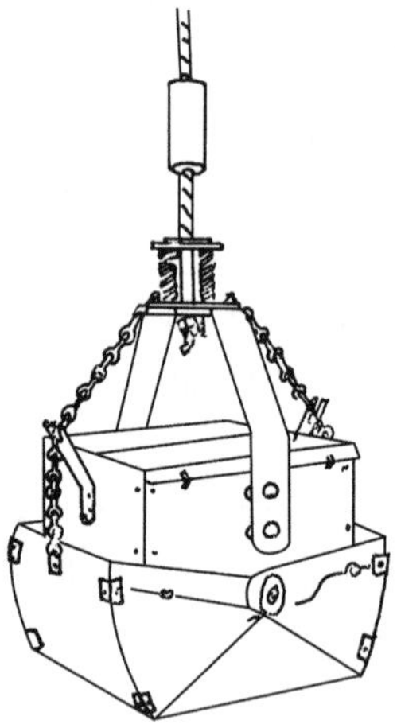

图 5-10　埃克曼挖捞器

（3）埃克曼挖捞器　适用于采集不流动水体中的淤泥、腐殖土和软泥。埃克曼挖捞器（图 5-10）是用 12～20 号（厚度为 1.0～2.5mm）黄铜或不锈钢板制成的，重约 32kg。箱形样品室的底部有弹簧操纵的钳口，它必须用手扳起（扳起和操作挖捞器要小心，因为如果意外地松开钳口可能会伤人）。挖捞器的上面是两片铰合重叠的斗盖，放下挖捞器时，由于水流经过样品室，斗盖保持部分打开。上提挖捞器时，由于水的压力而关闭斗盖。这种挖捞器有三种大小：15cm×15cm，23cm×23cm，30cm×30cm。

**2. 浅滩采样器**　索伯或平方尺采样器（图 5-11）是常用的浅滩采样器，由两个黄铜框组成，每个框 30.5cm$^2$，各沿一边铰合在一起。使用时两个框成直角固定，一个框用以划定准备采样的基质面积，另一框支撑着网收集从采样面进入网的生物。这种采样器专门用于采集大型底栖动物，许多小型的底栖动物则采不到。这种采样器可用于浅的流水（30cm 或更浅）。如果用在比较深的水域，有些生物可能会从采样器顶部跑掉。把采样器稳靠地置放在河底并与水流方向平行，网体在下游，框的 4 条边紧靠基质，以免水从下面冲洗网。采样器就位后，用手细心地翻动并轻轻擦净卵石和石块以下黏着的沉积生物。把网倒置放入样品容器，取出样品。认真检查网上附着的一些小型生物，将这些生物取下（最好用镊子以防损伤），并入样品。每次用后要冲洗采样器网。

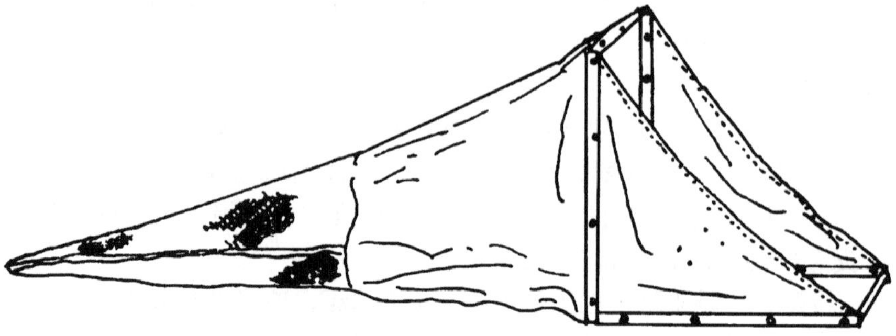

图 5-11　索伯或平方尺采样器

**3. 定性采样设备**　定性采样时，应搜集尽可能多的不同种类生物。可用任何一种能够捕捉有代表性种类的方法来采集样品。

（1）底网　是浅流水中用得最多的采样设备，也可用来在湖泊的沿岸采样。适合对大型水生昆虫进行定量采样。

（2）拖网或拽网　包括简单的固定拖网和装有可入底质的齿牙设备的拖网。有些类型拖网有特殊的设备，可在拖拽时把网张开，在下网和起网时把网关闭。

（3）其他设备　如小刀、水桶或筛子都可用来采集大型无脊椎动物。它们的应用范围取决于要采样的基质类型。

## 三、样品的处理与定量

### （一）样品处理

用底质挖捞器采集含砂或有机物的样品以后，把样品倒入一个木盒或筛选设备，用水冲洗并搅动。把筛出物洗净放入容器，用10%福尔马林溶液或70%乙醇溶液固定。如果用乙醇，筛出物不要超过容器容积的一半。标明地点、日期、所用采样器类型、采样人及其他有关资料。一些大型无脊椎动物如蛭类和蜗牛，在保存时如果能防止收缩并使其舒展开，则比较容易鉴定。

对于定性用的样品，通常要求把石块、树枝及其他物体放入部分充水的白色盘里，许多动物会从这些物体上浮起来，并能用镊子检出。按类把动物分装在小瓶里，并用5%福尔马林溶液或70%乙醇溶液装满小瓶，标明标本号、日期、采样位置和生物名称等，然后进行大型水生昆虫的鉴定。固定水生昆虫时需要注意：昆虫的幼虫可放入小瓶中，选用50%乙醇溶液固定后，再转入70%～80%乙醇溶液中保存。

### （二）样品定量

把采泥器采得的定量泥样倒入金属筛内用水冲洗。可用同样大小的三个普通金属筛叠成三层，上层筛孔较大，孔径为5～10mm，中层筛孔径为1.5～2.5mm，下层筛孔径约为0.5mm。用水冲洗后，可逐层检查，统计种类和个体数量，用40目的分样筛也可进行筛选。

采泥器的口径面积固定，所以可以推算出一平方米面积中各类水生昆虫的数量和重量。根据对水生昆虫的定性和定量调查，并对各个种类的生态习性做仔细分析后，就可能对水质的变化做出判断。

# 第十节　大尺度宏观调查取样方法

前述取样方法属于一般取样方法，属于微尺度取样，针对的是特定地区的昆虫种群或群落。本节论述大尺度宏观调查取样方法，如无人机、航拍、卫星等。

任何物体都具有吸收和反射不同波长电磁波的特性，这是物体的基本特性。遥感技术基于这一原理，利用搭载在各种平台（地面、气球、飞机、卫星等）上的传感器（照相机、扫描仪等）接收电磁波，根据农田作物的波谱特性，识别作物的种类和状态。当作物受到病虫害等生物灾害时，叶片会出现颜色改变、结构破坏或外形改观等病态，叶片的反射光谱有明显的改变。作物叶片光谱变化，必然影响到多光谱、高光谱摄影和扫描记录上灰度的变化。

一般作物反射能力越强，遥感影像上接收的辐射就越多，颜色就发白、发灰；反之，作物反射能力越弱，图像上接收的辐射能量就越少，颜色就发暗、发黑，这就使得利用遥感技术监测大田作物病虫害发生状况成为可能。作物受到病虫害胁迫时在可见光、近红外波段会出现一些与未受害作物相区别的光谱特征，通过光谱波段选择和植被指数构建，可实现对作物病虫害的识别与监测。

## 一、概述

大尺度宏观调查取样方法是将遥感技术与抽样调查理论相结合，按照一定的程序和方法，从所调查区域中根据随机原则抽取一部分区域组成样本，通过对样本区域的遥感调查，获得样本中昆虫发生数量信息，作为样本指标，依一定的计算方法，对整个调查区的昆虫发生数量做出估计和推算，并有效控制抽样误差，得出在一定统计精度下的区域昆虫发生数量和变化趋势。

大尺度昆虫抽样调查涉及四方面技术与方法。①抽样调查方案设计：通过遥感技术和抽样调查理论的结合，设计适于大尺度昆虫遥感监测的抽样方案。②样本遥感调查：通过对遥感图像的时间、空间和光谱特征的分析，对现有的昆虫识别方法进行比较，筛选一种适于运行系统的昆虫遥感图像分类方法，结合地面调查，完成样本遥感调查，获得抽样单元的昆虫数据。③建立外推模型：依据样本遥感调查所得到的样本单元昆虫数量，建立外推模型，对未知总体进行推断，得出总体昆虫数据。④精度检验：通过分析昆虫识别方法和过程的精度，检验和控制抽样单元的昆虫遥感调查过程存在的误差，对监测结果的可靠性做出评价。只有通过对监测过程各环节的精度进行检验和控制，才能对大尺度昆虫遥感监测做出正确的评价。

大尺度昆虫抽样调查过程可分为三个阶段：①抽样设计阶段，即从现象总体中抽选样本的阶段。大尺度昆虫遥感抽样调查，一般是在全国范围或某一种植区域（如东北地区、长江流域等）对某种迁飞性或暴发性昆虫进行调查。首先要掌握区域作物种植制度与分布，以及被调查昆虫的发生特点，在对区域作物种植状况初步分析的基础上，定义抽样调查的总体，编制出尽可能完善的抽样框，选择最适合的抽样方法，确定最佳的样本容量，以保证所选样本对整个总体的代表性，从而增强抽样推断的效果。②遥感调查阶段，即对所选中的样本单元进行调查，搜集样本资料的阶段。遥感抽样调查与传统抽样的区别在于其通过遥感手段调查选中的样本单元，获取准确的信息资料，具有及时、准确、客观的特点，所获得的样本信息更可靠。③建立外推模型进行数据处理和估计推断阶段，即依据样本资料对所需要的总体资料进行估计推算，是抽样调查工作的最后一个阶段。在这一阶段，涉及对推断总体数据的各种方法（估计量）进行比较和选择、设计误差控制方法、估计误差，以及进行数据分析、得出结果。

遥感技术是在自然资源调查和信息管理中应用非常广泛的现代技术。根据所使用的平台不同，可将遥感分为三种不同方式：①地面遥感，运载工具有三脚架、遥感车、遥感塔，应用高度在 100m 以下，又可称为近地摄影；②航空遥感，运载工具为飞机、气球、汽艇等，应用高度在 100m 以上，100km 以下，其中低于 1000m 的又被称为低空遥感；③航天遥感，运载工具为人造卫星、航天飞机、火箭等，应用高度一般在 240km 以上。进行地面、航空、航天的多层次综合遥感，系统获取地球表面不同分辨率的遥感图像数据，建立地球环境卫星观测网络，是世界范围内遥感技术发展的趋势之一。

## 二、低空无人机大尺度调查取样方法

低空无人机遥感技术近年来在农业生产中的应用发展迅速，其凭借灵活机动、操作简单、成本低、获取影像速度快且光谱分辨率高等高空遥感无法比拟的优势，推动了精准农业的调查、评价、监测和管理。由于低空无人机遥感技术可对农作物进行快速高效的动态实时监测，它已经成为当下农业遥感领域的研究热点。

### （一）无人机遥感系统组成

无人机遥感系统（UAV remote sensing system，UAVRSS）是使用无人机平台搭载各种传感器获取遥感数据的无人航空遥感与摄影测量系统。无人机遥感系统的组成部分有无人机飞行平台、微型传感器负载、地面控制台、数据传输系统和影像处理系统等。在农业资源领域，无人机的形状、大小、可载负荷量、飞行性能和航线规划算法都对农田资源的监测获取精度有着很大的影响。无人机机型有固定翼、单旋翼和多旋翼等类型。

### （二）无人机在农业应用中的优势

相比于卫星遥感，无人机遥感技术在农业应用中有着独特优势：①无人机作业自主化。农业无人机由动力驱动，操作灵活，可以根据要求自主规划最佳航行路线和拍摄角度，极大地弥补了传统作业需要大量人力且效率低的缺点。②无人机获取数据精准。低空无人机遥感技术可以凭无人机的近地摄影测量优势获取更高精度的光谱影像，覆盖范围更广，受到天气和空间的影响更小，与精细化农业的目标更加贴合。③无人机获取数据实时、快速、成本低。可以动态连续监测，利用所得影像的高光谱信息进行作物营养诊断、农田系统检测和种类细分、作物长势动态信息获取等。

### （三）无人机遥感技术的主要应用

**1. 农业虫草害遥感监测**　全世界每年由病害和虫害导致的粮食减产仍然十分严重，在总产量中的占比约达 1/4。目前国内外对利用无人机遥感进行数据反演的研究有很多，但是还未形成规模化成果进行推广，大部分是针对特定作物的监测研究。在农业虫草害中，作物与杂草的识别不可或缺，在各研究中，对于虫草害等信息光谱特征做了专门提取并进行遥感反演定性，若可更深入研究并加以推广，可做到对灾害的及时发现和防治，将对农业发展有巨大的推动作用。

**2. 精准农业管理**　精准农业管理是根据作物生长环境和自身特点的差异性进行精准、特定的管理，达到浪费少、成本低、收益高的目的。对通过无人机遥感试验得到的多幅有重叠区域的水稻地块图像进行处理后，建立的可识别二分类 Logistic 回归模型准确率高，对各不同地块的差异性比较具有参考价值。对无人机影像获得的三种可见波段进行模型建立，可达到高精度提取某种作物信息的效果。例如，综合利用红、绿、蓝三个波段建立可见光差异植被指数模型，绿色健康植被信息的提取精度可达到 90%。

### （四）无人机在农业应用中的不足

由于无人机遥感技术是近年来的新兴技术，要大规模推广利用仍有许多局限性。无人机自身携带的 GPS 精度、天气状况、续航时间、通信距离等因素都会影响无人机遥感技术的适用性和实用性。针对单一无人机的作业能力，国内外研究者提出了众多解决方案，但尚未得出一个全面的结论，例如，提高机载设备的监测精度往往会减少其单次飞行时间。同时，农田环境千差万别，对无人机的运行也是极大的挑战。在面对复杂天气时，体积小、质量轻的优点反而成了劣势，若不能做到随时监测就会降低无人机遥感的可靠性，恶劣条件下通信信号变弱也会影响低空无人机的运行。国内外无人机遥感研究模型试验的农田范围尚小，仍缺乏代表性。

## 三、航拍大尺度调查取样方法

### （一）航拍大尺度遥控系统组成

航拍大尺度遥控系统包括无人机平台、地面便携式工作站、便携式发射平台等。无人机平台包含无人机、航空摄像机、照相机、数据通信设备、自动导航控制系统、航空汽油发动机等设备，共同配合完成上空的数据采集和影像资料传输。地面便携式工作站能够及时进行信号的收发。便携的发射平台能够让无人机在平台上实现高空发射，到达相应的监测部位，完成遥感监测任务后，无人机可以开伞降落，保证自身的安全性。

无人机航拍遥感系统能够按照实际需求获取 1∶500、1∶1000、1∶2000 等大比例尺航空影像资料，通过数据畸变处理、建立影像金字塔、空三加密（自由网）、添加控制点、DEM 提取、正射影像、镶嵌匀色等，可生产出高质量数字正射影像图（DOM）、数字高程模型（DEM）、数字表面模型（DSM）、数字线划图（DLG）、真数字正射影像图（TDOM）、路网信息提取等产品，可将数万张无人机影像快速制作成专业、精确的二维地图和三维模型，进行病虫害发生区域分析与三维重建，可广泛用于众多领域。

### （二）航拍无人机遥感系统在农业中的应用

无人机遥感系统目前在农业生产领域应用比较普遍，尤其是在农业气象监测中发挥着重要作用。农业气象对农业生产活动开展具有重要影响，对于农业生产中做好灾害预防，促进整体生产效益提升具有重要意义。将无人机应用在水体面积、荒漠植被长势和生长面积等的监测工作中，能满足生态环境保护修复和河流域综合治理气象服务需求，有益于做好生态文明建设气象服务工作。无人机遥感能有效弥补卫星遥感资料在时间、空间分辨率上的不足。可以将卫星遥感资料、无人机航拍资料和地面生态观测数据相结合，形成“星空地”一体化监测模式，进一步完善生态与农业气象监测网络体系，为地方政府的生态治理需求提供更加科学的生态气象服务和气象科技支撑，为生态文明建设做出气象部门应有的贡献。相关技术工作站要在做好生态气象服务的基础上，针对当地产业发展特点，选择种植面积广、品质优良、经济效益高的优势农作物，将卫星遥感、无人机遥感、多光谱仪测定、人工观测等方式有机结合，开展作物长势、种植面积、产量预报、品质监测、病虫害发生情况等方面的监测和服务工作。

## 四、卫星大尺度调查取样方法

### （一）遥感卫星系统组成

遥感卫星系统由卫星数据获取系统和数据反演系统组成。在遥感数据获取系统中完成的是遥感的正演过程，在反演系统中完成的是反演过程。卫星数据获取系统包括载有遥感器的遥感卫星系统和用于遥感数据接收与处理的地面系统，遥感卫星系统的输入是载有景物（实体）信息的电磁波，输出是景物包含的有关信息。卫星遥感技术路线与数据流图见图 5-12。

遥感卫星系统依托多颗气象卫星组网观测，具有全天候、立体化、大范围、高时效、直观精确的特点。

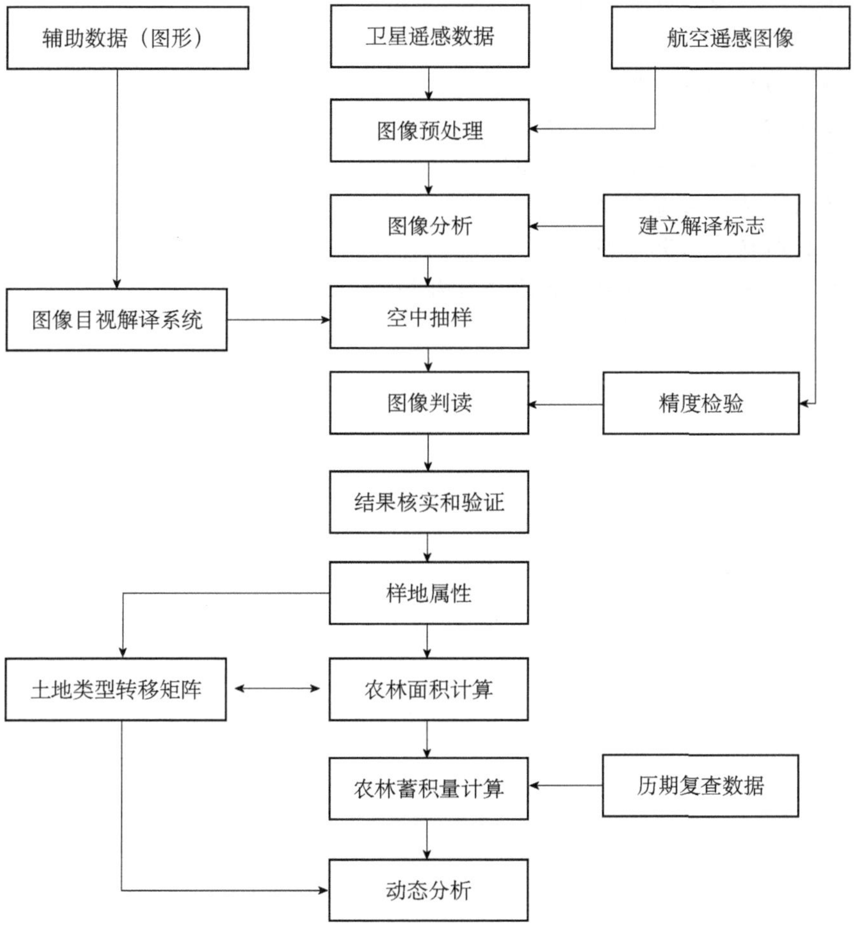


图 5-12　卫星遥感技术路线与数据流图

## （二）遥感卫星在农业生物灾害监测中的应用

农业中的生物灾害是指病虫灾害、生物环境等有关的灾害。遥感在昆虫学上的应用主要体现在对昆虫本身的观察、对影响昆虫种群动态的有关环境因子的监测、对昆虫产生影响（通常是植被破坏）的探测、监测并评估昆虫适宜生长环境、间接分析和预测农业生物灾害可能发生的地区。

## （三）遥感卫星用于农业生物灾害监测的优势

遥感卫星用于农业生物灾害监测的优势如下：①大面积同步观测，一帧同步地球卫星照片可覆盖 1/3 的地球表面；②时效性高，地球资源卫星可在数天内对同一地区进行重访；③数据具有综合性，各种波段的数据可以得到表达农业灾害的不同参数；④具有经济性，投入的成本与取得的效益比为 1∶80，甚至更高。

## 【思考题】

1. 简述昆虫分布型的概念及类型。
2. 昆虫抽样方法有哪些?
3. 昆虫抽样的单位有哪些?
4. 简述昆虫抽样方案制订的步骤。
5. 一般常用的机械抽样方法有哪些?
6. 土壤昆虫取样方法有哪些?
7. 水生昆虫取样方法有哪些?
8. 大尺度宏观调查取样的原理和方法有哪些?

（李　锐）

# 第六章　环境条件测量与控制的方法和技术

**【内容提要】**本章主要介绍昆虫学研究过程中温度、湿度、光照和风等非生物环境的测定和控制技术，并介绍常见的人工环境模拟设备的使用方法。

**【学习目标】**系统掌握常用环境条件测量与控制的方法和技术。

**【基本要求】**理解温度、湿度、光照和风等非生物环境对昆虫生长发育与繁殖的重要影响，掌握上述非生物条件测量与控制的方法和技术，并能综合运用到昆虫学研究过程中。

昆虫生存的环境通常可分为非生物环境和生物环境两大类：前者包括温度、湿度、光照、风、酸碱度（pH）和土壤等理化因子；后者则包括食物、天敌和作为栖居小生境的生物群体等方面。上述的两大类环境条件中，最基本的环境条件是非生物环境。非生物环境又可分为物理环境与化学环境：前者的变动较大，后者则较为稳定。有些化学环境的变化依赖于物理环境。例如，温度、阳光、降水可以改变化学环境。所以，在上述诸多环境因素中，物理环境更为重要。这类环境在阳光辐射的直接作用下，与水分和空气一起组合成极为复杂的气候现象，对地球的一切环境都产生巨大的影响。昆虫的种群盛衰及它们在生态系统中所起的作用，无一不与物理环境有关。

## 第一节　温度测量与控制

### 一、温标

为了保证温度量值的统一和准确，应该建立一个用来衡量温度的标准尺度，简称温标，是温度的数值表示方法。目前常用的温标有摄氏温标、华氏温标和热力学温标三类。①摄氏温标的定义：在标准大气压（101.325kPa）下，冰的熔点为0℃，水的沸点为100℃，中间划分为100等份，每等份为摄氏1℃，记为℃。②华氏温标的定义：在标准大气压下，冰的熔点为32.15℃，水的沸点为212.15℃，中间划分为180等份，每等份为华氏1℃，记为℉。③热力学温标是建立在卡诺循环基础上的温标，规定摄氏零度以下273.15℃为零点，称为绝对零点，其分度法与摄氏温标相同（即绝对温标上相差1K时，摄氏温标上也相差1℃）；所不同的只是绝对温标上水的冰点定为273.15K，沸点定为373.15K。目前我国已规定采用热力学温标。

摄氏温标和华氏温标的转换公式为

$$摄氏温标=（华氏温标-32）/1.8$$

$$华氏温标=摄氏温标\times1.8+32$$

摄氏温标和热力学温标的转换公式为

$$热力学温标=摄氏温标+273.15$$

$$摄氏温标=热力学温标-273.15$$

## 二、测温方法

大多数温度计是利用热胀冷缩原理设计的，而热敏电阻温度计和热电偶温度计则是利用电阻和电导原理设计的。

### （一）水银温度计和酒精温度计

选择温度计时，首先必须明确实验的温度范围和要求的精度（范围：0～100℃、0～200℃等；精度：1℃、0.5℃、0.1℃等）。一般出厂的温度计都经过合格检验，但在做温度比较试验时，最好先用标准温度计校正每个温度计的误差，在缺乏标准温度计的情况下，也应将所用的几个温度计放在一个稳定的温度条件下（如搅拌均匀的水）比较其间的差异，求得相对统一的标准。使用这种温度计时，忌骤热骤冷，更不允许在火上烘烤。水银柱断开的温度计不能再使用。

水银温度计和酒精温度计的用途极广，种类很多。气象观测百叶箱中的温度计为套管式。水银温度计刻度的最小分度为0.5℃，曲管地温计是一套五支的水银温度计，安装在钢质套管之中，可以插入土壤0～40cm的不同层次，测定不同土层的温度。

### （二）自动测温计

图6-1　双金属片的感温变化

自动测温计的一个组成部件是感温元件，感温元件一般是双金属片，是用两种膨胀系数悬殊的金属片压合而成。双金属片的弯曲变化表明了温度的连续变化（图6-1）。为了将双金属片的微小变化放大并记载下来，还有一系列的杠杆与其相连，并在末端安装一个记录笔尖。自动温度计另一个组成部件是时钟鼓，此鼓有两种运转速度，分为日记钟鼓与周记钟鼓。有的自动温度计的时钟鼓是可调的，只要变换鼓下的齿轮即可。使用这种温度计的第一步是校准，包括温度指针校准和时钟鼓校准。校准时，先把记录纸卷在钟鼓上，然后取一支精确度在0.5℃的水银温度计，放在双金属片旁。在不受外界光辐射和热气流干扰的情况下，同时观察两个温度计的数值是否一致。如不一致，就应该用附带的特殊钥匙，扭动自动温度计的调节柄。如此反复调校几次，即可正式使用。自动温度纸虽有统一规格，但因出厂不同，在周长、宽度及起止时间上均稍有不同，选用时须注意。

### （三）热电偶温度计

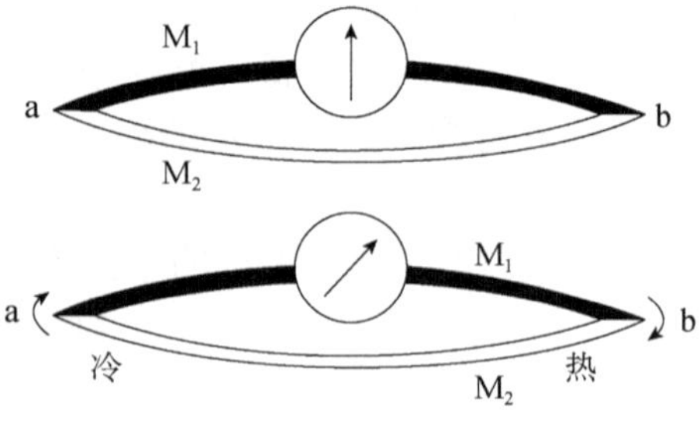


图6-2　热电偶测温原理

**1. 测温原理**　各种金属的电子活动性都受温度影响，温度高则活动性强，但不同金属的电子活动性受温度影响的程度不同，在两种金属导体$M_1$、$M_2$组成的闭合线路中（图6-2），如果接点a、b处于相同温度下，则a、b两点的电动势相等，线路中不会产生电流。如果a、b两点温度不同，则因$M_1$和$M_2$的电子活动性受温度影响的不同，产生a、b两点的温度电动势，且电动势的大小与温度成正比，可用下式表示：

$$E_{(ab)}=K(T_a-T_b)$$

式中，$E_{(ab)}$为 a、b 两点间的温差电动势；$K$为热电系数，表示热电偶 a、b 两点温差为 1℃时的电动势（$K$值与 $M_1$、$M_2$ 的组合有关）；$T_a$为热接点温度；$T_b$为冷接点温度。此公式适用 0～100℃温度的计算。

根据上述公式，如将冷接点的温度（$T_b$）保持恒定，便可认为温差电动势是热接点温度数值（$T_a$）的函数。

**2. 构造及仪器**　虽然各种金属的闭合线路都可产生一定的温差电动势，但在应用上都要选择电动势较大的组合金属。常用的组合金属有如下几种可供参考（表 6-1）。制作时可根据取材的难易和要求选定。为了避免热惰性影响，应选择绝缘良好、直径在 0.03～0.05mm 的细导线。

**表 6-1　热电偶组合**

| 热电偶组合名称 | $K$/μV |
|---|---|
| 铁-康铜 | 53 |
| 铜-康铜 | 41 |
| 铁-镍 | 32 |
| 铁-德银 | 25 |
| 铂-铂铑合金 | 100 |

做生物测定时经常用的是铜-康铜，两种导线的接点应该用电弧焊接，并将接点用砂纸磨光，外面涂以绝缘材料，如虫胶、漆、指甲油等。由于测温方式的不同（如插入测定或表面测定），可将接点做成不同的形状。对于恒温端接点则应尽可能做得很小，以便降低其热惰性，避免对测温区发生较大的影响。

**3. 应用**　热电偶在测定温度方面具有适于测量微小物体或微小区域的温度（如测定昆虫体液、结冰温度），测量时间短（一般为一秒至几十分之一秒），精密度高（0.1～0.01℃）等优点，因此应用广泛。但由于测定的数值不是被测物的温度，而是电流大小的比较值，所以应先绘制一系列已知温度和电流值相对应的标准曲线，然后再测未知温度。

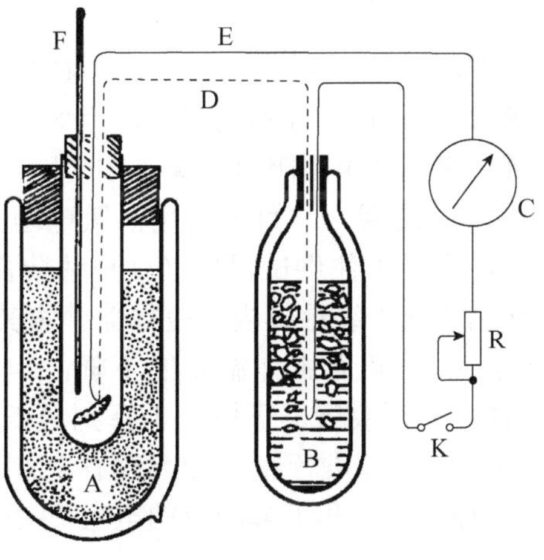

图 6-3　温差热电偶的测温装置

A. 低温冰壶，内放套管；B. 小冰壶；C. 灵敏电流计；D. 康铜丝；E. 铜丝；F. 低温温度计；R. 调节电阻；K. 开关

测温装置如图 6-3 所示，该图表示了测定昆虫过冷却点的简单装置，大冰壶（即低温冰壶，图 6-3A）中放有化学制冷剂（冰雪），壶中央插入一个套管，管内是低温温度计和测温热电偶。图 6-3B 是 0℃的小冰壶，壶中放冰和水的混合物，热电偶的恒温端也放在这里。图 6-3C 是灵敏电流计（墙式悬线电流计）。测温方法如下。

1）标准曲线的测定。按规定的量在大冰壶中装入制冷剂，将悬线电流计接好，并校对至“零”点。打开开关，观察指针偏移的读数，将开关换相，观察指针在另外一端偏移的读数，记下此时的读数和大冰壶内的实际温度。上述程序最好反复测定 3 次，求其平均值。将壶盖打开，令其升温，待温度升至一定高度时加盖。温度稳定后再进行第二次测定，测定法同前，至少重复 3 次，记录在该温度下的电流计读数。再令温度升高，稳定后测定第三次……经过这样测定后，便可得到一系列不同温度与不同电流强度的对应值。在坐标纸上将各点连接起来，可以得到一条大体成直线的标准线。

2）体温测定。在大冰壶中加入新鲜制冷剂，盖上盖子，把欲测的虫体固定在一个小管内，将热电偶的接点密切接触到虫体上。连同虫体的固定架和热电偶一并插入冰壶套管中。这时便可打开开关，并在镜内观察指针的移动情况。如果测定方法无误，随着时间的推移便可看到指针偏移一定程度后又迅速跳回到某一刻度，然后又按原来的方向偏离，直到最后稳定在一个数字之上。指针的偏移度代表了虫体温度的变化。从上述的测定过程中可以认为，当虫体放入冰壶后，体温很快地下降，但下降至某一极值时，体温又迅速回升。这是体液开始结冰的极限温度，结冰放出了“凝结热”，因而使温度回升。以后便是结冰后的体温变化了。开始结冰的那个极限温度就是该昆虫的体液冰点。昆虫的抗寒性不同，其体液冰点的深度也不同。在同种昆虫内，滞育型个体和非滞育型个体的冰点深度也有很大差异。了解害虫越冬死亡率的差异原因，可以从这方面得到启示。

### （四）热敏电阻温度计

**1. 测温原理**　热敏电阻根据温度系数分为两类：正温度系数（positive temperature coefficient，PTC）热敏电阻和负温度系数（negative temperature coefficient，NTC）热敏电阻。在目前的实际应用中，多采用负温度系数热敏电阻作为温度测量、控制的温度传感器。

负温度系数热敏电阻是以锰、钴、镍和铜等金属氧化物为主要材料，采用陶瓷工艺制造而成的。这些金属氧化物材料都具有半导体性质，因为在导电方式上类似锗、硅等半导体材料，温度低时，这些氧化物材料的载流子（电子和孔穴）数目少，所以其电阻值较高；随着温度的升高，载流子数目增加，电阻值降低。电阻值和温度变化的关系式为

$$T=T_1B/\ [B+T_1\ln(R/R_1)]\ -273.15$$

式中，$T$ 为温度（℃）；$R$ 为热敏电阻阻值（Ω）；$B$ 为 NTC 热敏电阻的材料常数，又叫热敏指数。$T_1$ 和 $R_1$ 分别为已知温度区间的上限温度与对应电阻值。将热敏电阻与万用表连接即可测定热敏电阻阻值，通过该式即可计算出对应的温度值。

**2. 应用**　目前常用热敏电阻法测定昆虫的过冷却点和冰点温度（图 6-4）。用调试好的昆虫夹夹住供试昆虫（使虫体腹面紧贴昆虫夹泡沫垫上的热敏电阻），将夹好昆虫的昆虫夹迅速放入缓温管内，盖好盖并将其放入低温冰箱内（一般为−40℃），开始观测电阻值变化（录像）。随着虫体温度的下降，电阻值上升（0～199.9kΩ）。电阻值逐渐上升到某一数值（顶点）后会突然下降，下降到最低点（凹点）后又会逐渐上升，此时停止录像。将生成的 RMVB 文件进行编号命名储存。用播放软件播放 RMVB 文件，记录上升顶点的电阻值 $R_1$（过冷却点）和下降凹点的电阻值 $R_2$（体液冰点）并计算对应的温度。

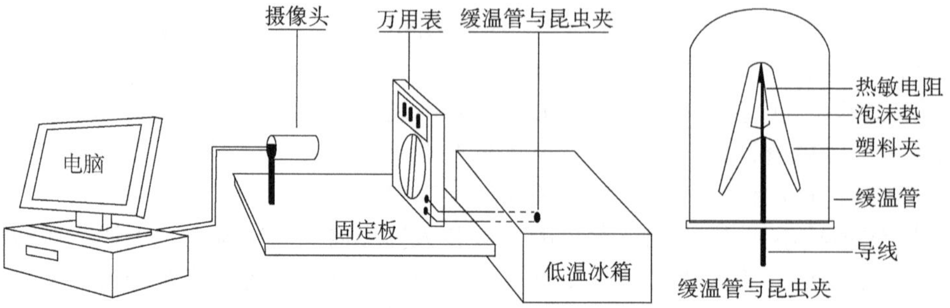


图 6-4　热敏电阻法测定昆虫过冷却点装置（吕龙石等，2010）

## 三、常用恒温设备

### （一）烘箱

烘箱供烘干材料和干热灭菌用，其恒温在60～250℃。烘箱的隔热层较厚，电功率较大。简单的烘箱不具调温装置，因此必须有人守候，掌握温度变化。一般烘箱都是自控式的，其要点是将旋钮渐次提高，直到所需温度为止。有的烘箱带有鼓风设备，温度均匀一致，调温比较准确。干热灭菌时，在将玻璃器皿放入烘箱之前必须使水滴自然干燥，否则在高温中易碎裂。材料烘毕，应退回旋钮并拔去电源，让其自然冷却，切忌在高温时打开箱门。

### （二）热风式温箱

烘箱的缺点是箱内气体不流通，为了克服这一缺点，可以自行设计制造一个鼓热风的恒温箱（图6-5）。恒温箱外壳可用双层玻璃做成，便于透光、培养植物。顶部或侧部安装排气孔，箱底内用木或金属做成，并留一个圆孔安装热风进入管。如果箱体容积为1/8m$^3$以下，以吹风机（200～400W）所产生的热量，便能满足内外温差为15～20℃的恒温要求。吹风机与水银导电表、继电器或热敏电阻控温仪连接使用，可以得到十分满意的控温效果。

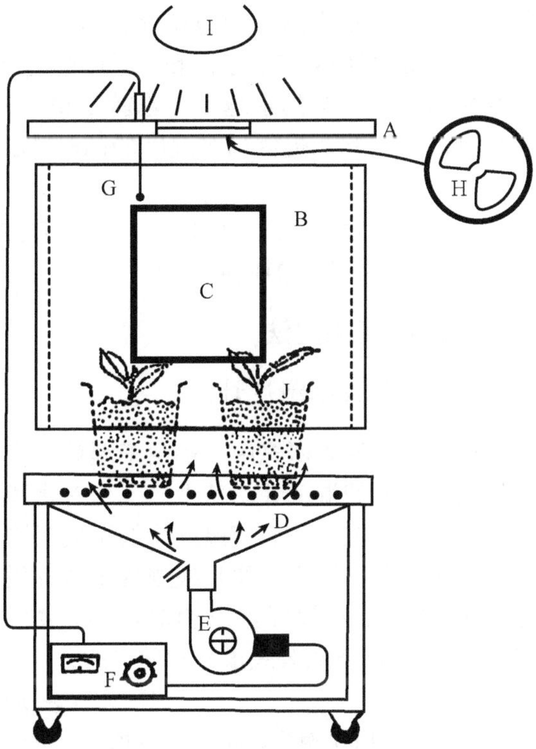


图6-5　热风式玻璃恒温箱

A. 顶盖；B. 箱体（双夹层有机玻璃）；C. 门；D. 大漏斗（通风，排水）；E. 热风机；F. 控温仪；G. 温度传感器；H. 排气窗；I. 生物效应灯；J. 盆栽植物

### （三）昼夜交变恒温控制器

为了模拟大自然温度的昼夜变化，可以用时间程序控制器与控温仪相连。最简单的时间控制器是定时钟，它可以在规定时间内打开开关让恒温箱加热。较复杂的时间程序控制器可以用自动测温计的时钟鼓代替，但须改变其转动周期为1圈24h（改造的方法可以自己设计）。昼夜温度变化是以24h为周期的谐振曲线，基本符合自然界的温度变化。

### （四）高低温恒温培养箱

具有加热及冷冻两种功能。可以调控−10～50℃的恒定温度，调节精度为±0.5℃。内装风扇，有快、慢两种风速，可使内部气流、温度均匀。全部功率为600W。无内部光照。据试验，在箱内安装4～6支15W或20W的日光灯，并将镇流器和启动器留在箱外，可以满足一般光照试验，也可在短期内培养植物、做蚜虫试验。

### （五）超级恒温水浴

超级恒温水浴是一种极小空间的恒温器。它的工作原理是将恒温控制的水用泵吸出，流经一个隔水小空间，可使小空间加热。如果将隔水小空间做得很小，可以放在实体显微镜下观察生物反应。

# 第二节　湿度测量与控制

## 一、湿度表示法

湿度是空气中含水量的指标，有多种表示方法，最主要的是相对湿度表示法（RH），指气体中水蒸气的分压（$e$）除以饱和蒸气压（$E$）的百分率，即绝对湿度与最高湿度之间的比，该值显示水蒸气的饱和度有多高。在当前气温下，空气里的水分含量达饱和时，相对湿度就是 100%。空气中相对湿度超过 100%时，水蒸气一般会凝结出来。随着温度的增高空气中可以含的水越多，也就是说，在同样多的水蒸气的情况下，温度降低相对湿度就会升高。因此在提供相对湿度的同时也必须提供温度的数据。相对湿度的计算公式为

$$\text{RH} = (e/E) \times 100\%$$

由上式可知，在同一空间，如温度升高，其 $E$ 值迅速增大，RH 便减小。相反，如温度下降，$E$ 值将变小，RH 便增大。

## 二、湿度测定法

### （一）干湿球湿度计

在一般的气象研究中，都用干湿球湿度计测定湿度，其原理是被测定的空气均速等量地流经两个相同的湿度计，其中一支包有水膜，如果空气中的水汽很少，便会加剧水膜上的水分蒸发，因蒸发吸热而使温度计的温度下降；如果空气中的水汽较多，则水膜不蒸发，因此温度也不下降。湿度计便是根据这个道理设计的。因此，使用时只要检查干球、湿球的温度差，根据湿度表就可查出相对湿度的数值。如果要计算饱和差，则应先求出相对湿度（RH），再根据下面公式求饱和差（$d$）：

$$d=E(1-\text{RH})$$

式中，RH 为相对湿度；$E$ 为该温度下的饱和水蒸气压，可以查表 6-2 求得。

**表 6-2　不同温度下的 $E$ 值**

| 十位上的温度/℃ | 个位上的温度/℃ | | | | | | | | | |
|---|---|---|---|---|---|---|---|---|---|---|
| | 0 | 1 | 2 | 3 | 4 | 5 | 6 | 7 | 8 | 9 |
| 0 | 4.579 | 4.926 | 5.292 | 5.690 | 6.101 | 6.543 | 7.013 | 7.513 | 8.045 | 8.609 |
| 10 | 9.209 | 9.844 | 10.518 | 11.231 | 11.978 | 12.788 | 13.634 | 14.530 | 15.477 | 16.477 |
| 20 | 17.535 | 18.650 | 19.827 | 21.068 | 22.377 | 23.756 | 25.209 | 26.739 | 28.349 | 30.043 |
| 30 | 31.824 | 33.695 | 35.563 | 37.729 | 36.898 | 42.175 | 44.563 | 47.067 | 49.692 | 52.442 |
| 40 | 55.324 | 58.340 | 61.500 | 64.800 | 68.260 | 71.880 | 75.650 | 79.600 | 83.710 | 88.020 |

例如，已知空气温度为 28℃，相对湿度 RH 为 50%（0.5），饱和差 $d$ 为多少？查表 6-2，在竖表头 20℃与横表头 8℃的交叉处查得在 28℃时的饱和水蒸气压 $E$（28）=28.349，代入上式可得

$$d=28.349\times(1-0.5)=14.174\,5$$

### （二）毛发湿度计

在自然界中，有些物质的性状、大小、性质等可随湿度而变化，如盐和糖有吸潮反应，含有该类物质的物体，也有吸潮变软、干燥变硬的特性。毛发对湿度也有吸湿伸长、干燥缩短的反应，因此利用毛发可以测定湿度。

用于湿度计的毛发，须经特殊选定，并经一系列化学处理方能使用。毛发湿度计的毛发是感湿元件，不可用手或其他脏物接触，以免影响其对湿度的敏感性。该湿度计的指钟是毛发伸缩变化的指标，经过与标准湿度计的校准后，方能使用。

### （三）自动湿度计

自动湿度计的感湿元件也是毛发。毛发的伸缩变化是通过杠杆牵动一支“笔”做上下移动，而自计时钟鼓做横向转动，表示时间的推移，两者结合起来便组成一个自动湿度计，其原理和自动温度计一样。

自动湿度计在使用前须经校准。校准的方法是用干净的无油脂毛笔蘸纯净的蒸馏水清洗全部毛发，迅速连接挂钩，调节螺旋，使指针笔尖移至100%即可。因为毛发是有机物质，使用长久即会变质失效，一般使用几年后就应更新。

### （四）阿斯曼温湿计

阿斯曼温湿计是野外及仓库中测量温湿度的常用设备。该温湿计内装有两支相同的水银温度计。其中一支为干表，另一支为湿表，上端安装一个风扇，其通风管套在两支温度计之外，当风扇转动时可以在管内形成速度为2m/s 的向上气流。风扇由机械发条传动。用时先将湿球计用蒸馏水浸湿，拧发条 8 或 9 次。将温湿计用杆挑起，放在待测空间，3～4min 后先读干球，再读湿球。为了准确记录，等候片刻再读 1 或 2 次。记下平均数。

### （五）数字显示温湿度仪

数字显示温湿度仪是一种新型的数字仪表，可以直接显示温度与湿度读数，专用于大气温度、湿度的快速测量。该仪器的感温元件是热敏电阻，温度、湿度通过两支相同的热敏电阻传感器传来电流信号，湿球感受的温度信号经译码器译为相对湿度。

## 三、湿度控制

湿度控制时会遇到增湿与吸湿的问题：增湿可以用释放水汽的方式解决；但吸湿则必须通过回收湿气放出干气来解决。回收湿气有三个途径：一个途径为化学吸湿，即让空间内的湿气流入大量的化学吸湿剂（如氯化钙、硅胶等）中过滤吸水；另一个途径是使湿气冷却，除去凝结水，再把冷却了的空气加热到所要求的温度后送回；还有一个途径是把过湿的空气放空，再将外界空气经预热或冷却吸收多余水分后送入控制空间。完成空气流通的设备是通风扇及吸湿设备。

### （一）增湿控制

增湿控制线路接在与温度控制一样的线路上，这是因为湿度下降的电信号来自湿球温度的下降。因此其控制电源是接在“常闭”端的，继电器不必改装即可使用。增湿的方法有两种：第一种是喷水，其动力部分是马达、水泵和喷头，这种方法适用于大空间中；第二种方法是热蒸发，就是利用局部小型的电热器，把小量连续供应的薄膜水迅速地变成蒸汽，散发到空间中，电热器断电，则增湿过程停止。

#### （二）吸湿控制

吸湿控制主要是换气过程。吸湿控制的电信号来自湿球温度的升高，使导电表接电，因此它是和上述控制过程相反的动作。被控制的电源开关必须接在“常开”线路上，这样便可在湿球的温度增高时接通“吸湿”的电路，执行换气。简单的吸湿法是利用鼓风设备将湿气吸回，通过吸湿筒排出干气。鼓风设备或空气泵的风压、流量应依换气量的大小和吸湿筒的阻力而定。

## 第三节　光照测量和光周期控制

### 一、光的特征及对昆虫的影响

光是太阳辐射能的一部分，一般从三个方面研究，即光的波长（颜色）、光的强度（辐射量）和光照时间（光周期）。光对昆虫的直接作用也是相应地从三方面体现：①不同波长的光对昆虫的影响不同；②昆虫对光刺激的反应阈值不同；③以 24h 为周期的明、暗交替对昆虫生长发育节律的影响不同。

#### （一）光的波长

昆虫的可见光范围与人的可见光区不同。对蜜蜂的研究证明，蜜蜂可见的光波长在 297～650nm，果蝇甚至可见 257nm 的光。所以可认为昆虫的可见光区相比人类更偏于短光波段。对人类是不可见的紫外光段，对昆虫则是可见光段；而人类可见的偏长波的红光段则是昆虫的不可见光段。昆虫的趋光性与光谱波长的关系最密切。许多昆虫都有不同程度的趋光性。昆虫常对光波（颜色）有选择性，如二化螟对 330（紫外光）～400（紫光）nm 的趋势最强。测报中常用的黑光灯的光波在 365～400nm，用黑光灯诱集二化螟的效果比 60W 白炽灯泡高 10%～20%，而且其中雌蛾占 70%左右，在普通灯泡下则雄蛾较多。

#### （二）光的强度

光的强度主要影响昆虫昼夜节奏行为、飞翔活动、交尾、产卵、起飞迁出、取食、栖息等。例如，很多鳞翅目蛾类成虫均在黄昏或清晨活动，而蝶类则在白天活动；一些迁飞性昆虫需要在一定光照强度的触发下，方才起飞升空迁出，褐飞虱在夏季和早秋迁飞时，一般在光照强度为 14～100lx 时出现起飞盛期，在 20～30lx 出现起飞高峰。

#### （三）光照周期

光照周期主要对昆虫的生活起一种信息作用。自然界的光照有年及日的周期变化。光照以每日内光照时数作为基本单位。昆虫的季节生活史、滞育特征、世代交替、蚜虫的季节性多型现象等均与光照周期变动的信息作用有密切关系。例如，豌豆蚜若虫期在短光照每日 8h、温度 20℃时产生有性繁殖后代；在长日照每日 16h、温度 25～26℃时产生无性繁殖后代。

## 二、光照强度及测量

### （一）光照强度

光度学的度量单位与其他度量单位一样，需要有一个国际标准，以便比较。但光度学的测定较为复杂，因此相关标准长期以来不断变动。最早的“烛光”单位是用纯净鲸油作烛，烛的直径为 7/8 英寸，点燃时在某一方向上的发光强度定为 1 烛光。随后又发展了亥夫纳（Hefner）灯，该灯以纯的乙酸戊基醚为燃料，当火焰长度为 40mm 时发出的光亮定为 1 烛光。此后，在电灯技术普遍发展时，又提出标准电灯的制作规定，按规定做成的电灯，发出的光称为 1 个标准国际烛光。1979 年第十六届国际计量大会规定，坎德拉（candela，坎）是发光强度的单位，是一光源在给定方向上的发光强度，该光源发出频率为 $540\times10^{12}$Hz 的单色辐射，且在此方向上的辐射强度为 1/683 W/球面度。坎德拉（坎）与电灯标准国际烛光之间的换算如下。

60（坎）=58.8（国际烛光）

或 1（坎）=0.98（国际烛光）

由此可见 1 坎德拉和 1 国际烛光是不相等的。下文进一步解释流明（lm）和勒克斯（lx）的单位概念。假设有一个点光源，其发光强度为 1 坎德拉，在这个点光源的辐射场上，向某一方向的一个单位立体锥角内传送出的光通量，定为光通量单位，称为 1lm。如果这个点光源向四面八方发射出的光十分均匀，便可认为在某一半径球的表面上都得到均匀光照。而整个表面的光通量为 $F$，则有

$$F=12.566\text{lm}$$

如果此球面的面积为 12.566cm$^2$，那么在 1cm$^2$ 上的光通量就是 1lm。1lm/cm$^2$ 的量称为 1 辐透（phot，1phot=$10^4$lm/m$^2$）。1lm/m$^2$ 的量称为 1 勒克斯（1lx）。

1phot=10 000lx

由此可知，光通量以流明表示，发光强度以坎德拉表示，光照强度以勒克斯表示，光的亮度单位是每平方米的坎德拉数。

### （二）测量方法

一般使用照度计进行测定。照度计因感光元件和显示方法的不同可分为许多类型。目前常用的数字显示 Topcon IM-2D 照度计，可以直接测得光照强度，测定范围为 0.1～19 990lx，使用十分方便，适于野外工作。国产的 ZF-2 照度计的感光元件是硒光电池，读数部分是指针电流表的 lx 值。

应该指出：如果要研究植物的光合作用对昆虫的间接影响，仅用光照强度表达其间关系便不太适合。这是因为植物光合作用的光谱虽然也在 0.38～0.71μm 的波长范围内，但其敏感峰值不同，且偏向两端。光照强度是以单峰峰顶在 0.55μm 左右的光谱测定值为依据的。要对光合作用进行光照强度分析，应该用辐射仪。一般县级气象站没有太阳辐射量的观测项目，若需这类资料，需到省、地级气象台索取。如果研究工作需要微气候的农田辐射记录，则应自己测定。农田辐射观测的常用仪器有天空辐射表和辐射平衡表。国内外的多数辐射仪器虽然形式不尽相同，但其感应元件和测量原理相同，都采用热电型仪器，利用几十对康铜-锰铜丝串联组成热电堆，测量受辐射一端和未受辐射一端产生的温差电流，继而换算成辐射强度。

## 三、光周期的时间控制

以 24h 为周期的昼夜变化，是动物生活节律的依据，也是生长发育的信号。这是因为光周期的年变化具有最准确的规律。二十四节气中的春分、夏至、秋分和冬至，表示了北温带地区的 4 个特殊的昼夜时间关系。随着地理纬度的增高，昼夜长短的比例变化增大。

光照周期的控制极易用人工的遮光、曝光方法实现。如果采用人工光源，也可以用时钟控制电源开关。最简单的开关控制法是将开关拉线绕在闹钟的钟铃旋钮上（发条式机械钟），这种方法曾在基层测报站的黑光灯开关上使用过。因为这种方法只能调整一次、“拉”一次开关，所以不能实现完全自动。

生态实验中常用的光照时间控制器是这样制作的：用一个自动温（或湿）度计的时钟鼓作为定时计，在钟鼓的外面贴一个厚度为 1.5～2mm 的梯形片（梯形上底长 6 单位，下底长 18 个单位，高度与钟鼓高一致）。梯形片内层用橡皮板，外层用易拉罐铝皮，以钟鼓转动 1h 的长度为单位长度。用透明胶带贴在钟鼓上，购买一个微动开关，固定在钟鼓侧面的支架上，并使微动开关可以上下移动。再购一只交流接触器（即继电器），线圈电压 220V，接点负荷 10A 以上。调节微动开关，沿侧支架上下变动，可以得到从 4：20 至 18：6 的各种光照周期组合方式。由于所用时钟鼓转动一圈的时间大于 24h，所以每天将钟鼓向前扭动一个差距即可。

KSD-1 型光照定时控制器是上海昆虫研究所研制的产品。其时钟部分为石英晶体振荡器时钟电路，走时准确。用 LED 发光屏作时间指示，设定的开关电灯的时间从 1min 到 23h 59min。使用时只要揿动各类键，便可实现光照时间的周期控制。

KG316T 型时控开关由德力西集团有限公司生产，是轻纺、化工、食品机械业所需要的精确定时的自控设备。仪器内部为集成电路，有较强的通用性，同时也是一架走时准确的数字显示电子钟。功耗 3W，定时范围为 1～24h，任意选定。有两组切换触点输出，触点的最大电流为 3A。如嫌不足，可以再连接一个大的继电器，控制更多的电灯。

定时自控装置是科研、教学实验室的常用设备，产品很多。目前的多数产品都在向集成电路、数字显示方向发展。定时自控仪器的共同特点是都有一个走时准确的时钟，在设定的时间上给出信号，再由信号通过各种“门电路”操纵动作元件执行各种任务，单纯的光周期控制是在 24h 内的开灯与关灯控制，它的控制程序比较简单。

## 四、紫外光对昆虫的影响

通常把波长在 100～400nm 的光称为紫外光。根据能量和作用特点，习惯上把紫外光分为三个波段：UVA，320～400nm（或 315～400nm）；UVB，280～320nm（或 280～315nm）；UVC，100～280nm（或 180～280nm），100～180nm 为真空紫外光。由于工业废气的污染，大气臭氧层逐渐变薄，臭氧层的破坏导致大量紫外光辐射至地表，试验证明大气中臭氧每减少 1%，照射到地球表面的紫外光就增加 2%。过量的紫外光进入生物圈，势必对昆虫活动产生严重影响。

据统计，到达地表的紫外光中绝大多数是 UVA（95%），还有一部分是 UVB（5%），与 UVA 相比，UVB 是阳光中最活跃的部分，不仅可以破坏细胞体内 DNA 结构，改变遗传信息及破坏蛋白质结构，而且影响生物分子、生理生化及生命过程，对整个生态系统内生物的遗传与进化产生强大的选择压力，因此它已经成为当今全球变化研究中重大的科学问题。UVB 的辐射强度通常用双通道紫外辐照计测量，根据其大小可以划分为 5 个不同的等级，最弱的为一级，强度小于 $50mW/m^2$，最强的为五级，强度大于 $250mW/m^2$，三级的强度为 $100\sim150mW/m^2$。在实验室内一般通过调节紫外灯管的高度和添加不同透光率的玻璃来调节紫外光的强度。梁霞等（2018）在试验中选用普通日光灯管及紫外灯管（313nm）作为光源，采用 3 支紫外灯管与 2 支普通日光灯相间布局，装有昆虫的培养皿置于灯管下方 30cm 处，分别选用石英玻璃片和有机玻璃片盖住培养皿，可获得强度分别为 $7000mW/m^2$ 与 $5000mW/m^2$ 的紫外光处理。

研究发现，在正常情况下，许多昆虫的行为受紫外光光谱的控制。从日出至日落，因太阳高度角的变化而使紫外光辐射强度有规律地变化，这种变化刺激了昆虫体内的紫外光识别器，支配其日常觅食行为及地理分布和活动范围。当紫外光辐射增加，昆虫的行为会随之改变，进一步影响人类、农业和生态环境。张建民（1994）用紫外光照射果蝇，以不同的照射时间，连续三代处理，表现出子代数量减少、体重减轻、羽化延续时间缩短等一系列效应，$F_2$ 和 $F_3$ 中突变个体可认为是紫外光照射多细胞后发生的间接诱变效应。姚建秀和赵惠燕（2001）用紫外光研究了连续辐射诱导一代麦长管蚜产生的 DNA 多态性的 RAPD 分析，说明紫外光是诱导蚜虫变异的条件之一。都二霞等（2006）利用微卫星标记技术分析了不同剂量紫外光诱导下桃蚜的 DNA 变异与分子多态性，证明了经不同紫外光照射时间和照射强度处理后，$F_1$ 桃蚜产生的可遗传的变异致使 $F_2$ 的 DNA 发生变异，且变异大小是由照射时间和强度共同决定的，同时发现 *CO Ⅱ*基因发生了变异。

## 第四节　风速的测量

### 一、风对昆虫的影响

风与蒸发量的关系很大，从而对湿度发生影响，蒸发量大也会引起温度下降。因而风对环境温度、湿度都会发生作用。对昆虫来说，风也有助于体内水分和周围热量的散失，进而对昆虫体温发生影响，这是风对昆虫影响的一个方面。

风对昆虫扩散、迁飞的作用相当明显，这是风对昆虫影响的重要方面。许多昆虫能借风力传播到比较远的地方。例如，日本于太平洋海域（菲律宾至日本）的海面上捕获随季风北向迁移的稻褐飞虱。我国在 1500m 空中也曾捕获稻褐飞虱、白背飞虱等多种昆虫。这些都说明了风对昆虫迁移和传播的重要作用。

风对昆虫受信息素或寄主气味诱导而产生的飞行行为的作用也相当明显。监测昆虫的三维活动必须在允许昆虫飞行的一个相对较大的空间内才能实现。一种有效的方法是在室内创造一种可以模拟田间飞行活动空间的物理模型，从而可以详细地监测昆虫受信息素或其他气味剂诱导的飞行行为，这种模拟可以通过室内的风洞来完成，也有人称为持续飞行风洞。风洞在昆虫化学通讯行为研究中的有效性和实用性早已得到了广泛的证实。

除上述情况外，在强风的长期作用下，昆虫也有适应环境的特点。达尔文早就注意到这种情况：在太平洋一些小岛上的昆虫形态发生了变化，一般表现为翅退化或翅特别发达，这样可以保证不被风吹到海里。暴风雨不但可以影响昆虫的活动，而且常常会引起昆虫的死亡，在我国华南及沿海地区，台风对昆虫的影响值得重视。

## 二、风对扩散与迁飞的影响

扩散也称为蔓延、传播、分散等，是指昆虫个体发育中日常或偶然的、小范围内的分布或集中，风力可引起昆虫被动的扩散活动，如斜纹夜蛾、螟虫等的一龄幼虫从卵中孵化后常先群集为害，以后再吐丝下垂，靠风力传播。危害树木的袋蛾幼虫可吐丝下垂，最远可随风飘到5km以外的树上。

迁飞又称迁移，是指一种昆虫成群地从一个发生地长距离地迁飞到另一个发生地。迁飞是昆虫对外界不良环境条件的一种在空间上转移的适应行为。迁飞可分为起飞、运行、降落三个过程，风在这三个过程中均起重要作用。

1）昆虫的起飞与外界物理因素有关。除需要一定的光照强度和温度外，也需要一定的风速，强风可抑制起飞，弱风反而刺激起飞，如褐稻虱及黑尾叶蝉在风速分别大于12km/h和11km/h时均不能起飞。

2）昆虫起飞后主动爬升到几百米到1000m以上，进入风、温场最适的大气边界层内，转入水平飞行。稻纵卷叶螟秋季回迁时的虫层一般与逆温顶层、温度最高、风速最大的低空急流层相一致（1500m以下出现相对风速大于其上风速2m/s的最大值时称为低空急流）。据分析，低空急流层持续时间≥2d的天数与褐飞虱在中国对水稻的危害面积呈显著正相关；昆虫飞行定向一般与风向一致，保持顺风定向。但不少昆虫如飞蝗、黏虫等的定向方位却与顺风风向呈一定的偏角，例如，我国的东方黏虫在飞越渤海的过程中，在风向32°～80°（西北-东北风向）时，几乎总是朝东北（10°～80°）定向，定向方位比风向偏右20°～110°。许多昆虫虫体的位移速度和位移方向，并不等于风速或飞行速度和风向，其实际的位移速度是风速与飞行速度的矢量和，实际的位移方向与风向有一定的偏角。

3）风对昆虫的降落也有非常重要的影响，如低涡、台风边缘、台风倒槽影响时，有明显的下沉气流，可为迁飞昆虫降落提供有利条件。

## 三、风洞实验

### （一）风洞的构造与类型

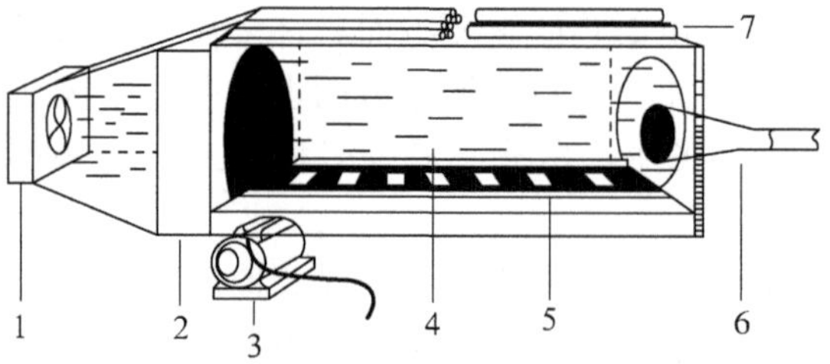


图6-6　常用风洞构造示意图

1. 风源；2. 过滤器；3. 电动机；4. 风；5. 活动地板；6. 排气管；7. 照明灯

一个风洞的主体构件包括：①风扇，用于形成一定流速的空气流；②过滤器，通常为活性炭，用于滤去空气中的灰尘和异味；③缓冲室，用于使进入风洞内的空气流速平稳和均匀；④风洞室，为实验操作区，通常为长方形、圆形或拱门形室。此外，有些风洞还具有可调节速度的活动地板，漆成深浅色相间的条纹或不规则点状图案，以便为飞行昆虫提供视觉参照图案。为了方便观察，在制作风洞时通常选用玻璃或有机玻璃为材料，配以金属框架支撑。常用的风洞构造如图6-6所示。

1）根据成风的形式可将风洞分为推风式与拉风式两种：推风式为用风扇将空气自上风端吹入风洞室内成风；拉风式为在风洞下风端抽风以成风。拉风式风洞对风洞的密闭性要求非常严格但容易形成较高的风速，而且能够比较彻底地把含有信息素的空气全部抽到室外。推风式风洞不易形成较高的风速但操作方便，可以很容易地从风洞侧面的小门对风洞内部进行操作，而不用担心干扰信息素气迹的位置和结构。常用的类型为推风式风洞。

2）根据气流的方向可将风洞分为水平风洞和垂直风洞。在信息素研究中最常用的风洞是空气水平移动的类型，即水平风洞，这样的风洞能够形成风趋性所需要的水平层面。垂直风洞的气流垂直于水平面流动以消除形成风趋性的气流，以此来测定没有风趋性参与时信息素激起的定向行为。在这种风洞中，空气的运动垂直向上或垂直向下，昆虫水平进入（或出）时，信息素气迹无风漂移因素的影响。也有人为了研究复杂气流对昆虫飞行行为的作用而将这两种类型的风洞叠加使用，即在垂直气流上加上水平移动的气流。

### （二）风洞的工作条件

1）风洞的正常运作，除要求风洞本身的构造合理外，还必须满足一些基本条件：①保持风洞房间内及风洞内空气的清洁并避免污染；②风洞房间内应设有排气扇，常年运转以避免污染；③应避免将实验用的诱芯或化合物长时间放置于风洞房间内；④风洞内的清洁也很重要，应根据实验情况对风洞内壁进行定期清洗，清洗用的溶剂应根据风洞的材料而定，玻璃可用丙酮擦洗，有机玻璃则可用乙醇擦洗；⑤风洞上风端的挡网，使用时间久了容易受到蛾蝶鳞片的污染而影响风洞效果，也应该定期清洁并用丙酮擦洗；⑥风洞内易与信息素接触的配件，如诱芯支架、释放笼及其支架等宜选择金属材料制作，以便用有机溶剂浸泡或高温烘烤来消除信息素的残留。

2）必须确定信息素气迹的位置以确定信息素源和释放笼放置的位置，这可以通过一些发烟物来确定：先将烟源置于风洞上风端的诱芯支架处，然后打开风扇吹风便可观察到烟所经过的路线。这种方法也可同时测得风洞内的气流是否平稳。常用的烟源：①四氯化钛气；②浓盐酸和氯化氨混合而释放的氯化氨气；③氨水和乙酸混合所形成的乙酸氨气；④燃烧乙炔所放出的黑烟。其中乙酸氨气和四氯化钛气对飞行昆虫的干扰较小，可以和信息素或寄主气味一起释放来观察受试昆虫各个时刻与气迹接触的情况。

3）必须保持稳定的风速。每隔一段时间应该检查一下风速是否有变化，如果发现风速降低则可能是进风口处滤布积累了太多的灰尘而影响气流透过量。这种情况应用吸尘器清除灰尘或将滤布拆下清洗。

4）应保持风洞房间内各种条件的相对稳定。因为风洞是一种非常灵敏的生测装置，任何条件的变化，如温度、湿度、噪声等，都可能导致实验结果发生较大的变化。

### （三）风洞实验注意事项

昆虫在风洞中的行为受下列因素的影响：①虫龄，雄蛾对信息素的反应可以随虫龄而变化。一般雄蛾对信息素的反应水平在羽化后最初的几天里呈逐渐升高的趋势。而达到一定水平以后呈饱和状态，反应水平不再升高，在这种水平上可维持一定的时间，维持时间的长短通常依虫种而定，特别是那些成虫寿命较长的种类，维持时间要长一些。②某些雄蛾味刷产生的雄性信息素可以抑制同种雄蛾的定向行为，同时也影响起飞行为。因此，当信息素诱芯上有雄蛾存在时，应及时取出并稍停片刻后再进行下一头昆虫的试验。③风速，昆虫在风洞中的行为反应一般都要求有一定的风速，不同昆虫对风速的要求也不同，通常在 0.2～1.0m/s。风速过低或过高都会对行为反应产生不利的影响。总之，影响昆虫在风洞中行为反应的因子是相当复杂的，包括受试昆虫本身的因素，以及生物和非生物环境因素。例如，温度、湿度、寄主气味、交配状态、大气条件、受试昆虫的饥饿程度及饲料种类等。目前我们还没有能力对所有的因子进行控制，但对这些因子了解得越多便越可能更好地利用这些因子，获得更好的实验结果。

## 第五节　人工环境模拟设备

人工环境模拟即利用特定设施，再现自然环境条件的试验方法。这种方法不受自然地理、季节和天气条件的限制，能单因子或多因子地改变和控制昆虫所处的小气候环境，人工创造和组合适宜的或有害的气象条件；能定量地研究气象条件对昆虫生长发育的影响，人工环境模拟已成为昆虫学研究的重要手段。人工环境模拟设备主要以人工气候箱和现代温室应用较多。

人工气候箱是比较理想的小空间昆虫实验设备，除能有效控制温度和湿度外，还可模拟自然条件，控制光、风等气候条件。现多为智能人工气候箱，即由电脑控制，具有光照、冷热恒温、自动控湿（加湿、除湿）、昼夜自动切换程序控制和超温保护等五大功能，并可选装多段编程控制器、计算机控制功能、液晶显示超温报警等功能。

温室是比较理想的大空间昆虫实验设备，其主体骨架由经热镀锌防锈处理的型钢构件组成，工厂化生产，具有相应的抗风雪等荷载的能力。采用玻璃、塑料薄膜、硬质塑料、聚碳酸酯（PC）板等透光材料覆盖，具有透光和保温的性能要求。配备有遮阳、降温、加温、通风换气等配套设备，以及栽培床、灌溉施肥、照明补光等栽培设施，还有环境调控的控制设备等，形成完整成套的技术和设施设备。

### 一、智能人工气候箱

#### （一）技术指标

1）温度：0～50℃（可调，无光照 0～50℃，强光照 10～50℃）。

2）温度波动度：±1.0℃。

3）相对湿度：30%～95%（可调）。

4）相对湿度波动度：±7%。

5）光照强度：相对光照强度控制范围，三级（+33%、+66%、+100%额定光照强度）、五级（+20%、+40%、+60%、+80%、+100%额定光照强度）。

6）工作时间：周期范围 1～30 个；每个白天、黑夜时间设置范围为 0～24h。

7）工作环境：温度 0～40℃，相对湿度 85%以下，无腐蚀性气体。

8）压缩机延时保护时间：3min 左右。

9）工作方式：连续运行（压缩机间歇工作）。

10）电源要求：220V（187～246V）、50Hz。

#### （二）面板调节

下文以常用的 RTOP 型智能人工气候箱为例介绍面板调节。

**1. 按键功能**　常用按键的功能如下。

照明键：在光照强度为 0 的情况下，按一下该键照明灯亮，再按一下该键照明灯熄灭。在运行状态下，按住照明键不放，约 3s 后，时间窗口显示“Addr”（指通信地址，在无通信时可以不管），温度窗口显示数值。然后按一下设定查询键，时间窗口显示

“tc”（指温度修正），温度窗口显示设定的测量温度修正值，用户可通过温度窗口下的加、减键来修改。再按一下设定查询键，则时间窗口显示“hc”（指湿度修正），温度窗口显示设定的测量湿度修正值，用户可通过温度窗口下的加、减键来修改。再按一下设定查询键，则退出系统参数设定状态。进入运行状态。出厂时，参数一般设置为Addr=1，tc=0.0，hc=00。

设定/查询键：按一下该键气候箱进入设定状态，时间指示窗、温度指示窗、湿度/光照强度指示窗数字开始闪动，白天指示灯亮，按对应的键可设置白天运行的参数，再按一下该键可设置黑夜运行参数，再按一下该键回到运行工作状态，设置成功。

白天/黑夜切换键：运行时有效，用来重新启动白天或黑夜工作。

湿度/光照强度切换键：在设定状态时通过该键切换湿度或光照强度；在运行状态下按该键可查询当前湿度或光照强度，黑夜时查询无效。在设定状态下按该键可进行加、减操作，如连续按住2s不放则连续加减。在运行状态按加减可以加减当前时间，若时间减至0时，则自动进入下一个运行状态。按加减还可显示当前温度。

**2. 指示窗** 指示窗分别指示设定和运行时的各项参数。

周期指示窗：指示当前运行的是第几周期，当周期数超过9时，小数点亮，代表10位；周期数超过19时，小数点闪烁，代表20位；周期数为30时，0与小数点同时闪烁。

时间指示窗：指示设定和运行的时间，运行时采用倒计时方式计时，单位是“小时：分钟”。

温度指示窗：指示设定和运行的温度，单位是℃。

湿度/光照强度指示窗：指示设定和运行的湿度和光照强度，单位是%。光照强度33%表示一组灯亮、66%表示二组灯亮、100%表示所有灯全亮。

### （三）故障排除

人工气候箱的常见故障及可能原因见表6-3。

**表6-3 人工气候箱常见故障及可能原因**

| 故障 | 可能原因 | 故障 | 可能原因 |
| --- | --- | --- | --- |
| 制冷效果差或不制冷 | 大多数是冷却剂漏或毛细管堵塞 | 运行紊乱或未按设置参数运行 | 智能芯片损坏 |
| 不制冷时噪声大 | 循环风机固定螺丝松动 | 按键不起作用 | 键损坏或插座松动 |
| 不加热 | 加热管、加热风机或者可控硅损坏 | 正常工作时听不到继电器的吸收声音 | 光耦或继电器损坏 |
| 照明灯不亮 | 多数是灯脚未摆正，也有可能是电子镇流器或灯管损坏 | 加湿指示灯亮但不加湿 | 缺水或雾化器损坏 |

## 二、现代温室

目前，荷兰、法国、日本、以色列在温室技术上处于领先地位。荷兰在规模、面积、控制水平等方面都居世界前列。荷兰温室农业具有高度工业化的特征，温室产业中广泛采用现代工业技术，包括机械技术、工程技术、电子技术、计算机管理技术、现代信息技术、生物技术等。我国部分教学科研单位也已将现代温室用于教学和科研。

### （一）现代温室的主要结构形式

1）按温室的立面造型，温室可划分为单坡面温室、双坡面温室（侧立面造型）、圆拱形屋面温室、坡屋面温室、折线形温室、锯齿形温室、哥特式尖顶温室、平屋面温室等。

2）按温室的平面布局，温室又可分为单栋温室和联栋温室。联栋温室的土地利用率高，内部作业空间大，每日可以有充足的阳光直射时间且接受阳光区域大。自动化程度较高，内部配置齐全，可以实现大面积自动控制。

3）按温室主体结构材料，温室可分为金属结构温室和非金属结构温室。

4）按覆盖材料种类，温室可分为薄膜型和硬质覆盖型两类。薄膜型温室包括各种单层、双层覆盖的塑料温室；硬质覆盖型温室包括玻璃温室、PC 板（又称阳光板，分为单层板、双层板、浪形板等）、玻璃钢温室等。

### （二）现代温室监控系统的主要构造

监控系统是在计算机中实现的，它由知识库、数据库、推理机、知识获取部分、解释部分共 5 个部分组成。其中知识库和推理机是系统的核心。

1）知识库是用来存放领域专家知识和经验的地方。专家的知识只有用适当的数值、符号经一定形式表示之后才能为计算机所接收。知识库中存放的知识，在系统工作时由推理机调用、处理，推理机经过推理产生的新知识，又送到知识库中存储。知识库还可以通过知识获取部分，与领域专家直接打交道，领域专家可以人为修改、删除、增添知识库中的知识。

2）数据库是计算机的一部分存储空间，它是用来存放启动系统工作的一些初始数据和推理过程中得到的中间结果，即存放用户提供的事实和推理过程得到的中间信息。

3）推理机实际上是计算机的一组智能程序，它包括推理机制与控制策略两个部分。其任务是运用给定的推理方法和控制策略，从知识库中选择有关知识，针对用户提出的问题做出相应的解答。

4）知识获取部分的任务是实现知识源到知识库的转移。知识源一方面来自专家，另一方面来自书本文献。对这些知识均需经过形式化处理并以编码的形式存入知识库。知识获取的方法有两种：人工获取和自动获取。

5）解释部分也是一组智能程序，它负责对系统的推理过程做出解释，并向用户解释推理得到的结论。否则，它的决策或建议即使是正确的，也难以让人们接受。

## 【思考题】

1. 常见的测量温度的方法有哪些？各自有何特点？
2. 室内实验如何控制湿度？
3. 光照强度的国际单位是什么？如何控制光周期？
4. 紫外光对昆虫有哪些影响？如何控制紫外光的强度？
5. 为保证准确性，风洞实验应注意哪些问题？
6. 如何调节智能人工气候箱？

（胡祖庆）

# 第七章　昆虫分子生物学基础研究方法与技术

**【内容提要】**本章主要介绍昆虫分子生物学研究的常用技术原理、方法、实验步骤，包括昆虫核酸的抽提与检测、聚合酶链式反应扩增及分子标记技术、基因克隆技术，并介绍转基因抗虫植物与转基因昆虫、单克隆抗体技术和昆虫抗药性新机制及其检测方法等。

**【学习目标】**了解常用昆虫分子生物学研究技术的基本实验流程和注意事项。

**【基本要求】**掌握常用昆虫分子生物学研究技术的原理、方法及适用范围，并能通过这些技术开展昆虫分子生物学的相关研究。

近年来，以基因工程技术为主导的分子生物学研究极大地推动了人们对生命过程和本质的认识，将分子生物学领域的相关理论与技术应用于昆虫学研究中，使昆虫学的研究方法发生革命性的变化，昆虫分子生物学作为一门新兴学科应运而生。目前昆虫分子生物学的研究范畴包括昆虫种下阶元的分类鉴定、种群遗传变异与进化及发生发展规律、基因功能分析、表达调控机制、转基因昆虫、抗药性评价等，旨在深化对昆虫生命本质的认知，为昆虫利用和害虫综合治理提供新策略与新途径。

## 第一节　昆虫 DNA 的抽提与检测

DNA 是核酸物质的重要组成部分。虽然不同昆虫种类的基因组大小差异较大，但是 DNA 抽提的方法大同小异。根据研究目的的不同，本节主要介绍昆虫基因组 DNA 与线粒体 DNA 抽提的方法。

### 一、昆虫基因组 DNA 抽提方法

在细胞核内，基因组 DNA 与组蛋白等结合形成染色质，因此，分离纯化 DNA 时应尽可能完全去除蛋白质、脂类、糖类等分子及无机盐的干扰，以提高 DNA 的提取质量，保障后续实验的结果。基因组 DNA 常见的抽提方法是十六烷基三甲基溴化铵（CTAB）法，目前市面上出现的商业化昆虫基因组 DNA 提取试剂盒大多基于此法进一步优化而成。下面介绍 CTAB 法的一般实验步骤。

1）将昆虫样本置于 1.5mL 离心管中，液氮冷冻之后，用研磨棒迅速研磨，然后加入 100μL CTAB 缓冲液（每 2L 含 40g CTAB、163.64g NaCl、200mL 1mol/L Tris-HCl、80mL 0.5mol/L EDTA，121℃高压灭菌），混匀，再加入 500μL 的 CTAB 缓冲液。

2）将离心管放入水浴锅里，60～65℃温浴 1h。取出离心管，加入 1μL RNA 酶，置于 37℃温箱中 1h。

3）取出离心管，加入 500μL 氯仿/异戊醇（体积比为 24∶1），缓慢摇动混匀，13 000～15 000r/min 离心 15min。

4）转移上清液（约 150μL）至新的 1.5mL 离心管中。加入 2 倍体积预冷的无水乙醇和约

1/10 体积的乙酸钠（pH 5.2），混匀后置于−20℃过夜（8h 以上）。13 000r/min 离心 15min。

5）弃上清，用 70%乙醇溶液（20℃保存）清洗 2 次。在无菌环境下室温干燥。加入 100μL 1×TE 缓冲液溶解，低温保存备用。

## 二、昆虫线粒体 DNA 抽提方法

昆虫线粒体 DNA 在昆虫种下阶元的分类鉴定、种群遗传变异与进化等研究中具有重要用途，提取高质量的线粒体 DNA 就显得尤为重要。线粒体 DNA 的抽提，比基因组 DNA 抽提更烦琐，需要先将线粒体从昆虫细胞中分离出来，再裂解线粒体，利用 DNA 在盐溶液中溶解度的差异提取 DNA。在提取线粒体 DNA 之前，预先准备 Buffer Ⅰ 和 Buffer Ⅱ，并在 4℃条件下预冷 Buffer Ⅰ 和异丙醇备用。

缓冲液Ⅰ：5mmol/L Tris，7mmol/L 蔗糖溶液，220mmol/L 己六醇，2mmol/L EDTA，pH 7.4，121℃高压灭菌。

缓冲液Ⅱ：100mmol/L Tris，40mmol/L NaCl 溶液，2mmol/L EDTA，121℃高压灭菌。

线粒体 DNA 提取步骤如下。

1）在 2.0mL 离心管中预先加入 300μL 缓冲液Ⅰ，将昆虫样本转至离心管中，用无菌研磨棒迅速插入 2.0mL 的离心管底部，把昆虫研磨至完全粉碎，加入 1200μL 缓冲液Ⅱ。

2）在 4℃条件下，将匀浆以 500r/min 离心 10min，将上清液转移至另一干净的 2.0mL 离心管，再次以 800r/min 离心 10min，转移上清液至另一无菌的 2.0mL 离心管，12 000r/min 离心 10min，弃上清，所得沉淀即为线粒体。

3）线粒体沉淀物中加入 330μL 缓冲液Ⅱ、13μL SDS 和 6μL 蛋白酶 K，60℃温浴过夜。

4）加入 250μL NaCl 溶液，在 4℃条件下，5000r/min 离心 10min，取上清液置于新的 2.0mL 离心管，加入 480μL 异丙醇，12 000r/min 条件下离心 15min。

5）弃上清，用 75%乙醇溶液洗涤线粒体 DNA 沉淀，风干。

6）加入 10～30μL TE 溶液溶解 DNA，低温保存备用。

## 三、DNA 浓度及纯度检测

提取的昆虫组织 DNA 浓度与纯度需要用琼脂糖凝胶电泳和紫外分光光度计检测。

首先，使用全波长紫外分光光度计（Nano Drop 2000）检测 DNA 的纯度与浓度，由于核酸、蛋白质和酚类与碳水化合物[①]的最高吸收峰分别为 260nm、280nm 和 230nm，通过 $A_{260}/A_{280}$ 与 $A_{260}/A_{230}$ 来评价 DNA 的纯度，一般而言 $A_{260}/A_{280}$ 应为 1.7～2.0（若小于 1.6，表明有蛋白质、酚等污染），而 $A_{260}/A_{230}$ 应大于 2.0。如果洗脱时不使用洗脱缓冲液，而使用去离子水洗脱，比值可能偏低，但并不表明 DNA 纯度不高。

其次，通过琼脂糖凝胶电泳检测 DNA 的提取质量，配制 0.8%～1.0%琼脂糖凝胶，使用标准 DNA 分子量判断基因组的大小，溴化乙锭染色 3min，放置紫外成像系统中进行观察，检测 DNA 是否被降解。

# 第二节　昆虫 RNA 的抽提与检测

RNA 抽提是核酸研究技术的重要组成部分，高纯度的 RNA 是进行 cDNA 合成、选择分

① 酚类与碳水化合物的最高吸收峰相同，均为 230nm

离 mRNA 及体外翻译等分析的前提。RNA 结构的特殊性、RNA 酶的稳定性与广泛性，导致 RNA 抽提比基因组 DNA 抽提要困难得多。为提高 RNA 的得率，在 RNA 抽提之前，需要用焦碳酸二乙酯（DEPC）提前浸泡 RNA 提取的相关器具，并对器具进行高温高压灭菌，可有效抑制环境中 RNA 酶的活性，并尽可能缩短 RNA 提取的实验进程。

### 一、昆虫组织总 RNA 提取方法

TRIZOL 是苯酚、异硫氰酸胍等物质组成的总 RNA 抽提试剂，能迅速破碎细胞，使细胞中的核酸、蛋白质等物质解聚，并可以有效抑制细胞的核酸酶，保持 RNA 的完整性。市面上出现多款组织总 RNA 提取试剂盒，极大提高了 RNA 的得率，由于这些试剂盒大多基于 TRIZOL 试剂法优化而成，因此下文介绍 TRIZOL 试剂法抽提昆虫组织总 RNA 的一般实验步骤。

1）称取昆虫，置于液氮预冷的研钵中，在液氮中迅速将其研磨成粉末。

2）加入 1mL TRIZOL-$A^+$，室温静置至完全溶化，继续研磨至裂解液呈透明状，然后移至离心管中，室温静置 5min。在 4℃条件下 12 000r/min 离心 5min，小心吸取上清液，移入新的 1.5mL 离心管。

3）用移液枪反复吹吸至裂解液中无明显沉淀，室温静置 5min，加入氯仿 200μL，盖紧离心管盖，用力振荡，待溶液充分乳化呈乳白状后，室温静置 5min，在 4℃条件下 12 000r/min 离心 15min。

4）此时匀浆液分为三层：无色的上清液、中间的白色蛋白层及带有颜色的下层有机相；吸取上清液转移至新的 1.5mL 离心管中，加入等体积预冷的异丙醇，上下颠倒离心管充分混匀后，静置 10min。

5）在 4℃条件下 12 000r/min 离心 10min，小心弃去上清，缓慢沿离心管壁加入 75%乙醇溶液 1mL（切勿触及沉淀），轻轻上下颠倒洗涤离心管管壁，12 000r/min 离心 5min 后小心弃去乙醇，室温干燥沉淀 2～5min，加入 50μL 的 RNase-free 水溶解沉淀，取 3μL 电泳检测 RNA 的纯度和浓度，其余的 RNA 置于－80℃超低温冰箱保存备用。

### 二、RNA 纯度及浓度检测

与 DNA 的纯度及浓度检测相似，RNA 纯度及浓度检测也使用全波长紫外分光光度计对所提取 RNA 进行检测，若 $A_{260}/A_{280}$ 的值在 1.8～2.2，表明总 RNA 中蛋白质或其他有机物的污染较小（比值<1.8，表明有 DNA、蛋白质、酚等污染；比值>2.2，表明 RNA 存在严重的水解）。

完整性检测：取 2～5μL 样品与载样缓冲液（loading buffer）2μL 混合，点样于 1.0%的琼脂糖凝胶，然后置于新鲜制备的 1×TAE 缓冲液中电泳，电泳电压为 110V，时间约 30min，用凝胶成像系统检测基因条带的有无，若出现明显的三条带（即沉降系数分别为 28S、18S 和 5S，其中 28S 与 18S 为昆虫核糖体 RNA 的两个主要亚基，在体内的含量较多），且 28S 的亮度为 18S 的两倍，则说明完整性良好，可满足进一步实验的要求。

## 第三节　聚合酶链式反应扩增及分子标记技术

聚合酶链式反应（polymerase chain reaction，PCR）是一种核酸体外扩增技术，尤其是耐热性 *Taq* DNA 聚合酶的发现，实现了 PCR 循环反应的自动化，可将特定的 DNA 序列在

较短时间内扩增数千倍乃至上百万倍。PCR 技术具有特异性强、灵敏度高、操作简便等优点，近年来在研究与应用中演化出多种类型，极大地拓宽了 PCR 的应用领域与场景，包括分子生物学、医学、法医学、考古学等生命科学领域。本节主要介绍 PCR 技术的原理、反应体系、基本流程，以及由此发展而来的重要分子标记技术的原理与实验流程。

## 一、PCR 反应的原理和过程

PCR 反应可以看作是在生物体外的特殊 DNA 复制，主要基于双链 DNA 分子在高温条件下会解链成单链，低温时又可退火形成双链，通过添加两段已知序列的寡核苷酸作为引物，在 DNA 聚合酶的作用下，扩增位于两引物之间的特定 DNA 片段。PCR 包括三个基本步骤（图 7-1）：①变性，在 94～95℃，DNA 双螺旋的氢键断裂，形成单链分子作为反应的模板；②退火，在 40～65℃，引物与模板通过氢键互补结合，形成杂交链；③延伸，在 72℃，按照模板链的序列以互补的方式依次把 dNTP 加至引物的 3'端，*Taq* DNA 聚合酶使杂交双链不断延伸，直至形成新的 DNA 双链。由这三个基本步骤组成一轮循环，理论上每一轮循环将使目的 DNA 扩增一倍，这些新合成的双链 DNA 分子又可作为下一轮循环的模板，经 25～35 轮循环就可使模板 DNA 扩增达到几百万拷贝，可满足进一步实验的要求。

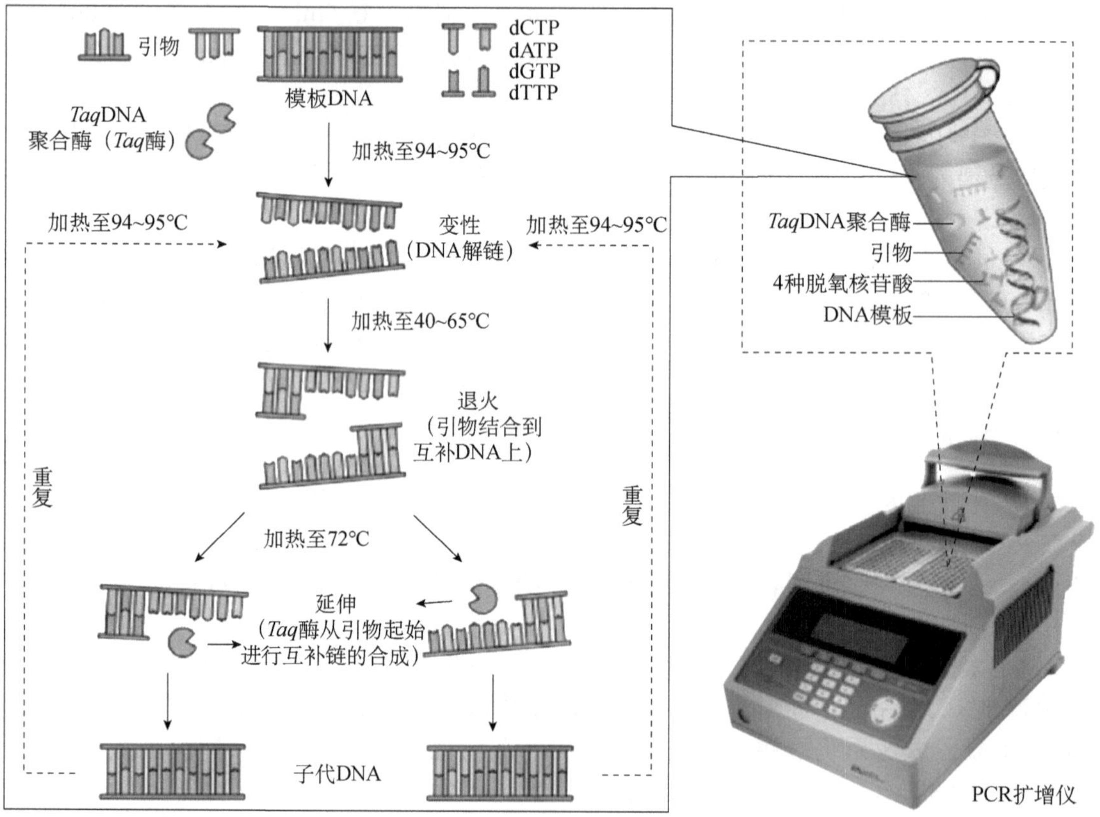


图 7-1　PCR 反应原理示意图

## 二、PCR 的反应体系

### （一）模板

PCR 的反应体系模板（template）是基因组 DNA、RNA、质粒 DNA、线粒体 DNA 等。

当 RNA 作为模板时，须先将 RNA 反转录为 cDNA；反应体系中较低量的模板有利于提高扩增产量和减少非特异性扩增（最适模板量为 50～1000ng）。

### （二）引物

引物（primer）为化学合成的寡核苷酸，可与模板特异地结合，并决定产物的特异性和长度。常用的引物设计软件主要有 Primer 或 Oligo 等。在引物设计时，需遵循如下原则。

1）两条引物分别位于被扩增片段的两端，与模板正负链序列互补，长度为 15～30 个核苷酸；两条引物之间避免形成引物二聚体；引物浓度为 0.1～0.2μmol/L，浓度过高容易生成引物二聚体。

2）引物的碱基组成应平衡，C+G 碱基含量在引物中的比例一般以 45%～55%为宜；引物退火温度计算：$T_m$=2（A+T）+4（C+G）；引物的 5'端可被修饰（如引入酶切位点、引入突变位点、生物素等标记）。

### （三）脱氧核苷三磷酸

脱氧核苷三磷酸（dNTP）是 dATP、dCTP、dGTP 和 dTTP 的混合物；反应体系中各种核苷酸的浓度必须一致；浓度过高虽能加快反应速度，但非特异性扩增也随之增加；最适浓度为 20～200μmol/L。

### （四）*Taq* DNA 聚合酶

*Taq* DNA 聚合酶具有很高的耐热稳定性，可在模板指导下，以 dNTP 为原料，在引物 3' 端加上脱氧单核苷酸，形成 3', 5'-磷酸二酯键，使 DNA 链沿 5'→3'方向延伸，催化 DNA 合成（最适酶量为 1～2.5U）。

### （五）PCR 反应缓冲液

PCR 反应缓冲液为 PCR 反应提供环境，可直接影响 PCR 扩增的特异性和扩增片段的产率，一般含有一定浓度的 $Mg^{2+}$、Tris-HCl、KCl 及明胶等。将以上组分按照一定的比例组成 PCR 反应体系，混合均匀之后放入 PCR 扩增仪，并设置相应的反应程序，进行 PCR 反应扩增目的基因，通过琼脂糖凝胶电泳检测 PCR 的扩增产物，在凝胶成像仪上观察扩增结果。需要注意的是，凝胶成像仪的紫外灯也可诱导 PCR 产物发生突变，因此应尽量缩短紫外灯的曝光时间，以降低 PCR 产物的突变率，从而保障基因克隆的要求。

## 三、分子标记技术

分子标记（molecular marker）是以生物个体间遗传物质核苷酸序列变异为基础的特殊遗传标记，是 DNA 水平遗传多态性的直接反映，也称为 DNA 分子标记，它是继形态学标记、细胞学标记、生化标记之后最为可靠的遗传标记技术。DNA 分子标记不受环境和发育阶段的影响，标记数丰富，可大大提高杂交育种的有效性和可靠性，而且在对杂种机理的认识、杂种优势的预测、目的性状的选择等方面已显示出不可比拟的优越性。在经历了短短几十年的迅猛发展后，分子标记技术日趋成熟，现已出现的 DNA 分子标记技术有几十种，部分分子标记技术所属类型如下。

（1）建立在 DNA 杂交基础上的分子标记技术　限制性片段长度多态性（restriction fragment length polymorphism，RFLP）。

（2）以重复序列为基础的分子标记技术　简单序列重复（simple sequence repeat，SSR），即微卫星 DNA。

（3）以 PCR 为基础的分子标记技术　随机扩增多态性 DNA（randomly amplified polymorphic DNA，RAPD），扩增片段长度多态性（amplified fragment length polymorphism，AFLP），cDNA-扩增片段长度多态性（cDNA-amplified fragment length polymorphism，cDNA-AFLP），单链构象多态性（single strand conformation polymorphism，SSCP），靶位区域扩增多态性（target region amplified polymorphism，TRAP），序列特征化扩增区域（sequence characterized amplified region，SCAR），相关序列扩增多态性（sequence-related amplified polymorphism，SRAP）。

（4）以 mRNA 为基础的分子标记技术　表达序列标签（expressed sequence tag，EST），基因表达系列分析（serial analysis of gene expression，SAGE）。

（5）以单核苷酸的变异为核心的分子标记技术　单核苷酸多态性标记（single nucleotide polymorphism，SNP）。

（6）以特定序列为核心的分子标记技术　线粒体 DNA（mitochondrial DNA，mtDNA）分子标记。

以上这些分子标记方法各有利弊和适用范围，因此，采用哪类分子标记应依据具体实验目的和实验条件等来决定。

## 四、代表性分子标记技术

### （一）限制性片段长度多态性

限制性片段长度多态性（RFLP）即利用特定的限制性内切酶水解不同个体的基因组 DNA，进而得到长短、数量、种类不同的限制性 DNA 片段，通过电泳和 Southern 杂交转移到硝酸纤维素膜或尼龙膜上，选用一定的 DNA 标记探针与之杂交，放射自显影后就可得到反映个体特异性的 DNA 限制性片段多态性图谱。它是分子生物学应用最早的遗传标记技术，标记的数目多且稳定，可用于构建高密度的遗传图谱。由于 RFLP 起源于 DNA 的变异，不受显隐性关系、环境条件和发育阶段的影响，具有遗传专一性和稳定性的特点，在数量上不受限制，可随机选取足够数量能代表整个基因组的 RFLP 标记，而且每个标记变异大，检测方便。用于检测 RFLP 的克隆探针可随机选取，可以是核糖体 DNA、叶绿体 DNA，也可以是总 DNA。目前 RFLP 标记技术已经在基因突变分析、基因定位、基因诊断、个体识别、亲缘鉴定、物种分类和进化关系研究，以及组建高密度的遗传图谱和育种操作等方面都有重要的实用价值。此外，RFLP 是共显性标记，能够区分杂合体与纯合体。但是，由于其分析过程比较烦琐、花费昂贵、费时费力，对 DNA 多态检出的灵敏度不高等原因，逐渐被研究人员所摒弃，其主导地位逐渐被第二代和第三代分子标记技术所取代。

1）基本原理：限制性内切酶能识别并切割基因组 DNA 分子中特定的位点，如果因碱基的突变、插入或缺失，或者染色体结构的变化而导致生物个体或种群间该酶切位点的消失，或产生新的酶切位点，随后通过分辨率较高的聚丙烯酰胺或高浓度琼脂糖凝胶电泳将基因组 DNA 的不同片段予以分开，并通过放射自显影或者显色技术呈现 DNA 片段的位置差异，进而比较不同个体的 DNA 多态性。

2）操作步骤：基因组 DNA 的提取→限制性内切酶酶切→凝胶电泳分开 DNA 片段→转膜→Southern 杂交→数据分析。

### （二）随机扩增多态性DNA标记

随机扩增多态性DNA标记（RAPD）是建立在PCR基础上的一种可对整个未知序列的基因组进行多态性分析的DNA分子标记技术。此技术是应用一系列随机引物（通常为10个碱基）对基因组DNA进行扩增而产生多态的DNA图谱，并寻找多态性DNA片段的遗传标记技术。扩增产生的片段可通过琼脂糖电泳或聚丙烯酰胺凝胶电泳分开，经溴化乙锭染色或银染色得到多态性的DNA图谱后，进行多态性观察。在基因组上，每个引物可以连续直接扩增特定的DNA片段，对一个特定的基因型来讲，这些扩增的片段或片段的类型是唯一的。它的应用是基于这样的一个理论：对于同一模板DNA，用同一引物扩增既可能得到相同的带谱（模板基因组间可能具有同源性），也可能得到不同的带谱。仅在某一特定模板中出现的条带即可作为该模板的分子标记。事实上，不同基因组DNA总是有一定差异的，所以用RAPD即可进行分子标记研究。理论上讲，在一定的扩增条件下，扩增的条带数取决于基因组的复杂性。对特定的引物，复杂性越高的基因组所产生的扩增条带数也越多。

1）基本原理：利用一个随机引物通过PCR反应非定点地扩增DNA片段，然后扩增片段经琼脂糖凝胶电泳或聚丙烯酰胺电泳分离后配合溴化乙锭染色或银染等专一性染色技术即可记录RAPD指纹，进行DNA多态性分析。RAPD所用的一系列随机引物其序列各不相同，但对于每个特定的引物来讲，它同目标基因组的DNA序列都有特定的结合位点、扩增DNA特定的区域片段，如果基因组的这些区域发生DNA片段或碱基的插入缺失等突变，就可能导致这些特定结合位点、扩增片段发生相应变化，使RAPD扩增产物在电泳图谱中DNA带数增加、减少或片段长度发生相应变化，从而可以检测出基因组DNA在这些区域的多态性。

2）操作步骤：基因组DNA的提取→PCR反应体系的建立、引物筛选→RAPD-PCR扩增→凝胶电泳分开扩增产物→数据分析。

与RFLP相比，RAPD技术有以下优点：①技术简单，实验周期短，信息量大，检测速度快；②DNA用量少；③实验设备简单，不需DNA探针，设计引物也不需要预先克隆标记或进行序列分析；④不依赖于种属特异性和基因组的结构，合成一套引物可以用于不同生物基因组分析；⑤用一对引物就可扩增出许多片段，几乎覆盖整个基因组，而且不需要同位素，安全性好。因此，RAPD技术广泛应用于天然居群内及居群间的遗传变异、种质资源搜集、品种鉴定、种间或属间遗传关系、遗传图谱构建、基因定位与分离等方面的研究。

### （三）微卫星标记

简单序列重复（SSR），即微卫星，是指以少数几个核苷酸（1～6个）为单位多次串联重复的DNA序列。这种序列存在于几乎所有真核生物的基因组中，含量丰富，且呈随机均匀分布。微卫星由核心序列和两侧的保守侧翼序列构成。保守的侧翼序列使微卫星特异地定位于染色体某一区域，核心序列重复数的差异则形成微卫星的高度多态性，这种多态性的信息量是比较丰富的。该技术基于基因组DNA重复序列的差异进行检测，不受组织、器官种类、环境条件等因素影响。近年来，微卫星作为一种分子标记，已成为种群研究和进化生物学最常用的分子标记之一，广泛地应用于生物杂交育种、遗传连锁图谱、种群遗传多样性、系统发生等研究领域。

1）基本原理：微卫星DNA是一种广泛分布于真核生物基因组中的串状简单重复序列，每个重复单元的长度在1～10bp，常见的微卫星有TGTG…=（TG）$_n$，或AATAAT…AAT=（AAT）$_n$等，不同数目的核心序列串联重复排列，呈现出长度多态性。在基因组中，因每个

SSR 序列的基本单元重复次数在不同基因型间差异很大，从而形成其座位的多态性。而且每个 SSR 座位两侧一般是相对保守的单拷贝序列，据此可设计引物，该技术的关键是要先了解 SSR 位点的侧翼序列，以寻找其中的特异保守区。

2）操作步骤：DNA 酶切→收集酶切片段连接载体→合成末端标记的 SSR 探针→筛选含 SSR 的阳性克隆用于测序→根据测序结果设计引物进行 PCR 扩增→凝胶电泳分开扩增产物→数据分析。

### （四）扩增片段长度多态性

扩增片段长度多态性（AFLP）技术是继 RFLP、SSR 和 RAPD 之后发展最快的 DNA 指纹技术，它既克服了 RFLP 技术中 Southern 杂交烦琐和耗时的缺点，又解决了 RAPD 等技术中非特异 PCR 扩增引起的可信度问题。但是 AFLP 技术过程复杂，涉及 DNA 限制性内切酶的酶切、接头的连接、PCR 扩增及变性聚丙烯酰胺凝胶电泳分析等诸多步骤，试验过程中任何一个环节出现问题，都不会得到理想的结果。近年来人们不断地将这一技术完善和发展，使得 AFLP 成为迄今为止最有效的分子标记技术，在医学、农业、林业、畜牧业、渔业等领域中得到了广泛的应用。

1）基本原理：基因组 DNA 经限制性内切酶双酶切后，形成分子量大小不等的随机限制性片段，将特定的双链接头连接在这些 DNA 片段的两端，形成一个带接头的特异片段。通过接头序列和 PCR 引物 3′端的选择性碱基的识别，扩增那些两端序列能与选择性碱基配对的限制性酶切片段。通过聚丙烯酰胺凝胶电泳，将特异的限制性片段分离开来，然后利用成像系统和分析软件检测凝胶上 DNA 指纹的多态性。

2）操作步骤：基因组 DNA 提取→两种限制性内切酶酶切 DNA 寡聚核苷酸接头的连接→对限制性酶切片段的选择性扩增→扩增产物的电泳分析→数据分析。

> cDNA-AFLP 是将 AFLP 技术应用于 mRNA 表达差异分析的一种 mRNA 指纹图谱技术。基本原理是将分离纯化的 mRNA 反转录成 cDNA 第一链，再以第一链为模板合成双链 cDNA，然后以此双链 cDNA 为模板进行酶切连接、预扩和选扩，最后找到差异表达的片段。利用 cDNA-AFLP 进行表达基因研究对于定位基因、明确基因功能更具意义。该技术重复性好，假阳性低，可检测低丰度表达的 mRNA，准确反映基因间表达量的差别，并全面获取转录组的表达信息。该方法的操作步骤与 AFLP 几乎一致，只是将核酸分子由基因组 DNA 换为 mRNA 经反转录之后合成的 cDNA。

### （五）相关序列扩增多态性

相关序列扩增多态性（SRAP）标记，也是基于 PCR 技术的新型分子标记技术。利用独特的引物设计对 ORF（open reading frame）进行扩增，因个体不同，以及物种的内含子、启动子与间隔长度不等而产生多态性。到目前为止，SRAP 标记已在水稻、棉花、番茄、马铃薯、大蒜、辣椒、黄瓜、芹菜、油菜、拟南芥、小麦等作物的研究中得到成功应用，具有简便、中等产量、高共显性、重复性好、易于分离条带及测序等优点，在基因组中分布均匀，适合基因定位、基因克隆、遗传图谱构建等生物学研究。

1）基本原理：在一组正向 SRAP 引物中使用“CCGG”序列，使引物特异结合可译框（ORF）区域中的外显子。研究表明外显子一般处于富 GC 区域。由于外显子序列在不同个体中通常是保守的，这种低水平多态性限制了将它们作为标记的来源。内含子、启动子和间隔序列在不同物种甚至不同个体间变异很大，富含 AT 的区域序列通常见于启动子和内含子中，SRAP 中使用的反向引物的 3′端含有核心 AATT，可特异结合富含 AT 区，这就使得有可能扩增出基于内含子与外显子的 SRAP 多态性标记。SRAP 标记分析中共有两套引物：长为 17bp 的正向引物和长为 18bp 的反向引物（也有使用 19bp 反向引物）。

2）操作步骤：基因组 DNA 提取→引物设计→SRAP-PCR 扩增→测序扩增产物→数据分析。

### （六）靶位区域扩增多态性

靶位区域扩增多态性（TRAP）技术也是基于 PCR 技术扩增已知的 cDNA 或表达序列标签（EST）序列信息。目前已获得许多物种基因组序列的丰富信息，人类、拟南芥、水稻和多种微生物的基因组序列草图绘制成功，有大量的 EST 序列可供使用，从而使得可以利用生物信息学工具和 EST 数据库信息产生许多靶基因序列的 TRAP 多态性标记，而且极易将性状与标记相关联。TRAP 技术是从 SRAP 技术改进而来的。SRAP 使用两个任意引物，而 TRAP 是使用长度为 16～20bp 的固定引物（fixed primer）与任意引物（arbitrary prime）：固定引物以公用数据库中的靶 EST 序列设计而来；任意引物与 SRAP 所用的一样，为一段富含 AT 或 GC、可与内含子或外显子区配对的随机序列。固定引物的设计步骤：从 EST 数据库中鉴别所需序列，再采用有关引物设计软件设定核苷酸序列的合理长度（18bp），以及最适、最大和最小 $T_m$ 值（53℃、55℃、50℃），最后选定最适的引物。

1）基本原理：该技术是利用生物信息工具和表达序列标签数据库信息，产生目标候选基因区域的多态性标记。它是以基因组 DNA 为模板，利用设计好的固定引物与随机引物，通过 PCR 方法对基因组 DNA 进行扩增，PCR 产物利用聚丙烯酰胺凝胶电泳的方法进行检测，然后通过放射自显影或银染技术观察不同的带型（即多态性），通过扩增产物的多态性来反映基因组相应区域（DNA）的多态性，从而形成围绕候选目标基因序列的多态性标记。

2）操作步骤：基因组 DNA 提取→引物设计→TRAP-PCR 扩增→凝胶电泳分开 DNA 片段→转膜→Southern 杂交→数据分析。

### （七）特异性片段扩增区域

特异性片段扩增区域（SCAR）标记是建立在 RAPD-PCR 分子标记基础之上的一种新型有效的分子标记技术，主要是基于特异的 RAPD 片段序列，在其两端序列设计 1 对引物，并且在较高的退火温度下进行的特异性序列扩增，从而实现由 RAPD 标记到 SCAR 标记的转化。SCAR 标记直接采用专一性特异引物进行 PCR 扩增，避免了引物筛选、估算相似性等复杂的过程，且排除了随机引物结合位点之间的竞争，使稳定性和重复性显著提高。目前，SCAR 分子标记技术已被广泛应用于基因定位、辅助育种、种质鉴定和遗传连锁图谱构建等方面研究。

1）基本原理：主要是在序列未知的 DNA 标记（RAPD、AFLP 等）基础上，对其特异 PCR 扩增产物进行回收、克隆和测序，根据扩增产物的两端序列设计特异性引物（一般比 RAPD 引物长，通常 18～24bp）对 DNA 片段再进行 PCR 特异性扩增，把与 DNA 片段相对应的位点鉴别出来。由于 SCAR 标记扩增位点单一，退火温度较高，对反应条件不敏感，一般表现为长度的多态性，为共显性标记；有时也表现为扩增片段的有无，为显性标记。

2）操作步骤：基因组 DNA 提取→RAPD-PCR 扩增→PCR 产物的克隆并测序→引物设

计→SCAR-PCR→凝胶电泳检测 PCR 产物→数据分析。

### （八）单核苷酸多态性标记

单核苷酸多态性标记（SNP）主要指在基因组水平上由于单个核苷酸的变异所起的 DNA 序列多态性，主要表现为基因组核苷酸水平上的变异引起的 DNA 序列多态性，包括单碱基的转换或颠换及单碱基的插入或缺失等。它是 RFLP、SSR 之后的又一种新的分子标记。

1）基本原理：首先通过 PCR 扩增含有 SNP 的基因组片段，然后通过序列特异性引物实现单碱基延伸，随后样品分析物与芯片基质共结晶后在真空管中受瞬时（纳秒，$10^{-9}$s）强激光激发。核酸分子因此解吸附成为单电荷离子，由于电场中离子飞行时间与离子质量成反比，通过检测核酸分子在真空管中的飞行时间而获得样品分析物的精确分子量，从而检测出 SNP 位点信息。

2）操作步骤：建立可供利用的 SNP 标记需经过以下几步，①全基因组测序；②根据测序结果确定特定的序列标记位点；③对 STS 进行扫描，寻找 SNP 位点；④确定 SNP；⑤将 SNP 定位到染色体上。

### （九）线粒体 DNA 标记

线粒体基因组是独立于核基因组的遗传物质，它普遍存在于真核细胞中，线粒体内包含 DNA 和转录与转译系统，是具有一定自主性的细胞器。线粒体基因组具有的独特优点：线粒体 DNA 分子小、拷贝数高；结构和组织简单而高度保守；母系遗传，缺乏重组；DNA 突变率高。线粒体 DNA 与 RFLP 的原理相同，只不过目的 DNA 由基因组 DNA 变为线粒体 DNA。线粒体 DNA 标记将在本书第十五章做进一步详细介绍。

## 第四节　DNA 片段与基因克隆技术

在提取基因组 DNA 或总 RNA 后，需要用有效的手段克隆目的基因以研究基因的功能和调控机理。所谓的基因克隆，即用酶学的方法将外源基因的 DNA 分子与克隆载体 DNA 片段连接成具有自我复制能力的重组质粒 DNA 分子，通过转化或转染宿主细胞，继而在细菌细胞中获得大量拷贝，筛选出含有目的基因的转化子细胞，提取之后可获得大量同一 DNA 分子。运用大肠杆菌克隆目的基因的过程应包括目的基因的获取、克隆载体的选择与构建、目的基因与载体的拼接、重组 DNA 分子转化受体细胞、筛选并无性繁殖含重组 DNA 分子的受体细胞（转化子）。因此基因克隆的关键步骤是获得高质量的目的基因 DNA。

### 一、目的基因的获取

PCR 扩增是常见的 DNA 片段体外合成技术，主要用于扩增未知序列的目的基因，这是一种选择性扩增 DNA 或 RNA 的方法，也是基因克隆中使用最广泛的方法。下文以克隆目的基因的互补 DNA（cDNA）片段为例，说明 PCR 扩增目的基因的操作流程。

信使 RNA（mRNA）是总 RNA 的重要组成部分，几乎所有真核生物体内成熟的 mRNA 序列均经过多腺苷酸化，具有 poly-A 尾巴。提取昆虫组织总 RNA，通过 Oligo-dT 引物可以从总 RNA 中分离并富集 mRNA，在反转录酶的作用下反转录合成 cDNA 第一条链。根据目的基因的同源基因序列，利用 Primer 或 Oligo 引物设计软件设计目的基因的引物，这些化学合成的引物与目的基因的 cDNA 第一条链结合形成模板-引物复合物，*Taq* DNA 聚合酶特异性结合该复合物，以 dNTP 为反应原料，靶序列为模板，按碱基配对的原则，以半保留复制的模式合成一条与目的基因 DNA 链互补的新链，并按照指数增长的方式合成目的基因。这些人工合成的 DNA 片段，可用于体外克隆。

## 二、目的基因的体外重组

扩增的目的基因在载体（vector）的协助下完成基因克隆，载体是一类能够在宿主细胞内自我复制的环状 DNA 分子，可插入一段外源 DNA，主要来源于细菌的质粒、噬菌体等，经过人工改建而成。基因工程载体必须具备以下基本条件：能在宿主细胞内进行独立和稳定的复制、存在多克隆位点、具有选择性标记基因、便于重组 DNA 分子的识别和筛选等。常用的克隆载体有质粒载体（pBR322 质粒、pUC18/19 质粒），噬菌体载体（λ 噬菌体载体、M13 噬菌体载体），黏粒载体（pJB8、c2XB、pHC79 等黏粒载体）。环状的克隆载体在限制性核酸内切酶的作用下形成线性质粒 DNA，这类酶可以识别 DNA 的特异序列，是对识别位点或其周围每条链中特定部位的两个脱氧核糖核苷酸之间的磷酸二酯键进行切割的一类核酸内切酶。由于酶识别序列的差异，常常产生平头末端与黏性末端（图 7-2）。为了提高重组效率，在基因克隆中往往采用两种或两种以上限制性内切酶切割载体 DNA。

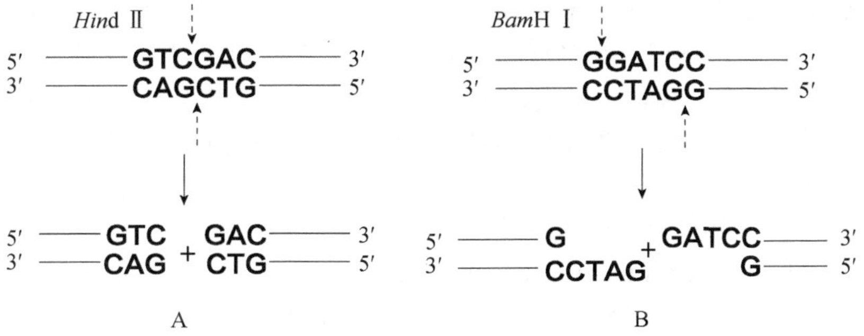


图 7-2 限制性内切酶的切割方式的示意图

A.形成平头末端；B. 形成黏性末端

外源目的基因 DNA 片段与载体 DNA 的体外重组，即 DNA 分子的体外重组是在 DNA 连接酶的作用下得到重组 DNA 的技术过程，是基因克隆的重要环节。常用的体外 DNA 连接方式主要有黏性末端的连接与平头末端的连接等。黏性末端连接是外源 DNA 与质粒载体 DNA 连接的常用方法，其中的相同黏性末端的连接是指载体 DNA 与外源目的基因 DNA 通过相同的限制性内切酶切割之后，产生相同的黏性末端，这两部分 DNA 片段在 DNA 连接酶的作用下，连接形成重组 DNA 分子（图 7-3）。T4 噬菌体 DNA 连接酶（简称 T4 DNA 连接酶），是基因克隆使用最广泛的 DNA 连接酶，既可以催化 DNA 黏性末端的连接，也能催化 DNA 平头末端的连接。然而两种连接方式的连接效率存在较大差异，这是因为前者在退火条件下属于分子内的作用，而后者则为分子间的反应，而且后者的反应更为复杂，速度也慢很多。一般通过增加 DNA 平头末端的浓度以提高连接效率。

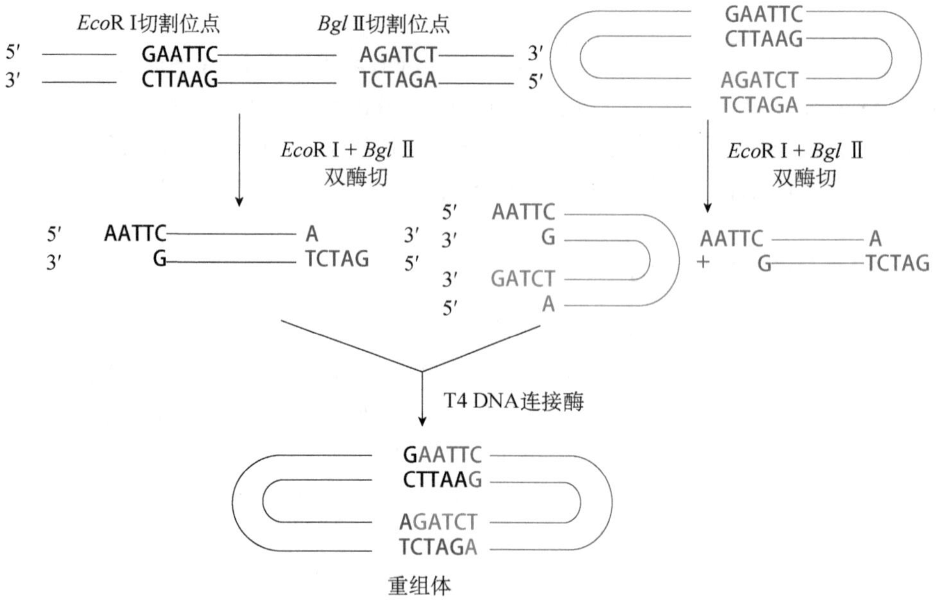


图 7-3　由双酶切产生的黏性末端的连接示意图

## 三、重组子的转化与筛选

重组 DNA 分子只有转化到受体细胞中才能扩增，并进一步筛选。目前基因克隆多用大肠杆菌为受体细胞，在转化前，大肠杆菌需要经过特殊的处理才能呈现最适于摄取和容纳外源 DNA 分子的生理状态。例如，感受态细胞受到一定浓度的氯化钙低渗溶液处理之后，大肠杆菌膨胀成球形。商业感受态细胞因其具有较低售价与较高的转化效率，在科研实验室已被广泛使用，极大地提高了基因克隆的效率。基因克隆技术中常用的转化方法有热激转化法与电脉冲介导法，其中热激转化法使用最为广泛。

热激转化法（heat shock transformation），即通过 42℃温浴，感受态细胞表面形成许多孔道，容易吸收外源重组质粒 DNA，而且重组质粒 DNA 继续折叠收缩，经短时间热激，重组质粒 DNA 转入大肠杆菌体内。热激转化之前，重组质粒 DNA 分子与感受态细胞需要在低温条件下共浴，重组质粒 DNA 分子在高盐环境下形成重组质粒 DNA-钙盐复合物，并均匀黏附于感受态细胞的表面。热激结束后迅速放置于冰上，大肠杆菌恢复到原初状态。用选择性培养基可以初步筛选出含有外源基因的阳性克隆的重组质粒 DNA 分子。

常用的筛选重组体的方法有菌落 PCR，但是因其具有较高的假阳性而逐渐被淘汰。目前主要使用重组子双酶切图谱鉴定，并结合 PCR 验证，筛选重组体。为了进一步验证重组体，需要将重组质粒 DNA 分子送测序公司测序。根据测序结果，最终筛选到阳性克隆。转化的实验步骤如下。

1）新鲜制备的感受态细胞或商业感受态细胞在冰浴中解冻，每份感受态细胞（100μL）加入重组质粒 2～4μL，指弹离心管壁混匀，静置于冰浴 30min 以上。

2）将离心管放到 42℃恒温水浴中，热激 90s，其间不要摇动离心管，使受体菌暂时热休克，有助于重组质粒转入大肠杆菌。迅速将离心管移至冰浴中，冷却 2～3min，使大肠杆菌恢复到原初状态。

3）每离心管加入 500μL 无抗 LB 培养基（每升含蛋白胨 10g，酵母提取物 5g，氯化钠 10g，调整溶液 pH 为 7.0），放置于 37℃恒温摇床，250r/min 温浴 45min。为提高阳性克隆的产率，以3500r/min离心5min，弃废液，加入新鲜的100μL无抗LB培养基，重新悬浮细胞。

4）根据重组质粒的抗性基因类型，将细胞均匀涂布于含相应抗生素的LB平板培养基，放置于37℃恒温培养箱培养1h，倒置平板，37℃过夜培养。

5）根据菌落的数目与形态特征，用无菌牙签或移液枪头挑选单克隆菌落接种于含相应抗生素的LB培养基，以160r/min在37℃过夜培养。

6）收集细胞培养物用于质粒提取，提取方法参照质粒提取试剂盒的操作说明进行。

7）采用PCR技术并结合重组子双酶切图谱鉴定的方法验证重组体，将验证无误的单克隆质粒送测序公司测序。根据测序结果，最终获得阳性克隆，用于后续研究分析。

# 第五节　转基因技术

## 一、植物转抗虫基因技术

植物转抗虫基因技术是指运用现代基因工程技术，将从动物、植物或微生物中分离到的抗虫基因，经DNA重组与遗传转化整合到植物基因组中，使其能够定向表达并稳定遗传，从而赋予植物新的优良性状的技术。为改良现有农作物品种的抗虫性，一些抗虫基因，包括苏云金芽孢杆菌的毒晶蛋白基因（简称*Bt*基因）、蛋白酶抑制剂基因、淀粉酶抑制剂基因、凝集素基因、脂肪氧化酶基因、几丁质酶基因等，通过植物转基因技术已被转化到玉米、水稻、小麦、大豆和棉花等多种农作物中。目前转基因植物中使用最广泛的抗虫基因是*Bt*基因，它是一类杀虫基因，表达的蛋白质产物可特异性地毒杀不同的昆虫（如鳞翅目、鞘翅目、双翅目等），却对人畜无害。创制转基因植物的主要过程包括外源基因的克隆、表达载体的构建、遗传转化体系的建立、遗传转化体的筛选、遗传稳定性的分析和回交转育等。本节主要对目的基因转化的原理和方法做简要概述。常见的目的基因转化技术可分为两大类：①载体介导转化法，如农杆菌介导法和病毒介导转化法等；②直接基因导入法，如基因枪法、聚乙二醇（PEG）法等。

### （一）载体介导转化法

**1. 农杆菌介导法**　农杆菌介导法是目前应用最广泛的植物转化方法，该方法以农杆菌为媒介对植物进行遗传转化。农杆菌是一类普遍存在于土壤中的革兰氏阴性土壤杆菌，生活在植物的根表面并基于根组织渗出的营养物质生存，感染植物后，扰乱细胞分裂调控而使细胞癌变，在植物的根、茎部产生冠瘿瘤或发根。被应用于植物转基因的农杆菌主要有两种：根癌农杆菌（*Agrobacterium tumefaciens*）和发根农杆菌（*Agrobacterium rhizogenes*）。根癌农杆菌细胞中含有的Ti（tumor inducing）质粒是诱导冠瘿瘤的重要质粒，为闭合环状双链DNA，包括毒性（Vir）区、接合转移（Con）区、复制起始（Ori）区和转移DNA（T-DNA）区等四部分，其中Vir区和T-DNA区与冠瘿瘤生成密切相关。发根农杆菌含有Ri（root inducing）质粒，Ri质粒结构与Ti质粒非常相似，其T-DNA区含有与发根生成相关的基因，在侵染植物后能诱发植物细胞产生许多生长迅速的不定根（发根）。在侵染过程中，植物根部损伤部位所分泌的酚类物质，如乙酰丁香酮（AS）和羟基乙酰丁香酮等，可促使农杆菌向植物组织的受伤部位靠拢，并诱发农杆菌内Ti或Ri质粒的Vir区基因的活化和高效表达，*Vir*基因的表达产物促进农杆菌T-DNA向宿主细胞核转移，并随机整合到受体植物染色体上。因此，将外源基因插入农杆菌Ti或Ri质粒的T-DNA区，借助农杆菌的感染实现外源基因向植物基因组的转移与整合，获得目的基因稳定表达的突变株，然后通过植物组织培养技术，再生出转基因植株，以实现外源基因向受体植物细胞的遗传转化。农杆菌介导的遗传转化法，因操作简便、成本低、转化率高等优点，被称为是一种天然的植物遗传转化体系。

由于双子叶植物是农杆菌的天然寄主，最早的农杆菌转化实验也是从双子叶植物开始。通过农杆菌介导法，已在烟草、番茄、大豆等多种双子叶植物上成功转化，并改良现有品种的抗逆性。近年来，通过添加酚类化合物（如 AS），农杆菌介导的单子叶植物转化实验在水稻、玉米、小麦等禾谷类作物上取得了成功，带来巨大的经济效益。

**2. 病毒介导转化法**　病毒介导转化法是近年来出现的一种以植物病毒为媒介对植物进行遗传转化的新方法，该方法主要利用病毒核酸能在寄主细胞中进行复制和表达的特性，将外源目的基因整合到病毒基因组中，植物病毒感染宿主细胞之后，外源目的基因可以转化到受体植物染色体上。此外，该方法更易在实验室进行操作，而且病毒载体不受寄主植物类型的限制。因此，病毒可作为一种植物转基因的载体。目前研究较为深入的植物病毒载体有单链 RNA 植物病毒载体［烟草花叶病毒（TMV）］和双链 DNA 植物病毒载体［花椰菜花叶病毒（CaMV）］。

烟草花叶病毒是一种单链 RNA 植物病毒，在构建烟草花叶病毒载体时，可以将病毒单链 RNA 在反转录酶的作用下合成 cDNA，将其连接到克隆载体，接着将外源目的基因插入重组 DNA 分子的病毒 cDNA 部分。通过体外转录，携带外源目的基因的病毒 DNA 被转录为 RNA，通过病毒载体感染受体植物来高效表达外源基因。花椰菜花叶病毒含有双链 DNA 基因组，将外源目的基因插入其基因组 DNA 上，重组 DNA 分子在体外包装为具有感染能力的病毒颗粒后，通过转染受体植物的原生质体，便可高效转移并表达外源目的基因，接着通过原生质体再生技术培养为整株植物。由于植物病毒载体的研究尚处在初级阶段，其缺点也是显而易见的，例如，病毒载体可插入的外源目的基因的 DNA 片段较小，大多数病毒所携带的外源目的基因无法稳定地遗传给后代，病毒载体的寄主范围有一定的局限性，而且寄主植物染病之后，产量和品质均受到影响。

### （二）直接基因导入法

**1. 基因枪法**　基因枪法又称微粒轰击法，它是利用高速运动的微粒将附着于表面的核酸分子引入受体细胞中的一种遗传物质导入技术。外源目的基因 DNA 分子在氯化钙、亚精胺等沉淀剂的作用下附着在直径为 1～4μm 的钨粉或金粉微粒的表面，基因枪装置以火药爆炸力、电弧放电蒸发浪或高压气体等为动力，驱动钨粉或金粉微弹载体加速到 300～600m/s，进而穿过植物的细胞壁和细胞膜到达靶细胞，外源目的基因 DNA 分子也随之导入细胞，并以一种未知的方式随机整合到植物基因组并得以表达。再通过细胞和组织培养技术，生出植株，该方法被认为是最有前途的植物转基因方法之一。迄今为止，利用基因枪法已经成功转化烟草、大豆、马铃薯、棉花、水稻、玉米、小麦等多种农作物，以及果树花卉和林木等植物，并获得转基因植株。基因枪法具有操作方法简单易行、转化时间短、外源基因片段大等优点，不受受体植物范围的限制，还能进行线粒体和叶绿体的基因转化。

**2. 聚乙二醇法**　聚乙二醇法是水稻、玉米、小麦、高粱等禾谷类作物转化中应用最早的方法之一，主要利用聚乙二醇可以改变细胞膜通透性的特点，将受体植物的原生质体悬于含外源目的基因的重组 DNA 分子的聚乙二醇溶液中，PEG 不仅使原生质体膜的通透性发生变化，还可以促使细胞之间或重组质粒 DNA 与细胞膜的接触和粘连，从而易于质粒 DNA

进入受体细胞的原生质体，并随机整合到受体植物的染色体上，通过原生质体再生形成转基因植株。此法易于操作，实验成本低廉，受体植物不受种类的限制，可一次转化多个原生质体。此外，聚乙二醇法还可与基因枪法等技术结合使用，提高转化率，然而原生质体的培养与转基因植株的再生费时、费力，导致聚乙二醇法的推广存在一定的局限性。

### （三）转基因植物的筛选

在植物转基因操作中，首先利用抗生素或除草剂等选择性排除非转化细胞而留存转化细胞，并通过报告基因显示留存转化细胞成功表达重组子。报告基因是一类编码催化人工底物产生颜色变化的酶基因，目前植物基因工程中使用的报告基因主要有编码葡萄糖苷酶的 *gus* 基因与编码绿色荧光蛋白的 *gfp* 基因等。获得转基因植株之后，更重要的是从分子水平鉴别外源目的基因在转基因植株中的拷贝数和转录与表达情况。外源目的基因的常规检测步骤如下：首先，以转基因植株的基因组 DNA 为模板，通过 PCR 技术扩增目的基因，以检测目的基因是否被整合；随后应用 Southern 杂交技术，检测外源目的基因在转基因植株染色体上的整合数目。在外源目的基因表达检测中，最简便、使用最广泛的方法就是检测报告基因，并通过实时荧光定量 PCR 技术检测外源目的基因的转录水平。在翻译水平常用的检测方法有酶联免疫吸附法和 Western 杂交等技术。在筛选转基因植株的过程中，这些方法往往结合使用，以筛选到有效表达外源目的基因的转基因植株。

## 二、昆虫转基因技术

转基因昆虫是利用基因工程技术人为改造的一类昆虫，即将外源目的基因导入昆虫的受精卵中，使外源目的基因整合到昆虫的基因组中，并随细胞的分裂而增殖，从而在昆虫体内表达外源目的基因，产生具有特定性状的个体。因此，昆虫转基因技术涉及 DNA 重组技术、胚胎工程技术及细胞培养技术等。转基因昆虫主要技术路线的步骤包括目的基因的分离与克隆、表达载体的构建、受体细胞的获得、基因导入、转基因整合表达的检测、转基因昆虫的性状鉴定、转基因表达产物的分离与纯化、转基因昆虫的遗传性能研究、组建转基因昆虫新类群等。目前转基因昆虫被广泛应用于多个领域，如害虫防治、生物制药、疾病动物模型等。迄今为止，成功构建的转基因昆虫模型有果蝇、家蚕、蜜蜂、地中海果蝇、埃及伊蚊、冈比亚按蚊、斯氏按蚊等。

### （一）昆虫转基因载体的构建

真核生物基因组的一种可移动的 DNA 重复序列——转座子，目前已成为昆虫转基因载体的有效工具之一。应用于昆虫转基因载体的转座子载体系统通常是由转座子载体（vector）质粒和转座酶的辅助（helper）质粒构成，常用的转座子载体主要有以下几种：*P*、*Hermes*、*hobo*、*minos*、*mariner* 及 *piggyBac* 等转座子元件。这些转座子载体已成功应用于黑腹果蝇、赤拟谷盗、埃及伊蚊等多种昆虫的转基因研究中，然而部分转座子元件的宿主专一性及低转座频率等局限性，严重限制了它们的适用性。*piggyBac* 转座子因其在转座过程中能够准确切出并发生转座，而且有转座频率高、物种适用性广等特性，被认为是一种高效的 DNA 类转座子载体，广泛应用于家蚕、蜜蜂等经济昆虫的转基因研究。

*piggyBac* 转座子是来源于鳞翅目昆虫的 DNA 型转座子，在生物体内广泛存在，全长 2472bp，具有一对 13bp 的末端反向重复序列，可在 TTAA 靶位点以剪切-粘贴的模式复制转座子序列。因此可以将外源目的基因插入 *piggyBac* 转座子，与能提供转座酶的辅助质粒共

转化昆虫卵，以实现昆虫转基因研究。当然外源目的基因的表达量也存在表达水平较低等问题。

### （二）基因导入方法

在昆虫转基因技术中，显微注射法是最常用的外源基因导入方法。显微注射法是指借助显微操作系统与显微注射技术将外源目的基因直接注入受精卵的原核中，使外源目的基因整合到受体细胞的染色体上。此外，在注射过程中，外源目的基因 DNA 片段的大小也不受限制，然而显微注射技术存在系统造价昂贵、需要专门技术人员、卵存活率低等不足之处。该技术具有较高的基因转移效率，是一种常规的基因转移方法，因而仍被广泛应用于转基因昆虫。

### （三）转基因昆虫的筛选

被成功注射的昆虫卵孵化或羽化之后，在倒置荧光显微镜下观察转基因昆虫组织的荧光蛋白的表达情况，筛选阳性个体。提取其基因组 DNA 与总 RNA，通过与转基因植物的鉴定相类似的方法筛选稳定表达外源目的基因的转基因昆虫。

随着转基因技术的不断进步与发展，将出现更多的转基因植物与昆虫，并逐渐消除转基因生物带来的安全隐患，进而推动安全转基因技术的多元化发展及转基因经济昆虫的产业化开发等。

## 第六节　单克隆抗体技术

单克隆抗体是由单一 B 细胞克隆产生的高度均一、仅针对某一特定抗原表位的抗体。通常采用杂交瘤技术来制备，杂交瘤（hybridoma）抗体技术是在细胞融合技术的基础上，将具有分泌特异性抗体能力的致敏 B 细胞和具有无限繁殖能力的骨髓瘤细胞在聚乙二醇的作用下，融合为既能在体外无限生长又能产生特定抗体的融合细胞，通过细胞筛选克隆得到单克隆的 B 细胞杂交瘤细胞株系。用具备这种特性的单个杂交瘤细胞培养成细胞群，可制备针对一种抗原表位的特异性抗体即单克隆抗体。杂交瘤技术制备单克隆抗体的主要技术路线步骤包括动物免疫、骨髓瘤细胞培养、细胞融合、杂交瘤细胞的筛选、抗体的检测、杂交瘤细胞的克隆、融合细胞冻存、腹水的制备及单克隆抗体的纯化与鉴定等。近年来，随着生命科学相关研究的不断深入，杂交瘤技术生产单克隆抗体的方法获得很多改进，如通过基因工程相关技术制备单克隆抗体，极大地缩短了制备时间。单克隆抗体具有高度专一、高度均质、不易发生交叉反应等特性，被广泛地应用于特定抗原成分的检测、细胞成分的定位等方面。近 20 年来，单克隆抗体在昆虫学中得到广泛的应用，尤其是害虫综合治理领域。

### 一、害虫分类与鉴定

对于某些小型或形态上极为相似的害虫，特别是它们的卵和幼虫很难用传统的形态学方法进行分类鉴定时，通过制备已知害虫的单克隆抗体可以较好地对这些害虫进行分类鉴定。此外，正确区分害虫的种类，在生产上可为害虫治理决策提供及时、可靠的依据，也可为指导害虫的精准防控与延缓害虫对农药的抗性发展提供理论依据。例如，制备美洲烟夜蛾和美洲棉铃虫卵的单克隆抗体，并结合压片印迹免疫技术，可以在田间快速地鉴别出这两种害虫的卵，为喷施拟除虫菊酯调控美洲烟夜蛾和美洲棉铃虫的种群数量提供准确的虫情资料。

## 二、鉴定捕食性天敌

在农田生态系统中，捕食性天敌在调控害虫的种群数量方面发挥重要作用。由于节肢动物个体小、活动隐蔽、具有迁飞性，有些捕食性天敌在夜间捕食，而且许多捕食性天敌具有只吸食害虫的体液、肠道内往往不存在害虫的碎片等一些特点。因此，难以通过直接观察法、肠道解剖法、田间笼罩法、标记法等传统的方法来评价捕食性天敌在调节害虫种群数量和群落结构方面的作用。利用害虫特异性单克隆抗体的免疫学检测方法可以确定捕食性天敌的种类。通过制备针对某一害虫的单克隆抗体（这些抗体不与其他昆虫和捕食性天敌的蛋白质发生反应），收集并检测捕食性天敌肠道中的蛋白质组分，倘若含有害虫蛋白，便可确定捕食者已取食这种害虫。

利用血清学方法并结合单克隆抗体的免疫学检测方法可以定量评价捕食性天敌在调节害虫种群数量和群落结构方面的作用。通过制备害虫蛋白的单克隆抗体检测捕食性天敌消化道中是否含有该蛋白质及其含量，从而估计该害虫的捕食性天敌的种类并估计其残留量。例如，褐飞虱与白背飞虱是为害水稻的迁飞性害虫，通过制备褐飞虱与白背飞虱的单克隆抗体，可以明确捕食性天敌拟环纹豹蛛对这两种迁飞性害虫的控制作用；通过制备麦长管蚜的单克隆抗体，明确十三星瓢虫、七星瓢虫、多异瓢虫和龟纹瓢虫等为麦长管蚜的捕食性天敌，进一步研究发现，多异瓢虫和龟纹瓢虫是麦田生态系统中控制麦长管蚜种群数量的主要捕食性天敌。该技术具有灵敏度高、特异性强、适于大规模检测田间样本的特点，已成为害虫自然天敌检测的一种快速而且廉价的现代生物学技术。

## 三、鉴定寄生性天敌

寄生性天敌在调控害虫种群数量中发挥的作用也不容忽视，由于其寄生方式多样，包括卵寄生、幼虫寄生、蛹寄生和成虫寄生等类型，待（卵）寄生天敌的卵孵化之后才呈现出可以观察到的症状，如重寄生、多寄生等现象，不利于及时诊断出寄生性天敌的寄生作用。以不同寄生性天敌的蛋白作为抗原制备单克隆抗体，可用于检测害虫拟寄生性天敌的类型，并评估寄生性天敌通过寄生方式对害虫种群数量的控制作用。

## 四、鉴定害虫病原微生物

一些害虫是植物病毒的传播介体，例如，麦蚜可以传播大麦黄矮病毒，进而引起小麦黄矮病的流行，在研究中发现大麦黄矮病毒存在不同株系，然而不同种类的麦蚜可以携带的病毒株系也是不尽相同的。单克隆抗体是病原流行学研究的理想探针，结合免疫学相关技术，可对植物病原微生物进行快速、灵敏、准确的定量和定性，及时反映田间病原的流行动态。通过制备植物病毒不同株系的单克隆抗体，检测害虫与植株体内植物病毒的含量和分布，可以鉴定害虫携带植物病毒的类型，并明确不同害虫对病害流行学的贡献。

# 第七节 昆虫抗药性机制及其检测方法

防治害虫的方法主要有农业防治、物理防治、生物防治和化学防治等，化学防治的应用最为普遍。然而，化学药剂的大量使用伴随着害虫抗药性增强，导致害虫对药剂的敏感性逐代减弱，甚至丧失药剂的杀虫活性。因此，控制害虫抗药性是害虫综合治理的重要问题。

## 一、昆虫抗药性形成的机制

昆虫抗药性指能够耐受杀死大部分正常同种个体所需药量的能力。昆虫产生抗药性的原因或机理有许多，常见的抗药性机制有 4 种：代谢抗性、靶标抗性、穿透抗性和行为抗性。其中，代谢抗性和靶标抗性是最主要的抗性机制。

1）代谢抗性指昆虫体内解毒酶活性增强或表达量升高，从而加速对杀虫剂的代谢作用。主要的解毒酶系有细胞色素 P450 酶系（cytochrome P450，CYP）、酯酶（esterase，EST）和谷胱甘肽 S-转移酶（glutathione S-transferase，GST）等。

2）靶标抗性指靶标发生突变减少了与杀虫剂亲和的位点，从而降低昆虫对杀虫剂的敏感性。主要的靶标包括电压门控钠通道（voltage-gated sodium channel，VGSC）、乙酰胆碱酯酶（acetylcholinesterase，AChE）、烟碱型乙酰胆碱受体（nicotinic acetylcholine receptor，nAChR）、电压门控氯离子通道（voltage-gated chloride channel，VGCC）、γ-氨基丁酸受体（γ-aminobutyric acid receptor，GABAR）等。

3）穿透抗性指昆虫表皮、消化道围食膜、中枢神经系统中的血脑等渗透屏障的结构和成分发生改变。例如，增加表皮蛋白、几丁质合成酶等基因的表达量来减少杀虫剂的渗透率和残留量；或者增加三磷酸腺苷转运蛋白（ATP-binding cassette transporter，ABC）基因的表达量，加速杀虫剂从体内排出的速率，从而减少杀虫剂与靶标蛋白结合。

4）行为抗性指在杀虫剂的驱动下，昆虫改变原有的行为习性。例如，冈比亚疟蚊原来栖息于斯威士兰，吸食人血，然而，经林丹杀虫剂持续防治 8 年后，这种疟蚊改变了吸食人血的习惯，只在户外叮咬动物。

## 二、昆虫抗药性检测技术

明确昆虫抗药性的产生、发展是提高害虫防治效果的基础。科学合理的抗药性检测技术是评价昆虫抗药性水平的关键。因此，掌握一套简捷、准确、合理的抗药性检测技术尤其重要。昆虫常见的抗药性检测技术包括生物测定法、区分剂量法、生物化学检测法、免疫学检测法、神经电生理检测法、分子生物学检测法等。

### （一）生物测定法

生物测定法操作简单、直观，是最经典、最基础的抗药性检测方法。该方法是在自然界中采集未用药或较少用药地区的种群，在室内选育成相对敏感的品系。然后根据药剂特性和昆虫特点建立标准的抗性检测方法，并采用相同方法分别检测待测种群与室内敏感种群的 $LC_{50}$（致死中浓度）或 $LD_{50}$（半数致死剂量）或剂量-反应曲线（LD-pline）斜率。其中，待测种群与室内敏感种群的 $LC_{50}$ 或 $LD_{50}$ 的比值称为抗性倍数。因此，该方法又称抗性倍数法。害虫抗药性水平的分级标准见表 7-1。

表 7-1　害虫抗药性水平的分级标准

| 抗药性水平分级 | 抗性倍数 RR |
|---|---|
| 敏感 | RR≤5.0 |
| 低水平抗性 | 5.0<RR≤10.0 |
| 中等水平抗性 | 10.0<RR≤100.0 |
| 高水平抗性 | RR>100.0 |

生物测定法按胃毒和触杀方式进行分类，可分为饲料混药法、浸叶法、点滴法、喷雾或喷粉法、药膜法、浸虫法、IRAC No.5 法等。

1）饲料混药法属胃毒方式。它的操作要点是将测试药剂与人工饲料按适当的比例混配后饲养试虫。

2）浸叶法属胃毒方式，因操作简便，在昆虫抗药性实验中被广泛应用。它的操作要点是根据实验要求，用适当的模具将叶片剪成相同大小后，浸入待测药液中 5～10s，取出叶片晾干，并放入适当的器皿中（培养皿、离心管等）接入试虫。

3）点滴法属触杀方式。它的操作要点是用毛细血管、微量点滴仪或微量注射器将药液点滴在虫体的背面或腹面。

4）喷雾或喷粉法属触杀方式。它的操作要点是利用喷雾或喷粉装置，将药液或粉剂均匀喷在装有试虫的器皿中，让药剂与虫体直接接触，待药剂与虫体黏附稳定后，取出试虫并转移到药剂处理前的生长环境中。

5）药膜法属触杀方式。它的操作要点是将药剂均匀涂在滤纸或瓶壁上形成药膜，然后放入一定数量的试虫，让试虫在药膜容器中爬行 1h 后取出，转移到药剂处理前的生长环境中。

6）浸虫法属触杀方式。它的操作要点是将试虫浸渍在药剂中，5～10s 后取出并放在吸水纸上晾干。

7）IRAC No.5 法属触杀方式。该方法是 2013 年国际杀虫剂抗性行动委员会提出的第五套抗性检测方法。它的操作要点是将植物幼苗完全浸入药剂中，10s 后取出干燥，放入试验器皿中，并接入试虫。

然而，无论哪种方法，均需将测试药剂按梯度稀释成 5～7 个浓度，然后分别对试虫进行处理，24h、48h、72h 或 96h 后检查试虫的死亡情况，并利用 Abbott 公式①校正试虫的死亡率，所得数据用 POLO-Plus 软件计算毒力回归方程的斜率值（*b*）、$LD_{50}$ 或 $LC_{50}$，以及 95%置信区间和卡方值（$\chi^2$）等。每处理 10 头以上试虫，需做 3 次以上重复。

例如，检测南宁、温州、长沙、安康、和田、昌平等 6 个地区的 Q 型烟粉虱成虫对吡虫啉的抗药性，分别计算出各地区种群的 $LC_{50}$，与实验室饲养的敏感种群进行比较，计算各地区种群的抗药倍数，结果见表 7-2。

**表 7-2　不同地区烟粉虱成虫对吡虫啉的抗药性**

| 检测地区 | $LC_{50}$ 95%置信区间/（mg/L） | 抗性倍数 | 抗性级别 |
|---|---|---|---|
| 实验室-Q 型 | 25.36（19.24～36.48） | 1.00 | — |
| 广西南宁 | 368.21（256.31～886.34） | 14.52 | 中抗 |
| 浙江温州 | 157.63（108.25～335.23） | 6.22 | 低抗 |
| 湖南长沙 | 2154.24（1221.56～3524.61） | 84.95 | 中抗 |
| 陕西安康 | 108.36（43.67～215.62） | 4.27 | 敏感 |
| 新疆和田 | 3172.62（2251.42～4521.78） | 125.10 | 高抗 |
| 北京昌平 | 146.25（78.69～253.46） | 5.77 | 低抗 |

为了试验准确有效，生物检测法需要严格控制试验条件，并反复多次试验。即使如此，虫源获取、饲养条件和检测方式也仍然难以标准化，而且由于 LD-pline 求出 $LD_{50}$ 或 $LC_{50}$ 的重复性和精确性较低，因此不适宜检测害虫早期的抗性水平。

① Abbott 公式：$P=(P_0-C)/(1-C)$。式中，$P$ 为校正死亡率；$P_0$ 为未校正死亡率；$C$ 为对照组死亡率。若对照组死亡率大于 20%，则本次实验无效

### （二）区分剂量法

根据抗性遗传特性，将完全显性或不完全显性的高水平抗性品系与敏感品系杂交。其中，$F_1$代群体对药剂的LD-pline与抗性亲本的LD-pline靠拢，与敏感亲本的LD-pline的距离较远。可用敏感亲本的$LD_{99.9}$或$LC_{99.9}$作为区分剂量，区分敏感个体与抗性个体。然后，用该区分剂量连续处理田间种群来检测田间抗性个体的频率变化。与传统的生物检测法比较，区分剂量法更简便，适用于早期抗性检测。区分剂量法抗性评价标准见表7-3。

**表7-3 区分剂量法抗性评价标准**

| 抗性级别 | 死亡率（DR）/% |
| --- | --- |
| 敏感 | DR≥90.0 |
| 低抗 | 80.0≤DR＜90.0 |
| 中抗 | 50.0≤DR＜80.0 |
| 高抗 | DR＜50.0 |

例如，为了解湖北荆州淡色库蚊对常用杀虫剂敌敌畏的抗性现状，采用区分剂量法进行检测。假设杀虫剂敌敌畏、氯氰菊酯、溴氰菊酯的区分剂量分别为0.25mg/L、0.001mg/L、0.01mg/L，取上述药剂分别配成区分剂量浓度。取淡色库蚊4龄幼虫100～150头放入上述药液中，设置对照组，调查24h后的死亡数、化蛹数，计算死亡率，实验重复3次。对照组死亡率低于20%时，用Abbott公式校正死亡率；若对照组死亡率达20%以上，化蛹率超过10%时，整个实验需重新进行。结果见表7-4。

死亡率（%）=死亡幼虫数 /（幼虫总数−化蛹数）×100

校正死亡率（%）=（处理死亡率−对照死亡率）/（1−对照死亡率）×100

**表7-4 区分剂量浓度作用下淡色库蚊的死亡情况及抗性级别**

| 药剂名称 | 试虫总数/头 | 化蛹数/头 | 死亡数/头 | 24h死亡率/% | 抗性级别 |
| --- | --- | --- | --- | --- | --- |
| 敌敌畏 | 350 | 8 | 197 | 57.60 | 中抗 |
| 氯氰菊酯 | 316 | 6 | 276 | 89.03 | 低抗 |
| 溴氰菊酯 | 325 | 2 | 54 | 16.72 | 高抗 |

### （三）生物化学检测法

生物化学检测法利用模式底物检测昆虫匀浆中酶的活性或抑制剂的抑制能力，具有简单、快速、准确、重复性好的优点，甚至可对单头昆虫进行分析。目前，昆虫抗药性的生物化学检测主要针对代谢抗性机制相关的细胞色素P450酶系（cytochrome P450，CYP）、酯酶（esterase，EST）和谷胱甘肽S-转移酶（glutathione S-transferase，GST）3种解毒酶，以及靶标抗性机制相关的乙酰胆碱酯酶（acetylcholinesterase，AChE）。根据酶活性所用载体不同，生物化学检测法可分为滤纸斑点法、硝酸纤维素膜斑点法和微量滴定酶标板法。

**1. 滤纸斑点法** 将单头昆虫的匀浆液滴在滤纸上，再将滤纸浸入装有待检酶底物的缓冲液中反应一段时间，然后将滤纸浸入显色液中，取出晾干，用光密度计测定滤纸上形成斑点的光密度值，比较酶活性的高低。该方法简单、快速，便于田间检测抗性，目前主要应用于蚊虫的抗药性测定。

**2. 硝酸纤维素膜斑点法**　该方法与滤纸斑点法原理相似。将昆虫个体的局部或整体匀浆，以硝酸纤维素膜（NC 膜）为载体，用特定的杀虫剂为抑制剂，在膜上进行一定时间的抑制反应，使得杀虫剂刚好能完全抑制敏感个体乙酰胆碱酯酶的活性。再将杀虫剂处理过的硝酸纤维素膜置于含底物和显色剂的混合液中显色，凡是能显色的表明该试虫 AChE 对杀虫剂不敏感。该法简便、快速、准确、成本较低，有利于对田间种群进行抗性检测。使用前先将 NC 膜置入甲醇-Tris-甘氨酸缓冲液中浸洗 15min，捞出膜放在滤纸上，再在 37℃条件下烘干后点样，这样可以避免样品蛋白与 NC 膜上的灰白色粉末结合，出现假阳性结果和背景不清。

**3. 微量滴定酶标板法**　该法可以测定单个虫体内非特异性酯酶的活性，以此判断单个虫体的抗性情况。方法以 96 孔酶标板为载体，每孔加入昆虫匀浆液、底物、显色液，用酶标仪测定酶催化反应动力或抑制反应动力，从而确定个体抗性状况。例如，将单个淡色库蚊 3 龄幼虫放入 1.5mL 离心管中，加入 100μL pH 6.8 的磷酸缓冲液（PBS）匀浆，再加入 900μL 同样的 PBS 缓冲液清洗匀浆棒并混匀，10 000r/min 离心 10min，取上清液作酶液。将 90μL 酶液加入 96 孔酶标板孔中，每孔加入 90μL β-乙酸萘酯，在室温下反应 10min，再在每孔加入 90μL 固蓝 B 盐溶液，反应 5min，然后将酶标板放在酶标仪上，550nm 波长下读取吸光值。当吸光值≥0.9 时判定为抗性个体，吸光值＜0.9 时判定为敏感个体。以 PBS 为空白对照。

### （四）免疫学检测法

昆虫产生抗药性并非总是伴随着酶活增高。如果解毒酶性质发生变化，即使解毒代谢杀虫剂的能力增强，其酶活性底物的代谢能力也并非会增强。在这种情况下，用生物化学检测法无法进行抗药性检测，只能应用免疫学检测法。免疫学检测法的用途非常广泛，其原理是借助抗原和抗体在体外进行特异结合，然后对样品中抗原或抗体进行定性、定量或定位检测。定性和定位检测比较简单，即用已知的抗体与待检样品混合，一定时间后若有免疫复合物形成，则说明待检样品中存在相应的抗原。同理，也可以用已知的抗原检测样品中是否存在相应的抗体。抗原（或抗体）浓度与形成免疫复合物浓度呈现某种函数关系，在定量检测时，根据免疫复合物含量，代入上述函数推算样品中抗原（或抗体）的含量。

抗原与抗体结合是非共价键的可逆结合，它们的空间构型互补程度不同，故其结合力强弱不同。互补程度越高，则其亲和力越强。抗原（或抗体）常见的检测方法包括环状沉淀试验、单向免疫扩散试验、免疫比浊法、双向免疫扩散试验、对流免疫电泳、免疫电泳、免疫印迹法、凝集反应等。其中，酶联免疫分析法普遍应用于昆虫抗药性检测。该方法首先要分离纯化与抗性有关的解毒酶或靶标来作为抗原免疫动物，以此制备单克隆抗体或多克隆抗体，再用酶联免疫检测相关抗性基因的突变酶或靶标。该方法灵敏度高于生物化学检测法，克服了用电泳染色蛋白无法测定的困难，但是成本高，对设备和操作人员的要求较高。因此，在应用上受到较大限制。

### （五）神经电生理检测法

杀虫剂多为神经毒剂，因此细胞神经电生理技术在害虫抗性机理研究中受到高度重视。神经电生理检测法包括电压钳和细胞膜片钳两个基本技术，近年来被广泛应用于比较抗性和敏感性昆虫品系神经靶标的敏感性差异，是研究杀虫剂对昆虫致毒机理的重要手段，尤其对分子水平的抗性作用机理更加重要。

1）电压钳（voltage-clamp）技术是通过负反馈微电流放大器在兴奋性细胞膜上外加电流，使膜电位稳定在指令电压水平，以消除钠电导对膜电位的正反馈效应。

2）膜片钳技术（patch-clamp recording technique）是在电压钳技术基础之上发展起来的一种新技术，可将细胞膜上一个通道的电位固定在一定水平，观察流过通道的离子电流。该技术从细胞和分子水平了解生物膜离子单通道的“开启”和“关闭”，为不同离子通道的通透性和选择性研究提供了方法。

近 10 年，昆虫触角电位（EAG）技术也已成为测定害虫抗药性的一种简便易行的方法。然而，电生理测定的结果必须与室内毒力测定和田间试验相结合。

### （六）分子生物学检测法

**1. 检测方法**　分子生物学检测法主要针对靶标抗性，即检测靶标基因的突变。常用的分子生物学检测法包括随机扩增多态性 DNA（randomly amplified polymorphic DNA，RAPD）技术、TaqMan 探针法、DNA 指纹技术、限制性片段长度多态性（restriction fragment length polymorphism，RFLP）技术、基因芯片技术等。具体检测方法参考本章第三节。

**2. 验证功能基因的方法**　随着大量昆虫全基因组测序数据的获得及转录组测序技术的普及，多种功能基因组技术被广泛应用于抗药性相关基因的沉默、敲除和过表达，深入解析了基因突变与抗药性之间的分子机制，如 GAL4/UAS 技术、RNAi 技术和 CRISPR/Cas9 技术等。

（1）GAL4/UAS 技术在昆虫抗性基因功能研究中的作用　GAL4/UAS 技术是一种双元表达系统，由半乳糖调控的上游启动子元件 4（galactose-regulated upstream promoter element 4，GAL4）和上游激活序列（upstream activation sequence，UAS）两部分组成。只有将携带 GAL4 启动元件转基因亲本与携带 UAS 候选基因的转基因亲本杂交，其后代个体才能表达候选基因（图 7-4）。该技术通过缺失抗性相关基因或过表达抗性相关基因产生的表型来验证其对杀虫剂的抗性功能。目前，该技术主要应用于黑腹果蝇中，在其他非模式昆虫中应用较少，可能与非模式昆虫保存大量突变种群使其技术难度增大、繁殖和饲养效率低，以及缺乏基因组数据等有关。

扫码见彩图

图 7-4　GAL4/UAS 技术示意图

图中灰色条带代表基因，鲜红色序列代表 GAL4/UAS 系统，蓝色序列代表启动子，暗红色序列代表靶标基因

（2）RNAi 技术在昆虫抗性基因功能研究中的作用　RNAi（RNA interference）技术是由双链 RNA（double-stranded RNA，dsRNA）或短干扰 RNA（short interfering RNA，siRNA）诱导靶标基因的信使 RNA（messenger RNA，mRNA）序列进行沉默的技术，尤其指 dsRNA 介导的基因沉默技术。其原理是 dsRNA 被核酸内切酶 RNase Ⅲ（Dicer 酶）剪切成 21～25bp 长的 siRNA，siRNA 在酶的作用下解链后，反义链结合到 RNA 诱导沉默复合物

（RNA induced silencing complex，RISC）上，RISC 在结合部位切割靶标 mRNA，导致 mRNA 降解（图 7-5）。

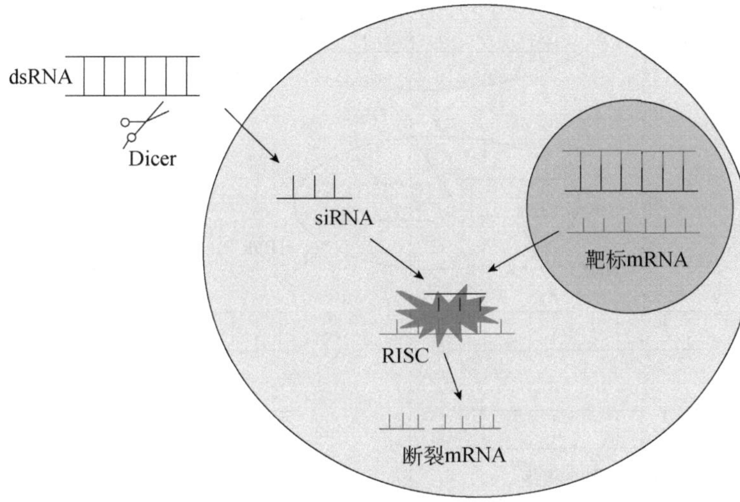


扫码见彩图

图 7-5　RNAi 技术基本机制示意图

RNAi 技术具有不依赖于生殖细胞转化技术的优点，根据昆虫种类和大小不同，可以通过饲喂法、显微注射法、组织培养（浸泡）法、转基因法和病毒介导法来递送 dsRNA 和 siRNA。目前，RNAi 技术已成功应用于害虫杀虫剂抗性分子机制研究中。因 RNAi 技术仅影响基因表达水平的特点，所以 RNAi 技术主要用于研究昆虫的代谢抗性机制，不能用于研究靶基因点突变导致的抗药性。然而，昆虫解毒酶系是一个庞大的基因家族，设计 dsRNA 可能会无意中抑制其他相关基因的表达。因此，观察到的效应和表型可能并非仅由抑制靶标基因引起。另外，每个家族中可能有多种转运蛋白能够解毒相同的化学物质，倘若仅仅沉默 1 个基因可能不会导致昆虫对杀虫剂产生显著的敏感性。因此，虽然 RNAi 技术在昆虫抗药性分子机制研究中起着重要的作用，但仍需要进一步提高和优化。

（3）CRISPR/Cas9 技术在昆虫抗性基因功能研究中的作用　CRISPR/Cas 技术的全称是规律成簇的间隔短回文重复序列及其相关蛋白（clustered regularly interspaced short palindromic repeats/CRISPR associated proteins，CRISPR/Cas）技术。CRISPR/Cas 系统是 1987 年日本学者在大肠杆菌中发现的一系列串联间隔短回文序列，这种回文序列在细菌和古细菌中广泛存在，是一种获得性免疫防御系统。CRISPR/Cas 系统由 CRISPR 基因座、tracrRNA 基因和一系列 Cas 蛋白基因组成。根据 Cas 序列和免疫机制不同，CRISPR/Cas 系统被分为Ⅰ型、Ⅱ型和Ⅲ型。CRISPR/Cas9 技术是建立在 CRISPR/Cas 系统基础上的Ⅱ型系统，由靶位点特异性 CRISPR-derived RNA（crRNA）、反式激活 crRNA（*trans*-activating crRNA，tracrRNA）和 Cas9 核酸内切酶 3 个组件构成，目前已被应用于其他生物体的基因组编辑。

CRISPR/Cas9 技术的原理：在单链向导 RNA（single-guide RNA，sgRNA）的引导下，Cas9 酶能够特异性地识别靶标 DNA 的前间区序列邻近基序（protospacer adjacent motif，PAM）并对邻近 PAM 序列的靶标位进行切割，导致靶标位点产生双链 DNA 断裂（double-strand DNA break，DSB）；然后诱导 DSB 通过非同源末端连接（non-homologous end joining，NHEJ）方式进行修复，也可以诱导 DSB 通过同源重组进行修复（homology directed repair，HDR），从而达到定点改造基因组的目的（图 7-6）。

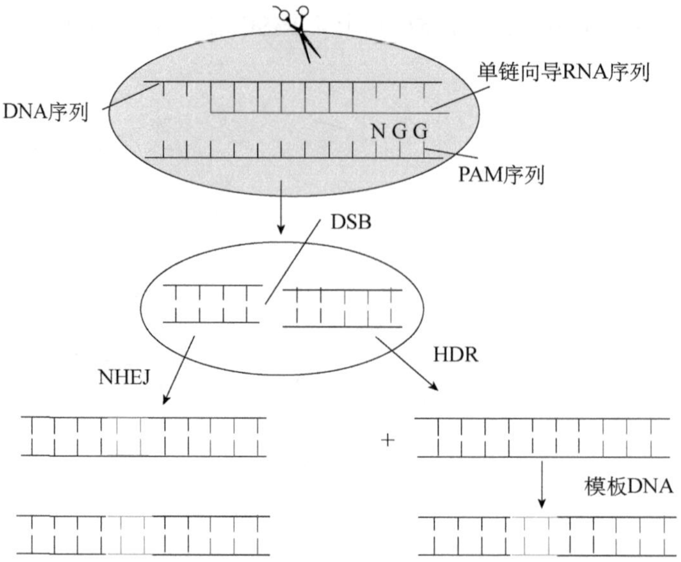


扫码见彩图

图 7-6　CRISPR/Cas9 技术基本机制示意图

昆虫中，CRISPR/Cas9 系统实现目的基因靶向突变的策略主要有 4 种：①将 Cas9 蛋白质粒和 sgRNA 质粒注射到昆虫的早期胚胎中得到相应的突变体；②将 Cas9 和 sgRNA 在体外转录成相应的 mRNA，再注射到昆虫体内编辑目的基因；③在生殖细胞中表达 Cas9 蛋白的转基因系，再注射 sgRNA 使其产生相应的突变体；④产生 Cas9 和 sgRNA 稳定的转基因品系，再互交产生突变后代。目前，CRISPR/Cas9 技术已被广泛应用于验证基因参与昆虫抗药性机制的功能研究中。

## 【思考题】

1. 简述昆虫基因组 DNA 抽提的注意事项。
2. 如何提高昆虫组织总 RNA 抽提的纯度与完整性？
3. 简述 PCR 反应的基本原理与反应体系的组分。
4. 试述基于 PCR 技术的常见分子标记的类型与基本原理。
5. 简述基因克隆的基本步骤与注意事项。
6. 简述植物转基因中常见目的基因转化技术的类型及其优缺点。
7. 试述单克隆抗体制备的基本流程，以及单克隆抗体技术的重要应用领域。
8. 试述昆虫抗药性检测常用技术及其基本原理。
9. 简述昆虫抗药性形成的机理。
10. 昆虫常见的抗药性检测技术有哪些？举例并简述其方法。

（罗　坤，王春平，史彩华）

# 第八章　昆虫标准化饲养方法与技术

**【内容提要】**昆虫的人工饲养给昆虫的生物学、生理生化、分子生物学及资源化利用和害虫防治研究带来很大的方便。本章主要介绍了昆虫饲养的一般程序、常见的人工饲料及饲养评价方法，对标准化饲养的基本要求也予以介绍和示例。

**【学习目标】**了解昆虫的标准化饲养方法和基本技术。

**【基本要求】**掌握昆虫饲养的一般程序，了解昆虫的人工饲料组成和标准化饲养方法。

昆虫是生物界种类及数量最多的类群，有些种类对农林及卫生有害，有些种类又可以被人们广泛利用。部分种类我们已经认识并掌握了一些利用或防治方法，大部分种类我们还不认识，也不知道如何利用或防治。通过饲养昆虫，不仅可以观察大自然中许多不易见到的生物现象，还可更细致地了解昆虫的形态特征、生物学特征和习性行为，以及其对生态环境的反应和要求。近年来，人工饲料的试验成功给昆虫饲养创造了有利条件。在室内或人工控制的环境条件下饲养昆虫，能免除大自然的不利影响，给昆虫利用和治理研究带来很大便利。用人工饲料饲养昆虫是昆虫学研究的基本技术之一，可不受寄主、季节限制繁育一定种类的目的昆虫，直接用于昆虫营养生理研究，或用于昆虫生物学研究、害虫防治研究等。

## 第一节　饲养昆虫的类型

根据不同的分类依据可以对饲养昆虫的类型进行分类。

### 一、按照饲养目的分类

#### （一）了解昆虫个体发育、生活习性及发生规律

目的在于了解昆虫个体的发育变化、生活习性、生活规律和发生世代等，为害虫防治工作提供有利的时机和方法。在这种情况下饲养的虫量不必很多，但须作长期观察，如果要了解各个虫态所经历的时期和幼虫的龄期，必须进行个体饲养。为了使室内饲养尽可能符合大自然条件，除了要求饲养环境条件符合自然情况外，必要时还要进行田间的观察和饲养，以便更准确地反映自然情况。

#### （二）了解昆虫的发生与环境的关系

目的在于了解昆虫对环境条件的反应和要求，以便掌握昆虫的发生、消长和环境因素的关系，为测报和防治提供科学依据。其饲养通常都是在人为控制的环境条件下进行，需要有一套仪器设备测定昆虫对环境条件变化的反应，饲养的虫量不必很多，时间也不很长，但须严格注意环境条件的一致性和差异性。

### （三）培养试验材料或天敌

目的在于短期内培育出大量昆虫，用于药效测定或其他科学研究。供试昆虫除了要求数量多外，还要求具有相同生理发育状况，因此饲养条件必须一致，以便培育出质量相同的个体。天敌的饲养更为复杂，有时必须饲养天敌的寄生害虫，为天敌创造寄生条件。此外，还需要适宜的贮存技术，以便积累足够数量的天敌，选择有利的时机在田间释放。另外，许多昆虫毒理实验室均保留对杀虫剂有抗性或敏感的昆虫亚种群，饲养并保持这些试验材料非常重要。

### （四）鉴定昆虫种类

有时采到某种昆虫的卵、幼虫或蛹，必须养到成虫阶段才能鉴定其种类，因此须对其进行饲养。这类饲养比较简单，时间也不长，是鉴定经常用的一种方法。

## 二、按照饲养虫态分类

### （一）成虫期饲养

不完全变态的许多昆虫种类，成虫与若虫的食性相同、饲养方法也一样；完全变态的各类种类，其成虫与幼虫食性完全不同，因此，在饲养这类昆虫的成虫时，应详细了解食性特点，给以必要的营养补充，使其性成熟，进行交配产卵。昆虫种类不同，对于补充营养的要求也不一样。一般按照补充营养的性质，可分为液体食料、固体食料和半固体食料几类。

1）液体食料：如水、糖液、牛乳、血液与蜂蜜水，浓度一般在1%～10%，不可太浓，液体食料常用于鳞翅目、双翅目和膜翅目的许多种类。最简单的供给液体食料的方法是把液体食料装入容器中供食，或用脱脂棉等浸渍液体食料再放入容器中供食，但这种方法易使食料干燥或被菌类污染。改进的方法是把液体食料倒入小瓶中，再把小瓶倒置于底部铺有吸水纸或脱脂棉的玻璃器皿中，由外露的吸水纸或脱脂棉供昆虫吸食。也有用小瓶盛好并在瓶口装入纱布捻子，使纱布捻吸引液体食料上升供昆虫吸食。对于吸收花蜜的成虫，可用盛水的瓶子插入喜食的花朵供食。对于蝇类，要在盛有饲料液的玻璃皿中再放入几片软木塞，以便蝇类停落取食。

2）固体或半固体食料：各种果干和糖果，只要把表面浸湿润，就能被某些成虫取食，如浸润软化的葡萄干和梅干就是许多种双翅目和膜翅目昆虫的良好食料。一种常用的由碎糖和蜂蜜制成的饲养寄生蜂类的固体饲料制法如下：把蜂蜜加热后，放入碎糖，待糖液溶化冷却，制成硬块，这样的食料在潮湿的大气中能稍微溶化，供寄生蜂取食。另一种半固体食料是用1g马铃薯与100mL水共同加热，然后在100mL溶液中加入20g蔗糖和50mg蜂蜜，这种混合物在凝固前滴于硬纸片上，使其成小滴或条形，适于多种寄生蜂取食。干奶粉和红糖也可作为一些蝇类的饲料，这类饲料使用方便，不易发酵。经验表明，饲养棉盲蝽类，除供给幼嫩棉株外，还需要提供一定数量的蚜虫和糖蜜，才能正常生活；如果不供给蚜虫和糖蜜，棉盲蝽就会大量死亡。至于取食植物叶片的成虫，如蝗虫、叶蝉等，只要供给新鲜、喜好取食的寄主叶片，就能正常生活。

成虫交尾期的饲料：许多昆虫在交尾时需要一定的条件，如蝶类、蝇类、蜻蜓等须经一定时期的飞舞，甚至在飞行中才能进行交尾。对于这类昆虫，如果饲养空间不够大，就不能满足交尾的要求。因此在目前所有的饲养器内，还没有发现蝶类能够飞翔交尾的。另外，有些种类在较小的饲养器内，反而能够增加雌雄相遇的机会，易于交尾产卵，如麦蛾等。在饲养过程中，常常雄虫羽化早，雌虫羽化晚一两天。这种现象最常见于两性交尾的昆虫种类。有时只有雌虫出现，而缺乏雄虫，在这种情况下，可以利用雌虫的性引诱作用，把大自然中的雄性引诱来以便交尾。引诱的方法是把雌性的成熟个体放在一个陷阱式的纱笼中，放在室外的适当场所就能诱到不少的雄性个体。有些种类可在白天引诱，有些种类则需在晚上。

成虫产卵期的饲养：昆虫对产卵场所有比较严格的要求。一般其幼虫取食的食料气味是引其产卵的重要刺激物。因此，在饲养时必须放置可以引起产卵行为的食物。但有些种类除嗅觉刺激外，还要求具有其他刺激条件，如合适的温度、湿度和光照等。有些昆虫对产卵部位的光滑、粗糙、毛茸、折缝等有选择性要求。例如，麦蛾喜把卵产在折叠的纸缝中，玉米螟、梨小食心虫、枯叶蛾和某些椿象，喜欢产在光滑的表面。因此在饲养器中放些蜡纸、玻璃纸、塑料纸等就能使昆虫在上面产卵。黏虫喜欢产在枯草的折缝里，在饲养器中放入稻草、谷草、纱布条和折叠的纸条就能使它产卵。有的昆虫喜欢在湿润的地方产卵，如叶蝉、蝇类，在饲养器内放入吸湿的棉花、纱布、吸水纸等可使它们产卵。对于在土中生活的昆虫，则应放土。例如，蟋蟀可产于任何潮湿的土中，飞蝗则喜产于压紧的沙质土中。总之，要使昆虫能产卵，就必须仔细地观察昆虫在自然中的产卵环境和习性，设计合适的产卵场所，否则就会受到限制。

### （二）卵期饲养

保存卵和观察卵的历期及孵化率时要使昆虫的卵正常孵化，应注意把卵保存在一定的温湿度条件下。特别是在气温高的情况下，保持湿度更为重要。保湿的方法：可在卵上覆盖湿润的纱布，或在饲养器中放浸湿的棉球，也可用塑料杯装卵放在盛水的容器中。卵期是保存昆虫最好的时期，如果暂时不要卵孵化，则可将卵放在合适的低温下加以贮存，一般的贮存温度在0～5℃。

### （三）幼虫期饲养

在饲养前，要事先种植昆虫取食的植物，以备随时采收供食。为了保持食料新鲜，可把剪下的小枝或小苗插入水中，或用湿棉球包扎，如用盆栽植物供食则更方便。初孵幼虫换食料时，可把旧的食料连同虫体一起轻轻倒在一张白纸上，然后用干净毛笔将虫体轻轻扫到新食料上。幼虫群体饲养时，要注意虫口密度，过密会影响体重和发育，容易传染疾病；有互相残杀习性的幼虫，如地老虎、棉铃虫、黏虫、天牛等则需要单头饲养。

### （四）蛹期饲养

根据幼虫的化蛹习性准备好孵化场所。许多蛾类的幼虫喜欢在树皮缝隙或枝杈处化蛹。因此可准备折叠的纸条、皱缩的纸团或成簇的木条等作为它们的化蛹场所。许多喜在土中化蛹的昆虫还应为其化蛹准备适当含水的土。

## 第二节　饲养的一般程序和主要环节

### 一、虫源

从其他实验室引进的虫源，因经过驯化所以容易繁殖，引种时要了解该种类在原实验室的生活条件和发育指标。要避免从已经出现衰退现象或已有感染现象的实验室种群中引种。

#### （一）卵

采集卵块时要注意防止农药污染。粘上农药的卵块有时不能孵化，即使孵化幼虫的存活也会受到影响。从野外或室内收集的卵都带有微生物。卵被寄生和被病原感染后常在室内饲养时才表现出来。要及时拣出被寄生的卵和被病原感染的卵。为避免饲养期间虫体感染和饲料发霉，卵都要消毒。消毒不能影响胚胎发育，必须选择有效的消毒剂、适宜的浓度、合理的处理时间和最宜消毒的发育期。常用的消毒剂有次氯酸钠、过氧化氢、氯化汞、甲醛、乙醇和怀特氏溶液等，前两种消毒剂常使用1%～2%浓度，氯化汞常用0.1%浓度，甲醛常用10%浓度。一般最适宜的卵消毒时间是在孵化前4～24h。消毒后的卵要立即接入饲料中，如饲料防腐能力差，接种要在无菌室或超净台下进行。为获得发育一致的卵，成虫产卵后要及时收集并注明产卵时间，不同时间的卵要分开保存。卵在适宜的温湿度下才能正常发育。在高温季节或干燥环境中培育虫卵一定要保湿，否则会使虫卵干死。多数昆虫的卵在70%左右的相对湿度下能正常发育，通常的办法是在容器中放浸水的棉球。容器加盖时要适当透气，防止湿度过高引起发霉。

#### （二）幼虫

幼虫多采用集体饲养，根据不同种类的取食习性，每容器可饲养数十头、数百头或更多。饲料可一次性供给，也可添加或更换饲料。储藏物害虫饲料含水量低，不易发霉，幼虫有隐蔽取食习性，可一次供给。植食性昆虫的饲料含水量高，易变质，要及时更换。幼虫将蜕皮或正蜕皮时不要换饲料，否则会造成死亡。对有残杀行为和单栖习性的幼虫，通常采用单头饲养。多数情况下低龄幼虫能群聚取食，很少残杀或排斥，因此可以集体饲养到3龄前后再分开单头饲养。较大批量饲养时可以用带网格的塑料容器。集体饲养时弱小的初孵幼虫容易死亡，因此起始样本要大。有时幼虫会被饲料析出的水或容器内壁凝聚水淹死；有时因不适应人工饲料的味道爬到容器口或棉花塞上饿死或干死。为了避免这种情况，不要使用刚配制好的饲料饲养初孵幼虫，接种前要使饲料中多余的水分蒸发，饲养容器也要透气。

#### （三）蛹

在室内用人工饲料饲养时，由于容器和饲料物理性状的限制，昆虫化蛹的方式和场所有以下几种：在饲料表面化蛹、在容器盖上或壁上化蛹、在饲料中化蛹、因条件不适合而不化蛹。前两种情况收蛹容易，在饲料中化的蛹有时较难收集。有些蝇类的饲料松散，大批幼虫化蛹时，可用水漂洗和过筛的方法将蛹和饲料分开。植食性昆虫的饲料含有凝固剂，不易散开，收集时要注意避免机械损伤。通常在化蛹前将老熟幼虫从饲料中移至供化蛹的容器中，容器内放有纸壁或沙土、蛭石等适宜幼虫化蛹的物件，并保持一定湿度。有些种类化蛹需要特殊的场所，例如，三化螟老熟幼虫要装入模拟水稻茎的蜡纸管中，咬出羽化孔后才化蛹。

保持70%～80%的相对湿度对多数昆虫的蛹有利。羽化前应将蛹放入成虫产卵笼中。

### （四）成虫

昆虫羽化一般需85%以上的相对湿度。成虫有取食型和不取食型。常见的不取食型中多数是鳞翅目的一些成虫。这类成虫的寿命一般只有数天，饲养这类成虫要特别注意控制饲养条件并及时备好产卵的场所或底物，否则就得不到足够的卵，甚至会使饲养中断。取食型的成虫性成熟期较长，需补充营养才能更好地繁殖。直翅目、半翅目、脉翅目、双翅目、鞘翅目、膜翅目及鳞翅目中部分种类的昆虫在成虫期取食。取食型成虫羽化时卵巢基本未发育，需要充分取食。所以饲养中要不断供给饲料。菜粉蝶、黏虫、棉铃虫、地老虎等羽化时卵巢尚未完全发育成熟，也需要补充营养，一般供给8%～10%的蔗糖或蜜糖水就能满足发育要求。交配过的成虫只要有适宜的产卵场所都能顺利产卵：对喜欢在平滑表面产卵的成虫，如玉米螟、二化螟等，可提供平铺的纸；对喜欢在隙缝中产卵的成虫，如黏虫、麦蛾等可供给折叠的纸条；蝗虫和蟋蟀等要供给湿润的沙土。

## 二、饲料

食性是昆虫在自然条件下的取食习性，包括食物的种类、性质、来源和获取方式等。由于不同的昆虫种类口器构造各异，所需食物的软硬、粗细、稀稠和性味各不相同：植食性昆虫常以活体植物为食；肉食性昆虫常捕食其他昆虫，或生活在其他昆虫或动物的体表或体内并从中获得营养物质；腐食性昆虫常取食已死亡或腐烂的动物性或植物性物质，包括动物尸体、粪便或腐败植物落叶等；杂食性昆虫则能以各种植物或动物为食。不同的昆虫取食范围也不同：单食性种类常以一种或近缘的少数几种植物或动物为食，如三化螟仅见取食水稻；寡食性种类常取食少数属的植物或嗜好其中少数几种食物，如菜青虫取食十字花科植物；多食性种类能以多种亲缘关系疏远的植物或动物为食，如地老虎类可取食禾本科、豆科、十字花科、锦葵科等多种植物。因此，在饲养某种食用昆虫时，应先了解它们所需要食物的种类和取食方法，以便配制最适宜的饲料、选择最适宜的放置饲料的容器及饲养方法。

选择饲料的途径有三条：①选用天然饲料饲养；②选用人工饲料饲养；③选用天然饲料和人工饲料配合饲养。可根据不同的昆虫种类和要求来选择。

1）选用天然饲料饲养。选用自然界的食物（或寄主）作为饲料饲养昆虫是最原始、最简便的方法。其特点是容易被饲养的昆虫接受，存活率和繁殖系数较高，食性行为不会受到影响。这种方法受季节、空间和土地等因素的限制，一般适宜不完全饲养或季节性饲养，但对那些能在较小植株或叶片上生长发育的种类如蚜虫、小菜蛾、二化螟等可以用室内培育的植物小苗连续饲养。从野外采集寄主植物时要选择适当的生育期和部位，还要注意保鲜。例如，菜粉蝶幼虫喜食青的、尚未包紧的甘蓝叶，饲以包紧的白色菜叶时生长发育就差。秋后，在短日照下生长的植物茎叶中常含有较多的植物次生物，对昆虫的取食和生长常有害。

2）选用人工饲料饲养。选用人工饲料饲养昆虫有很多优点：①不受气候和寄生等因子的限制，能在室内长年和大量饲养；②不受寄生、捕食和污染等因子的干扰；③饲料营养稳定，能获得生理标准划一的试验用虫；④饲料成分能控制变动，可以研究昆虫的取食需要和营养需要，也可以测试植物提取物或化学物对昆虫生长发育的影响等。因此，20世纪70年代以后，国内外实验室普遍采用人工饲料饲养。

3）选用天然饲料和人工饲料配合饲养。当人工饲料饲养达不到满意效果或天然饲料一时供应不足时可用这种方法作为过渡措施。例如，三化螟幼虫有多次转株危害的习性，用稻秧饲养不但消耗大，低龄幼虫死亡率也很高。而用人工饲料饲养时，低龄幼虫存活率虽然很高，但成虫活力低，产卵少。采用人工饲料和盆栽水稻配合饲养就取得良好结果。再如，由人工饲料连续饲养黏虫的化蛹率常低于 50%，有些实验室就在春、夏季采用麦苗、玉米苗等天然饲料饲养，冬季则用人工饲料饲养，用这种方法保持的室内种群活力良好。

## 三、饲养条件

昆虫生活环境中的温度、湿度、光照、土壤等条件对昆虫的生长发育影响较明显，如光照对昆虫的休眠、滞育起着决定性的作用。一般情况下，大多数昆虫在 5～15℃及以上才开始生长发育；在 25～35℃的条件下，生长发育最为适宜；当温度升高到 38～45℃时便进入昏迷状态；超过 48℃，即使很短时间也会大量死亡；气温低于 5℃，则不利于其发育。昆虫生长发育的最适宜湿度应为 75%～85%。

## 四、饲养环境

### （一）昆虫的栖息场所

1）陆生昆虫。在土壤中生活的昆虫大部分是以植物的根茎为食。由于它们长期生活在土壤中，适应了土壤中温差变化缓慢、潮湿阴暗、水分不易蒸发的环境，因而视觉衰退，蜡质保护层变薄，体色变淡。由于土壤中的生活环境比较稳定，多数种类的活动和迁移扩散能力较差。例如，蝼蛄的一生，大部分时间是在土壤中度过的，而且自身能够在土壤深处挖掘隧道，产卵繁殖。蝉的成虫在树上生活，但这段时间只是一生中的瞬间，其若虫在地下生活少则三五年，多则十余年。冬虫夏草的宿主虫草蝙蝠蛾幼虫在高海拔的草原土壤中构筑隧道生活，冬季随冻土层的加深而不断向深处转移，直至化蛹阶段仍离不开土。在地表活动的很多昆虫有翅但不善飞翔，或只能爬行及跳跃。有的种类虽然成虫期有飞翔能力，但它们的大部分发育阶段是在地表面或浅土层中生活。多种蟋蟀的成虫，虽有翅但不会高飞。有些昆虫成虫期具有发达的翅和完整的取食器官，成虫阶段的活动主要是寻找食物、迁移扩散、求偶和选择繁殖后代的产卵场所。例如，蜜蜂采集花粉酿造为蜜，合成蜂蜡和蜂王浆等，大多是在日间进行，而且是在地表以上的蜂巢中完成。胡蜂在建筑物及树木枝条上筑巢，产卵繁殖，大部分时间也是在空中度过的。

2）水生昆虫。水生昆虫包括成虫期和幼期均水生及仅幼期水生两类。幼期的水生昆虫是底栖动物的主要饵料，如摇蚊科幼虫。也有一些昆虫的成虫和幼虫可为害鱼类，如龙虱。

3）吸血或寄生性昆虫。以双翅目中的虻科种类较多，它们的主要特点是雌性成虫以蜇刺及吸收式口器吸食大型温血动物的新鲜血液，才能使生殖器官发育成熟，然后交配、产卵于池塘岸边的植物叶片上，幼虫孵化潜入潮湿的土壤中生活，以土壤中的小动物及腐殖质为食，并化蛹。

### （二）饲养器具

每种昆虫都需要一定的生活空间，即生活范围（指天空、地下、水中、山区、平原等大环境）。大部分有翅昆虫发育到成虫阶段时必须在一定空间内进行飞翔、追逐，才能促使其性器官发育成熟，然后选择配偶，经过交配产下后代。无翅种类或发育前期的有翅种类均需要一定的空间才能进行取食、排泄，完成蜕皮、增龄及多种身体内部的生理变化。有了空间才能躲避天敌的侵袭，特别是捕食性或吸血性昆虫，没有空间就失去了它们的捕食本能。室内人工饲养时，空间小易限制昆虫的活动，从而影响昆虫的生长、发育、交配和繁殖等。

饲养昆虫的器具，可根据昆虫的种类、生活特点和节约的原则自行设计制作。常见的有瓶、盆、盒、罐、缸、皿、橱等。①培养皿，适于饲养幼虫，便于观察。一般放入新鲜食物就能保持皿内一定湿度。如在卵期，可在皿内放吸水棉球保湿。②指形管，适于饲养单体小型昆虫，便于检查观察。只要投入新食物，放进昆虫，并用纱布扎口，放在管架上，每天更新食物，就能观察昆虫的生活情况。③养虫缸与养虫盒，一般用于大量繁殖饲养。只要把虫放入缸内，投入新鲜食物，缸口用纱布或铜纱盖好，及时更新食物，就能顺利进行。④养虫纱罩，适于饲养喜欢干燥通风环境的昆虫，也能直接罩在田间植株上进行田间饲养。⑤饲养笼或饲养箱，具备调节温度、湿度、光照、通风等条件，可使所饲养的昆虫和植物基本正常生活，可用来饲养、观察各种植食性、肉食性昆虫和其他小型无脊椎动物。

地下昆虫饲养时需在饲养器中装入土壤、种植所需的植物，然后将地下昆虫放入土壤中的植物根系附近。可通过玻璃观察土中昆虫的取食，不观察时可用黑纸将玻璃遮盖。如饲养食叶害虫，可在经过消毒的培养皿内放入饲料，并放置少量湿润棉球，以保持一定湿度，然后放入要饲养的成虫或幼虫，覆盖纱布并用橡皮筋捆扎。有的树种如杨树，则可将带叶枝条插在盛有清水的广口瓶或其他玻璃瓶中，瓶口用棉花塞住或用纱网围住，将害虫放在枝叶上搁置于养虫笼内饲养。需要观察个体时，还可在试管中进行饲养。如果饲养蛹，可将蛹直接放在经过消毒的培养皿内（在土内化蛹的，培养皿内也要放些湿润的细土，将蛹掩入一定深度的土中）。如果饲养卵，可将卵搁置在该虫卵的寄生叶片上，放入经过消毒的培养皿内。不管是养蛹或养卵，培养皿内均需放入湿润棉球，以保持一定湿度，覆盖纱布并捆紧。钻蛀性的种子及果实害虫，可将带卵或幼虫的种子或果实，放在经过消毒并放有湿润棉球保湿的培养皿内进行饲养。随着幼虫蛀入为害，龄期增长和食量增大，如种子或果实已被蛀食中空不能满足幼虫食料需要时，可更换一次饲料。更换饲料时，将果实小心打开，用毛笔拨出幼虫，接入另外备好的新鲜种子或果实即可。对钻蛀性的蛀干害虫，室内、室外可采取同样的饲养方法。先截取直径1.5～10cm，高1.5～2尺（1尺≈33.33cm）的枝干，去掉上部枝叶，栽在盆内或庭院内湿润的地点，然后在近基5～6寸（1寸≈3.33cm）处树皮上刻一伤口，将当天采到的新鲜卵接种其中，外罩纱笼即可，或在枝干上直接套笼饲养。对为害枝梢的害虫，则可将带虫的枝条两端包扎放在养虫笼内饲养，或直接在枝梢被害处套笼饲养。

## 五、饲养规模

### （一）单虫单管饲养

该饲养方法在饲养期中昆虫不会发生病原的交叉感染，还可以对昆虫进行定量染菌，且经乙醇浸泡消毒，可进行昆虫体内外带菌调查。采用试管进行饲养，用纱布、纱网、滤纸、小棉球、带孔铝盖等封口，用牛皮纸包扎灭菌后使用。可以根据昆虫的存活情况和试验需要每1～2d更换1次试管，盖内棉球和方盘中的纱布需每日滴加灭菌水。

### （二）大规模饲养

昆虫的资源化利用，如开发利用活性物质蛋白质、肽、几丁质、低聚糖、信息素等常需大规模饲养昆虫。利用昆虫生产天敌微生物，特别是大量生产病毒的时候，首先应大量生产未感染病毒的健康昆虫，其次是生产病毒感染昆虫。另外，天敌（特别是捕食性天敌）的繁殖尚未摆脱实验室阶段，要大量获得必须扩大繁殖进行大规模饲养。

# 第三节　昆虫的人工饲料

## 一、人工饲料的组成

人工饲料一般由营养物、成形物、助食物和防腐剂四类物质组成。

### （一）营养物

饲料中的营养物有的来自动、植物体的粗制品，如肝粉、种子粉等；有的是动、植物产品的精制物，如干酪素（酪蛋白）、植物油等；也有纯化学物质，如各种维生素和无机盐等。饲料中的营养物要包括昆虫生长发育所需要的各种营养成分。昆虫的营养需求在质的方面与高等动物基本相同，都需要氨基酸、糖类（碳水化合物）、脂肪、维生素和无机盐等。

**1. 碳水化合物**　碳水化合物又称糖类。根据虫体中降解大分子物质的消化酶的类型，糖类可以多种形式存在，从多糖、寡糖到单糖。多糖有糊精、淀粉、糖原等。这些多糖在人工饲料中以提纯或半提纯的植物提取液形式出现，如大米浆、玉米或马铃薯淀粉等。寡糖包括蔗糖、乳糖、麦芽糖等，蔗糖是植食性昆虫人工饲料中效果最好的取食刺激剂。研究发现，在一些嗜糖昆虫的饲料中，即使饲料的热量水平已达要求，仍需再加入一些糖，才能保证这些昆虫正常取食。显然，这种饲料中的糖起到了取食刺激物的功能。添加麦麸、琼脂、纤维素等无营养碳水化合物可将人工饲料中的营养元素稀释到所需要的浓度，还可调节饲料的物理性状，如质地、聚合度和形状等。因为碳水化合物是虫体的主要供能物质，所以它的缺乏症主要表现为虫体乏力、缺少活力和运动性，最终导致产卵力下降和成虫寿命缩短。

**2. 脂肪酸**　脂肪酸是昆虫体内的主要能源物质，也是昆虫虫体结构的组分。人工饲料里脂肪酸的来源主要是植物油，如玉米油、棉籽油、橄榄油、花生油、亚麻籽油、油菜籽油、红花油、葵花籽油等。植物油来源广泛，成本较低，而且含有昆虫营养必需的部分维生素和固醇，是一种经济、有效的脂肪酸源。鳞翅目蛾类昆虫羽化时如果缺乏亚油酸、亚麻酸，则羽化出的成虫畸形或翅表面无鳞片。大多数昆虫缺乏合成亚油酸和亚麻酸的能力，因此必须从食物中获得，人工饲料中常添加螺旋藻粉。

**3. 固醇和甾醇**　固醇是昆虫生长、发育、生殖所必需的营养成分，除少数昆虫可以由其共生物提供外，一般昆虫体内不能合成，需从饲料中获得。在人工饲料中，常利用胆固醇来满足昆虫对脂类的需要。但某些昆虫对一些植物性、动物性固醇同样可以很好利用。对植食性昆虫的研究表明，在人工饲料中可以用胆固醇替代植物性固醇，但昆虫在混有植物性固醇的饲料上发育更好，似乎植物性固醇比胆固醇更适合于植食性昆虫。昆虫的幼虫期（或若虫期）对固醇的需求量较大，因此固醇缺乏症多出现在幼虫期，但成虫期仍然需要适量的固醇以繁殖出正常的子代。多数昆虫不能自身合成甾醇物质，必须从外源获取甾醇。各种植物甾醇是甾醇的重要来源。

**4. 蛋白质和氨基酸**　构成虫体结构的主要物质和所有调节活细胞生化反应的酶都属于蛋白质。除少数种类外，昆虫需要通过酶的作用将大分子的蛋白质降解为可直接被肠壁吸收的小分子氨基酸。蛋白质中的氨基酸有 20 多种。根据昆虫对氨基酸的利用情况分为非必需氨基酸和必需氨基酸。非必需氨基酸是指昆虫利用某些物质可以自身合成或转化的氨基酸类；而必需氨基酸则是那些昆虫不能自身合成，只能从食物中获取的必需氨基酸。昆虫的必需氨基酸有 10 种，即精氨酸、组氨酸、赖氨酸、亮氨酸、异亮氨酸、甲硫氨酸、苏氨酸、苯丙氨酸、缬氨酸和色氨酸。氨基酸来源于蛋白质，在人工饲料中常用的蛋白质来源有小麦胚、酪蛋白、酵母、大豆及大豆制品和藻类。

大多数人工饲料以酪蛋白作为氨基酸或蛋白质源，约占蛋白质总量的 80%，它还可以制成一种不含脂肪和维生素的纯蛋白质源。李广宏等（1998）报道，在基础饲料中添加适当干酪素后，甜菜夜蛾产卵数量明显增加，幼虫期缩短，幼虫、蛹、成虫的存活率提高，畸形蛹无或少。但干酪素添加过多时，甜菜夜蛾蛹重和成虫产卵量反而降低，成虫寿命缩短。李腾武等（2001）报道，药剂降微灵和酪蛋白对提高甜菜夜蛾幼虫成活率、降低蛹畸形率起着十分重要的作用。

**5. 矿质营养** 矿质营养是指生物体中除了以有机物形式存在的碳、氮、氧、氢以外的无机营养元素的总称。矿质营养素可分为：①大量元素，昆虫营养生理不可缺少而需要量又相对较多的元素，如钙、镁、钾、钠、硫、氯等；②微量元素，昆虫营养生理所必需但需要量很少的元素，如铁、碘、铜、锌、锰、钴等。矿质营养是昆虫虫体组织的主要组分，并能起调节和维持昆虫生理活动的功能。人工饲料中的微量元素可用乙二胺四乙酸或其他螯合剂处理，使其易溶于人工饲料中，但由于碱性条件会使螯合的金属沉淀出来。因此，实际操作中用氯化盐比用螯合金属盐更稳定有效。维持矿质营养的平衡是虫体进行正常生理活动的关键，如蟋蟀严重缺钠时有痉挛、腹泻等症状。

**6. 维生素** 维生素分为脂溶性和水溶性两大类：脂溶性维生素包括维生素 A、D、E（生育酚）和 K；水溶性维生素包括 B 族维生素、维生素 C（抗坏血酸）、维生素 P（柠檬素）、肌醇和胆碱等。维生素的缺乏会影响很多代谢过程，使昆虫的生长发育受阻，组织和细胞发生病变。昆虫对维生素的需求量很少，但不能自身合成，除少数昆虫由其共生物供给外，多数昆虫需要从食物中摄取，而且多数昆虫需要水溶性维生素，它们多是昆虫体内辅酶的组分，参与代谢过程，对昆虫的生长发育有重大影响。

胆碱是昆虫人工饲料中常见的添加剂，主要用在全纯饲料中，实用饲料由于混有天然营养物质（内含丰富的胆碱）而极少使用。昆虫不能合成类胡萝卜素，只能从食物中摄取或由共生物提供。维生素 A 对昆虫的视觉、行为（与视觉有关）和生存能力有直接影响。昆虫需要的 B 族维生素有 7 种，包括维生素 B1、核黄素、烟酰胺、吡哆醇、叶酸和生物素等。多数昆虫特别是大部分植食性昆虫需要维生素 C。维生素 C 在人工饲料中降解很快，高压消毒就可以破坏它，而且在室温下不同饲料有不同的降解速率。缺乏维生素 C，会阻碍昆虫的生长发育，严重缺乏导致畸形（不能正常蜕皮），甚至死亡。缺乏维生素 K 对某些植食性昆虫的生长发育有较大影响。

**7. 水** 水是昆虫体的组成成分和生命活动的重要物质与媒介。不同种类昆虫或同种昆虫的不同发育阶段，对水的要求不同，主要表现为影响昆虫的成活率、生殖力（孵化、蜕皮、化蛹、羽化等）和发育速度等。有些昆虫，如小地老虎等对湿度要求较高，湿度越大，产卵越多，卵孵化率明显增高，幼虫成活率高。

### （二）成形物

成形物可保持饲料的形状和调节饲料的物理性状。例如，琼脂、藻原酸钠和果胶常用于凝结含水量高的饲料；纤维素等常用作填充剂；帕拉膜和乳胶薄膜等常用于包裹液体饲料。

**1. 饲料胶凝剂** 饲料的物理性状对饲养对象主要有两个影响：一是影响昆虫的取食；二是影响昆虫的产卵。为了使人工饲料的物理性状达到饲养对象的要求，常需要调节人工饲料的湿度和硬度，目前国际上使用最普遍的是琼脂，它是从石花菜属的多种藻类和其他藻类中提炼出的一种多糖、半乳糖的硫酸酯复合物。琼脂通常与一些金属离子结合，如钠离子、钾离子、钙离子和镁离子。这些离子与琼脂分子中硫酸基的结合是胶凝的前提；琼脂、多糖与水能结合成营养惰性物质，使饲料变硬，琼脂浓度在1.5%以上时，饲料就形成坚固的凝胶。琼脂的溶解温度为85℃。琼脂是昆虫人工饲料中比较昂贵的配料，因此促使了琼脂代用品的发展，角叉菜即是其中之一。角叉菜胶是一种从海藻中提取的廉价胶凝剂，用冷水提取角叉菜得到的是黏稠的溶液，用热水提取角叉菜则得到胶凝剂。还有一种是褐藻酸，这是一种从各种海藻中提取出的甘露糖醛酸、古洛糖醛酸聚合物，使用时配制成各种褐藻酸盐（如钠、钙、钾褐藻酸酪）。与琼脂和角叉菜不同，褐藻酸在室温条件下不需加热就可与钙盐进行可控反应，形成胶凝剂。

**2. 饲料填充剂**　调节人工饲料的物理性状除了使用饲料胶凝剂以外，还会用到饲料填充剂。许多饲料需要用饲料填充剂如锯末或甘蔗渣来稀释饲料中营养物质的浓度。

### （三）助食物

助食物主要在植食性昆虫的饲料中使用。它们的作用是刺激和促进昆虫取食。助食物有的是寄主植物的粗提物，有的是经过分离提纯的化合物，如从桑叶中分离的桑色素、从水稻中分离的稻酮、从十字花科植物中分离的芥子苷等。一般来说，这些助食物都有一定的专一性。营养物中，有些糖、氨基酸和类脂也可以作为助食物使用。

虽然饲料的营养水平、质地及水分含量均满足饲养对象的需要，昆虫仍然需要物理或化学的取食刺激物来诱导取食。取食刺激物虽然不是人工饲料中昆虫可以取食的组分，但它对提高饲养对象的生存能力，达到规模饲养的目的有着与其他营养元素同样重要的影响，主要包括以下两类物质。

**1. 化学刺激物**　化学刺激物是一些影响昆虫行为的物质，如引诱剂、制动剂、咬食诱导物和吞食刺激物等。这些刺激物中既有广泛存在的营养物质，又有存在于各种植物中的特征次生化学物质。在某些情况下，一种昆虫可能同时对一类或数类化学物质中的几种化合物敏感。取食刺激物的复合使用比单独使用效果更明显，复合物中某些刺激物单独使用时无效，可能这些物质是其他刺激物的增效剂。此外，一种刺激物可因浓度的变化而对取食对象产生取食或拒食的影响。大致可分为下列三类：①兼具营养功能的取食刺激物质。例如，糖类中蔗糖、β-谷固醇对家蚕的刺激取食，油酸与亚油酸的混合物对牧场金针虫的刺激取食，磷脂对蝗虫的刺激取食，麦胚油及豆油能促进螟虫及家蚕的取食活动等。②天然取食刺激物质。这类物质虽无明显的营养价值，有的甚至有毒，但有刺激取食的作用。这类物质主要作为昆虫取食的“信号”。例如，黑芥子硫苷酸钾及其分解物烯丙异硫氢酸对大菜粉蝶幼虫、甘蓝种蝇、甘蓝蚜有吸引力。芥子油糖对小菜蛾幼虫和其他鳞翅目昆虫及几种蚜虫也有刺激取食的功能。③工业生产的有机化合物。例如，鸟嘌呤单磷酸酯对家蝇，萜烯对一种甲虫 *Leperesinus fraxini* 均有刺激取食作用，没食子酸等多元酚酸有促进蚕摄食和生长发育的作用，焦性没食子酸、柠檬酸也同样具有刺激取食的显著效果。

**2. 物理刺激物**　饲养对象对饲料物理性状的要求也是昆虫取食的刺激因素。寄主植物可以整株植物、部分组织或以抽提物的形式添入饲料，可鲜食也可研磨至粉末状。

### （四）防腐剂

防腐剂主要在含水量高的饲料中使用，这类饲料如不含防腐剂，很快就会变质。常用的防腐剂有对羟基苯甲酸甲酯、山梨酸及其钾盐、苯甲酸及其钠盐、丙酸及其钠盐、甲醛、脱氢乙酸，以及金霉素、土霉素、卡那霉素等抗生素。

## 二、人工饲料的分类

昆虫人工饲料分为全纯饲料、半纯饲料和实用饲料三大类。

**1. 全纯饲料**　全纯饲料分为化学规定饲料和规定饲料：由已知化学结构的纯物质组成的饲料，称为化学规定饲料；由大多数纯化学物质加上一种或数种未知结构，但已知纯度的精制产品组成的饲料，称为规定饲料。全纯饲料成本很高，饲养效果也难达到自然水平。

**2. 半纯饲料**　半纯饲料的成分多数是纯化学物质或者是经过提纯的物质，但是还含有一种或多种来源于动物、植物或微生物的尚未纯化的物质（如动物肝脏、叶粉、酵母及它们的粗提物等）。半纯饲料的性状便于控制，能较好地满足昆虫取食和生长需要，常应用于实验室中；同时，半纯饲料也是人工饲料研制的主要方向，大多数人工饲料的深入研究都基于半人工饲料。

吕飞等（2007）总结了前人对昆虫半纯饲料的研究进展。卢文华等（1986）利用正交试验设计，考察了半合成人工饲料中木薯叶粉与黄豆粉的比例、干酵母含量、抗坏血酸含量、蔗糖含量、含水量和琼脂量 6 个因素的 5 个各自不同水平的组合对斜纹夜蛾（*Spodoptera litura*）幼虫发育速率、存活率和雌蛹重量的影响，筛选出一个简易、经济、能够大量饲养斜纹夜蛾的配方。林进添等（1996）用 8 个因素 4 个水平正交试验设计配方，筛选出一个简易、经济、实用、能大量饲养甘蔗条螟 （*Chilo sacchariphagus*）的半纯人工饲料配方。莫美华等（1999）也在前人的基础上对小菜蛾（*Plutella xylostella*）的半人工饲料配方进行了改进，提高了小菜蛾的化蛹率。宋彦英等（1999）在周大荣等新 7 号有琼脂半人工饲料的基础上，以一种代号为 JSMD 的物质完全取代琼脂，成功获得无琼脂玉米螟（*Ostrinia furnacalis*）半人工饲料，简化了步骤，降低了成本，提高了产卵量及蛹重。黄文华和杨兆芬（2001）比较了饲以半人工饲料和天然饲料的两组细纹豆芫菁（*Epicauta waterhousei*）成虫在体重、生殖腺发育和芫菁素含量上的差异，确定了半人工饲料在人工饲育细纹豆芫菁中的应用。蒋素蓉和付凤玲（2004）比较了改良的家蚕人工饲料与其他几种半人工饲料饲养黏虫（*Mythimna separata*）的效果，结果显示改良家蚕人工饲料的饲养效果与进口 F9219B 饲料相当，并且成本较低，可以作为黏虫的半人工饲料。

**3. 实用饲料**　实用饲料主要由未经提纯的天然营养物质组成，能够提供昆虫所需的全部或大部分营养，但是也含有一些昆虫不能利用的或者对昆虫取食和生长有害的物质。实用饲料成本低，操作简单，适用于大量饲养，但大多数植食性昆虫，如鳞翅目昆虫，尚不能用这类饲料大量饲养。

## 三、饲料的消毒

饲养环境和饲料中常有很多微生物，人工饲料中最常见的是细菌、酵母，以及属于青霉属、根霉属和曲霉属的一些霉菌。饲料中丰富的营养及饲养中适宜的温湿度（尤其是高湿）为微生物的增殖提供了良好的条件，未经防腐处理或防腐不佳的饲料，很快就会变质，从而危及昆虫使饲养失败。因此，含水量较高的饲料一定要加防腐剂或进行防腐处理（高压灭菌或过滤消毒）。饲料中的防腐剂达到一定浓度时会对昆虫产生毒性。不同防腐剂的防腐效果及对昆虫的毒性也不同。饲料防腐的原则是不能伤害昆虫。

### （一）物理消毒法

物理消毒法主要指加热法，加热法对附着在非热变性物质（遇热后不会因高温而改变自身性状的物质）上的微生物有效，通过加热使酶失去活性从而达到消毒的目的。此法又可分为煮沸法、高压灭菌法和辐射灭菌法。煮沸法可以很快杀死微生物，但有些微生物在沸水中仍可存活，这就需要在120～125℃的温度用高压灭菌法来消毒。X射线、Y射线、紫外光等也可杀灭微生物。

### （二）化学消毒法

化学消毒法有以下几种。①针对饲料中某些易氧化物质加入抗氧化剂，如维生素C。②加防腐剂。常用的防腐剂有金霉素、卡那霉素、链霉素。其他防腐剂有山梨酸、苯甲酸、苯甲酸钠、尼泊金、对羟基苯甲酸乙酯、对羟基苯甲酸丁酯、甲醛、乙醇、亮霉素、新霉素、羟基甲酸甲酯、丙酸钠等。防腐剂的副作用是当防腐剂的使用浓度达到对微生物有效抑制浓度时会对昆虫的生长、发育产生阻碍作用。③调节饲料的酸碱度，使之不适于微生物的生长。此法对液体饲料作用尤其明显。人工饲料的酸碱度通常为中性，但也有少数例外（与脂类营养有关的饲料为略偏碱性）。

## 四、饲料配制中应注意的问题

### （一）营养问题

适宜的营养组成有两层含义：第一，要包含昆虫生长发育所需的所有营养成分；第二，各营养成分不但要有足够的量，而且要有适当的比例（适当量的比例称为营养平衡）。前者是满足昆虫营养在质方面的需要，后者是满足昆虫营养在量方面的需要。可见，单纯在饲料中普遍增加各种营养成分的含量，并不能获得良好的结果。例如，在已知的昆虫人工饲料中，麦胚是应用最普遍的主要成分之一。小麦含有昆虫正常生长发育所必需的蛋白质和18种常见氨基酸。但麦胚中各种氨基酸并不平衡，特别是昆虫所必需的赖氨酸、色氨酸、甲硫氨酸及脂的含量均偏低。大豆粉能够提供主要的氨基酸。常用的大豆制品有大豆蛋白、大豆粉、脱脂豆粉等。它的主要缺点是不能充分溶解于水，需加碱使其溶解。另外，大豆蛋白的氨基酸含量变化很大，而且不纯。但作为提供基本氨基酸的材料，其对植食性昆虫的生长发育是很有利的。大豆制品常与其他天然蛋白质原混用，能有效地维持食物中的氨基酸平衡（方杰等，2003）。吕飞等（2007）认为，饲料中蛋白质含量的高低对不同昆虫饲养效果是不同的。李广宏等（1998）在甜菜夜蛾的人工饲料研究中发现，饲料中蛋白质含量过高，会增加甜菜夜蛾的代谢负担，但甜菜夜蛾正常发育与繁殖要求的蛋白质含量远比碳水化合物高。胡增娟等（2002）以线性规划法为主要手段，以豆粕粉为主要蛋白质原，测定了饲料中粗蛋白含量与家蚕消化吸收、饲料效率、肠液蛋白酶活性、茧质、蚕体生长及丝腺生长等生理性状的关系，结果发现随着饲料中蛋白质含量的增加，蚕的饲料效率提高，但超过一定限度时蚕的摄食性和消化吸收功能被抑制，生长发育不良。曹玲等（2007）研究了不同蛋白质含量饲料对甜菜夜蛾幼虫能源物质的影响，结果表明食料蛋白质含量的增高对甜菜夜蛾的能源物质增加有促进作用。有些昆虫发育过程中需要大量的胆碱，以促进幼虫的发育或提高成虫的生殖力。肌醇对少数昆虫，如蟋蟀有促进生长发育的作用，缺乏肌醇时昆虫或是生殖力下降或是不能正常发育。维生素E的缺乏对某些昆虫，如蟋蟀的生殖也会产生显著影响（使雄蟋蟀的精子停止形成）。

### （二）物理性状问题

对很多种类的初孵幼虫来说，人工饲料既是陌生的食物，又是它们栖息的场所，饲料物理性状的好坏对它们的取食和存活影响很大。饲料的物理性状由形状、硬度、含水量和均匀度等因素组成。人工饲料的形状很难完全模仿昆虫的天然寄主，但要尽可能地使其形体和表面结构适应昆虫的口器和取食习性。例如，仓储害虫一般以含水量较低的粉状和粒状饲料为宜，麦蛾的粉状饲料还需用机械装入胶囊中，并压成有四痕的小丸才能获得最好的取食效果。具咀嚼式口器的植食性昆虫需要含水量很高的固体饲料，这类饲料多半使用琼脂作凝固剂，再辅以纤维素或植物的茎、叶粉来调节饲料的硬度和质地，饲料冷却之后，可以切割和加工成所需的形状。琼脂在饲料中含量约以3%为宜，如饲料中含有较多的植物材料或其他利于保持水分的物质，其含量可以降至1.5%～2.0%。琼脂价格较贵，在减少用量或用其他物质代替时，要注意饲料的保水性。饲料析出过多的水分不仅影响饲料的营养效应，而且会造成幼虫的死亡。纯纤维素的价格也较贵，可以用植物叶粉或药用辅料纤维素代替。

一般初孵幼虫较弱小的昆虫，其饲料成分的颗粒以细为宜。初孵幼虫活力较强的昆虫，其饲料成分的颗粒可以稍粗。玉米螟之类具趋触性的幼虫，粗糙的饲料反而可能促进其取食。

### （三）抗食问题

昆虫的取食从试到连续取食，除本身的需要外，还受食物的物理和化学特性的支配。在化学因素中，作用于昆虫味觉的助食因子和抗食因子对昆虫的取食行为影响最明显。在食物中，凡能刺激和促进昆虫取食的化学物统称助食物。饲料中的助食物主要有两大类：一类是营养物；另一类是不具营养的植物次生代谢物或其他有机物。除添加已知效果的助食物外，还可在饲料中加少量的新鲜寄主材料，或者加寄主材料的有效提取物。

抗食素的不良影响常比助食物更大。因此，在饲料的研制中要尽可能地消除这种因素。抗食素又称阻食素，也有人称为拒食素。它们在饲料中达到一定浓度时能阻止昆虫取食或使取食中断。饲料中的抗食素主要来自粗制的植物材料。此外，防腐剂和化学污染也能阻碍昆虫的取食。半纯或实用饲料中的粗制营养物（如种子粉）和植物茎、叶干粉中常含有具抗食作用的植物次生物（如各种生物碱、多酚类等），这些粗制物在饲料中的含量越高，体现的抗食作用可能也越大，这也是实用饲料不能普遍应用的原因之一。在使用这些粗制物之前，采用短时间的高压消毒或高温（100℃左右）烘烤进行处理，可破坏其中的一些有害物。

# 第四节 饲养评价

## 一、饲养效果评价常用指标

1）存活率有两种表达法：一是计算幼虫存活率，即自初孵化到化蛹前（或饲养试验终止）的存活率；二是计算从卵到成虫的存活率，即成虫的获得率。前者主要在一般饲养评价中使用，指标达85%以上为佳；后者常在评价较大批量饲养或大规模饲养时使用，指标达75%以上为佳。

2）生长发育的考察指标很多，如化蛹率、平均蛹重、羽化率、平均产卵量和孵化率等。饲养目的不同，考察的项目和指标也不同。试养新的虫种或进行配方筛选时，主要考察幼虫存活率、化蛹率、产卵量和孵化率。如这些项目的指标达到自然界正常生长状态的70%时，可认为饲养是基本成功的。

3）评价饲料营养成分的作用或不同温湿度对昆虫生长发育的影响时，除上述指标外，还要考察昆虫的生长速率、发育速率、成虫寿命和生活周期等。大量饲养捕食性、寄生性或用于不育防治的昆虫时，对“活力”的要求往往放在首位。如果饲养的昆虫在野外无良好的适应性、攻击力和竞争能力则认为是失败的。用于生物测定的昆虫，除了要求很高的存活率之外，还着重关注发育进度的一致和对药物反应的一致性，对饲养中产生的一些变异（如幼虫龄数的增加和食性的变化等）往往忽略不计；而用于生态研究和分类研究的昆虫，则要求其生活史和习性方面的反应与自然界的种类相同等。

### 二、常见的异常情况

1）初孵幼虫很活跃，饲料也不过湿，但饲养数天就出现大量死亡。可能是由饲料中的抗食因子或其他有毒物所致。由于拒食而死亡的小幼虫多爬到饲料高处，死在管塞或容器盖口处；中毒的幼虫有时可见到痉挛现象。

2）初孵幼虫活动能力差，取食也不踊跃，在饲养第二天就出现较多死亡。可能是消毒剂或农药污染虫卵，也可能是母体营养不良的结果。

3）幼虫在发育过程中陆续死亡，或老熟后不化蛹或化蛹率低于50%。多是饲料营养组成不佳造成的。症状表现为淹死在析出水分中的幼虫虫体膨胀；取食失水过多的饲料时，幼虫体色加深，虫体逐渐萎缩。化蛹场所或化蛹条件不良也会影响化蛹率。

4）成虫展翅畸形。湿度不宜常是造成这种现象的主要原因，湿度适宜时则主要是营养缺乏症所导致。通常，在饲料中增补麦胚油或亚麻油等不饱和脂肪酸可以缓解。

5）产卵量低和孵化率低。多由饲料营养组成不合适引起，种群衰退也是原因之一。在种群呈封闭的状态下，近亲繁殖的机会增加，导致种群衰退。为了缓解这种现象的产生，饲养中要避免使用同一容器或同一批成虫产的卵来繁殖后代。每隔一定时间从野外或不同实验室引进虫源进行杂交也是一种有效措施。

## 第五节　标准化饲养方法

### 一、昆虫标准化饲养的基本要求

1）良种化。因地制宜，选用高产优质高效的良种，品种来源清楚、检疫合格。

2）设施化。养殖场选址布局科学合理，养虫室、饲养器具和环境控制设备等生产设施设备满足标准化生产需要。

3）规范化。制定并实施科学规范的饲养管理规程，配备与饲养规模相适应的技术人员，严格遵守繁育及管理相关规定，生产过程实行信息化动态管理。

4）制度化。养殖及管理制度健全。

5）无害化。对剩余物实行无害化处理。设施齐全且运转正常，达到相关排放标准。

### 二、已有的昆虫饲养标准

#### （一）家蝇饲养标准

参照我国农业行业标准NY/T 1964.1—2010中的养殖方法饲养家蝇（*Musca domestica*）。

**1. 成虫的养殖**　采用笼养法。取蛹500～600只置于培养皿内，放入饲养笼中。成虫羽化时，饲养笼内应放入内置10～20g红糖或白糖的培养皿，50mL或100mL烧杯各1个，盛水至 4/5 高度，内置相应大小海绵或软木片。每天更换清水，并清洁烧杯、海绵或软木片，补充或更换食饵。成蝇羽化第 2 天末，饲养笼内再放入 1 个培养皿，内置奶粉 10～20g，并每天补充或更换。

**2. 卵的收集**　成虫羽化第 5～7 天，饲养笼内放入接卵烧杯，内置其容量 80%的幼虫培养基质，或 5%奶粉、酵母溶液浸湿的有皱褶的滤纸团，每次放置 5～7h，检查产卵情况。根据需求可连续收集卵多天。产卵盛期，接卵时间可延长至 12h。

**3. 幼虫的养殖**　幼虫的培养基质配方为麦麸：奶粉：水为 100g：5g：180mL，或者麦麸：小米糠：奶粉：酵母粉：水为 150g：50g：10g：2g：450mL。雷朝亮（1999）指出也可以使用单纯基质，如麦麸、豆渣、酱渣、酒渣、畜禽粪等。

饲养幼虫时，1 个广口瓶（500mL）内放置幼虫培养基质 160g±10g，接种卵 400～500 粒，并用 60～100 目纱网覆盖瓶口，橡皮筋扎紧。将该养殖瓶置于饲养室，每天观察幼虫的生长情况。培养基质应根据麦麸含面粉量和粗细度不同，适度调整吸水量和饲养幼虫的量。幼虫生长至 3 龄中期时，培养基质变为均匀浅褐色表示幼虫密度适宜，深褐色表示幼虫密度过高。幼虫密度过高时，可将饲养容器内含幼虫的培养基质与适量新鲜培养基质混匀，再装入养殖容器饲养。幼虫还可置于常见塑料盒内饲养，基质含水量一般控制在 65%，厚度为 5～8cm，饲料中拌入锯木屑或谷糠等有利于培养料疏松透气，提高利用效果。

**4. 蛹的收集**　幼虫全部化蛹后，可采用水洗选蛹，将蛹选出后立即晾干，盛于培养皿并放入成虫养殖笼中待羽化。也可将幼虫养殖瓶直接放入成虫养殖笼中直到羽化。

### （二）蚊虫饲养标准

淡色库蚊、致倦库蚊、白纹伊蚊等蚊虫的饲养参照我国农业行业标准 NY/T 1964.2—2010 和 NY/T 1964.3—2010 中的养殖方法。

**1. 成虫的养殖**　采用笼养法。饲养笼不小于 20cm×20cm×20cm，在框架上缚以蚊帐纱布，网孔目数不小于 16。笼的一面正中开一个直径 15～18cm 的圆孔，连接与开孔直径相同、长 30～50cm 的布袖或直接在笼的一面连接长 30～50cm 的布袖。

取蚊蛹 700～800 只，置于盛水容器内，蛹所占水面积应不超过水面总面积的 80%。将盛蛹容器放入饲养笼中，待其全部羽化后取出容器。开始羽化成虫时，饲养笼内应放入培养皿，内盛用 5%～10%葡萄糖溶液浸透的海绵，并每天更换。成虫羽化第 3～6 天，饲养笼中放入用固定夹固定的小鼠或入工膜吸血装置，夜间或黑暗条件下供雌蚊吸血 6～12h。产卵盛期过后，吸血时间宜采取连续吸血不小于 12h。饲养的温度条件为（26 ± 2）℃，光照条件为 12：12（L：D，黑夜：白天），相对湿度为 65%～85%。

**2. 卵的收集**　成蚊吸血后第 3 天，饲养笼内放入接卵杯（搪瓷或其他材质的杯或碗），杯内加入其容量 50%～70%的清水，收集卵块 1～2d，每天进行接种繁殖。

**3. 幼虫的养殖**　培养基质配方为肝粉与医用酵母粉按 1：2 的质量比例混匀，加水配成混悬液，养殖时酵母-肝粉混悬液的使用浓度为 5%～10%。肝粉是将鸡肝或猪肝煮熟并剥离掉大、中血管，制成鸡肝或猪肝粉，放入 60～80℃烤箱中烘干后粉碎，过 80 目筛。

直径为 32cm 搪瓷盆内，加入 3L 脱氯清水，放入 6～8 块卵块，以饲养幼虫 500～600 条为宜。幼虫密度过高，可导致龄期不一致，应分容器饲养。幼虫孵化后，用吸管吸取 5%酵母-肝粉混悬液 1mL，将混悬液添加到搪瓷盆底部一圈。1～2 龄幼虫每天早晚各喂食 1 次。间隔 4～6h 用纱布条或其他工具刮膜 1 次，喂食前先刮膜后喂食。幼虫生长至 3～4 龄，用 10%酵母-肝粉混悬液饲喂，还可用酵母粉、酵母面粉、酵母肝粉或小鼠大鼠配合饲料，根据幼虫密度和食量决定饲料加入量，每天刮膜 1 或 2 次。

**4. 蛹的收集**　幼虫化蛹后，蛹量少时，用吸管将蛹移入盛脱氯清水的容器中；蛹量大时，把幼虫和蛹一起捞入 5～10℃水中，将浮于水面的蛹用捞网移入盛脱氯清水的容器中，蛹所占水面积不超过水面总面积的 80%，之后放入饲养笼中待其羽化。

### （三）德国小蠊饲养标准

参照我国农业行业标准 NY/T 1964.4—2010 中的养殖方法。

饲养缸圆形或方形：圆形时直径≥20cm、高≥30cm；方形时不小于 30cm×30cm×30cm。蟑螂栅的隔间距为 1～2cm；分离缸宜圆形，应以 12 目筛封底，且筛直径小于圆形缸的直径或方形缸的宽。沿分离缸口涂 3～5cm 宽的油带（石蜡油∶凡士林为 1∶1），并内置 2 个培养皿：1 个盛小鼠大鼠配合饲料，1 个盛浸水海绵。分离缸放入底部有蟑螂栅的饲养缸中央，将 30～50 头带有褐色卵荚的雌虫移入分离缸，每天观察并记录。待雌虫甩掉卵荚，孵化出若虫 1d 后，将分离缸内的饲料、水皿取出，抖动分离缸，将若虫抖到饲养缸内，然后将产卵成虫移至传代缸，记录分离日期。孵化第 16 天，取成虫 200～300 头或者移入带卵荚的雌虫 30～50 头，同时放置 2 个培养皿：1 个盛小鼠大鼠配合饲料，1 个盛浸水海绵，每 2d 更换浸水海绵和补充饲料。喂水可用盛满水的烧杯倒扣于培养皿内，待水耗尽再清洗器皿更换清水。饲养条件为温度（26±2）℃，湿度 50%～70%。

### （四）白蛾周氏啮小蜂饲养标准

参照我国农业行业标准 LY/T 1704 —2007 中的养殖方法，以柞蚕（*Antheraea pernyi*）蛹为替代寄主饲养白蛾周氏啮小蜂（*Chouioia cunea*）。柞蚕蛹宜在冬季大量准备。储藏温度控制在−2～2℃，相对湿度保持在 70%～80%。赤松毛虫蛹（仅用于复壮）储藏温度控制在 0～5℃，相对湿度保持在 70%～80%。

**1. 种蜂采集**　野外采集美国白蛾蛹，挑选出节间拉长不能活动、蛹壳光亮而薄的被寄生蛹，以单蛹放入指形管，在 10℃的冰箱中保存。或者在林间挂美国白蛾蛹诱集，待自然界中美国白蛾羽化前取回，以单蛹放入指形管，在 10℃的冰箱中保存。从采集羽化的成蜂中选择体壮、个体大、活动能力强的作种蜂，淘汰弱蜂。野外采集的种蜂数量有限时，扩繁 1 或 2 次，以扩繁的种蜂作为初级种蜂。

**2. 大量繁育**　接蜂量控制在 1 只柞蚕蛹接 65～75 头雌蜂，有以下几种方法。①三刀破茧法，是将柞蚕蛹有蚕蒂的一侧用刀制 2 个口、另一侧制 1 个口，孔口直径为 1.5～1.8cm，这有利于种蜂进入并剔除坏蛹。将削好的蛹放入繁蜂箱（柜）中，摆放最多不超过 2 层，接种 24h。②茧内接蜂法，是沿柞蚕蛹纵轴方向一端用刀削 1 个长 3.5～4.0cm、宽 1.5～2.0cm 的孔口，用软毛刷轻轻将种蜂扫入茧内，盖回所削下的部分，并用皮筋捆牢，不留缝。削茧时不可完全削掉，所削下部分的端部仍与茧相连，接种 36h。③瓶内接蜂法，是将柞蚕蛹削出直径 1.5～1.8cm 的孔口后，放入玻璃广口瓶内，再用脱脂棉球黏附种蜂放入瓶中并封闭瓶口。或将削好的蛹装入截好的塑料矿泉水瓶，每瓶 7 或 8 枚柞蚕蛹，用黑色遮光布盖口，接种 24h。

接种完成后转入恒温箱中或暗室中培养 7～10d。接蜂温度控制在 25℃，相对湿度保持在 70%～80%。

**3. 冷藏与暖蜂**　待白蛾周氏啮小蜂发育至老龄幼虫期时，应将被寄生的柞蚕蛹转入 0～3℃的冰箱或冷藏室中保存。根据放蜂时间，应将接蜂后保存的冷藏蛹提前取出，在恒温室（箱）暖蜂。暖蜂温度应逐渐升高（每2～3h升高5℃），1d后控制在25～28℃的某一恒定水平，相对湿度保持在70%～80%。暖蜂时应注意通风。出蜂时间应与美国白蛾老熟幼虫期和化蛹初期吻合。

**4. 蜂种复壮**　美国白蛾化蛹前，在树干基部绑草把以诱集美国白蛾化蛹，然后集中收回、挑选、培育。或者将美国白蛾蛹放入能防雨的10目尼龙纱网内，挂于林间，6d后收回、挑选、培育。也可罩虫收集，用纱网罩住美国白蛾喜食的寄主植物，内投放多头美国白蛾幼虫，待其化蛹时被自然界中的白蛾周氏啮小蜂寄生后收回、挑选、培育。还可利用蛹壳坚硬的赤松毛虫蛹，1蛹接种1头白蛾周氏啮小蜂雌蜂繁育。

### （五）赤眼蜂饲养标准

参照我国农业行业标准NY/T 2063.1—2011中的养殖方法，以柞蚕卵为中间寄主繁殖松毛虫赤眼蜂（*Trichogramma dendrolimi*）、螟黄赤眼蜂（*Trichogramma chilonis*）。

**1. 种蜂采集和贮存**　将采集的多种鳞翅目昆虫卵置于适宜条件下（温度25℃、相对湿度65%～70%）发育，从中鉴定、筛选松毛虫赤眼蜂、螟黄赤眼蜂，羽化出蜂后，转接到中间寄主卵内（柞蚕卵），连续繁殖2或3代后去杂提纯、并通过对寄生率、羽化出蜂率、繁殖力、性比、寿命等生物学指标和对靶标害虫卵的搜索能力等试验，进行蜂种优选，确定优良种蜂。赤眼蜂发育到老熟幼虫阶段，逐级降温，（16±1）℃ 6～8h，（12±1）℃ 6～8h，在1～3℃、相对湿度60%～70%的低温条件下贮存。贮存30～40d，可视情况转繁一次。在种蜂扩繁期间，为防止蜂种退化，采用米蛾卵与柞蚕卵交替繁殖，卡繁（将寄主卵粘在硬纸卡上）与散繁（将寄主卵平铺在繁蜂器具内）交替进行的方式，并且严格控制种蜂的蜂卵比例为（5～10）∶1，保证培育壮蜂。

**2. 寄主卵生产**　根据繁蜂计划安排暖茧日期。加温前将茧穿成串，即用尼龙线穿过茧尾部的浮毛，虫蒂朝外、朝下，每200个茧穿成一串，挂至暖茧室内。温度要从低到高，起始温度为（12±1）℃，6～8h，逐渐加温，18～20℃时，6～8h，最后将温度升至（25±1）℃，相对湿度应保持在60%～70%，自蚕茧羽化开始要及时去除雄蛾，收集雌蛾。将雌蛾在1～5℃低温状态下冷藏2～3d，使其腹中卵粒完全成熟，去除雌蛾头部，将其腹部放入洗卵机中破腹取卵。经过漂洗，除净掺杂于卵粒间的虫体碎片和胶囊等杂质后，放入选卵机内清除不成熟卵，再用水漂洗破碎卵壳，使未成熟卵（绿卵）率降低到3%以下。将清洗好的卵用0.1%次氯酸钠溶液浸泡10min，进行卵表面消毒后取出，经甩干机甩干后阴干。

**3. 繁殖**　将即将羽化的寄主卵放入密闭的容器内，使用高锰酸钾和甲醛溶液（1∶2，*m/V*）消毒2h，取出放于通风处，待气味挥发后置于繁蜂室羽化出蜂。应保持温度（25±1）℃，相对湿度70%～75%，并在48h内完成赤眼蜂产卵寄生过程，及时清除种蜂及种卵，减少接触感染机会、抑制病原菌侵染。寄生卵发育温度控制在23～25℃，相对湿度控制在65%～70%。设置紫外灯定期灭菌或用1%苯扎溴铵溶液进行室内喷雾灭菌，同时定期使用高锰酸钾和甲醛溶液（1∶2，*m/V*）熏蒸消毒。20%种蜂羽化后，采用蜂卵与寄主卵混拌浅盘接蜂方式进行接蜂，蜂卵比为（2～3）∶1，接蜂时间控制为24～48h，结束后筛去成蜂，并除去种蜂卵。将寄主卵置于（25±1）℃、相对湿度70%～75%条件下培养。待赤眼蜂在寄主卵内发育至老熟幼虫时，去除未寄生卵后，放入1～3℃、相对湿度60%～70%冷库中贮存。在不同时间内抽取一定数量的寄生卵粒分装于试管中，放置在25℃、相对湿度70%～80%条件下，发育到羽化出蜂。逐粒检查赤眼蜂羽化数量，并记录羽化出蜂数、卵内遗留蜂量、畸形蜂数、雌雄蜂数，计算羽化蜂率。当样品羽化出蜂结束后进行性比检测，逐管将羽化出的蜂全部倒在硬质白纸上，分别记录雌雄蜂数，供统计分析。

### （六）平腹小蜂饲养标准

参照我国农业行业标准 NY/T 2063.2—2012 中的养殖方法，在柞蚕卵室内饲养荔蝽卵平腹小蜂（*Anastatus japonicus*）。

**1. 种蜂采集和贮存**　平腹小蜂种蜂采自荔枝、龙眼园的荔蝽卵，或在果园挂中间寄主卵诱集，将采集的荔蝽卵或回收的中间寄主卵置于适宜条件下［温度（25±1）℃，相对湿度 65%～70%］发育，待平腹小蜂羽化出蜂后，从中鉴定、筛选，并转接到中间寄主卵内，繁殖 2 或 3 代，对寄生率、羽化出蜂率、繁殖力、寿命等生物学指标和对靶标害虫卵的搜索能力等进行试验，优选蜂种，确定优良种蜂。采用寄主卵（荔蝽卵或松毛虫卵等）与中间寄主卵交替繁殖，卡繁（将寄主卵粘在硬纸卡上）与散繁（将寄主卵平铺在繁蜂器具内）交替进行，控制种蜂和寄主卵的比例为 1：（10～15）。寄生卵在 15～20℃条件下，发育至幼虫后期，在 2～5℃、相对湿度 55%～65%的条件下贮存，50～70d 后扩繁一次。

**2. 中间寄主卵生产**　宜选择千粒重为 11.5～12.0kg、雌茧率 85%～90%、羽化率在 90%以上的柞蚕茧。将选好的柞蚕茧贮存于温度 0～3℃、相对湿度 50%～60%的环境中。贮存期间应经常翻动。用尼龙线穿过茧尾部的浮毛，虫蒂朝外、朝下，每 200 个茧穿成一串，挂至暖茧室内。起始温度（12±1）℃，保持 6～8h，然后逐渐加温至 18～20℃，再保持 6～8h，最后将温度升至（25±1）℃；室内相对湿度保持在 60%～70%。自柞蚕茧羽化开始，每天随时去除雄蛾，收集雌蛾。将雌蛾在 1～5℃低温状态下冷藏 2～3d。采用人工或机械剖蛾腹取卵并用清水清洗，除净掺杂于卵粒间的虫体碎片和胶囊等杂质后，放入选卵机内清除未成熟卵（绿卵），再用水漂洗破碎卵壳，使未成熟卵率降低到 3%以下。将清洗好的卵用 1%苯扎溴铵溶液或 0.1%次氯酸钠溶液浸泡 10min 取出，经甩干后阴干。中间寄主卵在−4℃条件下的贮存时间应不超过 3 个月，−10℃下应不超过 6 个月。将中间寄主卵从冰柜中取出，自然升温至室温时用于繁蜂。

**3. 繁殖**　将羽化的寄生卵用 1%苯扎溴铵溶液或 0.1%次氯酸钠溶液浸泡 3～5min，取出放于通风处阴干，制成种蜂卡备用。经过消毒的寄主卵用乳胶粘在纸上阴干。按蜂卵比 1：（6～10）将种蜂卡和寄主卵卡放入繁蜂箱内［温度（26±1）℃、相对湿度 70%～75%］，每 24h 更换寄主卵卡一次，可连续接蜂 20 次，每天给种蜂补充新鲜蜜糖水。接蜂后的卵卡及时去除卵表面遗留种蜂，移入繁蜂室。检查寄生率和羽化率。平腹小蜂发育至预蛹期时放入温度 8～12℃、相对湿度 68%～72%的环境中存放，不超过 90d。放蜂前 6～8d 将寄生卵卡置于（25±1）℃、相对湿度 65%～70%的条件下发育。

### （七）丽蚜小蜂饲养标准

参照我国农业行业标准 NY/T 2063.3—2014 中的养殖方法，以烟粉虱（*Bemisia taluar*）若虫和温室白粉虱（*Trialeurodes vaporariorum*）若虫在室内饲养丽蚜小蜂（*Encarsia formosa*）。

**1. 蜂种采集、提纯和优选**　蜂种采自寄生于粉虱若虫的丽蚜小蜂，要求在不同寄主植物和不同生态条件下广泛采集。将采回的丽蚜小蜂置于温度（26±1）℃、相对湿度 60%～70%的适宜条件下发育，羽化出蜂后转接到粉虱若虫体内，然后通过对寄生率、羽化出蜂率、繁殖力、贮存特性和对目标害虫的搜索能力等试验，选择优势蜂种。优势蜂种确定后经过一代繁殖，预蛹期时置于（10±1）℃、相对湿度 50%～60%的低温条件下贮存。

**2. 寄主若虫的生产**　在温室或网室内按常规栽培方法播种、移苗和定植番茄。番茄苗后35d（5片真叶期）将其单株定植于直径25cm的花盆内。番茄苗后15d（7～8片真叶期）可用于接种粉虱。开始繁蜂前3周，将7～8片真叶的清洁番茄苗放入温度（26±1）℃、相对湿度60%～70%的条件下，每株接种粉虱成虫200～300头，当子代粉虱成虫大量羽化时备用。

在温度（26±1）℃、相对湿度60%～70%的条件下按1∶4的比例接种粉虱24～36h。将接种粉虱后的番茄苗放入密闭容器中，缓慢熏杀遗留的粉虱成虫，移入寄主昆虫繁殖室，剪去生长点，加强肥水管理，促进叶片生长。10d后粉虱若虫发育到2～3龄时，接种丽蚜小蜂。

**3. 丽蚜小蜂繁殖**　将丽蚜小蜂黑蛹或成蜂接入培育的带有2～3龄粉虱若虫的番茄植株，接蜂量800～1000头/株，以每平方厘米叶片上有一头小蜂成虫为宜。经10～12d丽蚜小蜂黑蛹开始出现时，即可移出。同时用敌敌畏熏杀滞留在叶片上的小蜂成虫。将带黑蛹的番茄植株移入另外一间繁蜂室，停留2～3d，使未被寄生的粉虱大量羽化。在分离室放入3盆清洁苗，诱集粉虱成虫。采摘黑蛹叶片，并在室内晾置1～2d，黏制叶片或纸质蜂卡。置于（10±1）℃、相对湿度50%～60%的低温条件下储藏。保证温湿度稳定，不与有毒有害物品混合存放。适时翻动贮存的蜂卡，防止霉变，一般贮存20d以内。

### （八）七星瓢虫饲养标准

参照我国农业行业标准NY/T 2063.4—2016中的养殖方法，采用大豆蚜（*Aphis glycines*）室内饲养七星瓢虫（*Coccinella septempunctata*）。

**1. 起始种群的采集、优选和储存**　起始个体采自田间，在不同寄主植物、不同生态条件下广泛采集。将采回的成虫置于（24±1）℃、相对湿度60%～80%，光周期L∶D=14∶10的条件下发育，经室内饲养形成稳定世代，通过检测其孵化率、羽化率、繁殖力，选择优势虫种。优势虫种确定后，经过一代繁殖，羽化后24h内，置于18℃、相对湿度60%～80%，光周期L∶D=14∶10的条件下储藏。每2d将七星瓢虫转移到透明的塑料杯中，放入带有适量蚜虫的大豆苗，并向杯中投放折叠的滤纸片，用以增大七星瓢虫的活动空间，提供产卵场所。

**2. 载体植物和猎物的准备**　在（26±1）℃、相对湿度60%～80%、光周期L∶D=14∶10条件下，于60目以上防虫网罩笼内，播种大豆于蛭石内。喷洒适量水和肥料，培育大豆苗至“三叶一心”阶段，即可接种大豆蚜。将新大豆苗置于承载较多大豆蚜的豆苗附近，令蚜虫主动转移到新大豆苗中，或将带有蚜虫的大豆苗剪断后均匀撒在待接蚜虫的大豆苗植株上。根据大豆苗的长势适量接蚜，如大豆苗长势不佳，可分两天两次少量接蚜。

**3. 七星瓢虫饲养**　经室内饲养，形成稳定世代。环境条件为（24±1）℃、相对湿度60%～80%、光周期L∶D=14∶10。将新羽化24h内的成虫雌雄配对，每配一对饲于置有折叠滤纸的透明塑料杯中，每杯放置载有蚜虫的3或4根大豆苗，每天更换。幼虫饲养的环境条件为20～26℃、相对湿度50%～75%、光周期L∶D=14∶10，幼虫于透明塑料盒（17cm×11cm×6cm）内饲养，除1龄幼虫外，其他龄期的幼虫每天更换带有大量蚜的大豆苗。每盒饲养的高龄幼虫数不超过20条，定期收集卵和蛹。卵置于透明塑料盒内孵化。蛹存于干燥整洁的容器内。成虫于（18±1）℃、相对湿度60%～80%、光周期L∶D=14∶10下储存，不得与有毒、有害物品混合存放，同时保持储存场所洁净。适时补充足量的蚜虫，一般可储存80d。

### （九）烟蚜茧蜂饲养标准

参照我国农业行业标准 NY/T 2063.5—2018 中的养殖方法，采用烟蚜（*Myzus persicae*）若虫在室内饲养烟蚜茧蜂（*Aphidius gifuensis*）。

**1. 蜂种采集、提纯和优选**　蜂种采自寄生于烟蚜若虫的烟蚜茧蜂，要求在不同寄主植物和不同生态条件下广泛采集。将采回的烟蚜茧蜂置于（25±1）℃、相对湿度 60%～70%的适宜条件下发育。羽化出蜂后，转接到烟蚜若虫体内，然后通过对寄生率、羽化出蜂率、繁殖力、储存特性和对目标害虫的搜索能力等试验，选择优势蜂种。优势蜂种确定后经过一代繁殖，当发育到 3 龄幼虫期时，置于（5±1）℃、相对湿度 50%～60%的低温条件下储藏。

**2. 寄主若虫的生产**　在温室或网室内，按常规栽培方法播种、移苗和定植烟苗。烟苗 6 片真叶期，将其单株定植于 25cm 的花盆内。烟苗 9～13 片真叶期，可用于接种烟蚜。开始繁蜂前 3 周，将 9～13 片真叶的清洁烟苗放入温度（25±1）℃、相对湿度 60%～70%的条件下，每株接种烟蚜 100～200 头，当子代烟蚜大量发生时，接种烟蚜 24～36h，将接种烟蚜后的烟草苗放入密闭容器中，用敌敌畏熏杀遗留烟蚜，移入寄主昆虫繁殖室，剪去生长点，并加强肥水管理，促进叶片生长。待烟蚜发育到 3～4 龄时，用于接种烟蚜茧蜂。

**3. 烟蚜茧蜂繁殖**　在温度（26±1）℃、相对湿度 60%～70%的条件下，将培育的带有 3～4 龄烟蚜的烟苗植株接入烟蚜茧蜂僵蚜或成蜂，按雌蜂：烟蚜为 1：（100～200）的比例接种，以每平方厘米叶片上有 1 头小蜂成虫为宜，经 7～10d，当僵蚜开始出现时即可移出。同时，用敌敌畏熏杀滞留在叶片上的小蜂成虫。将带僵蚜的烟草植株移入另外一间繁蜂室，停留 2～3d，使未被寄生的烟蚜变为有翅蚜。在分离室放入 3 盆清洁苗，诱集烟蚜成虫。采摘僵蚜叶片，并在室内晾置 1～2d，黏制叶片或纸质蜂卡。3 龄幼虫期可储存在温度（5±1）℃、RH 50%～60%，保证温、湿度稳定，不与有毒、有害物品混合存放。适时翻动储存的蜂卡，防止霉变。一般储存 20d 以内。

### （十）大草蛉饲养标准

参照我国农业行业标准 NY/T 2063.6—2018 中的养殖方法，采用大豆蚜（*Aphis glycines*）室内饲养大草蛉（*Chrysopa pallens*）。

**1. 起始种群的采集、优选和储存**　起始个体采自田间，在不同载体植物、不同生态条件下广泛采集。将采回的成虫置于（24±1）℃、相对湿度 60%～80%、光周期 L：D=14：10 的条件下发育，经室内饲养形成稳定世代，通过检测其孵化率、羽化率、繁殖力，选择优势虫种。优势虫种确定后，经过一代繁殖，将茧粒置于 10℃、相对湿度 60%～80%、光周期 L：D=14：10 的条件下储藏不超过 1 个月。待茧羽化之后，放入带有适量蚜虫的大豆苗保证其正常产卵。

**2. 寄主植物和猎物的准备**　在（26±1）℃、相对湿度 60%～80%、光周期 L：D=14：10 条件下，于 60 目以上防虫网罩笼内，播种大豆于蛭石内，喷洒适量水和肥料，培育大豆苗至“三叶一心”阶段，即可接种大豆蚜。将新大豆苗置于承载较多大豆蚜的豆苗附近，令蚜虫主动转移到新大豆苗上，或将带有蚜虫的大豆苗剪断后均匀撒在待接蚜虫的大豆苗植株上。根据大豆苗的长势适量接蚜，如大豆苗长势不佳，可分两天两次少量接蚜。

**3. 大草蛉饲养**　成虫饲养环境条件为（24±1）℃、相对湿度 60%～80%、光周期 L：D=14：10。将新羽化 24h 内的成虫两两配对，每配一对饲于载有蚜虫的 3 或 4 根大豆苗上，每天更换。幼虫饲养环境条件为20～26℃、相对湿度50%～75%、光周期L∶D=14∶10。幼虫于透明塑料盒（17cm×11cm×6cm）内饲养，除1龄幼虫外其他龄期的幼虫每天更换带有大豆蚜的豆苗。每盒饲养的高龄幼虫数不超过20条。定期收集卵和蛹（茧）。卵置于透明塑料盒内孵化。蛹存于干燥整洁的容器内。成虫于（18±1）℃、相对湿度60%～80%、光周期L∶D=14∶10下储存，不得与有毒、有害物品混合存放，同时保持储存场所洁净。适时补充足量的蚜虫，一般可储存80d。

## 【思考题】

1. 昆虫饲养的一般程序包括哪些？
2. 昆虫人工饲料的常见组分包括哪些？
3. 昆虫标准化饲养的基本要求是什么？

（朱　芬）

# 第九章　昆虫种群生命表研究技术

【**内容提要**】本章主要介绍昆虫种群生命表的原理、制作方法及应用。

【**学习目标**】熟练运用昆虫种群生命表技术研究昆虫的种群动态，进行害虫最优化的管理。

【**基本要求**】理解生命表研究的理论，掌握特定时间生命表和特定年龄生命表的制作和分析方法，并能综合应用到昆虫种群动态分析和害虫治理中。

生命表的概念和方法起源于人口的生命统计，它最早和最广泛的应用是在人寿保险业务上。把生命表引入昆虫学研究的是 Pearl 和 Parker，他们用生命表技术分别研究了果蝇和杂拟谷盗的实验种群增长规律。1954 年 Morris 和 Miller 发表了云杉卷叶蛾自然种群生命表，这一研究不仅成为昆虫种群生命表研究上的典范，而且使生命表技术迅速成为昆虫种群动态研究的一个重要技术手段。随着计算机的逐渐普及，利用生命表研究资料模拟昆虫种群动态、进行害虫最优化管理的研究日益增多，这也成为昆虫研究最基本也是最常用的重要技术之一。

## 第一节　昆虫种群生命表概述

### 一、基本特征

昆虫种群生命表的基本特征是按照昆虫的年龄阶段（以物理时间为单位或以发育阶段即生理时间为单位），系统地观察并记载昆虫的一个世代或几个世代之中各年龄阶段的种群初始值、发育历期、蜕皮次数、产仔（卵）数，同时记录各阶段的主要致死因子及其所造成的死亡数。最后，用这些数据按一定的格式编制生命表。因此，昆虫种群生命表可定义为，采用田间调查或控制条件下的室内实验，系统观察并记载昆虫种群在特定年龄或特定发育阶段的死亡数量、死亡原因和成虫阶段的繁殖数量的表格。

### 二、主要优点

昆虫种群生命表研究方法的主要优点：①系统性。昆虫种群生命表全面系统地记述昆虫种群从一个世代开始到结束整个过程的生存或生殖及死亡情况，不仅可以反映一个世代的整个发育过程中的种群变动特点，而且可以连续反映世代间数量变动规律。②规范性。昆虫种群生命表有规范化的表头格式、严格规范化的观察记载系统和统计分析理论。③阶段性。昆虫种群生命表分年龄段或时间段记述昆虫在一个世代内各个阶段的生存、生殖及死亡情况，可以发现死亡的关键阶段和原因。④综合性。昆虫种群生命表综合地记述了影响昆虫种群数量消长的各因素的作用情况，可以发现影响种群的关键世代、关键原因，由此可提出相应的防治策略，对于一年内多化性的害虫治理尤为重要。

### 三、应用范围

昆虫种群生命表可用于：①揭示昆虫种群的平均世代周期，确定其发育起点与有效积温，推断昆虫种群一年内发生的世代数。同时可以明确昆虫种群的种群结构，为预测预报和害虫防治提供理论依据。②揭示昆虫种群一生中不同时间的死亡特征、死亡原因、分析影响死亡的关键因素和影响种群动态的关键因素，进行预报并制定防治与保护策略。③分析昆虫种群的生存曲线类型；求得昆虫种群的内禀增长率 $r_m$，比较两种或多种昆虫的增长潜力。④分析不同环境因子对昆虫种群的影响，求得昆虫种群的遗传作用力与环境作用力，进而分析种群的遗传与进化。⑤通过在不同作物品种上建立昆虫种群生命表，进行抗虫性鉴定。⑥分析各种环境因子对昆虫种群的影响等。

### 四、分类

昆虫种群生命表按昆虫的生活习性、研究目的主要分成以下两大类。

第一类是特定时间生命表（也称垂直生命表）。这类生命表特别适合实验种群和世代重叠的种群。特定时间生命表以样本中各相继年龄组之间存活数量的差值作为特定年龄死亡数。由于在可控制的实验条件下建立实验种群生命表，因此用这种方法取得生命表资料相对容易，并且能获得如发育起点 $C$、有效积温 $K$、内禀增长率 $r_m$、平均世代周期 $T$、净增值率 $R_0$、生存曲线、稳定年龄组配、遗传作用力和环境作用力等众多生命基础信息，同时可以在不同的环境因子组合下分析环境因素对种群动态、生态遗传与进化的影响。

第二类是特定年龄生命表（也称水平生命表）。往往适用于自然种群和离散世代种群。它在自然条件下以一群同年龄昆虫个体为起始点，始终跟踪并记录它们的生存、繁殖和死亡，直到第二代的同一年龄阶段为止。特定年龄生命表的记录时间往往采用生理时间，即特定年龄阶段如卵期、1 龄、2 龄、3 龄……蛹期、成虫期等。在自然条件下卵壳、蜕、蛹壳等有可能被天敌或自己取食，或因风等环境因素丢失，所以龄期判断比较困难。同时，自然种群生命表易受自然环境因素的影响，做起来比较困难，特别是死亡因素难以判断，但很有实用价值。

## 第二节　特定时间生命表的研究方法

特定时间生命表根据研究目的的不同分为生命期望表（幸存生命表）和生殖生命表。生命期望表的重点在于观察昆虫种群的期望寿命和幸存情况，从而发现影响昆虫种群寿命及幸存的关键因素；而生殖生命表的重点是观察昆虫种群的繁殖情况和影响繁殖的关键因素，这是天敌昆虫饲养的基础研究。生命表如果设计合理，可以同时获得大量信息。由于组建生命表的目的、研究对象不同，特定时间生命表的类型、形式、项目格式的繁简等也很不同。

### 一、生命期望表

生命期望表以自然时间（物理时间）顺序划分时间间隔（$x$），仅记载种群存活数量（$l_x$）和死亡数量（$d_x$），其主要作用是获得种群期望寿命或平均余生（$e_x$）等生命信息。只要设置 6～8 组不同温度处理，观察记载每一头昆虫（一般至少 30 头）由孵化、蜕皮、化蛹、羽化直至死亡的具体时间，就可得到该种昆虫的生命期望表（图 9-1）。

| $x$ | $l_x$ | $d_x$ | $L_x$ | $T_x$ | $e_x$ |
|---|---|---|---|---|---|

图 9-1　生命期望表横表头

$x$. 按自然时间（年、月、旬、周、日等）划分的时间间隔；$l_x$. 在 $x$ 期的存活数量或存活率，初始数量（$x$=1 时）常折合为 1000，以便于其后项目的计算；$d_x$. 在 $x$ 期内的死亡数量；$L_x$. 在 $x$ 期及其以后各期累计存活的平均数量；$T_x$. 种群平均寿命；$e_x$. $x$ 年龄的平均余生（期望寿命）

图 9-1 中各参数除 $l_x$ 和 $d_x$ 是直接观察数据外，其余均是计算数据，计算方法如下：

$$l_{x+1} = l_x - d_x，\text{或 } d_x = l_x - l_{x+1}$$

$$L_x = (l_x + l_{x+1})/2，\text{或 } L_x = l_x - d_x/2$$

$$T_x = \sum_x^m L_x \quad（\text{m 为最末一个年龄}）$$

$$e_x = T_x / l_x$$

一个理想的生命期望表如表 9-1 所示。

**表 9-1　一个理想的生命期望表**

| $x$ | $l_x$ | $d_x$ | $L_x$ | $T_x$ | $e_x$ |
|---|---|---|---|---|---|
| 1 | 1000 | 300 | 850 | 2180 | 2.18 |
| 2 | 700 | 200 | 600 | 1330 | 1.90 |
| 3 | 500 | 200 | 400 | 730 | 1.46 |
| 4 | 300 | 200 | 200 | 300 | 1.00 |
| 5 | 100 | 50 | 75 | 130 | 1.30 |
| 6 | 50 | 30 | 35 | 55 | 1.10 |
| 7 | 20 | 10 | 15 | 20 | 1.00 |
| 8 | 10 | 10 | 5 | 5 | 0.50 |

## 二、生殖生命表

同样以自然时间（物理时间）顺序划分时间单位（$x$），顺序记载各时间种群个体存活的概率（$l_x$，以累计存活率表示）和生殖率（$m_x$，平均产仔数），从而获得种群的有关生命参数，如种群净增殖率 $R_0$、内禀增长率 $r_m$、平均世代时间 $T$、周限增长率 $\lambda$、种群翻倍时间，以及达到稳定增长时种群的年龄结构 $C_x$。生殖生命表的横表头如图 9-2 所示，可根据研究需要增加观察要素栏，如存活率、死亡数、死亡率、死亡原因等。

| $x$ | $l_x$ | $m_x$ |
|---|---|---|

图 9-2　生殖生命表横表头

例如，麦长管蚜在小麦种质资源材料‘XZ13’上的生殖生命表如表 9-2 所示。

**表 9-2　麦长管蚜在‘XZ13’上的生殖生命表**（赵惠燕等，2002）

| $x$/d | $l_x$ | $m_x$ | $l_xm_x$ | $xl_xm_x$ |
|---|---|---|---|---|
| 0 | 1.00 | 0.00 | 0.00 | 0.00 |
| 2 | 0.90 | 3.86 | 3.47 | 6.95 |
| 4 | 0.80 | 7.85 | 6.28 | 25.12 |
| 6 | 0.70 | 12.15 | 8.51 | 51.03 |
| 8 | 0.70 | 10.14 | 7.10 | 56.78 |

续表

| $x$/d | $l_x$ | $m_x$ | $l_xm_x$ | $xl_xm_x$ |
|---|---|---|---|---|
| 10 | 0.70 | 19.06 | 13.34 | 133.42 |
| 12 | 0.65 | 5.71 | 3.71 | 44.54 |
| 14 | 0.65 | 4.31 | 2.80 | 39.22 |
| 16 | 0.50 | 2.54 | 1.27 | 20.32 |
| 18 | 0.50 | 1.09 | 0.55 | 9.81 |
| Σ | — | 66.71 | 47.03 | 387.19 |

注：净增殖率 $R_0=\sum l_xm_x=47.03$；平均世代时间 $T=\sum xl_xm_x/R_0=8.23$；内禀增长率 $r_m=\ln R_0/T=0.47$

将表 9-2 结果与其他 5 个品种或材料上的蚜虫种群生命表相比，得出结论：品种‘Amigo’的 $r_m$ 最小，表明其最抗蚜虫；而‘陕 229’的 $r_m$ 最大，表明其最不抗蚜；‘XZ13’的 $r_m$ 居中，表明其抗性居中。

按上述方法计算出的内禀增长率 $r_m$ 是粗估值，应该用 $\sum e^{-r_mx}l_xm_x=1$ 校正，如棉铃虫实验种群生殖生命表（表 9-3）所示。

**表 9-3　棉铃虫实验种群生殖生命表**（叶鹏盛等，2000）

| $x$/d | $l_x$ | $m_x$ | $l_xm_x$ | $xl_xm_x$ | $e^{-r_{m1}x}l_xm_x$ | $e^{-r_{m2}x}l_xm_x$ | $e^{-r_{m3}x}l_xm_x$ | $e^{-r_{m4}x}l_xm_x$ |
|---|---|---|---|---|---|---|---|---|
| 0 | 1.00 | 0.00 | 0.00 | 0.00 | 0 | 0 | 0 | 0 |
| 34 | 0.56 | 0.00 | 0.00 | 0.00 | 0 | 0 | 0 | 0 |
| 35 | 0.56 | 1.00 | 0.56 | 19.71 | 0.003 936 | 0.003 775 | 0.003 748 | 0.003 746 |
| 36 | 0.56 | 6.92 | 3.90 | 140.25 | 0.023 639 | 0.022 640 | 0.022 477 | 0.022 461 |
| 37 | 0.56 | 7.54 | 4.25 | 157.07 | 0.022 352 | 0.021 381 | 0.021 223 | 0.021 208 |
| 38 | 0.56 | 66.70 | 37.55 | 1 426.98 | 0.171 586 | 0.163 937 | 0.162 696 | 0.162 573 |
| 39 | 0.56 | 108.05 | 60.83 | 2 372.45 | 0.241 211 | 0.230 183 | 0.228 394 | 0.228 216 |
| 40 | 0.56 | 105.15 | 59.20 | 2 367.98 | 0.203 704 | 0.194 157 | 0.192 610 | 0.192 456 |
| 41 | 0.56 | 89.20 | 50.22 | 2 059.00 | 0.149 959 | 0.142 759 | 0.141 594 | 0.141 478 |
| 42 | 0.56 | 56.20 | 31.64 | 1 328.91 | 0.081 990 | 0.077 960 | 0.077 308 | 0.077 243 |
| 43 | 0.56 | 57.30 | 32.26 | 1 387.18 | 0.072 543 | 0.068 895 | 0.068 305 | 0.068 246 |
| 44 | 0.56 | 26.60 | 14.98 | 658.94 | 0.029 224 | 0.027 721 | 0.027 478 | 0.027 454 |
| 45 | 0.56 | 31.65 | 17.82 | 801.85 | 0.030 175 | 0.028 589 | 0.028 333 | 0.028 307 |
| 46 | 0.39 | 34.20 | 13.47 | 619.84 | 0.019 802 | 0.018 738 | 0.018 567 | 0.018 550 |
| 47 | 0.39 | 9.60 | 3.78 | 177.77 | 0.004 824 | 0.004 559 | 0.004 516 | 0.004 512 |
| 48 | 0.28 | 6.90 | 1.95 | 93.40 | 0.002 153 | 0.002 033 | 0.002 013 | 0.002 012 |
| 49 | 0.23 | 5.95 | 1.34 | 65.60 | 0.001 286 | 0.001 212 | 0.001 200 | 0.001 199 |
| 50 | 0.17 | 3.25 | 0.55 | 27.46 | 0.000 458 | 0.000 431 | 0.000 427 | 0.000 426 |
| 51 | 0.06 | 0.00 | 0.00 | 0.00 | 0 | 0 | 0 | 0 |
| 52 | 0.00 | 0.00 | 0.00 | 0.00 | 0 | 0 | 0 | 0 |
| Σ | — | 616.21 | 334.29 | 13 704.38 | 1.058 842 | 1.008 970 | 1.000 889 | 1.000 086 |

注：净增殖率 $R_0=\sum l_xm_x=334.29$；平均世代时间 $T=\sum xl_xm_x/R_0=40.99$；粗估内禀增长率 $r_{m1}=\ln R_0/T=0.141\ 8$；周限增长率 $\lambda=e^{r_{m1}}=1.152\ 32$；翻倍时间 $T_b=\ln 2/r_{m1}=4.889\ 11$。如果用精确的方法计算：由于粗估内禀增长率 $r_{m1}=0.141\ 8$ 代入 $\sum e^{-0.141\ 8x}l_xm_x$ 的值为 1.058 842>1，因此增加 $r_m$ 的值。设 $r_{m2}=0.143\ 0$，代入 $\sum e^{-0.143\ 0x}l_xm_x$ 的值为 1.008 970>1，因此还需增加 $r_m$ 的值。当增加到 $r_{m3}=0.143\ 2$ 时，$\sum e^{-0.143\ 2x}l_xm_x$ 的值为 1.000 889>1，还需增加 $r_m$ 的值。当 $r_{m4}=0.143\ 22$ 时，$\sum e^{-0.143\ 22x}l_xm_x$ 的值为 1.000 086≈1，因此精确计算 $r_{m4}$ 的值为 0.143 22，则 $\lambda=1.152\ 98$，$T_b=4.839\ 74$

在实际研究中，不仅要研究昆虫的基本生命参数，更多是分析环境因素对昆虫生长发育或繁殖的影响情况，这就需要研究昆虫的一生（既包括生长发育也包括繁殖）的联合生命表。还应通过设置不同的环境因素，用生命表的方法研究环境因素对昆虫生态遗传与进化的影响。例如，用生命表的方法分析重金属对蚜虫遗传进化的影响（表 9-4）。

**表 9-4　$Zn^{2+}$处理后麦长管蚜 $T$、$r_m$ 和 $\lambda$ 的变化**（张傲和赵惠燕，2009）

| $Zn^{2+}$浓度 /（mmol/L） | $T$ | | | $r_m$ | | | $\lambda$ | | |
|---|---|---|---|---|---|---|---|---|---|
| | $F_1$ | $F_2$ | $F_3$ | $F_1$ | $F_2$ | $F_3$ | $F_1$ | $F_2$ | $F_3$ |
| 0 | 16.888aX | 16.792aXY | 16.273aY | 0.241aX | 0.238aX | 0.237aX | 1.273aX | 1.268aX | 1.259aX |
| 2.5 | 19.021aX | 17.833aXY | 15.074aY | 0.197bX | 0.178bX | 0.164bX | 1.218bX | 1.195bX | 1.178bX |
| 5.0 | 18.131aX | 15.123aXY | 15.753aY | 0.160bX | 0.146bX | 0.144bX | 1.173cX | 1.157cX | 1.155cX |
| 10.0 | 13.378bX | 11.850bXY | 10.640bY | 0.148cX | 0.077cX | 0.107cX | 1.159dX | 1.080dX | 1.113dX |

注：大写字母表示水平差异显著性比较，小写字母表示垂直差异显著性比较

表 9-4 显示同一浓度 $Zn^{2+}$处理后，$F_1$、$F_2$ 和 $F_3$ 蚜虫之间，平均世代周期差异显著，$F_3$ 的世代周期明显短于 $F_1$，说明 $Zn^{2+}$对麦长管蚜的影响已经遗传到后代且毒害作用已经开始累积，但 $r_m$ 和 $\lambda$ 差异不显著。高浓度（10.0mmol/L）$Zn^{2+}$处理后，$F_2$ 至 $F_3$ 蚜虫出现了 $r_m$ 和 $\lambda$ 的小幅增长，说明经历 2 代以后，麦长管蚜开始对 $Zn^{2+}$胁迫产生的毒害作用有所适应，种群为抵御 $Zn^{2+}$毒害而付出的代价开始减少。

## 三、特定时间生命表研究方法

### （一）仪器设备与准备

人工气候箱、待试植物、刚羽化的成虫、微型笼罩（$\Phi$5mm，适于蚜虫等小型昆虫，图 9-3）或小型笼罩（$\Phi$10mm）、叶罩、玻璃套及支杆（图 9-4）、胶带、纱布、标签、记号笔、分析天平（1/100 000）等。

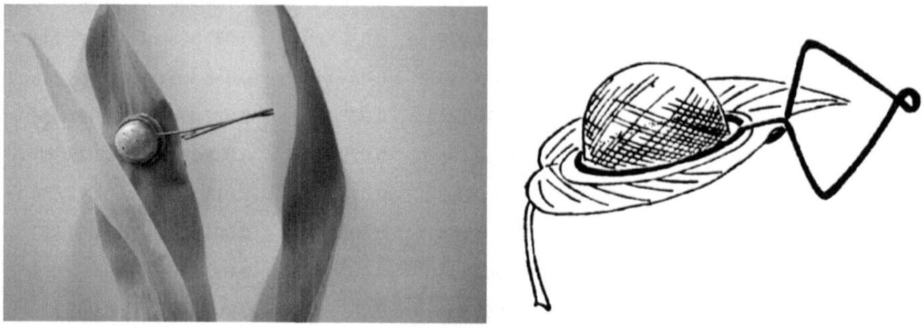

图 9-3　微型笼罩

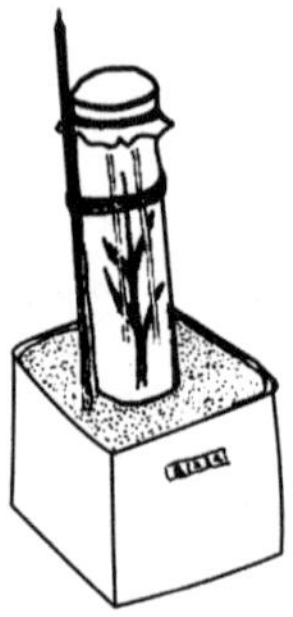

图 9-4　单株小麦、单头蚜虫、单个玻璃套

### （二）步骤

以蚜虫为例。第一天，挑取成蚜（有尾片——绝对特征）50 头放在 1 盆无虫的植物上，用大玻璃罩将整个花盆和植物罩住；第二天，挑取初产若蚜称重后接于待试植物叶片上用微型笼罩罩住，或接于小麦上用玻璃套套住整株小麦。每头蚜虫用一个微型笼罩或玻璃套或叶套，编号并记录若蚜重量。

### （三）实验观察与记载

蚜虫生长发育期，每天三次观察每头蚜虫的蜕皮情况并记录，直至成虫，称重后再返回原处用罩子罩住；繁殖期温度在20℃以下时每两天观察一次，记载初产若蚜数量并剔除，直至成虫死亡；20℃以上时，每天观察记录一次，剔除若蚜，直至成虫死亡。

由于特定时间生命表适于实验种群，因此不同环境因子组合可以确定环境因子对种群生物学和生态学特征的影响，具体可学习参考文献中的案例。

## 第三节　特定年龄生命表的研究方法

特定年龄生命表一般是在自然条件下，受各种环境因素影响所获得的生命表。最典型的案例是小菜蛾的生命表。表9-5是Harcourt于自然条件下在晚白菜上做的44个小菜蛾生命表中的一个。具体步骤与方法如下。

**表9-5　晚白菜上小菜蛾第三世代生命表**（Harcourt，1969）

| $x$（发育阶段） | $l_x$（存活数） | $d_x$F（死亡原因） | $d_x$（死亡数） | $q_x$（死亡率） | $S_x$（存活率） |
|---|---|---|---|---|---|
| 卵（$N_1$） | 1154 | 未受精 | 14 | 1.2 | 0.99 |
| 幼虫（1龄） | 1140 | 下雨 | 536 | 47.0 | 0.53 |
| 幼虫（2龄） | 604 | *Microplitis plutellae*（寄生） | 140 | 23.2 | 0.77 |
| | 464 | 下雨 | 77 | 16.6 | 0.83 |
| 预蛹 | 387 | *Diadegma insularis*（寄生） | 198 | 51.2 | 0.49 |
| 蛹 | 189 | *D. plutellae*（寄生） | 53 | 28.2 | 0.72 |
| 蛾 | 136 | 性比（40.1%） | 27 | 19.9 | 0.80 |
| 雌蛾×2（$N_3$） | 109 | 光周期 | 52.4 | 48.1 | 0.52 |
| “正常雌蛾”×2 | 56.6 | 成虫产卵前死亡 | 48.1 | 85.0 | 0.15 |
| 世代总和 | 8.5 | — | 1145.5 | 99.3 | — |

注：实际卵量，8.5/2×216=918（$N_2$）；期望卵量，56.6/2×216=6113（216表示每雌最高产卵量）；种群趋势指数，$I=N_2/N_1$=918/1154=0.80

1）卵期：产卵完毕后查卵数，得该发育阶段的$l_x$，又记为$N_1$。辅助实验，每代同时饲养200粒卵，用于估计因未受精而未孵化的部分。

2）1龄幼虫：从孵出到4龄中期，检查幼虫数得该发育阶段的$l_x$。因4龄以前幼虫太小，难以区分龄期，又无虫蜕证据，故合并为1龄幼虫或前期幼虫。$d_x$F：主要因子是下雨，其他因子略去。$d_x$：2龄幼虫的$l_x$减去1龄幼虫的$l_x$得来。

3）2龄幼虫：从4龄中期到茧形成后，检查茧数得该发育阶段的$l_x$。由于寄生导致的死亡率：从辅助实验饲养的2龄幼虫而获得。因雨死亡数：通过扣除而获得。

4）预蛹：$l_x$可直接计数。$d_x$：辅助实验饲养得出。

5）蛹：$l_x$可直接计数。

6）蛾：$l_x$羽化为成虫的蛹数。性比用羽化成虫来统计。因雄虫可多次交配，故雌虫比例大有利于种群增长。相反，性比有利于雄虫时按死亡因子处理。

7）雌蛾：以$N_3$表示，加倍以维持生命表的平衡。

8）正常雌蛾：$l_x$代表能产生足够的卵量的雌虫数。

9）期望卵量：正常雌蛾数×216，这是期望的数值。

10）实际卵量：下一代的卵量，由田间调查获得。可大于或小于期望卵量。这是由于成虫迁飞、交配失利、雌虫死亡等。在此例中则为不利的气候因子。实际卵量以 $N_2$ 表示。

11）世代存活率（$S_G$）：表示可以发育到最后羽化为成虫的卵所占的比例。$S_G=N_3/N_1$。

12）种群趋势指数（$I$）：新一代的卵量与上一代卵量的比值。$I=N_2/N_1$，$I>1$ 为上升趋势，$I<1$ 为下降趋势。也可以通过将各 $S_x$（存活率）连乘，并乘以种群最高产卵量而得到 $I=S_{x1}\times S_{x2}\times S_{x3}\times\cdots\times S_{xn}\times$（每雌最高产卵量/2）。

此例中：

$I$=0.99×0.53×0.64×0.49×0.72×0.80×0.52×0.15×（216/2）=0.798 4≈0.80

## 第四节　建立生命表应注意的事项

建立有价值的生命表不是轻而易举的事情，特别是自然条件下建立特定年龄生命表更为困难。因此，有以下值得注意的事项。

### 一、抽样

建立生命表所需的数据资料要求十分严格，不但各个重要虫态要有准确的调查数据，而且各虫态内不同致死因子所造成的死亡数也要有准确的估值。若抽样误差大于虫态间或不同致死因子间所造成的死亡率之差，则所得结果不可信。

第一，要进行空间分布图式的研究，在这个基础上才能建立科学的、符合要求的抽样技术。

第二，样本单位的选择也很重要。按照昆虫的生活史和生物学特性及抽样的要求选取一个适当的、基本的种群抽样单位，来比较不同生活史时期的密度。这个单位可以是一株植物、一部分植物、一定量的土壤……但必须恰当地代表种群所存在的整体。Morris 曾提出选择恰当的样本单位的 6 个标准：①所有样本单位都应有同样的被选上的概率；②样本单位是恒定的，不能因植物的生长习性而改变；③以该样本单位为生境的昆虫种群的比例应是恒定的；④样本单位应合理地小，以便能在一定的田块和日期内完成足够的样本数的调查；⑤通过样本单位可估计种群的绝对数量；⑥从实践上考虑，样本的收集应较为容易。

第三，样本数要按照空间分布图式确定理论抽样数。置信概率应为 95%以上；允许误差应小于±10%。

第四，抽样时间和方式。抽样时间的确定依赖于对该昆虫生活史和生活习性的了解，取样的时间也与死亡的分布有关。在存活曲线处于平稳的阶段，可放宽抽样间隔，因为此时种群变动较小。当昆虫种群处于急剧变化时（数量剧变或虫态演变），应缩短调查间隔。

### 二、昆虫年龄间隔的确定及其调查

生命表中 $x$ 项（即调查的年龄间隔）的确定，要从实践出发将不同虫态合并。例如，1 或 2 龄幼虫不易调查而合并为小幼虫；初孵幼虫不易调查而用总卵数减未孵化的卵数求得；羽化的成虫用调查蛹壳数来代替；成虫死亡率用实际产卵量和期望卵量之差来计算。

### 三、死亡因子确定与补充实验

对于死亡因子作用不易估计的（如降雨的影响、寄生、捕食作用、迁入和迁出等），可设独立且并行的实验。例如，在大雨的前后，观察种群数量变化；通过饲养宿主昆虫来估计寄生者的作用；通过标记—释放—回捕技术估计迁入和迁出量等。捕食者的效应难以测定，因为它们运动或者因为吃掉整个猎物而无法追踪。同时，一种捕食者可取食多种猎物，只估计每头捕食者对该昆虫的捕食量（如用有关实验室数据）也不准确。为此，可用捕笼、解剖捕食者的胃等予以估计。

即使是主要的几个致死因子，要想确定其作用的强度，也是很困难的。需做大量的细致调查和补充实验。但是，假若不能确定主要的致死因子，即使做了生命表，也进行了关键因子的分析，最多也只能知道哪一个年龄间隔是关键的，到底是什么原因造成的种群变动仍不清楚。

## 四、预备实验

对于特定时间生命表，特别是实验种群生命表，在做正式实验前，一般先做预备实验：一方面准备同龄供试试虫；另一方面可及时发现问题并调整实验方案。统计上的重复是为了提高可靠性。然而，自然条件下的特定年龄生命表无法重复特定的时空条件，所以，只能以大样本来保证其可靠性。

## 五、生命表中年龄鉴定是关键

在某一时刻取样，对所有个体的年龄进行鉴定不是容易的事情。在昆虫特定时间生命表研究中，由于在控制条件下没有天敌、狂风暴雨、农药等干扰，因此，年龄鉴定的有利之处在于：卵孵化——要有卵壳为证，不会被天敌吃掉或风雨吹刮掉；年龄增加——要有虫蜕为证；化蛹——要见到裸蛹或围蛹；羽化——要有蛹壳为证。

## 六、测定$l_x$

测定种群中各发育阶段的$l_x$是组建生命表的基础。在大多数昆虫的自然种群中，发育不整齐，如卵的孵化有早有晚。如何计算总的卵数呢？可选用的方法很多。有些计算起来繁杂，最简单的方法是作图法。这种方法是把相继的调查数值标注在坐标纸上。最好每一天、每一虫均各占一格。各点连起来以后，把线以下的方格统计起来再除以田间的发育历期即可。

如果死亡率高且死亡均发生在阶段末，或者死亡率低且均匀地分布在较长的发育历期之中，估算值可近似于进入该虫期的个体数。若死亡率是不变的，那么该估算值就是达到该阶段中期的个体数。更简便的方法是不作图。把每次调查的虫数与调查距离相乘，再除以平均历期，可求出该龄期的中期个体数。

一个设计很好的生命表可以获得大量生命信息。第一，根据研究的对象和目的，确定生命表的类型；第二，根据研究对象的年龄结构是否稳定，世代是否重叠，是实验种群或是田间自然种群，确定实验方法；第三，根据研究目的确定需要什么样的信息，是否长期坚持制作生命表，是否需要进行关键因素分析和建立系统模型等；第四，设置合理的时间间隔、初始虫量，必要的处理（温度、湿度、食物）和重复，单头或群体饲养，饲养的设施或器具和记载表格（主要反映死亡和生殖）。对于特定年龄生命表还要特别注意发育阶段的区分，死亡原因的项目设置和顺序，田间调查的方法及取样，室内饲养的补充及其方法（如天敌寄主），田间对比调查的项目和设计（如大风、暴雨等条件的急剧变化）等。另外，在制作生命表时，对特定时间生命表应注意“平均每雌产雌数”的数据；对特定年龄生命表，当其死亡因子非独立时，要注意区分先后，当利用田间调查的种群数量作为不同阶段存活数时，要注意生命表的平衡。

生命表，特别是死亡原因生命表，宜逐代逐年积累。在此基础上可建立多年的平均生命表，这样做有利于建立系统模型和应用于预测预报。

# 第五节　生命表的应用

生命表是一种分析种群动态、关键因素、环境条件对种群的影响等有利的工具，用途很广泛。

## 一、种群的遗传作用力与环境作用力分析

在昆虫生态遗传学中，人们常困惑遗传作用力和环境作用力信息的获得。在不同环境条件组合的多个生命表中，最大的内禀增长率就是该物种的遗传作用力，而其环境作用力则是最大内禀增长率与最小内禀增长率之差。如表 9-6 所示，小菜蛾在 8～33℃环境下的遗传作用力为 0.239，则环境作用力为 0.226（即 0.239−0.013）。

**表 9-6　小菜蛾在不同温度下的繁殖力和种群增长参数**（但建国等，1993）

| 温度/℃ | 正常雌虫/% | 正常雌虫平均产卵量/粒 | 实际产卵量/粒 | 种群趋势指数（$I$） | 世代历期（$T$）/d | 内禀增长率（$r_m$） | 月增长倍数（$\lambda$） |
|---|---|---|---|---|---|---|---|
| 8 | 0.700 | 196.43±63.06abc | 137.50 | 6.55 | 145.79 | 0.013 | 1.5 |
| 12 | 0.778 | 218.43±72.28abc | 169.90 | 39.93 | 77.26 | 0.048 | 4.2 |
| 14 | 1.000 | 232.75±38.36ab | 232.75 | 48.27 | 54.87 | 0.071 | 8.4 |
| 17 | 1.000 | 243.29±46.63ab | 243.29 | 48.29 | 37.90 | 0.102 | 21.3 |
| 20 | 1.000 | 266.50±55.65a | 266.50 | 67.08 | 26.96 | 0.156 | 107.8 |
| 23 | 1.000 | 272.43±51.31a | 272.43 | 77.49 | 22.19 | 0.196 | 357.8 |
| 25 | 1.000 | 234.43±91.60ab | 234.43 | 72.72 | 19.97 | 0.215 | 632.7 |
| 27 | 1.000 | 179.67±40.61bc | 179.67 | 52.76 | 17.19 | 0.231 | 1022.5 |
| 30 | 0.800 | 157.88±53.49cd | 126.30 | 33.56 | 14.69 | 0.239 | 1299.8 |
| 33 | 0.500 | 104.67±33.01d | 52.34 | 6.06 | 13.57 | 0.133 | 54.1 |

注：表中不同小写字母表示同列数据在 $P<0.05$ 条件下差异显著

## 二、关键因素分析

关键因素是指对种群数量变动起主导作用的因素。Morris 根据对云彬卷叶蛾生命表的长期研究，提出影响种群数量的因子有两种类型：第一类，其造成的死亡率在世代或年份之间保持相对稳定，对种群数量变动的影响甚微，如果它对种群的 $I$ 值影响甚大，可看成是重要因子；第二类，其造成的死亡率在世代或年度间变动较大，即使它们对种群 $I$ 值的影响较小，但对种群数量变动起着主导作用，因此称为关键因子。由此看出，关键因子在于一个“变”字。

可应用重复多次的生命表资料进行统计分析并确定哪一个时间间隔或哪一代害虫的死亡因子是影响种群变动的关键因素。解析各种自然控制作用因子的实际作用，分析种群数量的发展趋势，为种群的控制提供依据。

令 $K$ 为世代总死亡力，$k$ 为亚死亡力（作用于各个年龄间隔的死亡力），则用总死亡力 $K$ 与 $k$ 的相关关系决定关键因子。具体做法如下。

（1）先求出各年龄间隔的亚死亡力 $k$

$$k = \lg N - \lg N_s$$

式中，$N$为死亡力作用前的个体数；$N_s$为从死亡力作用下存活下来的数目。

例如，小菜蛾生命表中，1 龄幼虫开始时为 1140 头，2 龄幼虫为 604 头，该阶段中死亡 536 头，则 1 龄幼虫的亚死亡力$k$为

$$k=\lg 1140-\lg 604=3.056\,9-2.781=0.275\,9$$

（2）再求出世代总死亡力 $K$

$$K=k_1+k_2+k_3+\cdots k_n$$

即世代总死亡力等于各亚死亡力之和。

（3）确定关键因子

1）绘图目测法。以世代或年份（时间段）为横坐标，以对数标度为纵坐标，分别画出$K$及各个$k$值的曲线。哪一条$k$值的曲线与$K$值的曲线最相似（升降一致），则该$k$值为关键因子。有时找不出明显的关键因子，而且其他死亡力的重要性也看不出来，则需用回归法。

2）回归法。将各个亚死亡力（$k$值）分别放在$y$轴上，以$K$值放在$x$轴上，求出各个$k$值与$K$的回归系数$b$。斜率$b$最大的亚死亡力，按定义为关键因子，各回归系数之和应接近 1。各死亡因子对世代种群密度变化的相对重要性也可由$b$值看出。由于此方法克服了绘图目测法的两个缺陷，因而更为通用。

## 三、植物抗虫性分析

利用生命表资料可分析不同品种的抗虫性，如表 9-2 所示。

## 四、评价各种防治措施对控制害虫的作用

生命表方法不仅能精确地分析各种防治措施在害虫发生的某一特定时刻的防治效果，而且能从整个种群数量发展的趋势全面衡量其最终的作用。这是应用生命表技术评价的一个显著优点，如表 9-7 所示为利用生命表资料评价天敌的防治效果。

**表 9-7 赤眼蜂和农药对稻纵卷叶螟的防治效果评价**（黄寿山等，1996）

| 虫期 | 作用因子 | 各虫期存活率 | | |
|---|---|---|---|---|
| | | 对照区 | 放蜂区 | 施药区 |
| 卵 | 捕食及其他 | 0.54 | 0.54 | 0.54 |
| | 寄生 | 0.66 | 0.14 | 0.66 |
| 1 龄幼虫 | 捕食及其他 | 0.88 | 0.76 | 0.10 |
| 2 或 3 龄幼虫 | 捕食及其他 | 0.88 | 0.76 | 0.98 |
| | 寄生 | 0.16 | 0.14 | 0.94 |
| 4 或 5 龄幼虫 | 捕食及其他 | 0.90 | 0.76 | 0.97 |
| | 寄生 | 0.76 | 0.64 | 0.93 |
| 预蛹 | 寄生 | 0.99 | 0.98 | 1.00 |
| 蛹 | 捕食及其他 | 0.93 | 0.86 | 0.96 |
| | 寄生 | 0.76 | 0.64 | 0.90 |

## 五、以生态作用因子组建的种群生命表

利用以生态作用因子组建的种群生命表可分析环境对昆虫种群生态遗传进化的影响，如研究不同紫外光强度照射对蚜虫种群遗传进化的影响（表 9-8）。

**表 9-8　不同紫外光强度照射下的蚜虫生态学参数比较**（李军等，2005）

| 照射强度/（μW/cm²） | 发育历期 /d | 净增殖率（$R_0$） | 平均世代周期（$T$）/d | 内禀增长率（$r_m$） |
|---|---|---|---|---|
| 45 | 9.69 aA | 62.31 | 18.01 | 0.229 4 |
| 30 | 8.94 bB | 56.06 | 19.49 | 0.208 3 |
| 15 | 8.38 cC | 44.78 | 18.61 | 0.204 2 |
| CK | 7.23 dD | 37.11 | 17.75 | 0.203 6 |

注：表中不同小写字母表示同列数据在 $P$<0.05 时差异显著；不同大写字母表示同列数据在 $P$<0.01 时差异显著

不同紫外光强度照射处理下的蚜虫生态学特性发生了变异（表 9-8）：照射强度越大，发育历期越长，即紫外光明显影响蚜虫的发育速度，延长了其发育时间，证明紫外光对蚜虫的发育造成了不利的影响。平均世代周期 $T$ 也有明显的变化，与对照相比，三个处理均延长了其生命周期，证明紫外光的照射延长了蚜虫完成一个世代的发育时间。从表 9-8 还可以看出，净增殖率 $R_0$ 发生显著变化，即照射强度越大，净增殖率越大，说明紫外光照射致使蚜虫的种群数量在增加。种群数量的增加是蚜虫对逆境的一种强烈反应，有可能是紫外光致使控制蚜虫繁殖的某个基因发生突变，从而了改变了蚜虫体内的某种机制使得蚜虫种群数量反而增加。内禀增长率 $r_m$ 也随着紫外光强度的增强而增大，在紫外光胁迫下，蚜虫对这种逆境产生了抗性，被照蚜虫 DNA 发生变异，更好地适应了原来的环境。

## 六、生命表方法在昆虫预测预报中的应用

根据稻纵卷叶螟生命表资料，在田间一代卵的自然寄生率为 10%，二代卵与一代卵的比率（即种群趋势指数 $I$）为 5.2，现在要在第一代卵期人工释放赤眼蜂，预测释放该蜂后田间寄生率达到多大，才能使第二代卵量维持或低于第一代卵量的水平。如果 $S_i$ 为存活率，$a_i$ 为赤眼蜂应达到的寄生率。根据 $I（a_i）/I = 1-a_i/S_i$，则 $I（a_i）=I（1- a_i/S_i）=1$，整理得，5.2 ×（$1-a_i/0.9$）=1，结果为 $a_i$=0.727，即预测释放赤眼蜂后一代卵的寄生率必须提高 72.7%，才能达到 82.7%，即可将二代卵量控制在一代的水平。

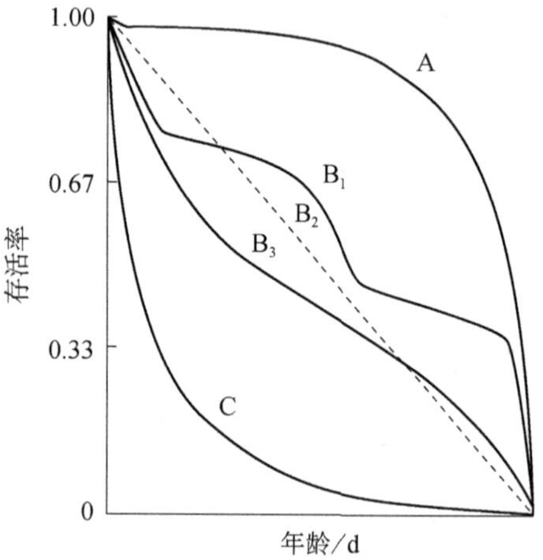


图 9-5　由生命表获得的生存曲线类型
A. 多数个体都能生存到该物种特有的生理年龄，然后大批死亡；$B_1$～$B_3$. 所有年龄或年龄组的死亡率大致相等，呈直线；C. 早期死亡率极高，呈凹曲线形

## 七、生存曲线的应用

应用生命表可以获得种群存活率随时间或年龄而变化的曲线。种群存活曲线一般都用累计存活率表示，因而它是一条从 1.0 单调下降至 0 的曲线，表现了一个同龄种群从出生直至死亡的全过程。种群存活曲线的形式既是物种的自然属性，又受环境条件的影响。种群生存曲线分 3 种类型（图 9-5）。存活曲线的形状对于害虫防治策略的制定很有帮助，因为它表明了一种害虫容易遭受伤亡的发育阶段或时间，从而指导人们强调对该期的防治工作。另外存活曲线对于了解相应的寄生物的繁殖对策也具有重要意义。以寄生蜂为例，那些繁殖力弱的寄生蜂，一般很少去寄生具有 A 型曲线的植食性昆虫，因为在早期寄生的情况下，尚未成熟的寄生昆虫必然会遇到同寄主那样相当高的死亡率。

# 第六节　年龄-龄期两性生命表研究技术及其应用

我国学者 Chi 和 Liu 对传统生命表进行了补充和改进，创立了年龄-龄期两性生命表（age-stage two-sex life table），其原理是根据昆虫雌、雄两性发育特点，分别单头详细记载它们的生死过程，组建昆虫种群生死过程的表格。然后通过统计分析和比较，确定其存活率、繁殖率、内禀增长率、发育速度、寿命、期望寿命等生命参数，进而进行种群数量预测、计算遗传作用力和环境影响力，为天敌的释放及害虫的生态调控提供理论依据。由于生命表分析复杂，Chi 开发了使用方便的两性生命表软件（TWOSEX-MSChart），便于研究者分析数据。此外，Chi 还将两性生命表用于预测种群增长，开发出 TIMING-MSChart 软件；将生命表用于天敌捕食率与害虫取食量研究，开发出 CONSUME-MSChart 软件分析捕食率与取食量（扫描右侧二维码进入网站可免费下载上述软件和详细的使用教程）。

## 一、年龄-龄期两性生命表的原理

### （一）精确描述龄期分化

龄期分化是昆虫的特点，不同的龄期有不同的生理现象、行为能力、环境适应力、抗药性等，因此正确描述昆虫的龄期分化对生态学、生理学、害虫治理等各种研究都十分重要。TWOSEX-MSChart 的年龄-龄期存活率曲线是新生个体（年龄 0、龄期 1）存活到年龄 $x$ 与龄期 $j$ 的概率（图 9-6）。从图 9-6 可以看出，凹角豆芫菁（*Epicauta impressicornis*）各龄期出现的年龄（龄期分化）与龄期间有重叠，也能看到雄性的存活率。因此使用 TWOSEX-MSChart 可以测量雌雄两性间发育速率、存活率、寿命、期望寿命的差异，并将其纳入生命表分析。

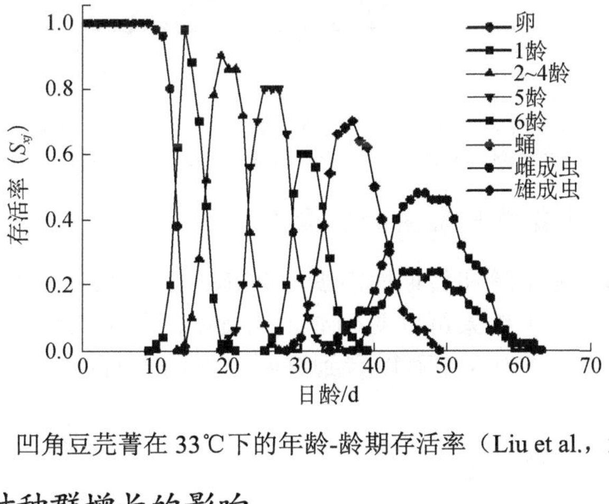


图 9-6　凹角豆芫菁在 33℃下的年龄-龄期存活率（Liu et al.，2018）

### （二）研究性比对种群增长的影响

性比对两性种群生长的影响是毋庸置疑的。TWOSEX-MSChart 分析生命表时包含所有个体（雌性、雄性、成虫前期死亡个体），通过 bootstrap 取样可以反映性比对种群存活、发育与繁殖的影响。TWOSEX-MSChart 可以提供 $N_f/N$、$N_m/N$、$N_n/N$、$N_m/N_f$ 等有关数量的比率，其中 $N$ 是种群总数，$N_f$ 是雌虫数，$N_m$ 是雄虫数，$N_n$ 是成虫前期死亡的虫数。这些比率包含了雌、雄数量在种群中的比率、成虫前期死亡率等。在运用不育昆虫释放技术（SIT）与诱杀雄虫技术（MAT）时，有着广泛的应用。

### （三）采用 bootstrap 技术估计种群增长变异性

bootstrap 技术可以对一个种群进行 100 000 次取样后分析种群的变异性，同时用 bootstrap 所有样本的 0.025 与 0.975 百分位的生命表模拟种群增长的变异性。只要种群足够大，bootstrap 分析的结果更符合中心极限定理（central limit theorem）。为连接生命表与捕食率分析，TWOSEX-MSChart 分析将 100 000 次的 bootstrap 样本记录下来供 CONSUME-MSChart 软件使用。这样不仅把生命表理论与取食量理论相结合，而且使数据分析更加系统，也能够正确估计转换率（$Q_p$）的标准误。

## 二、年龄-龄期两性生命表的应用

### （一）预测种群的增长与防治适期

因为年龄-龄期两性生命表能描述龄期分化，所以将生命表数据用于计算机模拟可以预测种群在增长过程中龄期结构（图 9-7）与取食量的变化，也可以依据各龄期对药剂的敏感性预测防治适期。使用 TWOSEX-MSChart 分析生命表时，可自动将模拟所需要的数据写成文档，使用者可以直接输入 TIMING-MSChart 软件，既方便也不会出错。

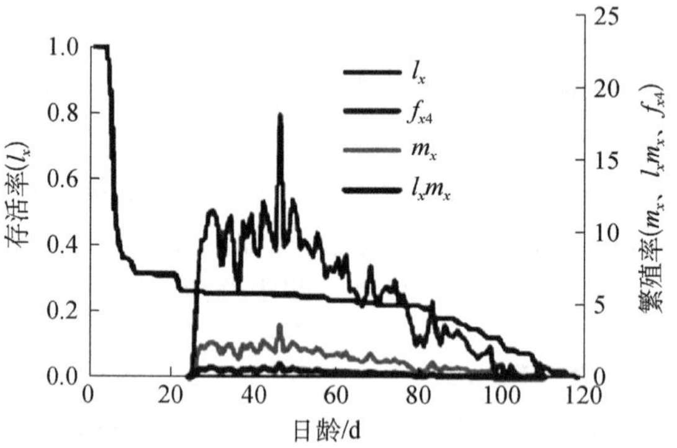


扫码见彩图

图 9-7　DsRed$^+$/RTA$^-$处理组的橘小实蝇雌虫存活率和繁殖率（Chang et al.，2016）

$l_x$ 表示存活率；$f_{x4}$ 表示雌成虫的年龄繁殖率；$m_x$ 表示种群的年龄繁殖率；$l_xm_x$ 表示种群的年龄净增殖率

### （二）分析天敌的捕食率与害虫的取食量

捕食率与取食量都会随年龄和龄期而改变。CONSUME-MSChart 是以两性生命表理论为基础的取食量分析软件，分析结果可以明确显示捕食率随年龄与龄期的变化（图 9-8）。因为卵期与蛹期没有捕食能力，图 9-8 中可以看到这两个虫期的捕食空档期。

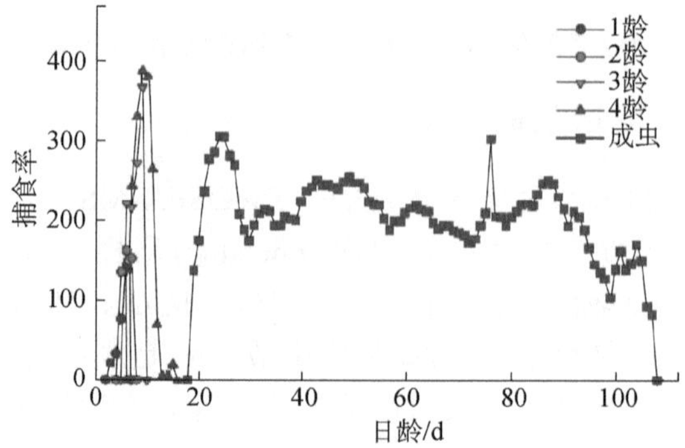


扫码见彩图

图 9-8　小十三星瓢虫年龄-龄期捕食率（Mou et al.，2015）

### （三）预测天敌的种群增长与捕食潜能

将 TWOSEX-MSChart 与 CONSUME-MSChart 结合，利用净捕食率（finite predation rate）比较不同天敌的效率。将生命表与捕食率结合则可以进一步用 TIMING-MSChart 模拟预测天敌的种群增长和捕食潜能（图 9-9）。由于卵期与蛹期没有捕食能力，图 9-9 中显示释放两次可以填补捕食空档。

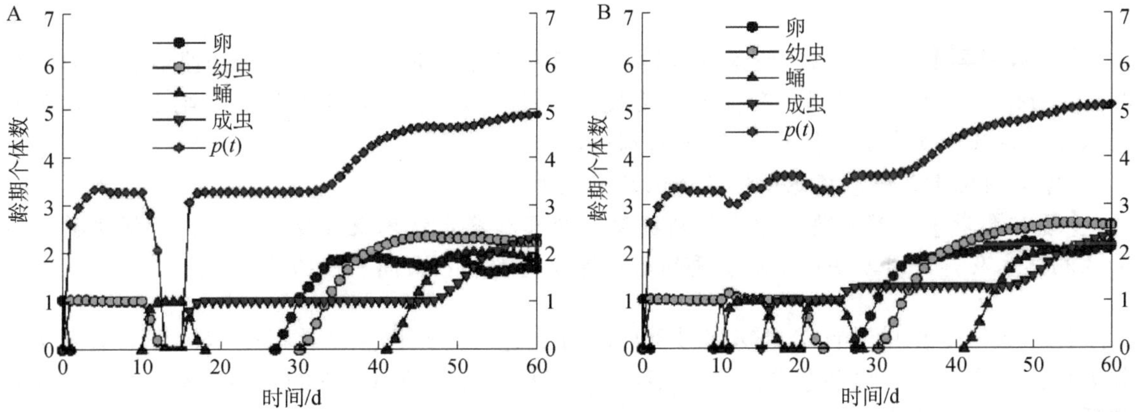


图 9-9　小十三星瓢虫种群增长过程中各龄期（卵、幼虫、蛹和成虫）个体数与捕食潜能 $p(t)$的变化（Mou et al.,2015）

A. 单次释放；B. 两次释放

扫码见彩图

### （四）用于指导天敌的大量繁育

在生物防治中，必须用科学和经济的方法做好天敌的大量繁育与应用工作。TWOSEX-MSChart 在完成生命表分析后就可以分析大量繁育的方案，并且依据繁育对象各龄期所需要的费用估算来优化经济有效的繁育方法。例如，Liu 等通过比较分析凹角豆芫菁在不同温度下的生活史与饲养费用，为其规模化生产和释放提供理论与技术支撑。

### 【思考题】

1. 使用生命表技术研究昆虫的种群动态有哪些优点？
2. 如何制作特定时间生命表？得到的种群参数有哪些？各有何生物学意义？
3. 特定年龄生命表与特定时间生命表有何区别？
4. 建立生命表应注意哪些事项？
5. 如何采用关键因素分析法分析种群数量的发展趋势？
6. 年龄-龄期两性生命表有哪些应用？

（赵惠燕，胡祖庆）

# 第十章　昆虫化学通讯研究方法

【**内容提要**】本章从信息物质的提取、分离和鉴定，电生理测定，行为生测，田间应用4个方面介绍了昆虫化学通讯研究的主要技术手段。帮助探究昆虫与昆虫、昆虫与植物之间的联系，以及开发害虫防控的新理论和新技术。

【**学习目标**】系统掌握昆虫化学通讯的研究方法。

【**基本要求**】了解主要的信息物质提取、分离和鉴定技术及其操作方法；了解主要的行为生测技术及其使用方法；了解主要的诱捕器类型及其在田间应用的技术要点。

化学通讯是昆虫进行信息交流最重要的方式之一，是昆虫个体以化学信号（信息化合物）作为媒介的通信联系方式。本章系统介绍了昆虫化学通讯研究的主要技术手段：①信息物质提取、分离和鉴定技术，主要介绍了动态顶空收集法、吹扫捕集法、固相微萃取、薄层色谱与柱色谱、高效液相色谱、气相色谱等；②昆虫电生理测定技术，主要介绍了触觉电位和味觉电位技术；③行为生测技术，主要介绍了嗅觉仪、风洞技术、轨迹球、飞行磨；④田间应用方法，主要介绍了诱捕器类型、田间布置和缓释材料与试剂。

## 第一节　信息物质提取、分离和鉴定技术

### 一、信息物质提取技术

#### （一）动态顶空收集法

动态顶空收集法（dynamic headspace sampling，DHS）利用气固吸附原理，采用高效吸附剂将空气流中的信息物质分子吸附在吸附剂上，随后再用溶剂洗脱下来。

**1. 吸附管的制备**　吸附管可以根据实验需求定制玻璃管或内壁抛光的不锈钢管，内径一般为3.5～5.0mm，长度为80～180mm。装入吸附剂前先用玻璃纤维将管的一端封堵，取适量吸附剂装入吸附管，另一端同样用玻璃纤维封堵。依次用色谱纯的正己烷、二氯甲烷、乙醚、乙醇、甲醇淋洗，氮气吹干或进行热解活化。用干净的锡箔纸包好密封，放置于4℃冰箱备用。常用的吸附剂有XAD-2树脂、GDX-101、Tenax-TA/GC、Porapak Q、HayeSep P。

**2. 采样室的选择**　依据植株大小选择无味透明的玻璃罐或聚氟乙烯采集袋作为采样室。使用前必须经过重蒸水清洗，再用正己烷和乙醇反复擦拭，高温烘干。

**3. 收集装置**　把植物整体或部分放入密闭的采集袋或玻璃罐中，让气流不断通过吸附管，从中收集植物挥发性的化学成分。收集装置主要包括以下几个部分：供气泵、气体净化瓶、采样室、吸附管、流量计及抽气泵（图10-1）。小样本时供气泵和抽气泵均可使用大气采样仪，气体净化瓶可以根据实际需要用装有活性炭、硅胶的孟氏洗瓶组成，如对活体植物的挥发性物质进行收集，还可增加装有蒸馏水的孟氏洗瓶以提高进气的湿度，空气流速由

大气采样仪和玻璃转子流量计调节控制。收集装置中所有器件均用无味的特氟隆管连接。

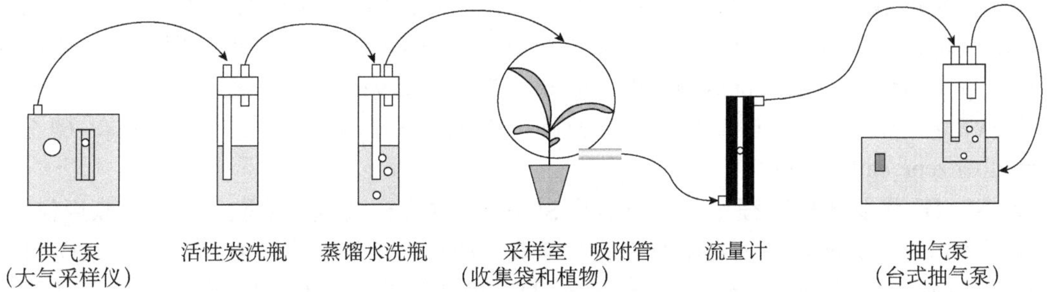


图 10-1　动态顶空收集法示意图（黄翠虹，2006）

**4. 样品保存**　采集完毕后，用锡箔纸密封吸附管，并装入自封袋，置于超低温冰盒带回实验室。用色谱纯的正己烷洗脱吸附管，收集 1mL 左右含有气体的洗脱液于 2mL 棕色进样瓶内。氮吹浓缩至 100μL。最后将样品置于 −18℃冰箱保存，直至进行仪器分析时取出。使用过的吸附管重复吸附管制备时的淋洗、氮气吹干或热解活化过程，锡箔纸密封，冷藏备用。

## （二）吹扫捕集法

吹扫捕集法（purge and trap，PT）从理论上讲是动态顶空技术。将惰性气体（多采用高纯氮气）不断通过待测样品，挥发性物质随气流不断进入装有吸附剂的捕集器，富集在捕集器中，随后经热解析将样品送入气相色谱仪（GC）进行分析（图 10-2）。吹扫捕集法能测量更低的痕量组分。

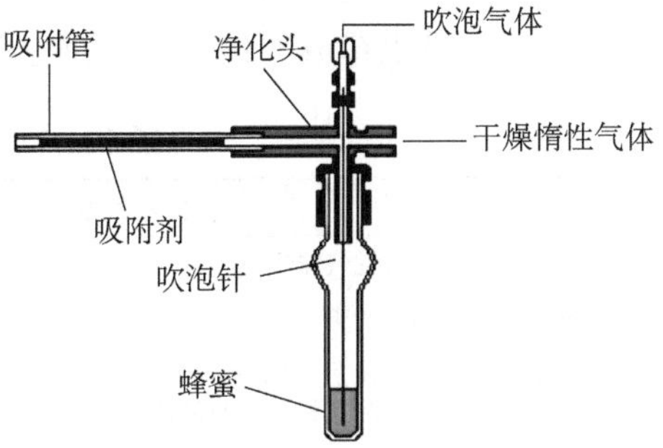


图 10-2　吹扫捕集装置示意图
（Louis et al.，2007）

## （三）固相微萃取

固相微萃取（solid-phase microextraction，SPME）装置类似微量注射器，由手柄和萃取头组成。萃取头以熔融石英光导纤维或其他材料为基体支持物，在其表面涂渍不同性质的高分子固定相薄层作为吸附剂（图 10-3A）。纤维一端连接不锈钢内芯，外套细的不锈钢针管（以保护纤维不被折断）。手柄用于安装和固定萃取头，通过手柄的推动，萃取头可以伸出不锈钢管（图 10-3B）。利用“相似相溶”原理，对样品进行提取和富集后，直接转移至气相色谱（GC）或高效液相色谱（HPLC）中进行解析、分离和分析。

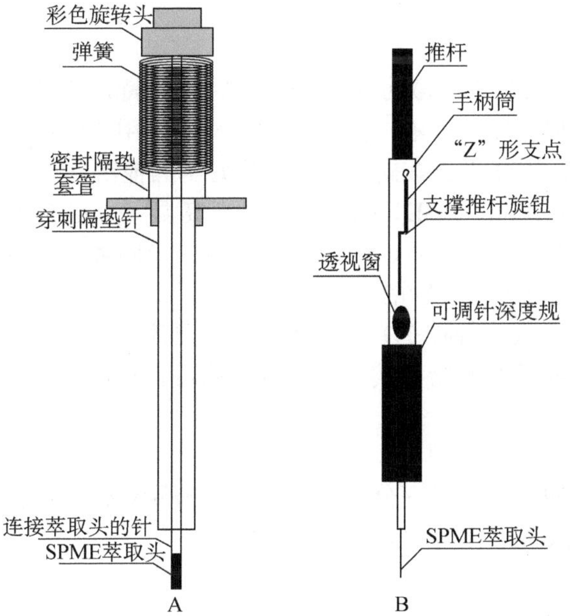


图 10-3　固相微萃取装置示意图（霍任锋，2004）

**1. 萃取头的选择**　不同萃取头上的

吸附剂种类和涂层厚度各不相同，对化学物质的吸附性依分子大小、极性和官能团不同而异，需要根据收集对象的性质选择合适的纤维头。常用的纤维头有聚二甲基硅氧烷（polydimethylsiloxane，PDMS）、聚丙烯酸酯（polyacrylate，PA）、聚二甲基硅氧烷/二乙烯基苯（polydimethylsiloxane/divinylbenzene，PDMS/DVB）、聚乙二醇/二乙烯基苯（CW/DVB）、聚二甲基硅氧烷/碳分子筛（PDMS/carboxen）、二乙烯基苯-碳分子筛（divinylbenzene/carboxen）。

**2. SPME 萃取样品过程**　萃取前将 SPME 手动进样装置的萃取头在气质联用仪的进样口高温活化 15～20min。较为常用的 SPME 萃取方法有直接萃取法和顶空萃取法。①直接萃取（direct immersion solid phase microextraction，Di-SPME）法：涂有萃取固定相的石英纤维被直接插入样品基质中，目标组分直接从样品基质中转移到萃取固定相中。适合于气体基质或干净的水基质。②顶空萃取（headspace solid phase microextraction，HS-SPME）法：被分析组分从液相中先扩散穿透到气相中，后从气相转移到萃取固定相中。这种改型可以避免萃取固定相受到某些样品基质中高分子物质和不挥发性物质的污染。适合于任何基质。顶空萃取法可用于收集昆虫释放的信息素。顶空萃取法和直接萃取法的比较如表 10-1 所示。

**表 10-1　顶空萃取法和直接萃取法的比较**

| 项目 | 顶空萃取法 | 直接萃取法 |
|---|---|---|
| 收集对象 | 挥发性气味物质 | 挥发性与非挥发性化学物质 |
| 收集用时 | 用时较长，一般几个小时甚至几天 | 用时较短，一般几分钟到几十分钟 |
| 后续实验 | 经淋洗后可以分成几份，可分别用于化学分析、行为测定和后续的验证 | 直接用于化学分析，或者用于行为测定，不能备份验证 |
| 样品数量 | 样品数量较多，在测试时可以使用较高的浓度 | 物质相对较少，不能满足较高浓度实验的需要 |
| 溶剂使用 | 需要使用不同的溶剂 | 无须使用溶剂，收集后直接在气相色谱（GC）上热脱附分析，可避免由于溶剂非挥发性次生物质不纯而造成的污染 |

### （四）其他提取方法

1）溶剂浸提法提取昆虫信息素，是传统的信息素提取方法。提取时将昆虫特定的腺体取下，或整只用有机溶剂浸泡，室温下静止浸提，取上清液，氮气浓缩后冷藏备用。常用的有机溶剂有正己烷、乙醚、甲醇、二氯甲烷等，重蒸正己烷提取效果明显好于其他溶剂。

2）快速溶剂萃取（accelerated solvent extraction，ASE）技术是一种在高温（室温 50～200℃）、高压（大气压 6895～20 684kPa）条件下多次循环、快速提取固体或半固体（含水 75%以下）样品的前处理方法，主要应用于高沸点天然产物的提取。

3）超临界流体提取（supercritical fluid extraction，SCFE）法，利用超临界流体二氧化碳（$CO_2$）对脂肪酸、植物碱、醚类、酮类、甘油酯等具有特殊溶解作用的物质进行提取。

## 二、信息物质分离技术

信息物质分离的目标是去除干扰样品分析的杂质，提高分析精度；提高被测定化合物检测灵敏度；提高样品与流动相的兼容性，从而改善定性定量分析的重复性。

### （一）薄层色谱与柱色谱

薄层色谱又称薄层层析（thin layer chromatography，TLC），属于平面色谱，利用混合物中各组分的理化性质的差别、层析过程中在不相溶的两个相中分布的不同达到分离目的。与薄层板涂层之间的吸附力强的物质相对移动较慢，在薄层板上移动的距离小；反之，与薄层板涂层之间的吸附力弱的物质相对移动较快，在薄层板上移动的距离大。

柱色谱又称柱层析（column chromatography，CC），是一种以分配平衡为机理的分离方法，在色谱柱中完成化合物之间的分离过程。混合物中各成分理化性质具有差异（分子极性、大小、吸附性能、分配性能等），以不同含量（浓度）分布于两相之中，在流动相推动下沿固定相以不同速度运动，从而得以分离。根据分离原理的不同，柱色谱主要分为5种类型：液固吸附色谱、液液分配色谱、键合相色谱、离子交换色谱和尺寸排阻色谱。

### （二）高效液相色谱

高效液相色谱（high performance liquid chromatography，HPLC）采用高效分离柱，柱体为直型不锈钢管，内径1～6mm，柱长5～40cm，减小填料粒度（5～10μm）和柱径以提高柱效。具有高压、高速、高效、高灵敏度、色谱柱可反复使用、样品量少、容易回收、数据在线多元采集与自动化处理的特点。70%～80%的有机化合物可用高效液相色谱分析，特别是不稳定的天然产物、种类繁多的其他高分子及不稳定化合物的分离分析。

### （三）气相色谱

气相色谱（gas chromatography，GC）中用难挥发的高沸点液体（称为固定液，如角鲨烷）或固体吸附剂（活性炭、硅胶等）作固定相，用氮、氢、氦、氩等气体（称载气）作流动相，称为气-液色谱和气-固色谱。其中，气-液色谱更为常用，固定相涂抹于化学惰性载体表面。

被分析的样品在高温情况下受热气化后，随气体流动相流入色谱柱，在色谱柱中，各组分经历了反复的溶解和挥发过程，组分之间由于在固定相中的溶解能力不同，其流出色谱柱的时间也不同，溶解度好的组分在色谱柱中保留时间较长，较晚流出色谱柱；而溶解度较小的样品则以较短的保留时间流出色谱柱，从而实现了混合样品的分离。具有高效能、高选择性、高灵敏度、所需试样量少、分析速度快的特点。可以分析气体和易挥发的或可以转化为易挥发的液体和固体。

### （四）其他分离方法

其他分离方法包括系统溶剂分离法、两相溶剂萃取法、分馏法、盐析法、膜分离法、升华法、沉淀法等。

## 三、信息物质鉴定技术

有机化合物鉴定常见的波谱主要包括4种：质谱、核磁共振谱、紫外光谱和红外光谱。其中，质谱和核磁共振谱应用最为广泛。

### （一）定性分析

**1. 气相色谱-质谱联用仪（GC-MS）** GC-MS（图10-4）采用与美国国家标准与技术研究所（National Institute of Standards and Technology，NIST）数据库进行比对的方法对物质进行定性分析。在已鉴定出的昆虫及与之相关的植物信息物质中，在结构上往往具有双键结构，但GC-MS并不能确定性信息素组分的立体构型（不同构象的化合物可能具有相同的保留时间），可利用化学衍生手段确定信息物质结构。单个双键的性信息素化合物，用 DMDS（二甲基二硫醚）与化合物的 C═C 发生衍生反应，然后将衍生产物经 GC-MS 分析，确定双键的位置，非极性色谱柱上的顺式结构化合物的衍生物出峰时间早于反式化合物。共轭双键的性信息素化合物，可用 MTAD（4-甲基-1,2,4-三唑啉-3,5-二酮）与化合物的共轭 C═C 发生 Diels-Alder 加成反应，判断双键的位置。

**2. 高效液相色谱检测器**　高效液相色谱检测器必须有被测组分的纯品作为定性标准对照物，根据出峰时间确定物质成分。检测器主要包括五类：紫外吸收检测器（ultraviolet detector，UV）、荧光检测器（fluorescence detector，FLD）、光电二极管阵列检测器（photo-diode array detector，PDAD）、示差折光检测器（refractive index detector，RID）、蒸发光散射检测器（evaporative light-scattering detector，ELSD）。

**3. 高效液相色谱-质谱联用仪（HPLC-MS）**　高效液相色谱-质谱联用仪需要构建本地物质数据库，实物如图 10-5 所示。

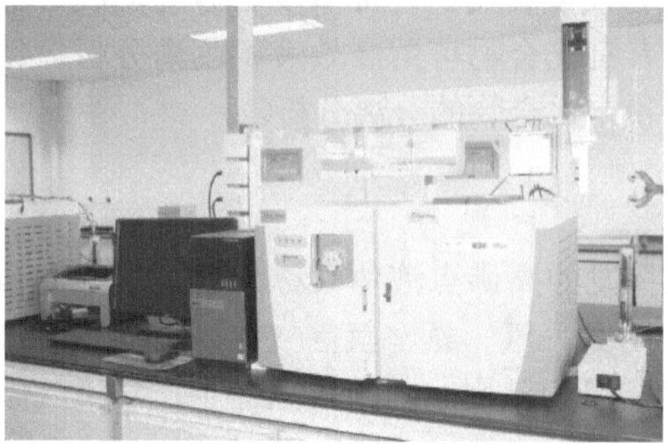

图 10-4　气相色谱-质谱联用仪

图 10-5　高效液相色谱-质谱联用仪

## （二）定量分析

定量分析主要包括归一化法、外标法和内标法。三种方法的比较如表 10-2 所示。

**表 10-2　三种定量方法比较**

| 项目 | 归一化法 | 外标法 | 内标法 |
|---|---|---|---|
| 操作 | 在一定分析条件下，样品经过溶解、过滤等操作以后，直接进分析仪器检测，得到色谱图 | 用待测组分的纯品作为对照物质，以对照物质和样品中待测组分的响应信号（即峰面积大小）相比较进行定量 | 选择样品中不含有的纯物质作为内标物加入待测样品中，以待测组分和内标物的响应信号（即峰面积大小）对比，对待测组分定量 |
| 优点 | 与进样量准确度无关，与仪器和分析条件有关 | 操作简便；只关注待测成分出峰，无须所有成分出峰 | 定量更为准确；定量结果与进样量重复性无关（在色谱柱不超载范围内）；只需内标物与被测物出峰，达到一定的分离度即可 |
| 缺点 | 在分析条件下，所有有效组分必须出峰，且所有组分必须在一个分析周期内流出色谱峰；定量计算必须先知道各成分的校正因子，校正因子的求出工作量较大 | 必须有被测组分的纯品作为标准对照物；此方法准确性受进样重复性和实验条件稳定性的影响 | 增加配制工作量；内标物需要跟待测组分在同样条件下出峰，且分离度较好，所以选择合适的内标物比较困难 |
| 适用范围 | 常用于粗略检查样品中的各出峰成分含量，用于定性和粗略的定量。适用于易挥发性的油脂类化合物和混合性气体、液体，可用 GC 归一化法进行定量检测 | 常用于 LC 定性和定量检测。每次进样前后均需进行纯品检测，以消除实验条件变化带来的误差 | 常用于样品的 GC 定量检测及微量成分含量检测 |

随着现代技术的不断发展，提取、分离和鉴定技术越来越趋向于一体化和连续化，尽可能减少对生物样品的人为干扰，保持其信息物质的自然分泌和释放状态。例如，顶空固相微萃取气质联用技术（HS-SPME-GC-MS）将对植物挥发性气味物质的萃取、浓缩、解析、进样、检测于一体，具有快速、方便、灵敏度高、不需溶剂、人为误差小、适用范围广等优点。

## 第二节　昆虫电生理测定技术

无论何种电生理技术，记录原理均基本相同：由外界刺激（气味、呈味物质溶液、光波、声波等）作用于昆虫外周感受系统，采用高阻抗前置放大器（如 Syntech 公司的 IDAC-4 四通道数据采集器）将这些弱电放大，再使用滤波软件检出这些电信号。所不同的仅是记录时使用的电极、探头和分析软件。只要具备 IDAC-4 四通道数据采集器这个核心部件，再自己组装上合适的探头，就能用于记录人类心电图、脑电图和视网膜电位等。电生理仪器的电路、气路连接及分析软件的安装按照购买时供应商提供的图纸操作即可，本书不再赘述。

### 一、触角电位技术

触角电位技术（electroantennography，EAG）由 Schneider（1957）发明，其思想可能来自最初用于记录蛙腿伸缩反应的伏打电堆，最初用于记录家蚕蛾触角对性信息素和桑叶挥发物的反应。目前通用的是荷兰及德国 Syntech 公司生产的 EAG 装置。其原理是每个嗅觉感受细胞可看作一个电阻和一个电源的结合体，整根触角形成系列电源和电阻的串联电路。当一股具有生物活性的气流吹送到触角上时，就可以记录到触角端部和基部间电位的变化，形成 1～20mV 的平缓去极化直流信号。触角电位反应幅随刺激物浓度而增加，直至饱和。

EAG 系统由电极、微动操作仪、高阻抗放大器（$10^{12}\Omega$）、气路系统、环境噪声屏蔽装置和记录分析软件等组成。一般用插入玻璃毛细管（外径为 1～2.5mm）中的银-氯化银电极进行记录，这是因为金属银的导电性非常好，而银丝表面氯化处理能够有效地延缓电极缓冲液的腐蚀作用。针对单感受器记录、视网膜电位、虹吸肌电位等定位更精确的电生理测定，则用硬度大、易锐化的钨丝代替银丝。玻璃毛细管内要灌装电极缓冲液，实质上就是根据昆虫血淋巴的盐分组成而配制的生理盐水，其作用为：①克服金属与机体组织相接触形成的原电池电位；②缓冲金属电极对触角的机械刺激；③延长离体触角存活时间；④增强溶液导电能力。现对 EAG 的操作步骤详述如下。

#### （一）配制电极缓冲液

最简单的缓冲液是 3mol/L 的 KCl 溶液，后来经过成分改良，形成了三种最常见的电极缓冲液。

1）NaCl（7.5g / L），$CaCl_2$（0.21g / L），KCl（0.35g / L），$NaHCO_3$（0.2g / L）。

2）Kaissling 溶液（KCl 6.4mmol，$KH_2PO_4$ 20.0mmol，$MgCl_2$ 12.0mmol，$CaCl_2$ 1.0mmol，NaCl 12.0mmol，KOH 9.6mmol，葡萄糖 354mmol，加蒸馏水至 1000mL）。

3）Ringer's 溶液（20% NaCl 32.5mL，10% KCl 1.4mL，10% $CaCl_2$ 1.2mL，5% $NaHCO_3$ 4.0mL，1% $NaH_2PO_4$ 1.0mL，葡萄糖 2g，加蒸馏水至 1000mL）。

其中 Ringer's 溶液用于感受器精确定位的电生理记录，前两种缓冲液可用于触角电位记录。

### （二）制备待测样品

样品溶剂必须具备三个特点：①尽量能够溶解所有的供试化合物。如果测试的化合物特别多，极性范围或者分子量又差异很大，可以根据“相似相溶”的化学原理，使得选择的溶剂能够充分溶解我们感兴趣的化合物，其他样品采用同样的溶剂制备但是每次测定前要充分振荡摇匀。②使用的溶剂应当没有电生理活性，如乙醇等带有强电负性基团的溶剂就不适合做触角电位记录（尽管其溶解范围相当宽泛）。③选择的溶剂应当有较强的挥发性，在完成输送被试化合物的目的之后，能够被气路系统的湿润洁净气流尽快吹走。蛾类性信息素是脂肪链化合物，可以用正己烷、乙醚或二氯甲烷稀释成系列对数梯度的浓度；针对植物精油类化合物，可以使用石蜡油、正己烷等作为溶剂。样品溶液配制完成之后，剪下一些2cm×0.5cm的滤纸条，纵折一下放入进样管，滴加被试溶液样品。样品较多的情况下，可以找若干胶头滴管的胶帽，把暂时不用的进样管封闭起来。无论制备多少种被试样品，下述两个样品都是必不可少的：一是阴性对照（也称为溶剂空白）；二是阳性对照（也称为参照，一般选择一种已知具有中等EAG反应活性的化合物，如反-2-己烯醛这种常见的“绿叶气味”）。前者用于扣除溶剂本身激发的微弱反应，后者用于不同灵敏度的触角之间及同一根触角不同测试时间测得的反应值的标准化。

### （三）处理被试昆虫的触角

针对触角较大的蛾类成虫，可以用锐化的解剖剪从基部（柄节）取下触角，并将末端的鞭节取下一小段，使得触角内部的血淋巴可以与电极相通。应特别注意：①昆虫触角一般是越接近端部越灵敏，鞭节不可切去太多；②解剖剪或者手术刀片必须经过锐化处理，否则有可能造成触角伤口粘连，导致记录不到信号。有时机械打磨只能达到一定的锐化程度，要制作更锋利的工具，需要硝酸钾溶液腐蚀氧化处理。这样制备的离体触角，活力可以保持3～4h甚至24h，但为了试验的可重复性，推荐每2～4h更换一根触角，因为离体触角“活力”的保持，并不意味着它们随着时间的变化反应灵敏度也是稳定的。

针对体型小、触角小的被试昆虫，如螟蛾和蚜虫、飞虱等，也可以将被试昆虫填装在移液器枪头中，下端用脱脂棉轻轻塞入以便固定昆虫身体，使触角伸出枪头尖端。将触角尖端切去少许，连接记录电极（一般是10倍增益的前置放大器）；另一个电极与另一根触角基部的微小切口连接，称为参比电极或无关电极。

### （四）调试EAG记录系统

未连接电极的EAG记录曲线应当是绝对平直的。如果尚未连接电极就出现了正弦波形，最常见的就是频率50Hz的市电正弦波，这是由EAG记录系统接地不好造成的，可以将记录系统与参比电极相连的任一部分通过导线与暖气片等连接起来，有时实在滤不掉这种波形，还要自制深埋地下的导体，并与系统参比电极相连。根据仪器提供商的建议，使用铜网制作的法拉第屏蔽笼将整个测试空间罩起来，这种方法有助于克服一些无线电波、电弧焊、雷电等的干扰。

接上电极但是没有插入灌装缓冲液的毛细管，用手接触放大器端，记录曲线应当出现剧烈的振幅才是正常的，否则可能是银丝太短。在电极上插入灌装缓冲液的毛细管之后，记录曲线应当重新变为平直的信号线。接上触角但尚未用测试物质试验，记录曲线上应当有许多振幅微小、无规则的毛刺，如果发现了周期性的噪声，应当仔细用数显万用表检查噪声源。

如果接上了触角之后，仍然是平直的信号线，说明触角的血淋巴没有与两个电极接触（缓冲液在毛细管中有气泡、剪下触角时伤口粘连等都会出现这种现象）。

### （五）EAG反应的记录

EAG的气路系统分为两支：一支是连续吹送的、内置活性炭净化处理的气流；另一支是脉冲气流，即启动某个样品记录时用于输送样品气味的气流。连续气流的流速、脉冲气流的体积及脉冲气流持续时间可以在气路系统的面板上调节。但是，连续气流流速的设置值必须大于脉冲气流，原因是系统吹送的气体总流速是恒定的，以保证无论什么状态下触角接受的气流机械刺激都保持恒定。不刺激记录的时候，这个流速也就是“连续气流”的流速；刺激记录时分出来一支脉冲气流，相应地连续气流的流速也就短暂下降了。

实验时，开启气路系统，将进样管较粗的一端连接气泵的硅橡胶管。Syntech公司生产的仪器，可以通过脚踏式开关或面板上的“START”按钮启动信号的记录，二者的功能是等价的。启动记录前，应将承载被试样品的进样管连接在“脉冲气流”支路上。在启动记录的同时，立刻将进样管的尖端插入连续气流管道侧壁的小孔中，面板上脉冲气流指示灯不再亮时才允许撤出进样管。有生物活性的气流刺激之后，会发现EAG电信号出现一个“V”形的偏态分布曲线，分析软件是以这个曲线的极值作为该测试样品的EAG绝对值。每次刺激之后，触角需要一定时间恢复，一般两次脉冲刺激间隔要求最低30s。除了参照化合物，供试样品随机抽取进行测定，尽量使各样品在每根触角上测试机会均等。先用参照刺激，相隔固定时间用不同的样品刺激（间比法试验设计），或者参照与供试样品交替刺激（对比法试验设计）。

### （六）EAG数据的分析

数据处理时，首先将包括参照化合物在内的测试样品扣除溶剂空白引发的EAG反应值，然后每种化合物引发的“净”EAG值换算为相当于参照的百分比，即标准化EAG反应值。计算同一根触角上同一化合物若干次测定的均值，将不同触角上的测定看作重复，采用单因素方差分析判断样品之间EAG标准化反应值之间的差异。

触角作为高灵敏度的生物检测器，和具有定量分析优势的气相色谱相结合，即所谓的气相色谱-触角电位联用仪（gas chromatography-electroantennographic detection，GC-EAD），形成了筛选和鉴定生物活性物质的有效方法。从气相色谱毛细柱末端流出的气体被三通阀分离器分成两股等比例气流：一股进入气相色谱检测仪（detector，常使用氢焰离子化检测器）；另一股经加热到适当温度后，汇入持续供应的清洁气流中并吹向昆虫触角。这样，由于气流和两个支路长度相等，气相色谱的波峰就和EAG的波峰同时记录并可以对应起来。Bjostad（1998）认为GC-EAD测试需要注意以下几点：①必须防止洗脱物进入冷的毛细管内，吹到触角的化学物质出口必须加热；②气体出口到触角之间的距离必须很短，以减少样品散失和出口管壁对样品的吸附；③要测量气体出口处空气的温度，如果大于25℃，有必要使气流冷却，以防止触角干燥；④GC-EAD一般要连续运行30～60min，通常会出现基线漂移，可以通过使用高通量过滤器配合软件自动基线校准功能来解决，如Murphy Developments AMS-025放大器每12s纠正一次基线。

尽管GC-EAD技术在昆虫性信息素的鉴定中发挥了巨大的作用，但对植物源生物活性物质的鉴定并不是十分有效。原因：①GC-EAD刺激间隔期是由各种成分在气谱柱中的保留时间决定的，不能自行调节，这就有可能造成在一个密集的峰簇中，先到达检测器和触角的成分反应偏高，而后面的成分反应偏低。因此，选择合适长度、内径和涂层的毛细柱很重要，另外就是要探索程序升温的最佳方式，使关键峰之间的分离度至少为 1.5，做到各种组分在色谱基线上完全分离。②GC-EAD 的刺激物供给量是由被测的气味混合物样品中的自然比例决定的（在单纯的 EAG 测定中则可以用移液器精确配制浓度）。因此，有可能会出现有行为活性的组分仅因为在样品中含量太低而没有触角电位反应，或低活性组分含量较高而被误判为有生物活性，显然采用 EAG/峰面积作为指标更合理，但目前仍是依靠肉眼观察。③只有在进样量很小（通常 1μL）、分流比很大［通常（1∶100）～（1∶40）］时，气相色谱才能有效地克服峰展宽与峰拖尾的现象；但 EAG 的要求相反，尽管触角是高灵敏度的生物传感器，针对植物源生物活性物质而言，GC 流出物中的挥发物成分量通常并不能激发昆虫触角产生显著的 EAG 反应。④该技术难以克服两成分之间的协同现象。假设在一种混合物中存在 A、B 两种成分，二者必须共存才能发挥电生理或行为活性，但在 GC 柱中，A 和 B 经过毛细管之后是先后到达触角的，不过这个问题单纯操作的 EAG 也无法解决，并非 GC-EAD 技术特有的局限性。

GC-EAD 是精密的联用设备，操作中最困难的是连接触角。因此，总体试验的顺序应是先连好仪器，配制电极缓冲液，制备电极，打开软件，使气谱进入待机状态；然后花费较大精力连接触角，进样记录。GC-EAD 数据目前处于直观定性阶段，论文中一般显示图谱即可，不涉及统计分析。作为前导步骤，最好用 Florisil 填装柱对各种粗提物做柱层析分离，避免色谱出峰过密、触角来不及恢复的问题。未来随着化学分析技术的进步，可能会彻底克服上述障碍。换一种思路，也可以将试虫群体放入生测装置并用自然植物气味混合物进行刺激，然后捕获有反应的个体，直接剪取触角并分析其从总挥发物谱中吸附的关键化学成分，这样得到的必然是触发行为反应的活性物质，即使嗅觉感受器的受体膜上有高效的降解酶系，根据其降解产物也容易推断其前体物质，但目前的色谱检测限往往达不到生物感受器的灵敏度。

## 二、味觉电位技术

昆虫味觉感受器分为毛状和栓状，前者分布在跗节、翅缘和产卵器等部位，后者分布在口器上，每个感受器（简称感器）内有 3～5 个双极神经元，其中一个是机械感受神经元，其他为味觉神经元，味觉神经元轴突深入感器内部，端部则止于顶端小孔前。鳞翅目幼虫一般下颚须上较长的腔锥感器是主要味觉器官。每根下颚须有 2 个栓锥感器，分别是中栓锥感器和侧栓锥感器，每个感器有 4 个味觉感受细胞：分别对蔗糖/葡萄糖、NaCl、肌醇和植物生物碱（如水杨苷）敏感。鳞翅目幼虫其他一些比较次要的味觉感器分布在下唇须、下咽部和颊腔深处。

1）鳞翅目幼虫口器味觉电生理反应记录：首先将幼虫头部取下，在高倍数显微镜的辅助下，用微解剖剪去除中栓锥感器或侧栓锥感器尖端少许，并和味觉探头（Taste-Probe 系统）的记录电极相连，参比电极可以连接到另一侧的复眼基部。测试的呈味物质按照测试浓度，混入 100mmol/L NaCl+10%乙醇组成的溶液中进行测试，加入 NaCl 是为了增强导电性，而 10%乙醇能够改善电极与味觉感受器之间的接触。测试的脉冲刺激持续期 3s，刺激间隔期至少为 3min。10 倍增益的前置放大器的过滤带宽设置为 100～2000Hz 或者 100～1200Hz，然后通过模拟信号-数字信号转换器输入电脑，用 Auto spike 分析刺激物供给之后 200～1000ms 中的电脉冲数量（而不是振幅）。为了确保不同处理之间的统计学样本独立性，建议每头幼虫只刺激一个味觉感受器。

2）鳞翅目雌成虫产卵器味觉电生理记录：用微型解剖剪挤压腹部使产卵器外翻。参比电极是Ag/AgCl，插入一根装有50mmol/L氯化钾的玻璃毛细管，插进胸部。另一根完全一样的记录电极连接在感器尖端和微动操作仪之间。信号经放大后，通过模拟信号-数字信号转换器呈现于电脑上。

3）鳞翅目成虫触角味觉电位记录：将活体昆虫用脱脂棉固定在剪去尖端的离心管中，使头部和触角从离心管的切口伸出。Ag/AgCl电极的缓冲液采用1mmol/L氯化钾，与前置放大器和探头连接，并与刺形味觉感器的尖端接触。电信号通过CyberAmp 320放大和过滤。脉冲刺激持续期2s，刺激间隔期至少10s，每次记录后记录电极应立刻脱离感受器的尖端。采用custom dbWave检测和记录脉冲。计数每个刺激开始后第一秒内的平均脉冲，作为进一步统计分析的试验指标。

4）鳞翅目成虫喙上虹吸肌的电位记录：虹吸肌是头部最大的取食肌，其电生理活动水平能作为取食味觉反应的指标。根据已经检索的文献，目前这种记录技术仅用于烟草天蛾的记录。试验方法是将烟草天蛾活体昆虫插入长4cm、内径1.27cm的铝管或PCR管，用胶带或者软蜡固定，只露出头部，铝管再固定到铝制的基座上。用解剖针拨拉出卷曲的喙，使其穿过长3cm、内径1.58mm的Tygon管道，使喙尖端暴露在外1.5～3.0cm。涂布泰福隆的银丝电极（内径125μm）放在头壳纵中线和复眼之间，与虹吸肌接触；参比电极插入对侧复眼。该系统再与DAM 50放大器（或1700型A-M系统差异化交流放大器）连接后将信号传输到示波器、电脑或扬声器上。这种记录诱发的电压通常在30mV以上，通常设置30mV的阈值，用于区别虹吸肌活动与其他噪声。试验指标仍然是特定时间段内的电脉冲数目而不是振幅。这种技术一般不设置溶剂对照，而是用每次刺激前后电脉冲频率相减的方法扣除空白对照，得到虹吸肌反应的净变化。尽管虹吸肌电位可以精确定量，考察烟草天蛾喙伸展反应之前表达出来的“取食潜势”，然而记录的数据更侧重于分类性质和主观判断。

## 第三节　行为生测技术

### 一、嗅觉仪

“通管”嗅觉行为仪（olfactometer）是研究昆虫触角对室内信息化合物反应的趋向或驱避的行为反应装置，主要包括单刺激源的两通管、双刺激源的三通管及多刺激源的多通管。刺激源包括昆虫自身产生的信息素、寄主/非寄主产生的他感化学物质等，其载体通常为滤纸，但为保证它们能长时间、稳定地挥发也可用医用毛细管。对于较大的昆虫可采用玻璃缸体代替虫笼臂，从而解决装置空间限制的问题。嗅觉仪用于选择性试验，推测有效行为的信息化合物组分及比例、测定他感作用物质的行为功能等。根据昆虫的大小、重复数及行为习性等特点选择不同的嗅觉仪进行试验。

#### （一）嗅觉仪的类型与构造

**1. “Y”形嗅觉仪**　“Y”形嗅觉仪如图10-6所示，由气泵、流量计、过滤瓶、味源瓶、加湿器和“Y”形管等组成，通过硅胶管将各部件相连接。其“Y”形管的主臂长度、支臂长度、支臂夹角、管径及支臂的空气流速等都需要根据昆虫自身的活动特点来定。一般使用大气采样仪等空气动力装置，将活性炭等过滤处理的气体按照一定流速通过气味源，使气味源与干净空气混合而形成带有不同气味的空气流，进入试虫所在的活动长臂中，再由出

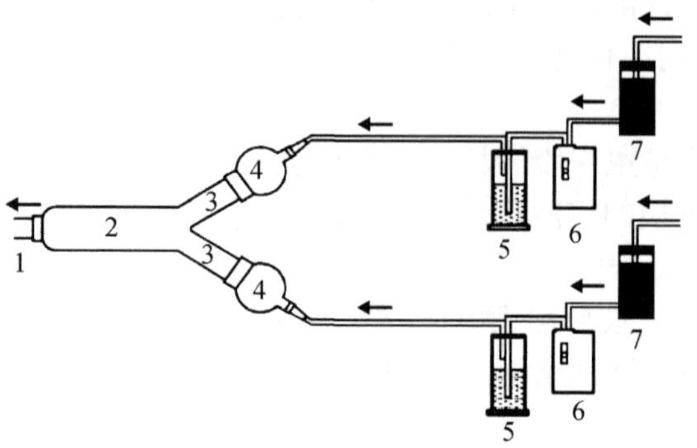


图 10-6　“Y”形嗅觉仪生物测定装置结构图
（严善春等，2006）

1. 引虫口；2. 主臂；3. 侧臂；4. 球形陷阱；5. 蒸馏水加湿瓶；6. QC-1B 采样仪；7. 活性炭过滤装置

气口流出。在测试前，将各种生理指标较一致的健康试虫放入长臂，在气路开通时，试虫在与带有气味源的混合气体相遇后，逆风进入特定的臂内，停留后即完成选择。

测试昆虫被引诱的判断标准是进入气味源臂管中的昆虫表示对相应的气味源有趋向性，记为引诱。通过反应率、引诱率、相对引诱率、相对选择率（relative selective percentage，RSP）明确气味源对测试昆虫的吸引或驱避性。相对选择率的取值在−100%～100%，当 RSP ＞ 0 时，表示气味源对测试昆虫有吸引力，数值越大，吸引作用越强；当 RSP ＜ 0 时，表示测试气味源对昆虫有驱避作用，数值越小，驱避作用越强。

$$\text{反应率}=\frac{\text{“Y”形管两臂管内昆虫的数量之和}}{\text{总的测试昆虫数量}}\times 100\%$$

$$\text{引诱率}=\frac{\text{处理臂管或对照臂管内测试昆虫的数量}}{\text{总的测试昆虫数量}}\times 100\%$$

$$\text{相对引诱率}=\frac{\text{处理臂管中昆虫的数量}-\text{对照臂管中昆虫的数量}}{\text{总的测试昆虫数量}}\times 100\%$$

$$\text{相对选择率}=\frac{\text{处理臂管中昆虫的数量}-\text{对照臂管中昆虫的数量}}{\text{处理臂管中昆虫的数量}+\text{对照臂管中昆虫的数量}}\times 100\%$$

**2. 四臂嗅觉仪**　四臂嗅觉仪如图 10-7 所示，其内部结构如图 10-8 所示。其测试室分为中心释放区和 4 个边界清晰的气味扇区（如图 10-8 中虚线 b 隔开的部分）。中心释放区为圆形，其大小可根据被试昆虫的活泼程度自己划定。每个气味扇区进一步分为“访问区”（装置中央正方形部分）和“选择区”（图中靠近气味支臂的 1～4 区域）。四臂嗅觉仪的基本结构包括：①空气过滤器，由硅胶、活性炭、高分子多孔吸附剂组成的 3 级空气过滤器，用以除去空气中的水分及有机物质。②流量计，用于测量、控制和调节通过嗅觉仪各部分气流的流量。③空气压缩机，提供压力恒定、流速恒定的空气流。④主体结构由 1 个球形主瓶、4 个磨口三角诱集瓶、4 个“T”形连接管及 1 台抽风机组成。该装置的工作原理是空气压缩机将经过空气过滤器过滤后的干净空气以恒定的压力、流速通过诱集瓶的进气口（或连接管的进口孔），在诱集瓶内信息化学物质与干净空气混合而形成带有不同气味的空气流，通过 4 个臂进入中央活动室混合后，由顶端出气口流出。在测试前，将生理指标一致的测试昆虫由出气口放入中央活动室，当气路开通时，试虫在中央活动室与带有信息化学物质的气体湍流相遇，而后逆风飞行进入特定的臂内，再沿着气味的浓度梯度进入只能进不能出的诱集瓶内。四臂可同时使用，其中两只为测试臂，另两只为空白对照，对应角为相同的重复。

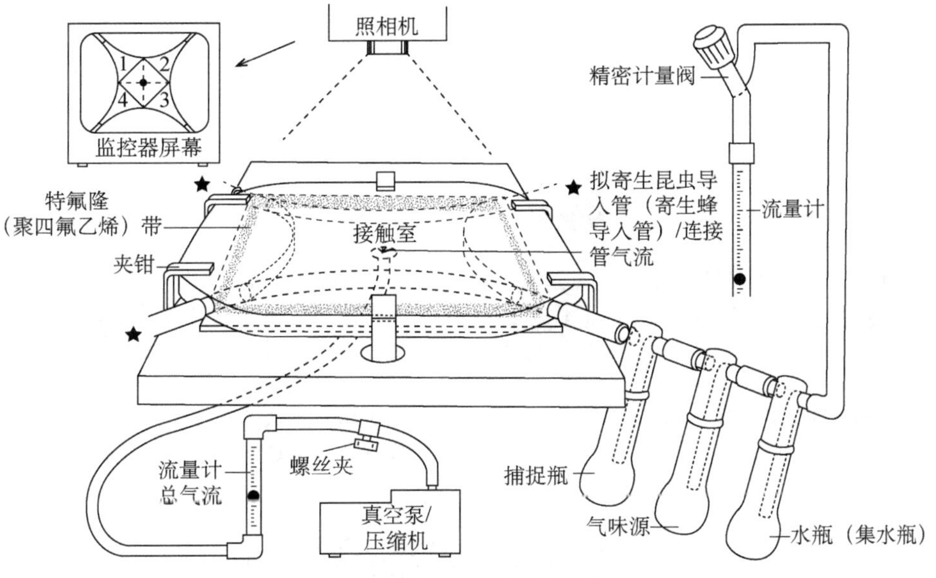


图 10-7　四臂嗅觉仪的透视图（Vet et al.，1983）

●为指示流速的小钢珠；嗅觉仪有 4 个臂，只有右下臂画出完整的进气孔装置，其他三个臂省略，用★表示

量化行为的标准包括测试昆虫在每个领域花费的时间和试验开始时选择有气味区域的测试昆虫数量（第一选择）。常用的评价方法是统计试验中各种气味源的试虫诱集数量，以每组试验中的空白诱集瓶作为对照，按下列公式计算出反应率、诱集率、选择系数和驱避率。

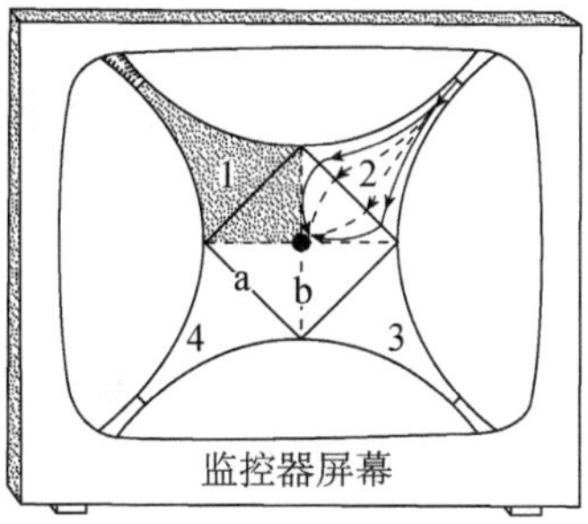


图 10-8　视频监控器对嗅觉仪曝光室的观察图（Vet et al.，1983）

a 和 b 分别表示第一选择线和边界气味域；虚线箭头表示气流的方向；1～4 表示 4 个气味选择区

$$反应率=\frac{各诱集瓶中测试昆虫数量之和}{总的测试昆虫数量}\times100\%$$

$$诱集率=\frac{处理诱集瓶中测试昆虫的数量}{总的测试昆虫数量}\times100\%$$

$$选择系数=\frac{处理诱集瓶中的数量-对照诱集瓶中的数量}{做出选择反应的昆虫总数}$$

$$驱避率=\frac{对照诱集瓶中的数量-处理诱集瓶中的数量}{总的测试昆虫数量}\times100\%$$

**3. 多臂嗅觉仪**　由于分析化学技术在气味捕捉方面的发展，一些新型嗅觉仪在拟寄生物利用植物进行寄主定位的研究过程中被开发和应用。目前，主要利用六臂嗅觉仪和十臂嗅觉仪对比成组昆虫对多个气味源物质的嗅觉反应。

六臂嗅觉仪（图 10-9）由干燥塔、流量控制器、空气加湿器、味源瓶、活动室和气泵组成，由硅胶管各部件之间连接，活动室由无气味全透明的有机玻璃制作。活动室的测试区分为释放区、预选择区和选择区（图 10-10）。每完成一组试验，用蒸馏水擦洗观察室，并更换新味源瓶；将嗅觉仪旋转 90°，以消除位置给测试昆虫选择带来的行为偏差。所有测试昆虫只使用一次。

在嗅觉仪中，统计试验中选择每臂的测试昆虫数量，按下列公式计算出引诱率、平均引诱率、选择率、平均选择率和驱避指数。

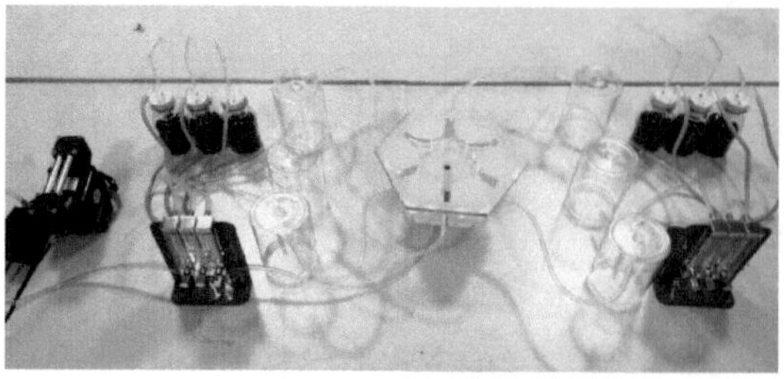

图 10-9　六臂嗅觉仪（宋蕴哲，2019）

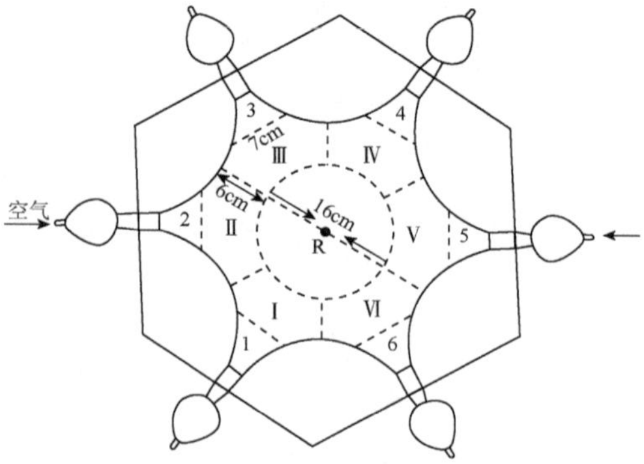


图 10-10　测试区域划分（蔡普默等，2019）

测试区域划分为预选择区（Ⅰ～Ⅵ）和选择区（1～6）。R 为释放区

$$引诱率=\frac{选择每臂的测试昆虫数量}{测试昆虫发生选择的总数}\times 100\%$$

$$平均引诱率=\frac{每组引诱率之和}{总的组数}$$

$$选择率=\frac{测试昆虫发生选择的总数}{测试昆虫总数}\times 100\%$$

$$平均选择率=\frac{每组选择率之和}{总的组数}$$

$$驱避指数=\frac{对照所诱到的虫数-处理所诱到的虫数}{对照所诱到的虫数+处理所诱到的虫数}\times 100\%$$

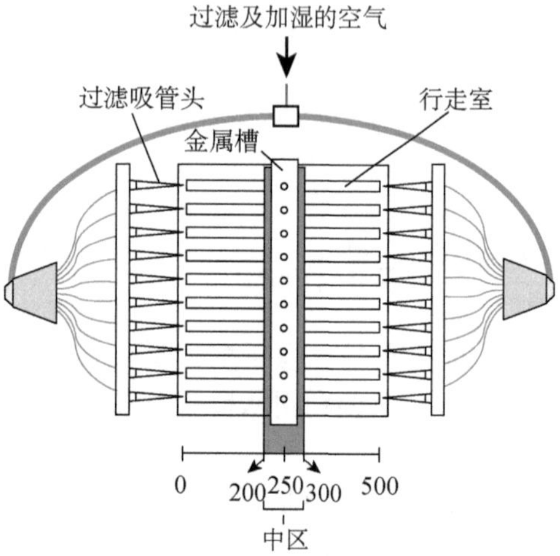


图 10-11　双向十臂嗅觉仪

Paczkowski 等（2014）首次利用一个由聚四氟乙烯（PTEE，40mm×180mm×170mm）制成的双向十臂嗅觉仪（图 10-11）研究了鞘翅目昆虫 *Acanthocnemus nigricans*（热萤科）对木材挥发性燃烧产物的行为响应。光源来自嗅觉仪下方的二极管（200mm×200mm）。10 个平行的行走室（20mm×8mm×100mm）使用丙烯酸玻璃盖。试验前用 50% 乙醇溶液和纯水清洗嗅觉仪。将 100μL 过滤器吸管插入两边各室。每个过滤器含有气味源物质或者不含任何物质用于纯空气的选择试验。木炭过滤的加湿空气以 650mL/min 的恒定流量通过过滤器和行走室，空气速度为 0.01m/s。在行走室中间放置一个金属槽以限制测试昆虫移动。将金属槽移走即开始试验。选择测试时间是 2min。利用摄像机捕捉昆虫移动的关键行为，并利用数据处理软件在 500 个虚拟位置范围内计算每秒内每头甲虫在嗅觉计中的位置。500 表示离气味源物质最近的甲虫，0 表示离气味源物质最远的甲虫。为了避免记忆效应，每组试虫只使用一次。每次试验开始前，嗅觉仪旋转 180°。每头甲虫的行为都用一个吸引指数来表示。该指数是

记录位置的平均值，以百分比表示：100%为强烈吸引，0 为强烈排斥。

### （二）嗅觉仪的工作条件

中央活动室的大小根据不同的昆虫种类及其活动能力的大小而定。它必须能够给测试昆虫提供足够的空间以有利于其活动及气味信息物质气流的混合；还必须有能让飞翔昆虫、爬行昆虫着落及栖息的平台。诱集瓶要能防止已进入的测试昆虫逃脱，且方便清洗和更换。臂的长短可根据实验测试要求加长或缩短。各个臂间的空气流量计一定要调节平衡，因为不同的流量对昆虫的行为具有较大的影响。

嗅觉仪房间内应设有排气扇，应避免将实验用的化合物长时间放置于嗅觉仪房间内，保持嗅觉仪房间内及嗅觉仪内空气的清洁。选择在昆虫对信息化合物反应最灵敏的时间进行测试。测试昆虫要在测试前 0.5～1h 转移到嗅觉仪所在的房间，使之适应测试环境。秒表、记录纸、铅笔等也要事先放在方便取用的位置。如果使用摄像机和计算机，要提前开机，使之处于随时记录的状态。还应保持嗅觉仪房间内各种条件的相对稳定，整个实验环境要保持安静，避免人为干扰。要求室内宽敞干净无异味、光照均匀、温湿度合适、室内空气基本静止。嗅觉仪的清洁也很重要，应根据实验情况对嗅觉仪内壁进行定期清洗，有机玻璃通常用乙醇擦洗。

## 二、风洞技术

风洞（wind tunnel）是一种较大型的长方体室内测试设备。通常由金属框架支撑的玻璃或有机玻璃制成，由空气净化加湿设备、紊流式风箱（蜂巢状板，避免产生涡流）、释放平台、飞行区域、排气扇、光源等组成，有的风洞设计时还安装摄像头，用于研究昆虫向着气味源的逆风飞行运动。其和野外诱捕测试相比的优越性主要表现在：第一，环境可控，如温湿度、风速等。第二，虽然风洞无法再现自然气缕（plume）和野外景观，但使用安装毛细管的石英振荡器供给气味，也可以在近距离创造出类似的气味扩散模式；如果风洞底部装备可反向运动的底部图案，还能为飞行的昆虫提供视觉信息。

### （一）风洞测试步骤

1）明确被试昆虫的昼夜飞行活动节律和最佳日龄，以及相应时间段内的光照强度情况。例如，某种蛾类的求偶高峰在羽化后第 3 天的 2:00～4:00，取食高峰在 20:00～22:00，则针对性信息素的测试和针对植物源挥发物的测试应当分别在上述两个时段进行。另外，当试验最佳环境条件完全未知时，可以用自然气味源（寄主植物或者同种异性个体）作为标准测试物，通过多因素正交设计探讨温度、湿度、光照、日龄、时辰、风速等的最佳组合，然后再测试化合物样品。

2）至少在测试前 1～2h 将进气和抽气的风扇均打开，将照明设置到试验的状态。

3）在测试前 0.5～1h，将被试昆虫装在透明容器中，塞上脱脂棉，转移到风洞所在的房间，使之适应环境，避免突然开启光源导致的无规则激活现象。

4）试验开始时，将待测样品放在风洞逆风末端。经 1～2min、气迹均匀后，将一头被试昆虫放在下风口的释放平台上，使试虫的位置正好与气味源在一个水平面上。然后在尽量不惊扰的情况下拔掉脱脂棉塞释放昆虫，观察、记录其飞行反应指标。为了避免“社会性相互作用”，一般不以群体的方式将被试昆虫释放入风洞。

5）数据的分析。最简单的试验指标，是在逆风末端对称放置一个处理气味源和一个对照气味源，记录被试昆虫最终选择哪个选项，然后用二项式测验（或称符号检验）分析处理和对照被选择频次的差异。但有时这种指标很不可靠，如被试昆虫最终没有降落在任何一种测试样品上，而这些样品根据常识是能够激发不同行为反应的。如果从头再摸索风速、光照等条件，又需要太多的预实验。为了克服这种潜在的缺陷，就需要事先将飞行指标分段细化：①激活率，从释放管中飞出并进入风洞飞行室，伴随着触角、翅的高频振动现象；②起飞率，飞行到风洞长度的1/2以下，围绕气迹上下左右来回搜索；③中途，飞行到风洞长度的1/2处；④逆风定向率，沿气流逆风"之"字形飞行，距离达风洞长度的1/2以上；⑤降落率，位置在逆风气味源1～2cm处；⑥接触率，用触角、产卵器、交配器等在气味源上触探。这些试验指标可以反正弦平方根转换后执行方差分析和不同样品之间的多重比较。

### （二）风洞测试需要注意的问题

1）风洞测试的总体行为是"趋向"。为了克服取食经历、嗅觉适应等，试虫一般用人工饲料对取食历史进行纯化，每头昆虫仅测试1次就从风洞中取出，没有利用前期经历纠错的机会，这和自然情况差异很大。自然昆虫的取食、产卵等行为，涉及大量的纠错机制。例如，棉铃虫（*Helicoverpa armigera*）自然种群偏好的蜜源寄主或产卵寄主往往是局部丰度较高的植物种类。

2）为了提高被试昆虫的反应率，可以采取饥饿处理、延长观察时间、将释放平台放在风洞中央、细分行为指标等方案，但有时这些措施会导致风洞测试的生态学关联性大大下降。

3）风洞的优势是环境严格可控，但这同时也是风洞的劣势。昆虫生活的自然环境弥散着大量的"背景气味"，只有克服这种背景气味的噪声信号，才能找到对昆虫有生物学意义的资源。所以，许多情况下风洞中有活性的物质，放在自然界不一定能引起行为反应。反过来，大田试验直接在混杂的背景气味之下检验化合物的行为活性，这种途径筛选出的活性物质在风洞中往往也是有效的。只能说，绕过风洞直接做大田测试，可能会更快地实现实践应用的目标，但风洞更偏重明确昆虫趋向反应的机理问题。

## 三、轨迹球

轨迹球又称为位移补偿器（locomotor compensator）或伺服球（servosphere），类似于人类的跑步机，可以在较小的室内空间精确测量昆虫的爬行运动参数。其由爬行轨迹球、气动支撑球、图像捕获系统、X-Y驱动马达、基座、支架、气路系统、模数转换设备（位移解码器）和Tracksphere记录软件组成（图10-12）。目前轨迹球在昆虫行为学研究中的应用包括分析气味背景对海灰翅夜蛾（*Spodoptera littoralis*）剪翅雄蛾趋向性信息素反应的影响、海灰翅夜蛾触角灵敏度的经历依赖性调控、海灰翅夜蛾雄蛾跨感觉通道的经历依赖性敏感化现象、马铃薯甲虫对虫害前后马铃薯叶片的趋向反应等。

### （一）轨迹球系统操作步骤

1）安装气动支撑球和爬行轨迹球。Syntech公司一般给用户配置了黑色轨迹球和白色轨迹球，应当安装和被试昆虫体色反差较大的轨迹球。

2）仪器调试时，可以在吸墨纸上涂一个墨点放在球顶，打开图像捕获系统、分析软件等，用手小心移动吸墨纸，观察轨迹球是否能实时向相反方向旋转。如果轨迹球驱动系统开启，且软件界面上能够看到图像捕获系统的图像，但是轨迹球仍然不能实时旋转，就调整软件界面上的Illumination和Contrast值。

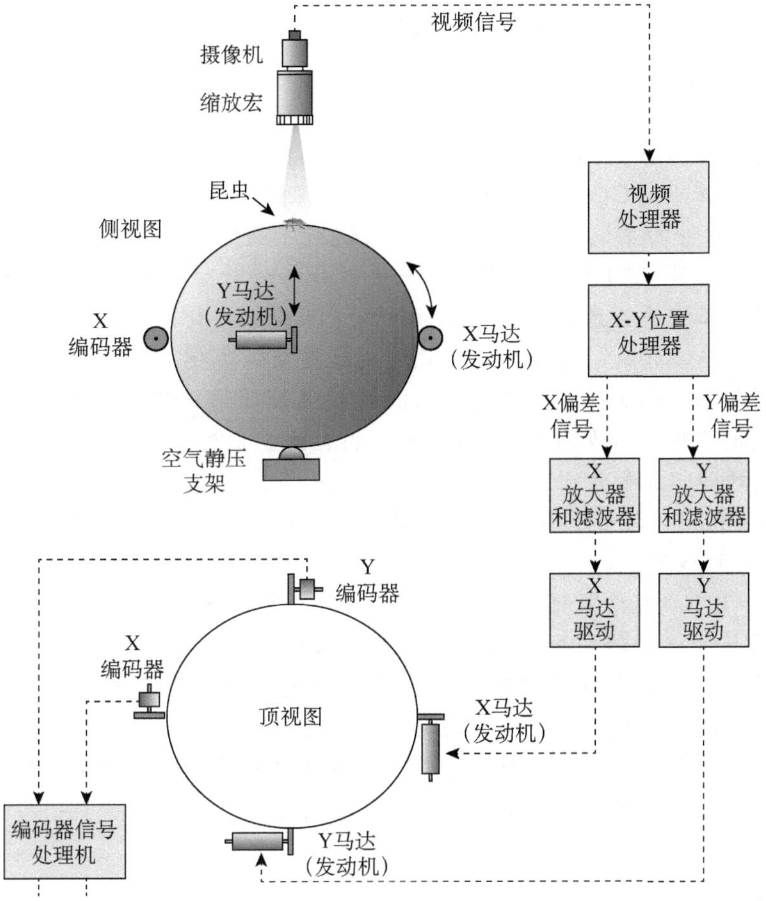


图 10-12　轨迹球记录系统原理图

3）仪器调整完善后，去掉吸墨纸，将试虫释放到轨迹球的顶部适应 5min 左右。调整增益值（gain）到轨迹球恰好不会高频振动的水平上；然后调整过滤（filter）值，扣除被试昆虫在微小范围内的无定向自发蠕动。

4）打开气路系统，调整连续洁净气流和脉冲气流的流速参数，使得被试昆虫不对洁净空气流做出爬行反应。待系统稳定后，点击软件界面上的“Record”采集数据，根据试验设计选择总记录时间。

5）记录完成后切换为“view”模式，可以查看并保存爬行距离、爬行位移、爬行平均速度、轨迹直线度、矢量角正弦、逆风位移、逆风直线度 7 个参数。除了这些直接可以记录到的参数之外，也可以自己计算下述两个试验指标：①激活率，指的是在被试群体中，试验过程中爬行距离至少相当于自身体长 3 倍的个体所占的比例；②定向率，计算在一头昆虫总记录时间内，落在被试昆虫-气味源的连线左右（−30°～+30°）位置所占的百分率。

### （二）轨迹球系统需要注意的事项

1）轨迹球是将昆虫放在球顶，采用单一的一支气流提供刺激，不像“Y”形嗅觉仪等为昆虫提供不同的选项。因此，试验最好设置两组对照：一组是洁净气流引起的爬行反应；另一组是溶剂空白引起的爬行反应。

2）该系统记录的爬行参数很多，如果待测样品也很多，统计结果的文字描述和生物学意义的阐释是非常困难的，有时会陷入“显著”和“不显著”这样的统计术语中不能自拔，直至放弃了相关论文的写作和发表。

如何将复杂的记录参数凝练为相对容易解读的少数行为学主成分，是非常有价值的研究方向。编者采用 LC-300 型轨迹球记录了暗黑鳃金龟两性成虫的爬行轨迹，采用 SPSS 19.0 统计软件的主成分分析对相关参数进行了凝练。结果发现，提取两个主成分就可以解释原始数据 77.44%的变异。第一主成分与爬行距离呈显著的正相关关系，与爬行时间呈显著正相关关系，与有效爬行时间呈强正相关关系，与平均爬行速度呈中等程度的正相关关系，相反，主成分 1 与轨迹直线度呈强负相关关系。第二主成分与定向率和逆风位移呈强正相关关系，与平均爬行速度呈较弱的正相关关系。因此，主成分 1 的生物学意义是“爬行活泼因子”，主成分 2 的生物学意义是“趋向因子”。二者与原始记录参数之间的回归方程分别为

主成分 1 = 0.34 ×爬行距离+0.30 ×有效爬行时间+0.23 ×平均爬行速度−0.31 ×轨迹直线度

主成分 2 = 0.51 ×定向率+0.51 ×逆风位移+0.15 ×平均爬行速度

这些研究与金龟甲趋向目标的行为学是一致的，衡量其趋向行为的强弱有两个标准：首先，试虫必须积极活泼地爬行，包括爬行速度快、爬行停顿次数少、爬行距离远；其次，爬行的方向和接近气味源的有效位移应当大，前者可以展示金龟甲究竟是偏好某种气味源还是厌恶某种气味源，喜欢停留在什么样的气味氛围中，后者展示金龟甲在测试时间内是否能够实现尽可能趋近气味源的靶标。

## 四、飞行磨

昆虫飞行磨（flight mill）系统由转子、吊飞横臂和记录软件组成，可以预测昆虫羽化后活动范围及迁飞昆虫飞行能力，研究与飞行有关的日龄、时辰、交配状态、补充营养条件、体重、性别等因素。飞行磨系统可以记录被试昆虫的飞行距离、飞行速度、飞行时间、最远单次持续飞行距离、最长单次持续飞行时间和最快单次瞬时飞行速度 6 个参数。

飞行磨的操作相对比较简单。针对鳞片较多的鳞翅目成虫，首先用毛刷清除前胸背板上的鳞片，然后将一根细铁丝用少量速干胶粘在被试昆虫前胸背板上，铁丝另一端小心地悬吊于吊臂上进行测定即可，其他都是自动化的过程。

同样，飞行磨的 6 个参数也存在统计阐释困难的问题。编者采用鹤壁佳多科工贸股份有限公司生产的飞行磨系统，记录了暗黑鳃金龟的飞行参数，然后采用主成分分析法对相关参数进行凝练。结果发现，提取两个主成分就足以解释原始变量信息的 90.474 7%。主成分 1 主要与最长持续飞行时间、最远持续飞行距离、飞行距离和飞行时间有关，最小相关系数也达到 0.985 5。主成分 2 主要与两个速度类参数有关（飞行速度和最快瞬时飞行速度），相关系数为 0.85～0.87。因此，主成分 1 的生物学意义可以解释为“飞行耐力”，主成分 2 的生物学意义可以解释为“飞行爆发力”。两个主成分的回归方程分别为

主成分 1 = 0.288 2 ×飞行距离+0.241 5 ×飞行时间+0.288 2 ×最长持续飞行时间+0.271 0 ×最远持续飞行距离

主成分 2 = 0.671 2 ×飞行速度+0.542 7 ×最快瞬时飞行速度−0.129 7 ×飞行时间

这些研究说明，飞行磨测量的不同行为学指标之间存在着很强的相关性，采用上述回归式将 6 个原始飞行参数指标简化为飞行耐力和飞行爆发力两个指标，有助于减少后继分析量，更好地考察昆虫的飞行能力，其中飞行耐力是首要的，飞行爆发力是次要的。

## 第四节　田间应用方法

有关信息化合物的田间试验对信息化合物活性的评价起着决定的作用；同时还可以获得诱捕各方面的重要信息，为利用信息化合物进行虫情测报和进一步防治提供最直接的依据。好的诱捕效率需要适合的诱捕装置。诱捕器的类型、颜色、间隔距离、高度、方位等因素影响了信息化合物田间诱捕效果。

### 一、诱捕器类型

鳞翅目昆虫常用的诱捕器包括水盆诱捕器、三角形诱捕器、船形诱捕器、桶形诱捕器等（图 10-13）。鞘翅目昆虫的诱捕常采用的诱捕器包括粘虫板、桶形诱捕器、金字塔形诱捕器、底部诱捕器、顶部诱捕器等（图 10-14）。对于喜温害虫而言，由于圆盘诱捕器、探管诱捕器温度更加接近仓储物堆的较高温度，从而引诱昆虫进入，可获得良好的诱捕效果。鳞翅目蛾类昆虫同样可用圆顶诱捕器诱捕，因为该种诱捕器的结构可以使蛾类在接近气味源时斜向上飞，使其很容易靠近并进入诱捕桶内部。有色的诱捕器通常具有引诱作用，但有些颜色也起到了驱避作用。

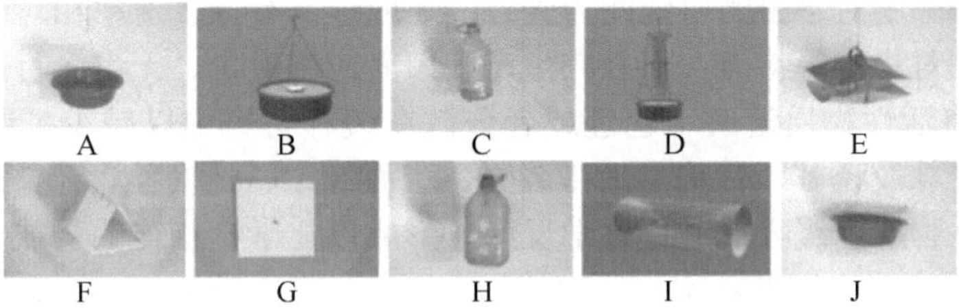


图 10-13　不同形状的梨小食心虫性信息素诱捕器（Zhao et al.，2013）

A. 水盆诱捕器；B. 水盆+浮子诱捕器；C. 食用油桶诱捕器；D. 自动补水诱捕器；E. 船形诱捕器；F. 三角形诱捕器；G. 平板式诱捕器；H. 桶形诱捕器；I. 对口瓶诱捕器；J. 水盆+粘虫板

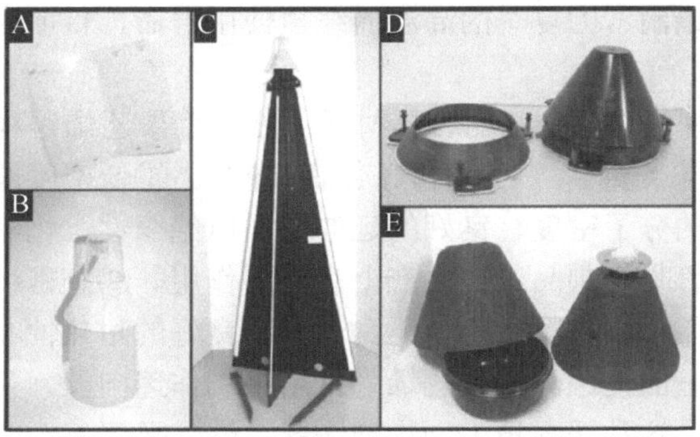


图 10-14　应用于鞘翅目类常用的诱捕器（杨帅，2017）

A. 粘虫板；B. 桶形诱捕器；C. 金字塔形诱捕器；D. 圆盘诱捕器；E. 圆顶诱捕器

扫码见彩图

## 二、田间布置

诱捕器高度、方位和间隔距离显著影响昆虫的诱捕数量。因为接近地面的信息化合物散发不足，诱捕量通常随着高度下降而下降，呈正态分布。

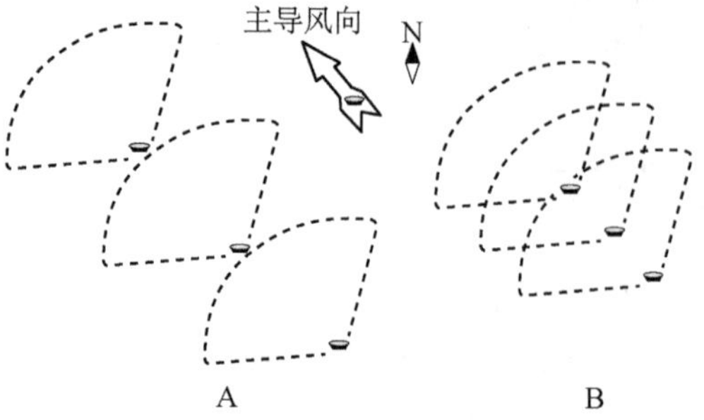


图 10-15　沿盛行风向放置的三个诱捕器的诱捕区域之间的可能关系（Zhang et al.，2017）

A. 陷阱间距离等于有效诱捕半径；
B. 陷阱间距离小于有效诱捕半径

对梨小食心虫、松针黄叶蜂、咖啡潜叶蛾和桃小食心虫的研究表明，诱捕器的间隔距离小于某个距离时，诱捕器之间会发生干扰，而当间隔距离大于此距离时，诱捕器间不会发生干扰和竞争，诱捕密度稳定。将各诱捕器的陷阱领域合并成一个有效空间，与昆虫活动空间重叠，这种复合效应可满足昆虫的移动。诱捕器间相互干扰会致使诱捕器间的距离小于昆虫活动空间的吸引力，最终导致每个诱捕器内的诱虫量减少。为了提高诱捕器的诱捕效率，在田间常使用多个诱捕器排成阵列（图 10-15），计算诱捕器的有效半径（EAR）。

昆虫通常是逆风飞行寻找气味源的。由于受风向和地形的影响，诱捕器在田间布置具有边缘效应和上风口效应（图 10-16）。悬挂于桃园的逆风口和外部的诱捕器引诱梨小食心虫的数量总是高于顺风口和中间的。沿着性信息素小区的顺风边缘悬挂的诱捕器引诱苹果蠹蛾的数量较低。

## 三、缓释材料与试剂

理想的引诱剂除了对害虫的引诱能力强外，还应该具有挥发速率相对慢、释放周期长、各组分的释放量相对稳定等特点，而且在生产和田间应用廉价、无毒。目前主要有两大类缓释技术：一类是将活性物质溶解、包埋或者分散在缓释材料中以减少扩散速率的物理缓释法，应用多的有硅橡胶诱芯、性信息素微胶囊、空心纤维、迷向丝、蜡滴、β-环糊精等；另一类是使引诱活性物质和缓释剂进行化学反应，形成以化学键相连的释放体系，该体系能有效延长缓释时间。

目前应用比较广泛的缓释载体是袖式硅胶载体、硅烷高分子缓释载体、聚乙烯醇缓释膜、毛细管等。不同的缓释载体对信息化合物的释放速率是不一样的，这可能与其特殊的多孔结构、厚度、长度、是否开口及开口的孔径大小等因素有关。缓释载体本身的特性同样会对引诱剂造成影响，如蜡滴常因夏季的高温而缩短使用寿命，目前生产上应用较多的缓释载体是橡胶塞和聚乙烯管。

图 10-17 所示为 4 种信息化合物的缓释材料：低密度聚乙烯缓释瓶（LDPE）、高密度聚乙烯缓释瓶（HDPE）、聚乙烯管（PE）和灯芯瓶（PP）。①低密度聚乙烯材料，又称高压聚乙烯，其材质具有较低的分子密度、良好的延伸性、电绝缘性、化学稳定性，使得它能广泛应用于农膜、包装膜及管材等制品，在生产上有重要作用。②高密度聚乙烯材料是乙烯经聚合制得的一种热塑性树脂，该材料无毒、无臭、具有良好的耐热性和耐寒性，而且化学稳定性较好，能耐大多数酸碱的侵蚀。③聚乙烯管常用来制作迷向丝，目前已经有很多企业进行工业化生产和防治应用，这种缓释技术为物理缓释，性信息素每小时从迷向丝的释放速率是处于召唤期雌蛾的 600～1000 倍。④灯芯瓶内部有一根连接液体和外部的棉灯绳，用以帮助

挥发内部物质。昆虫信息化合物可以通过管（瓶）壁的微小孔中释放，调节壁厚可使信息化合物的释放量改变。

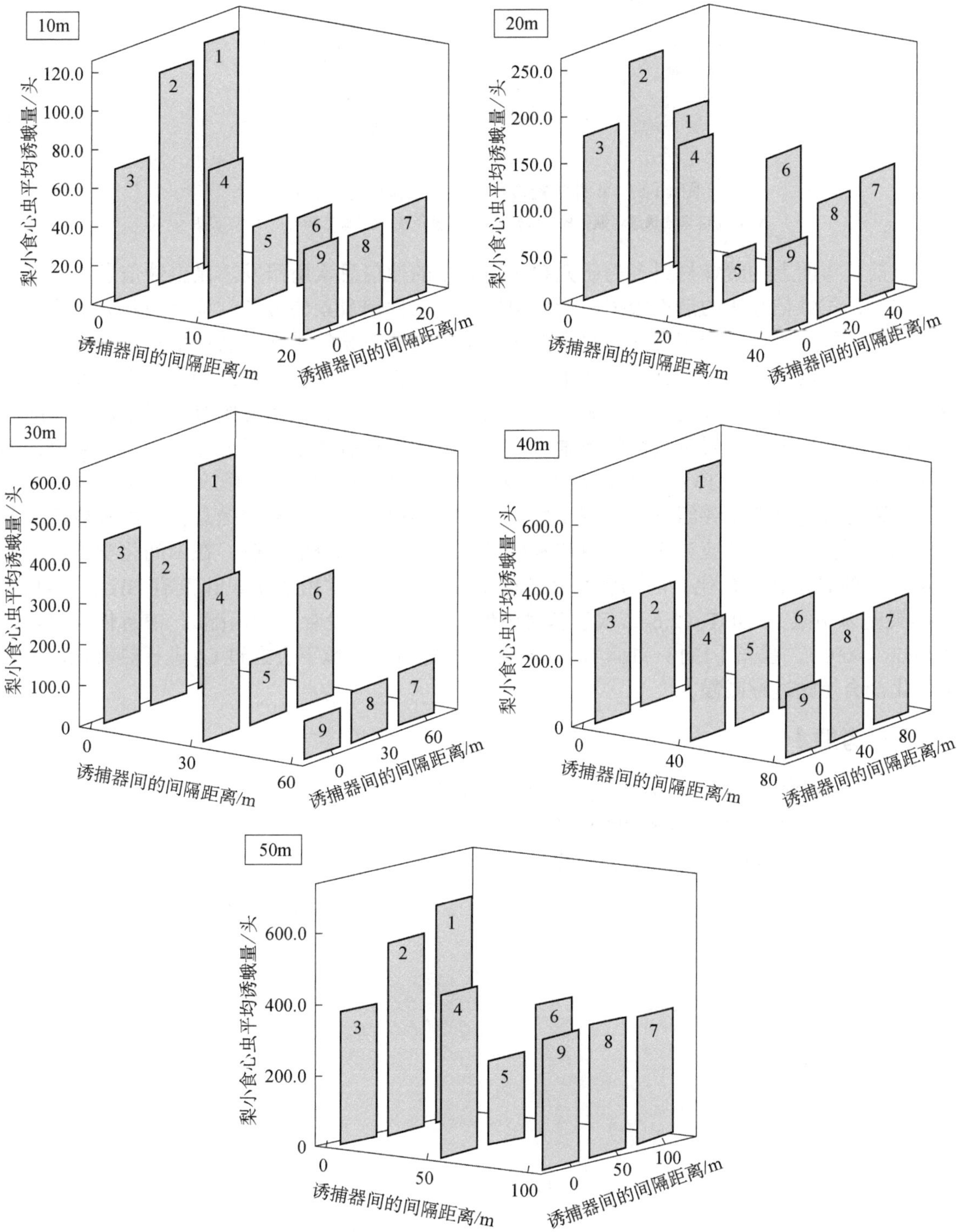


图 10-16　不同间隔距离的棋盘式小区中 9 个诱捕器在整个梨小食心虫的发生时期对平均诱蛾量的影响（Kong et al.，2014）

条形柱中的数字表示图中所示各小区诱捕器的位置；每个分图左上角的数字表示诱捕器的间隔距离

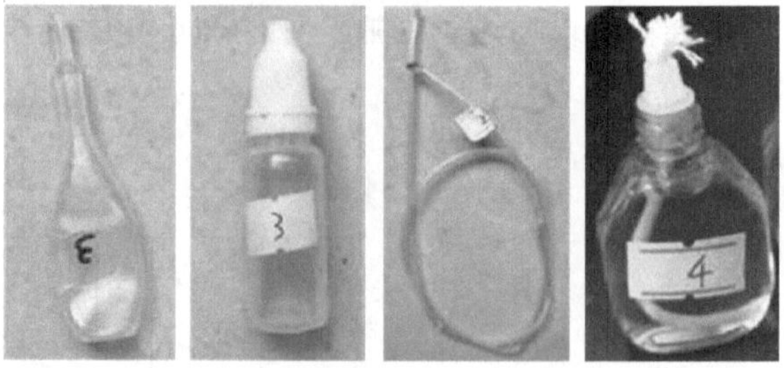


A　B　C　D

图 10-17　4 种实验缓释材料（朱诚棋等，2017）

A. 低密度聚乙烯缓释瓶；B. 高密度聚乙烯缓释瓶；C. 聚乙烯管；D. 灯芯瓶

目前，市面上的缓释材料多为研究和应用昆虫的性信息素所研发，昆虫性信息素具有以下特殊性：①性信息素的活性较强，活性浓度低；②性信息素的分子结构复杂，分子质量较大，挥发性弱，因此在应用中只需很少的量便可以维持较长的时间；③性信息素多为两种物质的异构体或同分异构体等结构，各组分的分子质量较一致，因此在同种材料中的释放速率也类似，其释放的稳定性更容易控制。而植物挥发物与性信息素相比则有很多难以克服的问题：植物挥发物的分子质量较性信息素小，在同样的缓释载体中的释放速率快，而且引诱剂中不同的植物挥发物的挥发性差异很大，因此在同种缓释载体中的释放比例很容易发生变化，从而导致引诱剂中各组分的比例发生改变，影响引诱效果。要将信息化合物制成的引诱剂成功应用在田间，还应该避免高热和紫外光辐射对活性成分的降解。在田间化学降解主要涉及双键的氧化和异构化、醛的转变及乙酸盐水解。目前常用的抗氧化剂有 BHA（3-叔丁基-4-羟基苯甲醚）、BHT（2,6-二叔丁基对甲酚）和 PRG（没食子酸丙酯）。信息化合物暴露在高热（40℃）、强光［1313～1647kJ/（$m^2$ · d）］等自然环境下会通过 $O_2$ 进行热氧化，加入抗氧化剂会使此过程减慢。

## 【思考题】

1. 信息物质不同提取、分离和鉴定方法的主要区别是什么？
2. 嗅觉仪在使用中需要注意哪些问题？
3. 为达到好的田间诱捕效果，需要考虑哪些因素？

（王　怡，孔维娜，李为争）

# 第十一章　昆虫刺探电位图谱技术

【内容提要】刺探电位图谱技术是一种用来记录刺吸式口器昆虫口针在寄主不同组织部位刺探行为的电信号变化特征的技术，用于昆虫刺探（取食）行为、传毒行为、植物抗虫机制等的研究，本章对其发展历史、基本原理、波形特征、生物学意义及应用进行讨论。

【学习目标】了解一种用于刺吸式口器昆虫取食行为研究的仪器的使用及其应用范围。

【基本要求】理解 EPG 系统的工作原理，各种波形的生物学意义，掌握 EPG 系统及分析软件的使用方法。

刺探电位图谱（electrical penetration graph，EPG）技术是一种用来记录刺吸式口器昆虫口针在寄主组织中刺探行为的电信号变化特征技术。当昆虫口针在植物组织中刺探时，会引起寄主植物和昆虫的生理性电信号变化。EPG 技术将昆虫和植物连接在回路电路中，可通过检测电流的变化特征来检测昆虫口针在植物组织中的位置和行为。EPG 技术使昆虫口针在寄主植物组织中的准确定位成为可能，目前广泛用于昆虫的寄主选择机制、植物抗虫机制、昆虫的取食行为、媒介昆虫的传毒（菌）机理等方面的研究，这对了解昆虫取食行为和寄主植物协同进化有重要的意义。

## 第一节　EPG 工作原理与使用方法

昆虫的取食伤害等刺激能引起寄主植物的动作电位（action potential），并沿韧皮部长距离传递。McLean 和 Kinsey（1964）首次设计了用于检测蚜虫口针在植物组织内的取食行为的电子取食监测仪，初步证明蚜虫口针在植物不同组织中刺探取食时输出的波形不同。该技术此后不断改进，特别是 Tjallingii（1978；1985a；1985b；1986；1988；2020）采用直流回路系统和高值输入阻抗（$10^9\Omega$）后，使其成为一项可将生物微电流（mV）放大 50～5000 倍，输出图谱准确性更高、更细致和重复性更好的技术，这就是 EPG 技术。

### 一、EPG 技术的基本工作原理

基于交流电设计的 EPG 系统称为 AC-EPG，美国应用较多；基于直流电设计的称为 DC-EPG，欧洲和我国应用广泛。DC-EPG 对昆虫取食的细节识别更精细，但对干扰敏感，须使用法拉第笼（Faraday cage）以屏蔽环境干扰；AC-EPG 使用更方便，不需要屏蔽笼（李静静等，2019）。二者的基本工作原理相同，下面以荷兰瓦赫宁根大学生产的 Giga-4 和 Giga-8 EPG 系统为例说明。在图 11-1 所示电路中，将刺吸式口器昆虫和植物分别与信号放大器相连。由于植物、种植植物的花盆中的土壤及昆虫本身都导电，所以昆虫口针刺入植物组织时整个电流回路就会接通。回路电流经信号放大器放大后输出到 EPG 记录系统，记录系统所记录的一系列电流波谱就叫刺探电位图谱（图 11-2）。由电阻变化引起的电势波动称为电阻（R）成

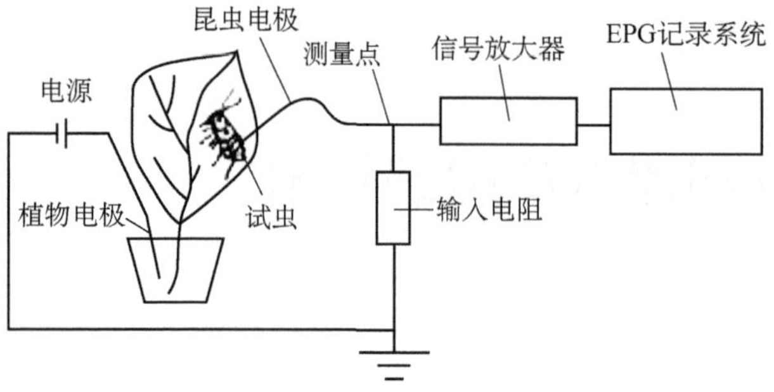


图 11-1　EPG 工作原理图（仿 Tjallingii，1988）

分，由生物电生理变化引起的电势波动称为电动势（emf）成分。调节放大器的输入电压可分为两种成分：极性及幅度随输入电压变化的是 R 成分，否则是 emf 成分（Tjallingii，1988）。AC-EPG 的 R 成分和 emf 成分的变换都可引起输出电压的变化，DC-EPG 的 R 成分固定，输出电压的变化仅为 emf 成分。DC-EPG 系统由三大部分组成（图 11-3）。

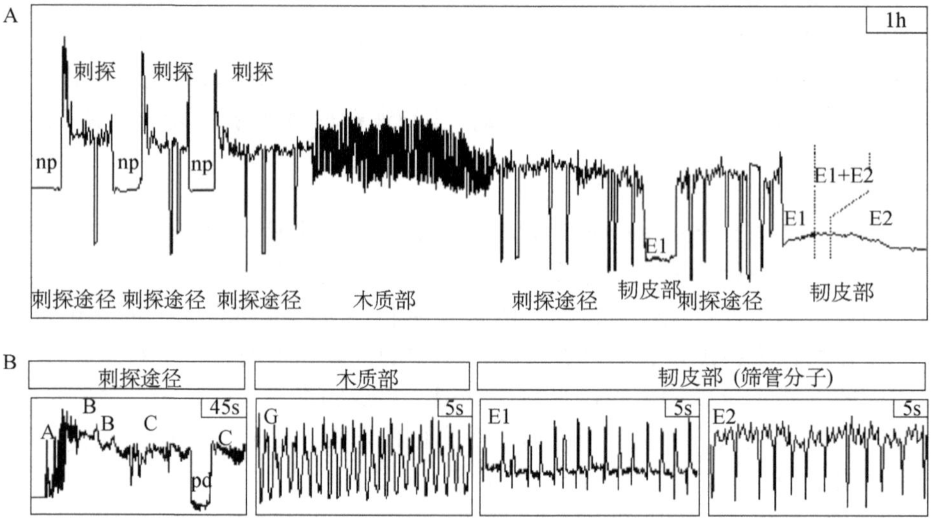


图 11-2　EPG 波形总观图（A）和细节图（B）（Tjallingii，1988）

第一部分为刺探电位图谱探针组件，Giga-4 共 4 个记录通道，包括 4 组探针组件，能同时记录 4 头昆虫的刺探取食行为；Giga-8 共 8 个记录通道，包括 8 组探针组件，能同时记录 8 头昆虫的刺探取食行为。每组探针组件包括 EPG 探针（初级放大器，图 11-3，P）、昆虫电极（图 11-3，1）和植物电极（图 11-3，2）。EPG 探针 P 前端是一个导电插孔，昆虫电极固定端插在其中，自由端连接昆虫；昆虫电极的固定端是 $\varphi$1.5mm 黄铜昆虫连接钉（图 11-3，1a），连接钉的钉头部分通过插入 EPG 探针 P 前端的导电插孔而连入 EPG 系统，钉尾焊接长约 2cm、$\varphi$0.2mm 的细铜线（图 11-3，1b），细铜线的另一端用银胶黏接 $\varphi$11～20μm 的超细金丝（图 11-3，1c），金丝自由端用银胶黏接刺吸式口器昆虫（图 11-3，1d）。植物电极直接插到种植植物的花盆土壤中，由于土壤、植物和昆虫都是导电的，当昆虫口针与植物接触取食时，电路回路就会接通，回路中电流经放大、转换，输出为可读的数字信号。EPG 探针 P 的后端可以通过连杆固定在可调整昆虫位置的螺丝夹（图 11-3，11）上，该螺丝夹包括可以用来调整适合昆虫取食点的螺丝夹（图 11-3，11a）和安在架子上的水平铜管（图 11-3，11b），EPG 探针 P 后端连杆就固定在该铜管上。

第二部分为主控元件（control unit），是植物电势获得和调节的控制元件。主控元件分别通过导线与昆虫电极（通过 EPG 探针 P）和植物电极相连。植物电势控制按钮（图 11-3，3）可调节植物生理电流。脉冲校准按钮（图 11-3，4）可输入−50mV 的脉冲电压。用于检测电路是否连接正常。标准增益调整按钮（图 11-3，5）可以通过调节系统电压来调整输出信号的强度。通道输出选择按钮（图 11-3，6）可以选择需要输出电信号的通道，可以选择所有通道输出（图 11-3，7a）或单通道输出（图 11-3，7b）。所选通道输出电压可以显示在电压输出面板仪表（图 11-3，8）上，电源（图 11-3，9）输入口连接外接电源。

第三部分为模拟/数字转换器（AD converter，AD 转换器），通过 AD 转换器，输出电压的变化被转换为在电脑上可读和保存的数字 EPG 信号（通过图 11-3，10，RS232 输出与电脑相连）。2011 年以后生产的 EPG 系统的 AD 转换器已经内置在 Giga 系统中，使用 USB 接口，通过 Stylet 软件在 Windows（XP～Win7）下运行。

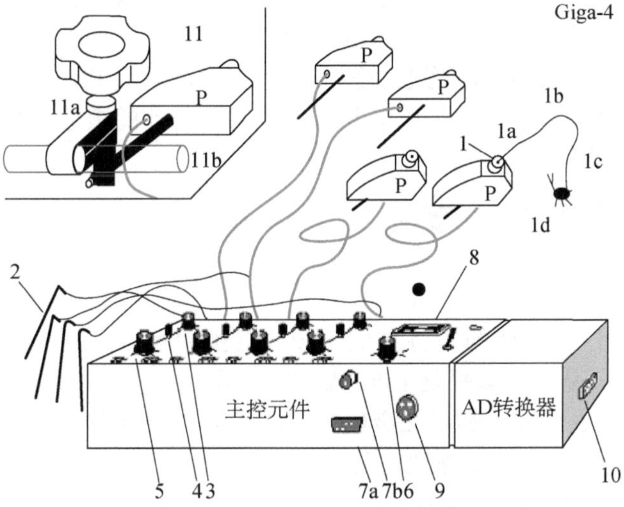


图 11-3　DC-EPG 系统组成（Tjallingii，1988）

1. 昆虫电极：1a. 黄铜昆虫连接钉；1b. 细铜线；1c. 超细铂（金）丝；1d. 银胶黏着的蚜虫。2. 植物电极。3. 植物电势控制按钮。4. 脉冲校准按钮（−50 mV）。5. 标准增益调整按钮（50～100×）。6. 通道输出选择按钮。7a. 经过独立（可选的）AD 卡的所有通道（图中为 4 通道）输出；7b. 选择的单通道输出。8. 显示所选通道输出电压的面板仪表。9. 电源。10. 所有通道的 RS232 输出。11. 可调整昆虫位置的螺丝夹：11a. 螺丝夹，用来调整昆虫合适的取食点；11b. 安在架子上的水平铜管

## 二、EPG 的使用

EPG 系统和控制软件已经更新了好几个版本，各版本的详细操作手册均可从以下网址下载：https://www.epgsystems.eu/downloads-install-files-manuals，下文仅做简单介绍。

### （一）数据收集前的准备

数据收集前的准备包括：①根据系统操作手册连接 Giga 各设备；②根据系统操作手册在电脑上安装数据记录软件和分析软件；③准备法拉第笼，并连接接地连线。各版本连接方法和软件安装有差异，具体根据操作手册进行即可。

### （二）昆虫电极的准备

1）小心地在金丝末端（图 11-3，1c）蘸取一点水溶性导电银胶，涂于昆虫前胸背板正中间，继续蘸取导电银胶直至前胸背板上的溶胶粒足够大（一般需要蘸取 2～4 次，注意操作时间不要太长，否则溶胶凝固，黏接失败），在溶胶凝固之前将金丝末端垂直插于昆虫前胸背板上的溶胶粒中，等待金丝和昆虫的前胸背板粘在一起。

2）昆虫电极粘好昆虫后，将固定端的昆虫钉插在 EPG 探针前端的导电孔中，这样就将昆虫接入了电路，水平调整螺丝夹，垂直调整铜管（图 11-3，11a，11b）使昆虫刚好位于已

被固定的植物叶面上方 1～2cm 处。因金丝细软，昆虫可在一定的范围内自由活动。

### （三）植物电极的准备

将植物电极（图 11-3，2）插在种植植物的花盆土壤中。

### （四）数据记录

接通电源（图 11-3，9），启动 Stylet3.0（或 Probing2.0）记录程序，继续调整昆虫电极使昆虫接触植物叶面，并有一定的活动空间。当昆虫口针刺入植物组织时，整个回路接通，电流经 AD 转换器放大后转换为数字信号输出到电脑屏幕上，调整控制单元上各种按钮至输出的波形波幅大小合适。保存在电脑上的波形图谱文件，再用 Probing2.0 软件转化成波形图谱输出在电脑屏幕上以供判读、分类记录并转换为可供统计的数字文件。扫右侧二维码可见 Stylet 软件的具体应用流程。

## 三、使用 EPG 需要注意的事项

### （一）昆虫电极

1）在实际操作时，最重要的是将昆虫电极的自由端黏接到刺吸式口器昆虫的前胸背板或腹部上。对于新手来说，这似乎是 EPG 操作中最困难和最精细的部分，但只要细心和精心，就可以用银胶把昆虫顺利地黏附在金丝上。小型昆虫可以在解剖镜下操作。

2）黏接过程中，为避免昆虫逃逸，可将昆虫腹部朝下用真空或负压抽吸装置固定（具体方法可参照荷兰瓦赫宁根大学 Giga4/8 EPG 系统操作手册）。黏接不好会导致接触不良，昆虫活动受限制，不能获得合格的 EPG 数据。操作过程中是否固定昆虫取决于昆虫的大小和活动性。活泼好动的昆虫一般需要固定。尽量不用 $CO_2$ 或低温使昆虫昏迷后再黏接，这可能对昆虫造成不可逆的伤害。

3）如果昆虫体表有蜡粉，应先用细刷子蘸水和清洁剂清洗干净。

4）金丝长度根据昆虫的大小选择：一般蚜虫 2cm 长；粉虱类大小的昆虫 0.5～1cm 长即可；行动活泼的叶蝉、飞虱类昆虫则需要 5cm 长；体型较大的昆虫如蝽类可用废弃耳机中的细铜线代替超细金丝。

5）超细金丝很容易遗失，每次可先剪下 10 或 12cm 的一条，然后再平均分剪为 5 或 6 段用于实验。

6）黏接昆虫的银胶可以自己配制，用 4g 蒸馏水、4g 常用的胶水、4g 银粉配制。银粉粒径应小于 20μm。银胶用前要摇匀。

### （二）植物电极

1）植物应该提前准备，生长大小整齐一致。

2）注意生长植物的花盆要和地面绝缘。植物叶片不接触地面或其他可以导电的部位。

### （三）法拉第笼

DC-EPG 易受周围电器辐射电磁波的影响，要在法拉第笼屏蔽下进行。法拉第笼的大小以能罩住整个工作中的 EPG 系统（包括植物和昆虫）为宜。法拉第笼由金属制成，网格应该小于 1cm。镀锌或镀锡的“鸟笼”既轻便又便宜，非常适合 EPG 系统。法拉第笼注意要接地线。

### （四）实验记录

1）将黏接有昆虫的昆虫电极固定端铜钉插入探针 P 的插孔中，昆虫的适当位置应该是各足能步行到植物叶面。然后稍稍抬起或移动附着在叶面上的昆虫，让它挂在离植物叶面记录点几毫米的地方，再连接下一个昆虫。

2）所有昆虫都连入各自的探针插孔后，启动计算机进行数据采集。再将所有悬挂的昆虫一个一个地移到各自的叶面记录点。

3）待每头昆虫均开始刺探时，调整植物电势控制和标准增益按钮，将图谱输出线调整至合适的大小和位置。

4）用脉冲校准按钮检查昆虫和金丝银胶触点的质量。当按下校准按钮时，输出信号中显示为适当的方形脉冲。如果没有看到边缘清晰的脉冲，则说明触点电气质量较差。

## 第二节　EPG 波形的生物学意义

EPG 技术应用于实践，需要解决的关键问题是建立昆虫行为和口针在寄主不同组织中刺探时与输出的电位波形图之间的对应关系，前人结合透射电镜、同位素示踪、口针切割等技术明确了蚜虫的 8 种基本波形（np，A，B，C，E，F，G，pd，图 11-4）及其生物学意义。

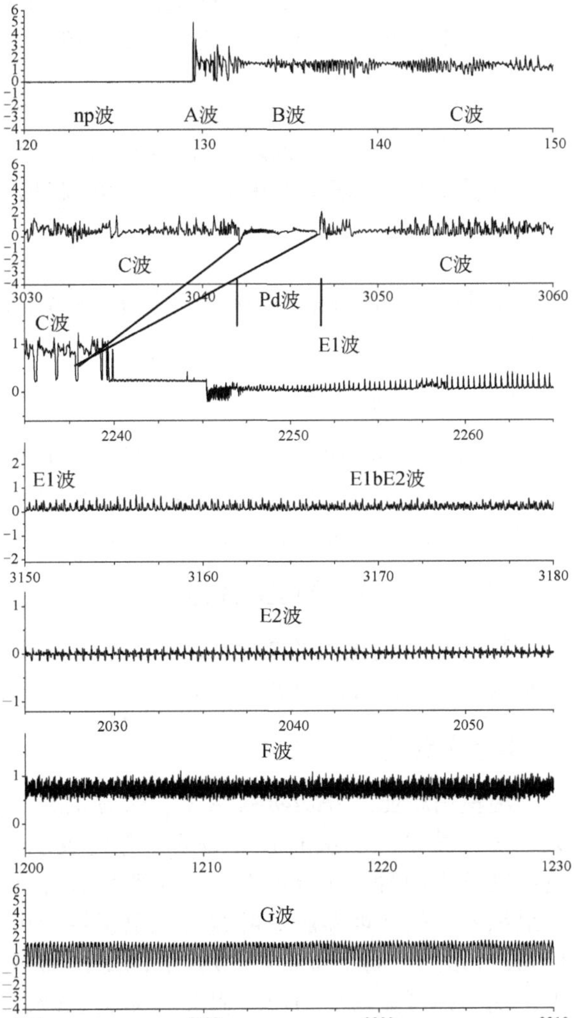


图 11-4　麦长管蚜取食小麦的 8 种基本的 EPG 波形图谱（胡想顺等，2003）

### 一、蚜虫的 8 种基本波形

蚜虫口针的刺探总体为 3 个阶段：口针刺探阶段（C 波）、木质部主动吸食阶段（G 波）和韧皮部被动取食阶段（E 波）（Prado and Tjallingii，1994）。具体有 8 种基本波形，介绍如下。

#### （一）A 波

A 波是蚜虫口针刚与植物表面接触时呈导电状态的反映，频率为 5～15Hz，A 波很不稳定，变化幅度大，历时 5～20s。A 波总伴随着水溶性唾液的分泌。

#### （二）B 波

B 波紧随 A 波之后出现，峰值较高，每隔 5～8s 有一次有规律的重复。B 波都伴随着凝胶型唾液的分泌，凝胶型唾液能形成保护口针的唾液鞘，此时蚜虫的口针位于表皮及薄壁组织内。

### （三）C 波

B 波之后 C 波出现，二者没有截然的界限，C 波是最复杂的波形，最典型的特征是有很多电势落差（potential drop，Pd 波）。C 波阶段蚜虫的口针位于表皮与微管束之间，反映胞外电势水平。判读时一般将不能明确区分的波也归入 C 波，统计时 A 波、B 波也归入 C 波。

### （四）Pd 波

Pd 波的波幅变化幅度为−180～−50mV，每次持续 5～15s，分 3 个亚波段：Pd-Ⅰ，Pd-Ⅱ，Pd-Ⅲ。从细胞外经细胞膜进入细胞内有一个约 100mV 的电势跌落，反之也一样。Pd 波正是反映了蚜虫口针刺破细胞膜时所测的这个膜内外电位差（Tjallingii，1986；1988）。

### （五）E 波

E 波的电势落差相当于 Pd 波水平，反映了口针刺探韧皮部筛管的过程（Tjallingii，1988）。E 波可以分为 E1（2～4Hz）、E2（4～7Hz）两个亚波和二者的混合波 E1bE2，E1 为主动分泌水溶性唾液到筛管中的过程，而 E2 为蚜虫从筛管中被动吸收韧皮部汁液的过程（Prado and Tjallingii，1994；Tjallingii，1988）。

### （六）F 波

F 波频率达 11～16Hz，只出现在胞外水平。F 波是口针在细胞膜外胞间或细胞壁内的机械穿刺受阻时的波形，F 波与寄主植物的机械抗性关系密切（Tjallingii，1988）。

### （七）G 波

G 波是一种胞外水平的波形，频率 4～6 Hz，是昆虫在木质部主动吸食的波形（Tjallingii，1988）。

### （八）np 波

np 波为电路未接通时的非刺探波形（Tjallingii，1988）。

此外，还有一些生物学意义并不十分清楚的波形如重复 Pd 波（R-Pd）（Tjallingii，1985a，1985b，1988；Lei et al.，1995）、点 G 波、E0 波和变异的 F 波等（胡想顺等，2003）。

## 二、其他昆虫的 EPG 波形

其他刺吸式昆虫的 EPG 波形与蚜虫相似，但也有不同，如粉虱、飞虱、叶蝉、蝽、螨及蓟马等（Lei et al.，1995，1996，1999；Wetering et al.，1998；Calatayud et al.，2001）。

### （一）粉虱

温室白粉虱（*Trialeurodes vaporariorum*）成虫的 C 波可区分为 4 种亚波，这 4 种亚波组成了 3 种波序。幼虫的波形则可以分为表示吸食的高频 H 波和非吸食的低频 L 波。而产卵波可区分为两种：①Ovi-Ⅰ，产卵器划破叶面；②Ovi-Ⅱ，产卵过程。粉虱卵依靠卵柄插入叶组织中，故产卵器脱离叶组织后仍保持导电状态，直至卵粒脱离母体（Lei et al.，1995；1996；1999）。而木薯粉虱（*Phenacoccus herreni*）被 3 种寄生性跳小蜂寄生后，会在胞外水平出现一种可能与压力反应相关的类似 E2 波的新波形——H 波（Calatayud et al.，2001）。

### （二）叶蝉

假眼小绿叶蝉（*Empoasca vitis*）在茶树和人工饲料上取食时有 7 种不同的 EPG 波形

（即 np、E1、E2、E3、E4、E5 和 E6）。E1 及其 3 种波形亚型（E1-A～E1-C）与在人工饲料上取食时唾液鞘的产生、口针的刺探和切槽有关。E2 和 E3 是两种高振幅波形，E2 呈高度规则的准方波，重复出现、持续时间最长。E3 通常出现在 E2 之后，也表现与 E2 相似的准方波特征，但振幅要高得多。E2 和 E3 波形均与液体人工饲料或韧皮部的主动摄取有关。E4、E5 和 E6 波是偶尔出现的波形（Jin et al.，2012）。

### （三）飞虱

灰飞虱（*Laodelphax striatellus*）和褐飞虱（*Nilaparvata lugens*）取食行为的 EPG 波形可分为非刺探波 np 波、口针刺探波 N1、口针移动并伴随唾液分泌的波 N2-a、持续分泌唾液的波 N2-b、开始持续取食之前在邻近韧皮部区域活动的波 N3、韧皮部持续取食波 N4 和木质部取食波 N5 共 7 种类型（Seo et al.，2009；荆裴等，2013）。

### （四）木虱

亚洲柑橘木虱（*Diaphorina citri*）有 6 种波形，分别为口针在植物细胞中穿刺的 C 波、接触韧皮部组织的 D 波、韧皮部分泌唾液 E1 波、吸食的 E2 波、木质部吸食的 G 波和非刺探波 np 波（Willett et al.，2016）。

### （五）盲蝽

绿盲蝽（*Apolygus lucorum*）在刺吸棉花过程中产生的波形综合为 4 种：Ⅰ波表示口针刺入植物组织；Ⅱ波表示在撕裂植物组织或细胞；Ⅲ波表示在取食细胞内容物；Ⅳ波表示结束取食（雒瑜珺等，2011）。

### （六）褐蝽

新热带褐蝽（*Euschistus heros*）成年雌虫在大豆（*Glycine max*）荚上的 EPG 波形可分为非探测波形和探测波形。非探测波形包括 4 种：Z 和 np 分别与昆虫在豆荚表面的休息和行走相关；Dw1 与消化相关；Dw2 与露水的摄入相关。探测波形可以分为 3 个阶段：3Eh1a、Eh1b、Eh1c 和 Eh1w 是在植物组织中的穿刺过程的波形；Eh2、Eh3a、Eh3b 和 Eh4 是食物摄入阶段的波形；Eh5 是取食中断时的波形。结合组织解剖学研究，发现 Eh1a 和 Eh1b 对应于口针最初穿刺和深层穿透荚果组织并分泌唾液鞘的过程，Eh1c 是口针穿过厚壁组织刚性细胞层的波形，Eh1w 是口针抽出时的波形，Eh2 代表在木质部持续吸食汁液的波形，Eh3a 与种子胚乳的撕裂和种子中细胞破裂后的取食行为有关，Eh3b 与细胞内容物的取食有关，Eh4 代表在未知部位短时间取食（Lucini and Panizzi，2018）。

### （七）蓟马

西花蓟马（*Frankliniella occidentalis*）取食过程的波形可以区分为 P 波、Q 波和 R 波三种：P 波（时间为 1s 或更短）表示取食开始；Q 波（至少 1～2s）可能是分泌唾液，是病毒传播所必需的；R 波（超过 10s）常伴随疤痕的产生（Wetering et al.，1998）。

# 第三节　EPG 的应用综述

## 一、寄主植物抗性机制方面的应用

在感（抗）性机制及水平不同的作物品种上，昆虫口针的穿刺在不同的组织部位中会受到不同的影响，不同的化学物质对昆虫的电生理也有不同的影响，EPG 技术可以详细记录这种不同。抗性位置定位是 EPG 技术最成功的应用之一。

### （一）抗性位置定位

如果抗性因子为寄主散发的驱避剂，则刺探之前的非刺探（np 波）时间延长；抗性因子（如有物理机械阻力或有拒食剂存在）位于表皮层，则在刺探开始时口针不易刺入或有较高频率的中断；抗性因子位于叶肉组织，则 C 波波程发生变化（到达韧皮部时间延长）；韧皮部存在抗性物质，则 E1 波（分泌水溶性唾液）波程发生变化，昆虫需要分泌更多的水溶性唾液才能克服抗性物质，从而成功取食，而 E2 波波程短（由于抗性物质而被动吸食时间缩短）；叶肉组织中物理抗性较好，则 F 波波程长，如 3 个小麦品种对麦长管蚜（*S. avenae*）和禾谷缢管蚜（*Rhopalosiphum padi*）的抗性位置定位（胡想顺等，2007；Hu et al.，2008）。

### （二）化学抗性及诱导抗性

植物筛管中的化学成分、浓度和先前取食的蚜虫种群的唾液分泌，以及其他化学物质所诱导的寄主生理变化均可能影响蚜虫的刺探行为。例如，悬钩子长管蚜在环氧肟酸类化合物（Hydroxamic acids，Hx）含量高的小麦品种上第二次取食时减少了口针在有毒次生物中的暴露时间（Ramírez et al.，1999）；茉莉酸甲酯处理小麦幼苗后诱导胰蛋白酶抑制剂和 Hx 浓度的增加，导致禾谷缢管蚜 np 波次数和历时显著增加，C 波、E1 波和 E2 波历时明显缩短，口针在细胞间穿刺频率明显升高，首次出现 E1 波的时间显著推迟（Slesak et al.，2001）。西洋参精油中的 β-侧柏酮及其内酰胺会导致桃蚜躁动不安，口针到达韧皮部阶段的时间延迟或到达失败（Wróblewska-Kurdyk et al.，2019）。

### （三）在转基因抗虫作物抗性机制上的应用

转 *Bt* 基因棉上的棉蚜寻食和 C 波（细胞穿刺途径）时间均短于双价棉，蚜虫口针更易于到达韧皮部。而 E1 和 E2 波的时间却显著长于双价棉，蚜虫在韧皮部分泌水溶性唾液和被动吸食的时间显著长于双价棉。这反映出两种转基因棉抗蚜性的差异（刘向东和崔金杰，2002）；在单价转基因棉‘保铃棉 32B’上生活 10 代后取食时的 E 波显著高于常规棉‘泗棉 3 号’，而 np 波显著低于常规棉，双价转基因棉‘国抗 22’与常规棉间无差异（郭慧芳等， 2004）。

### （四）在作物抗性水平测定上的应用

在基于各种波形与抗性关系研究的基础上，EPG 应该是测定作物品种抗虫性水平最基本的应用技术。例如，EPG 技术评判 9 个茶树品种抗叶蝉取食能力强弱的顺序，与田间查得的 9 个品种茶树上假眼小绿叶蝉种群密度由小到大的顺序一致。

## 二、在刺吸式昆虫与寄主植物关系特异性研究中的应用

EPG 技术可以帮助了解昆虫与寄主植物间的特异性关系，大多数蚜虫在非寄主植物或抗性强的植物上 E1 波（分泌水溶性唾液到韧皮部）延长，这说明非寄主植物的抗性因素大多存在于韧皮部。例如，甘蓝蚜在非寄主植物上无 E 波，在两种偶然性寄主上 F 波占的比例大，代表口针遇到机械阻力，E2 波占的比例小或没有，且 E1 波占在韧皮部取食总时间［E1/（E1+E2）］的比例大。而在另外两种偶然性寄主上，蚜虫在寻找韧皮部时没有受阻，但是在到达韧皮部后要花费很长时间才开始取食，E1/（E1+E2）高达 20%～30%（Gabrys and Tjallingii，2002）。从木槿转移到黄瓜上的棉蚜口针难以达到韧皮部筛管，而在棉花、西瓜和甜瓜上均可。在甜瓜上棉蚜吸取养分前可不分泌水溶性唾液而直接吸食（Liu et al.，2002）。

## 三、媒介昆虫传毒（菌）机制的研究

EPG 技术为探讨媒介昆虫传毒（菌）的一些细节提供了有效的方法：蚜虫的 E 波与传播持久性病毒，如大麦黄矮病毒相关（Prado and Tjallingii，1994）。叶蝉（*Cicadulina storeyi*）传播玉米条斑病毒也发生在相当于蚜虫 E1 波的 L2 波阶段（Kimmins and Bosque-Perez，1996）；而 Pd 波（蚜虫口针刺穿细胞膜的过程）和 E1 波（唾液分泌）在传播植物非持久病毒的过程中起重要作用（Powell，1991；Martin et al.，1997）。棉蚜获得黄瓜花叶病毒的效率与 Pd 波次数呈正相关（张鹏飞等，2001）。瓜类褪绿黄化病毒能影响烟粉虱的取食行为，并可能进一步导致烟粉虱传毒能力提高（Lu et al.，2019）。牧场沫蝉（*Philaenus spumarius*）在感染苛养木杆菌（*Xylella fastidiosa*）的葡萄植株上取食 15min 即可获菌，传菌至健康葡萄的木质部仅需要 2～7min（Cornara et al.，2020）。

## 四、刺吸式口器昆虫的取食机制、生物学和生态学的研究

韧皮部筛管非常容易被损害，但可在很短的时间内修复，蚜虫能不断地在单一的筛管中取食长达数小时甚至许多天，故蚜虫的唾液成分对韧皮部筛管创伤修复的抑制反应和在“对付”有毒物质中所起的作用是令人感兴趣的。借助 EPG 技术研究证明：麦长管蚜在取食过程中口针鞘唾液（凝胶状唾液）中存在多酚氧化酶（PPO）和过氧化物酶（Px），在口针鞘外的水溶性唾液中仅有多酚氧化酶（PPO），麦长管蚜胶体形式酶的分泌和蚜虫在表皮层和叶肉组织中的穿刺活动有关，且可以改变吸入口器中的酚成分，这对麦长管蚜克服寄主植物的抗性具有重要的意义（Urbanska et al.，1998）。蚕豆蚜有翅蚜起飞前在木质部的主动摄取可能与其获得空气动力学上的优势有关（Powell and Hardie.，2002），而其夏季孤雌蚜和秋季迁飞蚜的繁殖行为发生在蚜虫口针到达筛管之前，在韧皮部的穿刺活动可以作为其繁殖的前导因素，推翻了原来的在木质部取食是其繁殖的必要条件的假设（Tosh et al.，2002）。与在无氮条件下生长的大麦相比，禾谷缢管蚜的口针在有氮条件下生长的大麦上能更快地到达韧皮部，取食时间也有所延长（Ponder et al.，2000）。

## 五、杀虫剂对刺吸式口器取食行为影响的研究

杀虫剂对刺吸式口器取食行为影响的研究是 EPG 应用的一个新领域。例如，矿物油能通过增加刺探时间、降低韧皮部取食时间来阻止桃蚜在辣椒上对马铃薯 Y 病毒的传播（陈巨莲，2001），嘧啶甲亚胺复合物吡蚜酮能干扰蚜虫取食行为的神经调控，使蚜虫在植株上的取食终止，EPG 波形出现变形，因此蚜虫看上去像是饥饿致死（Harrewijn and Kayser，1997）。

研究认为，蚜虫口针一旦刺入韧皮部并开始正常取食，由于口针鞘的作用，蚜虫要主动拔出口针也需要 30～60s，此时用高效、触杀性很强的杀虫剂杀死蚜虫不会影响口针定位，可用于进行与植物电信号相关的生理学研究（周希明等，1997）。但据编者观察，麦长管蚜在受到刺激后的 2～3s 就可以拔出口针。

## 【思考题】

1. 简述 EPG 的工作原理。
2. 蚜虫 EPG 的波形有几类？各自代表的生物学意义是什么？
3. 论述 EPG 技术在寄主植物抗性机制方面的应用。
4. 论述 EPG 技术在研究昆虫与寄主植物互作中的应用价值。
5. 论述 EPG 技术在昆虫传毒和抗药性方面的应用。
6. 讨论 EPG 记录时间对实验结果会产生何种影响。

（胡想顺）

# 第十二章　昆虫雷达研究技术

**【内容提要】**本章主要介绍昆虫雷达的研究历史、工作原理、工作过程及回波信号与目标识别，并介绍了昆虫雷达的最新发展。

**【学习目标】**了解昆虫雷达的工作原理和研究历史。

**【基本要求】**理解昆虫雷达的工作原理，并了解其在昆虫学研究中具有的重要作用和影响。

昆虫迁飞是其在进化过程中长期适应环境的一种遗传特性，为昆虫在时间和空间上逃避不良环境条件选择新环境提供了一种手段，同时也导致害虫的大发生（图 12-1～图 12-3），给农业生产带来极大的损失。昆虫雷达的出现为研究昆虫的迁飞提供了一种革命性的工具，昆虫雷达能对迁飞性昆虫的迁飞过程进行实时监测，不受天气状况、空间地理位置和人为因素干扰，可以得到空中昆虫自然状态下的飞行参数（定向、速度、位移方向和种群数量）。特别适于大范围迁飞性害虫的动态监测，增强了人们对夜间高空昆虫迁飞的时空分布和种群动态的了解，在研究昆虫大范围远距离迁飞方面具有十分重要的作用。

图 12-1　二代黏虫幼虫大迁移
（孙雅杰和高月波，2004）

图 12-2　三代黏虫为害玉米
（孙雅杰和陈瑞鹿，1997）

图 12-3　昆虫迁飞期间诱集到大量的昆虫

## 第一节　昆虫雷达的研究历史与概况

雷达最初用于战争中实时监测入侵敌机，而首次证实雷达可以检测到昆虫的是 1949 年美国亚利桑那州海军电子实验室和贝尔电话实验室。1968 年，Schaefer 完成了第一部昆虫雷达改造，并进行了撒哈拉沙漠南部蝗虫迁飞研究，建立了雷达观测昆虫迁飞的技术规范，标志着雷达昆虫学诞生。

### 一、国外

20 世纪 70～80 年代，J.R.Riley 等研究了昆虫的起飞和定向等飞行行为、迁飞层的出现与气温的关系，并用轨迹回推的方法计算虫源区，测定翅振频率以辨别种类，为昆虫雷达的实际应用和制定有效的控制策略提供了理论依据。

美国在 20 世纪 60～70 年代就有关于气象雷达或军用雷达观测昆虫的报道，曾获得了大量关于边界层内昆虫种群动态、飞行行为及其与风温场的关系等珍贵的研究资料。

澳大利亚学者应用雷达观测的方法主要研究了蝗虫类、夜蛾类、螟蛾类昆虫的迁飞。Drake 和 Farrow 等在新南威尔士州应用雷达观测澳大利亚疫蝗的夜间迁飞时，在荧光屏上直接观测回波移动轨迹，用空中网捕、地面灯诱和黄昏时的起飞观察证实观测目标的种类，通过回波数量和轨迹计算空中密度和迁移率，估计迁飞路径和虫源区距离。

专用昆虫雷达经过 40 多年的发展，目前已发展出扫描昆虫雷达、垂直波束雷达、机载昆虫雷达、毫米波雷达、谐波雷达等多种类型。英国、美国、澳大利亚等国家的雷达昆虫学家通过在软件和硬件方面的不断改进，昆虫雷达由最初的手工操作发展到现在的计算机自动化操作。

### 二、国内

我国的雷达昆虫研究开始于 1986 年，吉林省农业科学院与无锡雷达厂合作，组装了中国第一台厘米波扫描昆虫雷达，拉开了我国雷达昆虫学研究的序幕。随后中国农业科学院利用计算机数据采集、图像处理和分析技术，设计、研制了昆虫雷达数据实时采集、分析系统。

2004 年我国自主研发了中国第一部厘米波垂直昆虫雷达，该雷达软件系统主要由实时程序和非实时程序组成。3 年后我国自主研发的毫米波扫描昆虫雷达诞生，标志着我国已经可以探测褐飞虱等小型迁飞昆虫，并且具有更高的灵敏度和精确度，从而为迁飞性昆虫的异地测报和早期预警提供了科学依据。

目前，我国政府十分重视迁飞性害虫的预警、测报工作，在全国设立了数十个昆虫雷达监测站，全面开展迁飞性害虫监测，以保障我国粮食安全。

## 第二节　昆虫雷达的工作原理

雷达（radar）的英文名称是无线电检测和测距（radio detection and ranging）英文的缩写，它是一种测距装置，通过测量一束有方向的脉冲信号散布在特定距离上的往返传送时间来测量距离。用这种方式建立从雷达到分散的目标之间的方向定位和相隔的距离（图 12-4）。由于昆虫雷达是进行改进或特殊设计的专门用于监测迁飞性昆虫的专业雷达。因此，可以通过设计来测量目标昆虫的坐标（方向、距离、高度），目标的位移、速度（方向和速率），目标的密度（一定空间昆虫的数量）等很多关键参数。由于雷达自己发射微波信号，通过能量爆发或脉冲直接射向目标，然后监测返回的部分能量，因此其观察迁飞性昆虫不受昼夜、地理环境、人为等因素的影响。

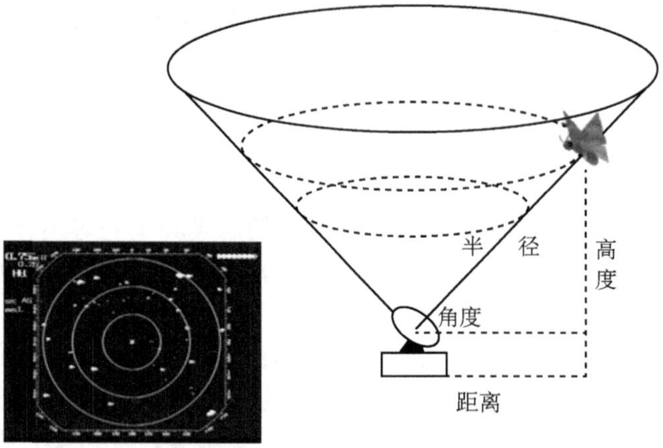


图 12-4　雷达工作原理图

由此可知，昆虫雷达至少由四部分组成：硬件设备（包括雷达天线、旋转设备等）、微波信号发射与接收系统（包括发射器、回收器等）、信号处理与显示系统（包括显示器等）、数据采集与分析系统（计算机分析软件系统）。

## 第三节　昆虫雷达的工作过程

用于观测迁飞性昆虫的雷达种类很多，如厘米波扫描昆虫雷达、厘米波垂直昆虫雷达、跟踪雷达、机载昆虫雷达与船载雷达、毫米波昆虫雷达、谐波雷达等。

### 一、厘米波扫描昆虫雷达

厘米波扫描昆虫雷达在工作状态时，随着天线在昆虫飞行的空间扫描，可以在荧光屏上直接看到空中飞行昆虫的回波，获得扫描空间的飞行昆虫数量；在数据分析程序中设置距离、仰角等参数，可判断飞行昆虫所在空间的高度和距离；荧光屏上回波分布的状态显示昆虫群体在空中飞行的状态；每次观测时将时间、距离、仰角、回波分布范围及回波数量、拍照胶卷及序号、哑铃形方位及比值、轨迹、速度、成层现象及层的位置和厚度等项记入记录表内，用于迁飞昆虫动态分析。

通过计算回波中心点在屏幕图像上的绝对坐标、所在象限、正切函数等得到回波点离雷达的直线距离，继而得到回波点离地面的高度，然后利用几何公式计算有效体积，最终用总的昆虫个数除以体积来计算出一定高度层和每一距离环之间的昆虫密度。

### 二、厘米波垂直昆虫雷达

厘米波垂直昆虫雷达的一个固定天线将雷达波束垂直指向空中，当昆虫通过该波束时，迁飞昆虫之间的距离和高度与相应的时间被显示在雷达屏幕上。该雷达的软件系统主要由实时程序和非实时程序组成。执行实时程序时可以根据实地需求进行参数设置，显示高度共分为 1000m、2000m 和 3000m 三档；噪声门限和昆虫判别门限可以在参数设置中实现；存数设置可以设置存数类型（自动和定时）和定时存数的时间范围；单幅昆虫、路径、高度可以直接显示在电脑接收器上，并可显示持续 1h 的记录数据；自动监测记录的结果以记事本形式存储，可统计回波数量、计算不同空间密度。非实时程序可供以后分析处理数据使用，与实时程序的差别是其没有参数设置，增加了显示速度来设置每圈显示的间隔时间。该雷达具有计算机自动控制、采样、记录和分析功能，实现了昆虫迁飞活动的实时监测和长期连续监测的信息自动化处理。

该雷达主要用于监测迁飞昆虫之间的距离和高度与时间的关系，无法估计昆虫在空中某一范围的密度分布。

### 三、毫米波昆虫雷达

毫米波昆虫雷达主要用于稻飞虱、蚜虫等小型昆虫的迁飞监测。雷达的软件系统在得到回波信号的同时，在计算机显示器上显示图像采集时间、仰角、距离、高度等参数，为微小型昆虫的迁飞观测提供了有力的观测手段。

## 第四节　昆虫雷达回波信号与目标识别

昆虫雷达接收的回波信号不仅包括目标昆虫，还包括非目标昆虫及其他回波信号，如雨滴、冰雹、云层、大树、鸟类、建筑物等，需要分析回波信号和目标昆虫检验。

### 一、昆虫雷达回波信号种类

#### （一）单个昆虫迁飞轨迹

单个昆虫在雷达显示屏上瞬间显示为一个回波亮点。但从昆虫进入到迁出雷达搜索范围有一定的时间。如果每个回波间隔 3s，单个昆虫在显示屏上的回波亮点就构成一条线形轨迹。根据雷达搜索直径与半径、观测仰角、通过的时间、风速等就可以计算迁飞昆虫的高度和迁飞方向。

#### （二）多个昆虫迁飞时的瞬间回波信号

多个昆虫在雷达显示屏幕上表现出多种类型的回波图像（图 12-5）：①随机定向型回波信号分布，即随机定向的迁飞昆虫几乎布满整个雷达显示屏，但中心十分清晰。②定向哑铃形回波信号分布，当昆虫向着同一个方向飞行时，显示在雷达显示屏幕上的回波点呈哑铃形分布，中心也较为清晰，由此判断昆虫迁飞的方向。③定向昆虫形成回波层与云，当昆虫大量集中迁飞时，雷达显示屏幕上出现浓重不一的回波层或云。

### 二、昆虫雷达目标的识别

昆虫雷达回波信号的准确辨别需要经过长期的观测、记录、分析和经验积累。

#### （一）云雨产生的回波信号排除

当迁飞昆虫种群密度较低时（小于 0.000 4 头/$m^3$），昆虫个体的回波信号是离散的，降雨的回波颗粒细而密，且分布比较均匀，比较容易区分和排除；当昆虫种群密度较高时，形成的云层状回波信号与大气中的云层回波信号十分相似，但可以通过高度和信号大小来区分

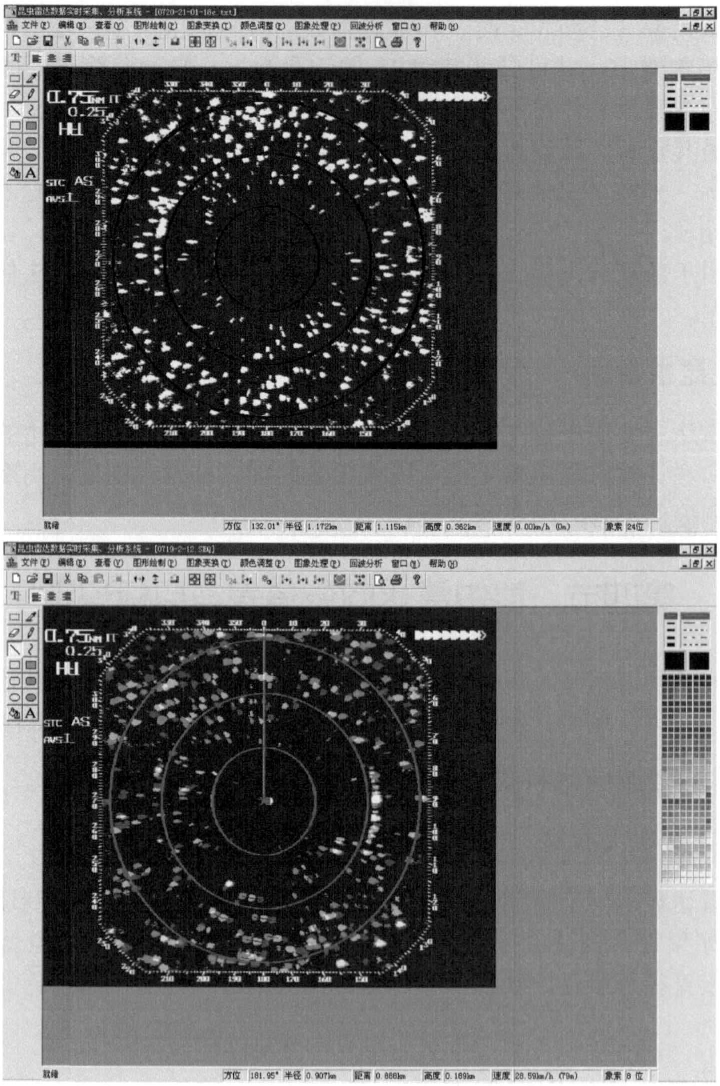

扫码见彩图

图 12-5　昆虫雷达回波信号

上. 经图像处理后成为圆形，并去掉距离环以供回波分析；下. 图像彩色叠加，以计算昆虫飞行速度和方向

和排除，并经过对天气状况的观察进行检验。昆虫聚集时产生的回波点与雨点的回波不容易区分，尤其在远距离处且没有辅助证据的情况下更难区分；但是在较高处温度不适宜昆虫生存，不可能有昆虫存在，便可以肯定是降雨所产生的回波。

### （二）树木、建筑物产生的回波信号排除

通过雷达安放场地变化后产生的回波信号变化和色彩叠加来排除树木、建筑物产生的信号干扰。

### （三）鸟类迁飞产生的回波信号排除

虽然鸟类的雷达散射截面通常比昆虫大得多，但大昆虫与小鸟之间的雷达回波区别很小，在显示屏幕上的差异几乎没有。通过飞行速度和振翅频率及间歇特征可以区分和排除鸟类的回波信号干扰，保证昆虫雷达监测昆虫迁飞行为观察的客观和正确。

### （四）目标昆虫种类的鉴定

只有少数昆虫可利用昆虫雷达直接测量昆虫振翅频率进行空中昆虫的有效鉴定，如蝗虫。因为长翅昆虫通常产生较低的振翅频率，短翅昆虫产生较高的振翅频率，所以，翅长与振翅频率呈负指数关系。

大多数昆虫都很难用昆虫雷达直接进行种类鉴定。因此，需要利用辅助工具帮助雷达进行种类鉴定，包括暴发区地面虫情调查，探照灯、地面灯（也称姊妹灯，图 12-6）诱捕和空中网捕数量与雷达捕捉的信号相互印证。姊妹灯诱虫结果显示的害虫暴发期与雷达监测结果一致。

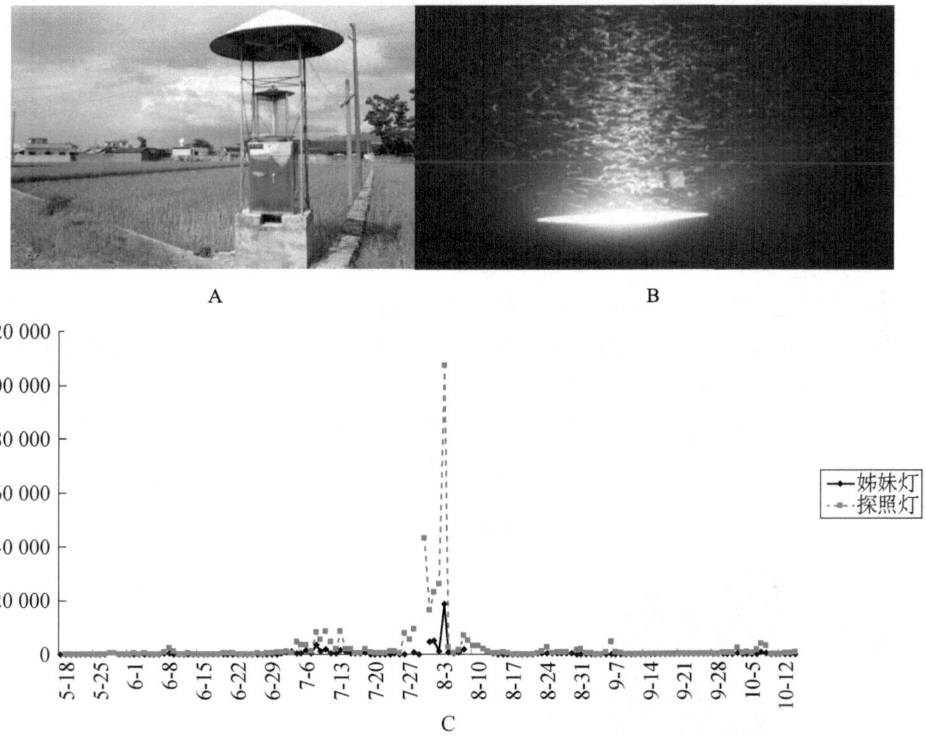


图 12-6　用探照灯和姊妹灯监测迁飞昆虫的数量与种类（代美等，2008）

A. 探照灯；B. 姊妹灯；C. 姊妹灯和探照灯诱集的白背飞虱数量动态

## 三、昆虫方位、飞行高度、种群密度和移动速率的计算

### （一）方位

在昆虫密度较低的情况下，从雷达所获取的图像中能清楚区分每个回波点。通过对雷达回波数组的数据分析，将超过某一亮度阈值的像素点及其周围相连的像素点识别为单个昆虫所产生的回波。通过计算回波中心点（$X_0$，$Y_0$）在屏幕图像上的绝对坐标（$X_s$，$Y_s$），相对坐标（$X=X_s-X_0$，$Y=Y_s-Y_0$），根据 $X$、$Y$ 的正负值确定所在象限［$X_1$=ABS（$X$），$Y_1$=ABS（$Y$）］，再根据两直角边 $X_1$、$Y_1$ 的反正切函数［$\alpha$=arctan（$Y_1/X_1$）］即可确定方位值。

### （二）飞行高度和种群密度

回波点离雷达的实际距离用 $r_d=r \cdot d_{max}/r_0$ 计算，其中，$r=Y_1/\sin\alpha$，$d_{max}$ 是最外距离环的最大量程，$r_0$ 为最外距离环离雷达中心点的以像素点表示的距离。回波点离地面的高度为 $h= r_d \cdot \sin\varepsilon$

（ε 为雷达天线的仰角）。根据以上计算得到的昆虫回波个体数和在空中的分布，可以计算一定高度层和每一距离环之间的昆虫密度，计算公式为

$$n=N/V$$

式中，$n$ 为昆虫在空中的密度；$N$ 为总的昆虫个体数；$V$ 为有效体积。

### （三）移动速率

选取密度较低的序列采集的多幅图像灰度，经过相邻三幅图像叠加后变成蓝色、绿色和红色回波点的彩色图像。在图像中选取排列成一行的蓝、绿、红 3 个回波点，即可得到昆虫目标的移动轨迹。经过蓝、绿、红 3 个回波点画一条直线，将直线平移使之通过雷达图像中心点，根据雷达图像周围的方位坐标可测得目标移动方向。选取排列成一行的蓝、绿、红 3 个回波点中相邻两个回波点的中心点，用鼠标画一条直线，通过计算直线的起始点和结束点，即可计算出亮点之间的直线距离，然后根据两幅图像之间的采集时间间隔，得到昆虫目标移动的速率。

## 四、昆虫迁飞重要参数的统计分析

上述所有计算目前均可在计算机上进行（图 12-7）。对多时段的给定仰角、给定方位角进行数量统计分析，建立模型；配合灯诱数据和田间调查数据，建立数量模型。利用 *R* 统计软件分析某特定空间昆虫过境的模型，结合数量模型进行对比分析。利用函数可以计算给定方位角、仰角和库长的雷达扫描空间的体积。虽然精确的回波空间范围的体积计算比较复杂，但是相对来说还是比较固定的。所以在确定体积后，仅需统计数量，然后求商即可。

图 12-7　昆虫种群密度、飞行高度、方位等参数的软件计算结果

如果要查询某一方位角范围上距离 0.123km 左右回波强度在（25，100）区间的数据数量，只要在“空间统计分析”窗口中输入相应昆虫参数，单击“*R* 统计分析”菜单便可，结果以关系二维表显示。完成以上功能需要打开“数据分析”菜单的“空间统计分析”子菜单。

## 五、昆虫周年活动情况

通过周年内雷达观测的数据分析（对时间分别为 2008 年 5 月 6 日、6 月 8 日、7 月 19 日、8 月 3 日、9 月 7 日和 10 月 15 日的 6 幅图像进行比较）发现：雷达回波点数量在 6 月

8 日左右达到最高峰，并且持续几天，然后数值变小；7 月 19 日回波点数量又突然增多，持续几天数值降低，8 月 3 日又迎来第 3 个高峰（图 12-8 和图 12-9）。此数据的变化趋势与姊妹灯下观察结果一致。

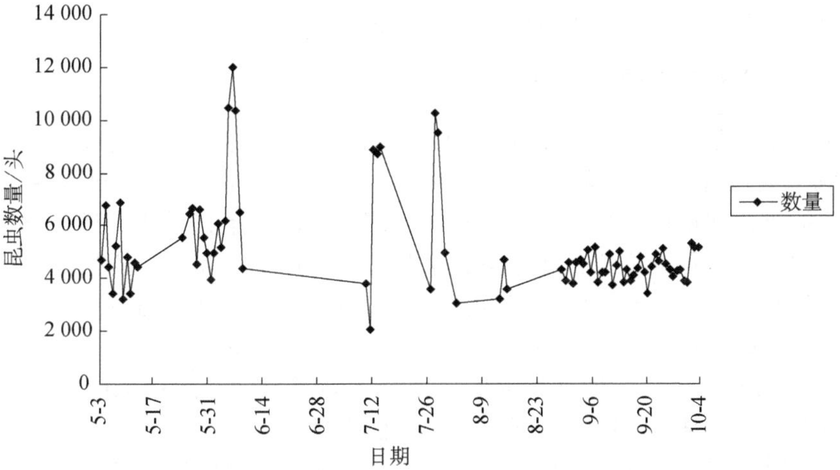


图 12-8　仰角 28°、20：00 昆虫回波点变化动态（代美等，2008）

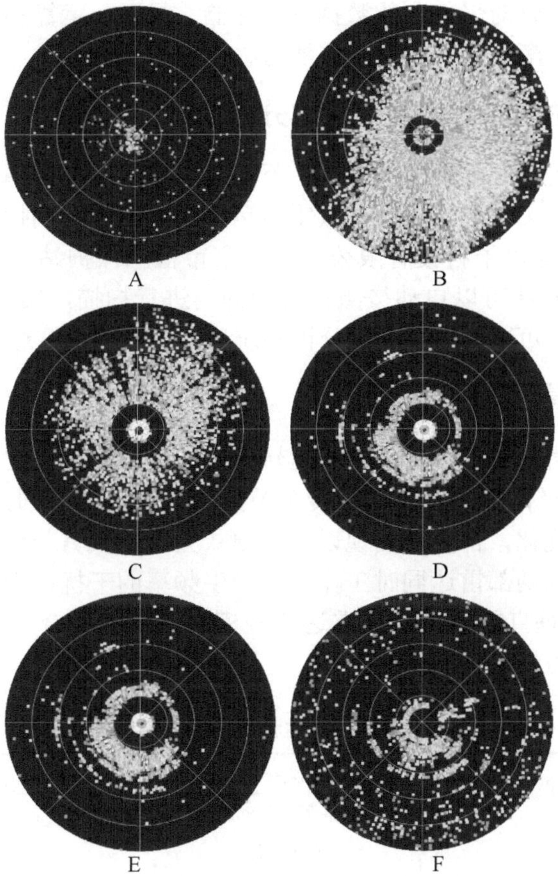


扫码见彩图

图 12-9　昆虫雷达周年活动情况（代美等，2008）

A. 2008 年 5 月 6 日 19：16；B. 2008 年 6 月 8 日 19：49；C. 2008 年 7 月 19 日 20：32；D. 2008 年 8 月 3 日 19：28；E. 2008 年 9 月 7 日 19：08；F. 2008 年 10 月 15 日 19：35。蓝色回波点为昆虫回波点

# 第五节　昆虫雷达的应用技术及新进展

经过近五十年的发展，昆虫雷达除了有垂直昆虫雷达、厘米波扫描昆虫雷达、毫米波扫描昆虫雷达等多种类型之外，在建制技术方面也取得了很大的进步。

## 一、数字化昆虫雷达替代模拟昆虫雷达

模拟昆虫雷达的回波信号是通过 CRT 显示器展现图像的一类雷达系统。相互垂直的 *X* 轴和 *Y* 轴组成了模拟雷达 CRT 显示器的偏转线圈。电子束的控制是通过 *X* 轴和 *Y* 轴的偏转线圈加上同步的锯齿波电压而实现。从而在显示屏上形成一条扫描线。进行 PPI 扫描时，分别对两路锯齿波电压进行方位角正弦分量和余弦分量的调制，荧光屏的扫描线就可以实现与天线的同步运转扫描。通过对 CRT 亮度进行调制，使之与回波强度正相关，在 CRT 显示器上显示雷达探测到的目标，从而实现昆虫雷达探测昆虫的目的。通过上述工作原理发现，模拟雷达缺乏雷达信号的采集、处理和存储，信号存储需要借助照相机或者录像机等辅助设备，有点费时费力。但是它的优点是回波画面比较清晰。

随着计算机软硬件技术和集成电路技术的发展和进步，高性能的 AD 转换器问世，这使传统的模拟信号转换成数字信号。“数字化”雷达的概念由此产生。两者最大的区别是数字化雷达可以通过专用的软件对采集到的数据进行存储、显示、运算和分析，以及进行处理和统计。数字化昆虫雷达逐渐取代了模拟昆虫雷达。

## 二、扫描昆虫雷达的自动伺服系统和分析能力的提升

早期扫描昆虫雷达受伺服软硬件的影响，不适于长期自动运转，数据的分析和统计耗费了使用者大量的时间和精力。通过借助天气雷达运转的经验和早期扫描昆虫雷达程序的结构分析，2016 年，无锡立洋电子科技有限公司与北京市植物保护站合作开发了适用于扫描昆虫雷达的伺服程序，该程序可以自动按照设定的仰角进行扫描，实现 3PPI 图像的实时合成与存储。通过非实时程序可以对数据进行分析和统计。扫描昆虫雷达的优点是实用性更强。

## 三、多模式昆虫雷达的融合技术

扫描昆虫雷达和垂直昆虫雷达都是单一运转模式的昆虫雷达，它们都有各自的优缺点，两者在机械传动方面、极化方式方面和旋转关节方面有很大的不同，如表 12-1 所示。从设计本身来讲，不管如何优化，都无法实现以一种模式完全取代另一种模式。若在同一站点架设相同频率、体制不同的两部雷达同时工作，会产生频率的干扰，影响监测的准确性，同时成本也比较高。如果将垂直雷达和扫描雷达两种模式有机地融合为一体，实现多模式的运转，昆虫雷达的监测能力将大大提高。

**表 12-1　垂直昆虫雷达和扫描昆虫雷达的区别**

| 项目 | 垂直昆虫雷达 | 扫描昆虫雷达 |
|---|---|---|
| 机械传动方面 | 没有天线传动座 | 有天线传动座 |
| 极化方式方面 | 旋转极化 | 水平极化 |
| 旋转关节方面 | 1 个旋转关节 | 方位和俯仰 2 个旋转关节 |

双模式昆虫探测雷达是利用一套收发信号采集处理及终端系统来实现扫描昆虫雷达和垂

直昆虫雷达所有的探测功能的新型昆虫探测雷达。受某些部件功能的限制，真正意义上的双模式昆虫探测雷达技术并不是垂直昆虫雷达和扫描昆虫雷达的简单组合。双模式昆虫探测雷达至少需要3个旋转关节，但是旋转关节在高速旋转时，不可避免地产生损耗，所以双模式昆虫探测雷达必须要经过良好的设计才能满足探测的需求。2016年，无锡立洋电子科技有限公司先后与北京市植物保护站、新疆师范大学等单位合作，研制生产出两部双模式昆虫探测雷达（图12-10）。这两部雷达虽然都为双模式昆虫探测雷达，但是各有不同：第一部是安放在北京的双模式昆虫探测雷达，除具有扫描和垂直件模式外，还实现了快速的无缝隙对功能；第二部架设在新疆的双模式昆虫探测雷达除了具有扫描和垂直件模式外，还引入了双路馈线技术，实现近距离探测功能。

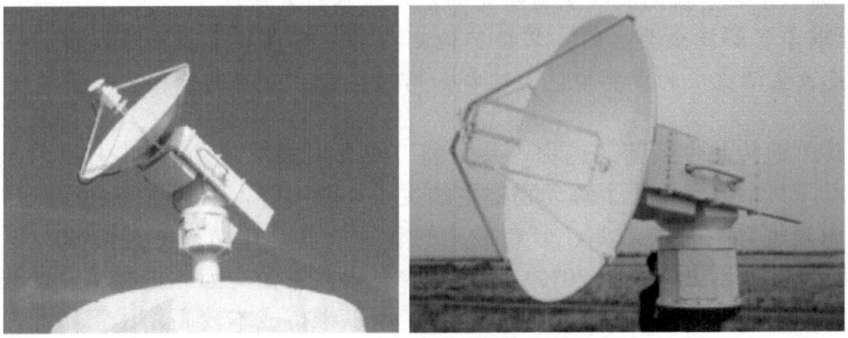

图12-10 双模式昆虫探测雷达

左图中雷达安放在北京；右图中雷达安放在新疆

在昆虫雷达学的实践中，需要昆虫、雷达、计算机、气象等相关领域的专家加强合作，共同提高昆虫雷达在制造、自动化数据采集分析与大数据方面的应用，提高昆虫雷达的监测能力。随着技术的进步，昆虫雷达在害虫监测预警方面的应用前景非常值得期待。

## 【思考题】

1. 我国第一台厘米波扫描昆虫雷达的研发开始于哪一年？
2. 简述什么是雷达？什么是昆虫雷达？
3. 简述昆虫雷达的组成部分。
4. 简述昆虫雷达的分类。
5. 什么是双模式昆虫探测雷达？

（赵惠燕，代　美）

# 第十三章 昆虫共生菌研究方法

**【内容提要】**本章主要介绍昆虫共生菌的多样性及检测技术、功能分析技术、共生菌与昆虫营养关系研究方法，以及共生菌与昆虫生态功能研究方法。

**【学习目标】**系统掌握昆虫共生菌研究的基本技术与方法。

**【基本要求】**了解昆虫共生菌，掌握其检测技术，掌握共生菌去除和添加技术，了解共生菌在宿主昆虫生活史中的重要角色，理解如何对昆虫共生菌进行相关的科学研究。

动物与其可遗传共生细菌（也称“共生菌”或“内共生菌”）的共生关系一直是生物学家关注的重点，其不但有助于了解动物宿主的生长和繁殖等，而且也有利于探讨生命的起源与进化。昆虫是地球上种类最多、分布最广的动物，占已知动物种类的 90%以上。与此同时，研究表明大部分昆虫（多于 70%）体内均含有内共生菌，因此这类昆虫也被称为共生体昆虫。因为共生菌会从宿主昆虫体内隔离资源，所以维持成本较高，尽管如此，共生菌在自然昆虫中的感染多样性依旧非常丰富。昆虫为共生菌提供稳定的小生境和营养物质，反过来共生菌可以合成宿主昆虫食物中所缺乏的某些重要营养成分（如必需氨基酸），以弥补其不足，或者为宿主昆虫提供新的表现型。因此，共生菌与其宿主在长期进化过程中形成了稳定且互利共生的生存模式。在众多共生菌种类中，一些（一般是一种或两种）共生菌对宿主昆虫（如蚜虫和粉虱）的正常生长和繁殖是必不可少的，这类共生菌通常被称为专性共生菌或初级共生菌。除此之外，还有部分共生菌在宿主昆虫正常生长和繁殖过程中不是不可或缺的，但可以选择性地影响宿主昆虫的营养平衡、生态参数、代谢解毒、病毒传播、行为选择、体色调节、性状改变等，这些共生菌通常被称为兼性共生菌或次级共生菌。

从形态学和生活史的角度来讲，昆虫共生微生物可大致分为两大类：细菌和真菌。①细菌多存在于蜚蠊目、等翅目、半翅目、虱目、食毛目、鞘翅目和双翅目等某些昆虫体内，如蚜虫体内广泛含有的胞内巴克纳氏菌（*Buchnera aphidicola*，专性共生菌）；沃尔巴克氏体（*Wolbachia*，兼性共生菌）是节肢动物体内发现的一种立克次体，大约有 16%的昆虫感染了这类细菌，是迄今为止已知的最为广泛存在的共生菌，也是研究较为广泛的一类共生菌。②类酵母菌（yeast-like symbiont，YLS）可存在于半翅目和鞘翅目昆虫体内，如飞虱、蚜虫、烟草甲、药材甲和锹甲等。

近年来，特别是在许多国家宣布启动“微生物基因组计划”的大背景下，共生菌与宿主之间的互利共生关系开始极大地被科学家所关注和深入研究。一是由于这种共生关系的深入研究可揭示不同物种间的相互作用、演化/进化方式和其中的分子机理；二是这种互利共生关系的研究结果在农业、林业、园艺病虫害防治中具有潜在且广泛的应用价值，可以极大地丰富和拓展传统的有害生物综合治理（IPM），从而降低经济损失。本章将重点介绍常见昆虫（如共生模式生物蚜虫）体内共生菌的检测、去除/感染、共生营养关系和宿主昆虫的表型可塑性等研究的相关内容及关键技术。

# 第一节　昆虫共生菌的多样性及检测技术

## 一、昆虫共生菌的多样性及种类多样性分析

### （一）存在部位多样性

共生菌在昆虫体内的位置和形状因昆虫的种类和微生物的类型而异。有些共生菌生活在消化道内，如实蝇科（Tephritidae）幼虫中微生物定居在中肠外突囊中；蟋蟀总科（Grylloidea）昆虫的回肠细胞壁特化成乳状突，其顶端的刷状毛能固定微生物；蛴螬的发酵室和美洲蜚蠊（*Periplaneta americana*）的回肠中也有类似结构。通过肠道解剖即可检测其所在部位。吸取汁液的昆虫体内，细菌常位于中肠前端的胃盲囊中；烟草甲和药材甲的共生类酵母菌则存在于前肠和中肠连接处的菌胞体内。有些微生物共生在昆虫脂肪体内，如蜚蠊的含菌细胞，飞虱的类酵母菌。此外，大部分蚜虫在腹部血腔中有胞内原核生物共生体（图 13-1）。沃尔巴克氏体主要存在于寄主生殖器官（卵巢和精囊）中，偶尔可在马氏管、神经组织和靠近体腔的肌肉组织中分布。

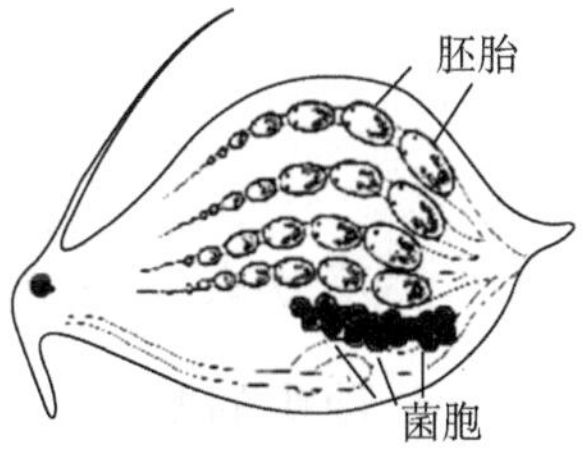


图 13-1　蚜虫内部素描示共生菌所在位置（Sasaki and Ishikawa，1993）

### （二）形状多样性

胞内共生菌的大小和形状各异，如蚜虫的胞内细菌（*B. aphidicola*）菌体呈球形或卵球形、平均直径约 2.9μm、细胞壁类似革兰氏阴性菌（图 13-2）。飞虱体内的类酵母菌一般为椭圆形，长 10～15μm，如白背飞虱体内的 YLS 长 11.3μm，褐飞虱的 YLS 长 15μm（图 13-3）。沃尔巴克氏体具有立克次体的一般性特征，通常具有二型性：鞭型和球孢型（图 13-4）。

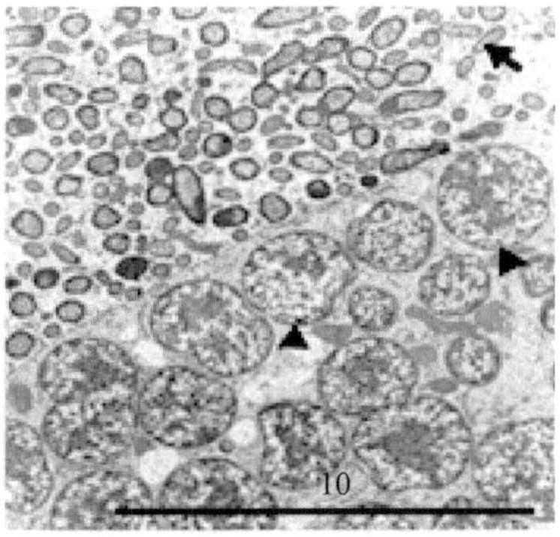


图 13-2　蚜虫胞内共生细菌电镜照片（Moran et al.，2005）

三角形表示初级胞内共生菌 *B. aphidicola*；箭头指示次级胞内共生菌 *Hamiltonella defensa*。比例尺= 10μm

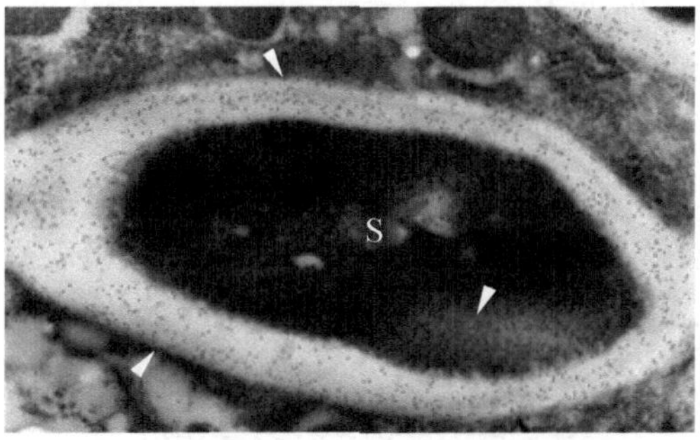


图 13-3　褐飞虱体内类酵母菌电镜照片（Cheng and Hou，2005）

S 表示类酵母菌；箭头指示免疫胶体金颗粒

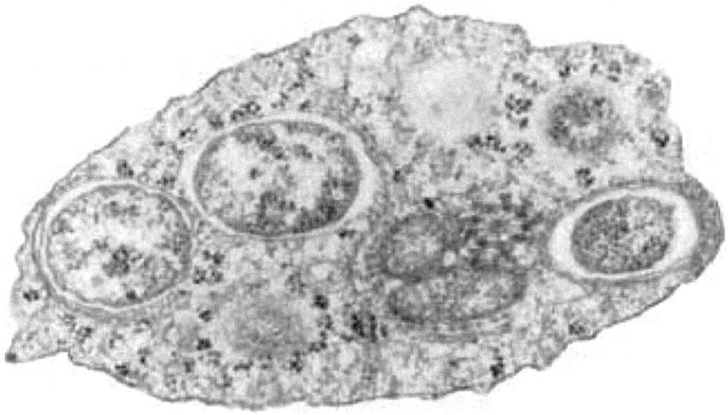

图 13-4 昆虫细胞内沃尔巴克氏体电镜照片

### （三）繁殖方式多样性

昆虫共生菌中的胞内细菌（*B. aphidicola*）通过二均分裂的方式进行繁殖，并通过昆虫母系传递途径在昆虫世代间垂直传递。类酵母菌在虫体内营出芽生殖，并通过卵母细胞以垂直的方式直接传给子代，它们多附着在卵壳表面，由 1 龄幼虫取食卵壳而被摄取。而沃尔巴克氏体是一类随母系遗传的立克次体细菌，通过细胞质遗传；在自然界，偶尔可发生种间或种内之间的水平传播。

### （四）种类多样性分析方法

共生菌种类多样性鉴定主要通过三种方式进行：体外培养鉴定法、分子检测法和显微镜观察法。①由于共生菌在昆虫体内生存环境非常复杂且特殊，需要特定的酸碱度（pH）、营养成分、氧分压、氧化还原电位等（王争艳等，2020），因此，昆虫共生菌对体外培养的条件需求苛刻，且常常因种而异。进行共生菌多样性分析时，需首先根据各类菌在其宿主体内生存的微环境来设计培养条件，即培养基，才能成功体外培养并进行多样性分析。目前绝大多数人工培养基无法满足共生菌的体外正常生活，也就是说，体外培养鉴定法在昆虫共生菌多样性鉴定中用得较少。②关于分子检测法，目前使用最多的技术主要包括荧光原位杂交法，对细菌的保守基因（如 16S rRNA）的可变区进行 PCR 检测、比对与分析，以 16S rRNA 为基础的第二代测序技术（即高通量测序）等。而其他一些分子检测法，如 PCR 变性梯度凝胶电泳/温度梯度凝胶电泳（PCR-DGGE/TGGE）、限制性片段长度多态性（RFLP）、末端限制性片段长度多态性（T-RFLP）、基因芯片等使用较少。③显微镜观察共生菌主要包括光学显微镜观察和电子显微镜观察等。

## 二、昆虫共生菌检测

### （一）光学显微镜检测共生菌

可以通过光学显微镜来检测昆虫共生菌的菌胞数，如观察蚜虫胞内细菌（*B. aphidicola*）的菌胞数的方法如下：将蚜虫用 Bouin-Dubosq 固定液固定 24h，然后先用 70%乙醇溶液冲洗，再用无菌水冲洗 1 次，最后用 80%乙醇溶液冲洗至不再出现黄色为止，移入装有 80%乙醇溶液的小瓶内置于 4℃冰箱保存，供解剖、测定之用。蚜虫体内血腔中菌胞数量计数在立体显微镜下进行，解剖前在虫体上滴加一滴缓冲液（50mmol/L Tris-HCl，pH7.2，25mmol/L KCl，10mmol/L $MgCl_2$，0.25mol/L 蔗糖），用细针将蚜虫腹部戳破，在腹部末端即可见聚集的含菌细胞，计数体腔内菌胞数量。或者将 Grace 昆虫培养基置于载玻片上（每头蚜虫 10μL；放于冰上操作），然后用细针将蚜虫腹部在培养基中戳破，静止 2min 后移除蚜虫，便收集到了蚜虫的血淋巴，然后盖上盖玻片，常温放置 1h，便可进行光学显微镜观察（图 13-5）。

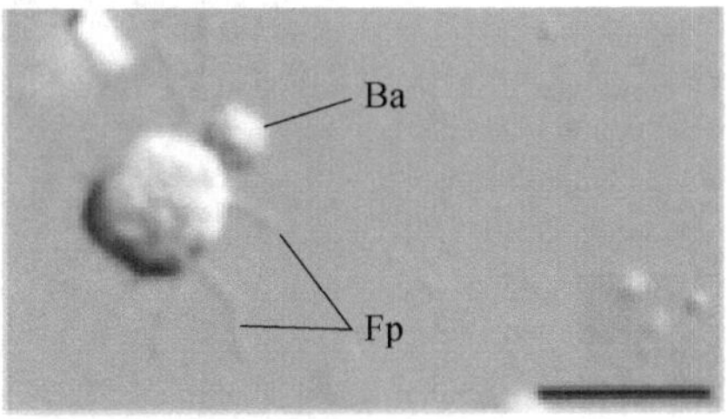


图 13-5　蚜虫胞内细菌 *B. aphidicola* 的光学显微镜照片（Schmitz et al.，2012）

Ba. *B. aphidicola*；Fp. 丝状伪足。比例尺=10μm

### （二）电子显微镜检测共生菌

可以通过透射电镜来检测昆虫体内共生菌（图 13-2～图 13-4）。选取待测昆虫，经戊二醛固定液固定后进行电镜切片观察即可。电镜样品的制作步骤如下。

1）倒去戊二醛固定液，用 0.1mol/L 磷酸缓冲液漂洗三次，每次 15min。

2）用 1%锇酸液固定样品 1～2h。

3）倒去锇酸固定液，用 0.1mol/L 磷酸缓冲液漂洗三次，每次 15min。

4）用不同梯度浓度（50%、70%、80%、90%、95%）乙醇溶液对样品进行脱水，每个梯度处理 15min。

5）再用 100%乙醇处理 20min，最后过渡到纯丙酮处理 20min。

6）用包埋剂和丙酮混合液（体积比为 1∶1）处理样品 1h。

7）用包埋剂和丙酮混合液（体积比为 3∶1）处理样品 3h。

8）纯包埋剂处理样品过夜。

9）将经渗透处理的样品包埋起来，70℃加热过夜，即得到包埋好的样品。

10）定位，切片，电镜观察和拍照。

### （三）荧光原位杂交法检测昆虫共生菌

可以通过荧光原位杂交法（FISH）来检测昆虫共生菌，如蚜虫体内专性共生菌（*B. aphidicola*，图 13-6A）和兼性共生菌（*Regiella insecticola*，图 13-6B）。方法如下：将含有 10pmol/mL 的相对应探针［*B. aphidicola*：ApisP2a-Cy3（5'-Cy3-CCTCTTTTGGGTAGATCC-3'）；*Regiella insecticola*：U16-Cy5（5'-Cy5-GTAGCAAGCTACTCCCCGAT-3'）］和 200ng/mL 的 4', 6-二脒基-2-苯基吲哚（DAPI）的杂交缓冲液（20mol/L Tris-HCl，pH 8.0；0.9mol/L NaCl；0.01%十二烷基硫酸钠；30%甲酰胺）应用于固定好的血细胞。将载玻片在 46℃的温室中孵育过夜，然后在 1×柠檬酸钠缓冲液（0.15mol/L NaCl，15mol/L 柠檬酸钠）中漂洗 10min，在去离子水中漂洗 1min，随后用荧光封闭剂固定。最后在荧光显微镜或共聚焦荧光显微镜下观察蚜虫共生菌 *B. aphidicola* 和 *R. insecticola*。进行无探针实验作为对照组。

### （四）以 PCR 为基础的分子检测技术

随着现代分子生物学的迅猛发展，利用 PCR 技术可简单、快速且高效地检测昆虫体内特定种类共生菌的存在，这也是目前最主要的共生菌检测方法。现分述如下。

**1. 胞内巴克纳氏菌（蚜虫体内专性共生菌）的分子检测**　大多数细菌中，都检测到了 rRNA 基因组成一个顺序为 *rrs-rrl-rrf* 的操纵子，分别编码 16S rRNA、23S rRNA 和

扫码见彩图

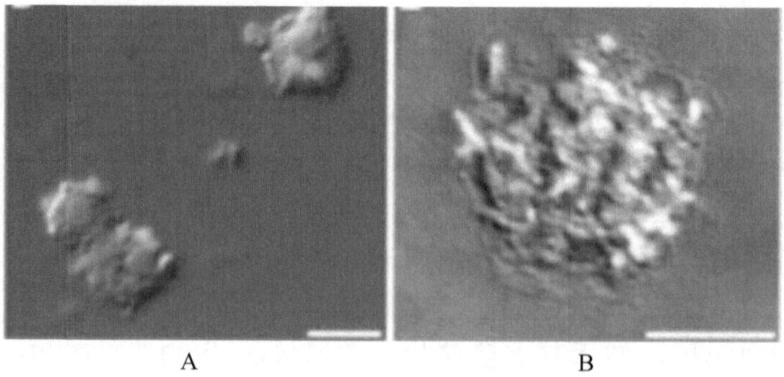


图 13-6　共生菌 *B. aphidicola*（A）和 *R. insecticola*（B）的 FISH 检测（Schmitz et al.，2012）
比例尺= 10μm

5S rRNA（图 13-7）。通常在 *rrs* 和 *rrl* 间有 1 或 2 个 tRNA，在某些 rRNA 操纵子中 tRNA 也跟在 *rrf* 基因后面。在转录起始位点前是 1 或 2 个衔接启动子，在 mRNA 的末端是同向核苷酸重复，是一种 rho 不依赖性终止子（非 ρ 依赖性终止子，即这个终止信号的碱基序列在无 ρ 因子时被依赖 DNA 的 RNA 聚合酶识别）。在细菌中，*rrs*、*rrl* 和 *rrf* 都是高度保守的序列。在 *rrs* 和 *rrl* 前面的另外两个保守序列被命名为 boxA 和 boxC。boxA 有抗终止的作用，boxC 的功能未知。

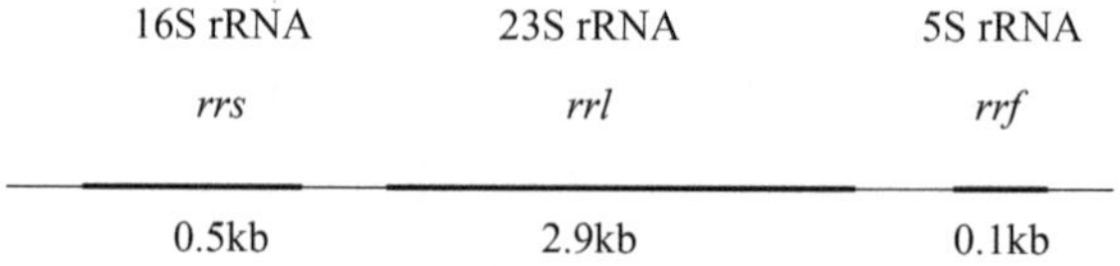


图 13-7　大多数细菌中发现的 rRNA 基因组成的单个转录单元（Roubakhsh and Baumann，1995）

巴克纳氏菌与其他细菌不同，其 rRNA 操纵子明显分为两个基因转录单位，即 *rrs*（图 13-8A）和-*rrl*-*rrf*（图 13-8B）。而且与 *rrs* 相邻的是 *argS* 基因，即 *tRNA^arg^* 合酶基因，与 *rrl* 相邻的是 *aroE* 基因，即编码莽草酸脱氢酶的基因。因此我们可以利用 *rrl* 与 *aroE* 基因的关系，或利用 *rrs* 与 *argS* 连锁的关系来设计引物进行特异性扩增，从而检测巴克纳氏菌。

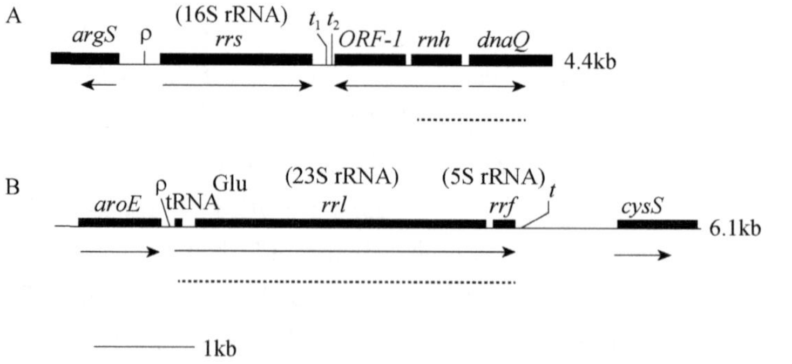


图 13-8　含有 rRNA 基因的麦二叉蚜巴克纳氏菌的两个 DNA 片断的遗传图谱（Munson et al.，1991）

（1）基因组 DNA 的提取　　用毛刷挑取单头蚜虫装入 1.5mL 的离心管内，加入 50μL 提取缓冲液（1% SDS，50mmol/L Tris-HCl、pH8.0，25mmol/L NaCl，25mmol/L EDTA），然后用干净的研杵（提前用 100μL 提取缓冲液冲洗 2 次）捣碎；置于 65℃水浴 45min；再加入 3mol/L KAC（pH 7.2）100μL，冰上放置 1h 以上；12 000r/min 离心 10min，移上清液于另一

离心管中，加入 2 倍体积预冷的无水乙醇（400μL），混匀，放置于−20℃中 1h 以上。12 000r/min 离心 15min，小心倾尽上清液，收集沉淀，用 70%乙醇溶液洗 1 次；晾干沉淀；37℃干燥 15min，每管加入 20μL pH8.0 的 TE（10mmol/L Tris-HCl，1mmol/L EDTA），充分溶解后−20℃保存备用。也可从试剂公司直接购买 DNA 提取试剂盒提取。

（2）DNA 检测　利用紫外分光光度计或超微量分光光度计来检测 DNA 浓度和纯度。根据提取物在 260nm 的 OD 值，计算 DNA 样品的浓度；根据提取物在 260nm 和 280nm 的 OD 比值检测 DNA 样品的纯度。一般认为，$OD_{260}/OD_{280}$ 在 1.8 左右时为较纯的 DNA；大于 1.9，说明样品中 RNA 未除尽；小于 1.6，说明样品中含有蛋白质或酚污染。需要注意的是当 $OD_{260}/OD_{230}$ 小于 2.0 时，表明样品中有残留的盐和小分子杂质，如核苷酸等。操作步骤如下。

1）采用紫外分光光度计法。吸取 2μL 的 DNA 样品，加水至 400μL，充分混匀，紫外分光光度计先用 100μL 的超纯水校正零点，然后在 260nm 和 280nm 分别检测待测样品的光密度值。DNA 样品浓度（μg/μL）＝ $OD_{260}$×核酸稀释倍数×50/1000。

2）采用超微量分光光度计法。①双击软件图标，如 Nanodrop2000。②选择核酸—DNA 检测。③仪器校零：抬起仪器上臂，加纯净水 1μL 到仪器基座上，然后放下仪器上臂，点击“Blank”图标。④用无尘纸把上下基座擦拭干净。⑤用移液枪吸取 1μL 待测样品，加到仪器基座上，然后放下仪器上臂，点击“Measure”按键进行检测并读取和保存数据。⑥每完成一次样品检测后，需用无尘纸清洁上下基座。待样品全部测完后，需用纯净水清洗上下基座并擦拭干净。

（3）引物设计及 PCR 反应　利用巴克纳氏菌基因组中 *rrl-aroE* 基因序列和 Primer Premier 5.0 软件设计引物。其序列为

上游引物：5′-GTC GGC TCA TCA CAT CC-3′

下游引物：5′-TTC CGT CTG TAT TAT CT CCT-3′

扩增反应液体系如下（50μL）：模板 DNA 1μL，20μmol/L 上游引物和下游引物各 1.5μL，10mmol/L dNTPs 1μL，1μ/L *Taq* 酶（Promega）1μL，10×buffer 5μL，25mmol/L $MgCl_2$ 4μL，用灭菌过的双蒸水加至 50μL，然后在 PCT-200TM 型 DNA 扩增仪上进行 PCR 扩增反应。PCR 程序为 35 个循环：94℃，30s；55℃，30s；72℃，1min。取 PCR 特异性扩增产物 7μL，在 1%的琼脂糖胶上进行电泳检测（电压 70V，50min，电泳缓冲液为 1×TAE），紫外灯下观察结果。有特异性扩增条带可初步断定有巴克纳氏菌的存在，然后测序、序列比对进行确认。

**2. 沃尔巴克氏体（蚜虫体内兼性共生菌）的分子检测**　最初广泛使用的沃尔巴克氏体检测基因为 16S rDNA，因为它在沃尔巴克氏体的系统进化和多样性研究中具有重要价值，但此区域的保守性相对较高，不适用对沃尔巴克氏体多样性进行更精细的研究（特别说明：对兼性共生菌种类的检测，目前应用最广泛的依然是 16S rDNA）。进化更快的 *ftsZ* 基因更加适合应用于更细致的多样性和种间传播的研究。*ftsZ* 基因是一种编码细胞分裂蛋白的基因，也可称为细胞周期基因，参与细胞分裂的调控。因为不同沃尔巴克氏体株系的 *ftsZ* 基因序列分析在不同群体间序列差异较大（约为 15%），从而使 *ftsZ* 基因成为沃尔巴克氏体系统发育关系研究的一种遗传尺度。

尽管如此，在沃尔巴克氏体的相关研究中应用最为普遍的却是 *wsp* 基因。*wsp* 是一种编码沃尔巴克氏体表面蛋白（surface protein of *Wolbachia*）的基因。Braig 等在 1998 年首次从感染了沃尔巴克氏体的果蝇（*Drosophila*）卵中成功地纯化了沃尔巴克氏体表面蛋白，随后

进行了 *wsp* 基因的克隆和测序。研究表明 *wsp* 基因的进化速度比 *ftsZ* 基因要快，因而利用 *wsp* 基因能够揭示沃尔巴克氏体更加详细的系统发育关系，为沃尔巴克氏体的诊断和分型、系统发育关系提供了极好的工具。

在这些已获得的沃尔巴克氏体诊断材料和方法中，*wsp* 基因诊断技术具有独特的优势：相对于 16S rDNA 等非编码区和 *ftsZ* 基因区的诊断技术，*wsp* 基因诊断技术以编码沃尔巴克氏体表面蛋白的基因区段为目标区段，诊断的准确性更高；在 *wsp* 基因诊断的基础上已构建了较好的沃尔巴克氏体分型体系和相对应的引物序列，而且在 GenBank 中登录并获得专利号的 *wsp* 基因序列超过 12 个。

其他兼性共生菌品种的检测：除引物不同外，检测步骤可参照巴克纳氏菌的检测方法。

#### （五）以 16S rRNA 高通量测序为基础的检测

随着基因组学的迅猛发展，一部分科学家开始使用细菌 16S rRNA 高通量测序的方法来研究昆虫体内的共生微生物。16S rRNA 相对应的 DNA 序列，存在于所有细菌染色体基因中。保守区在细菌间无显著差异，可用于构建所有生命的统一进化树。可变区在不同细菌中存在一定差异，对可变区进行测序，可将菌群精细鉴定到分类学上的属，甚至种的级别，这对研究土壤、海洋等微生物群落的构成具有重要指导意义。目前对 16S rRNA 测序主要有三种方法：测单 V 区（V3/V4/V6）；测双 V 区（V3-V4 或 V4-V5）；测三 V 区（V1～V3、V5～V7、V7～V9）。由于双 V 区测序比单 V 区测序更长，也就是说所含信息量更大，且 V3-V4 区引物结合特异性较好，因此，16S rRNA V3-V4 区测序是微生物物种鉴定的最佳选择。此方法也是许多昆虫学家研究共生微生物的首选，如共生模式生物蚜虫共生菌的检测（Xu et al.，2020）。由于高通量测序需要的仪器（如 Illumina HiSeq 2500）较贵且一般实验室使用频率不高，外加目前市面上做高通量测序的公司较多（如华大基因），因此，一般只需提供待测样品、由商业公司完成即可。

## 第二节　昆虫共生菌功能的分析

昆虫体内共生菌研究的关键环节是共生菌的去除、感染和体外培养。其中，脱共生（去除共生菌）或共生菌感染效果的准确判断是保证实验结果正确的重要前提。长期以来，脱共生或共生菌感染方法的不足，加上共生菌很难在宿主体外培养，使得该领域的研究进展缓慢甚至停顿。近几十年来，随着研究手段的不断进步和改进，不但前期困难已被逐渐克服，而且一些新兴科学技术（如基因组、宏基因组、转录组、蛋白组和代谢组）也陆续在共生菌功能分析中被使用。因此，共生体研究（特别是共生模式生物蚜虫与其体内共生菌）已再次被科学家所重视且快速成为国际/国家研究热点，为生物进化、起源、演变、互作等领域提供了新的研究思路。除此之外，微生物研究已成为世界各国科学家及各国政府争相发展的战略性科技领域，如美国已经部署“人体微生物组计划”（2008 年启动）、“地球微生物组计划”（2010 年启动）、“国家微生物组计划”（2016 年启动）等。

### 一、传统功能验证法

目前，从昆虫体内去除共生菌常用的方法有热处理、辐照、溶菌酶注射和抗生素处理等。①热处理方法只适用于宿主昆虫（如锯谷盗属昆虫）的耐热力超出了共生菌耐热力的情况，在昆虫体内去除共生类酵母菌常采用高温处理的方法，如图 13-9 所示为褐飞虱高温处理后体内共生类酵母菌数量的变化动态。若虫期，处理试虫（1～20d）的共生菌含量明显低于对照（1～11d），初孵时前者相当于后者的44.0%；末龄若虫期这一比例降至13.2%；但羽化后二者的差别明显缩小，处理雌、雄成虫（24d）分别相当于对照试虫（16d）的54.2%和70.5%。②辐照在去除昆虫共生菌中的应用较少，有报道20～110Gy剂量的γ射线处理舌蝇后，其体内共生菌沃尔巴克氏体的丰度会下降，而*Wigglesworthia*的丰度不变（王争艳等，2020）。③溶菌酶注射会对共生菌宿主组织有潜在负面影响，所以也较少使用。④在科学研究中，抗生素处理在去除昆虫共生菌并对其功能分析中最常被采用。在去除昆虫共生菌对其进行功能验证外，科学家同样研发出了利用共生菌添加的方法对其进行功能探索，从而使共生菌功能验证的结果更加可靠、严谨。

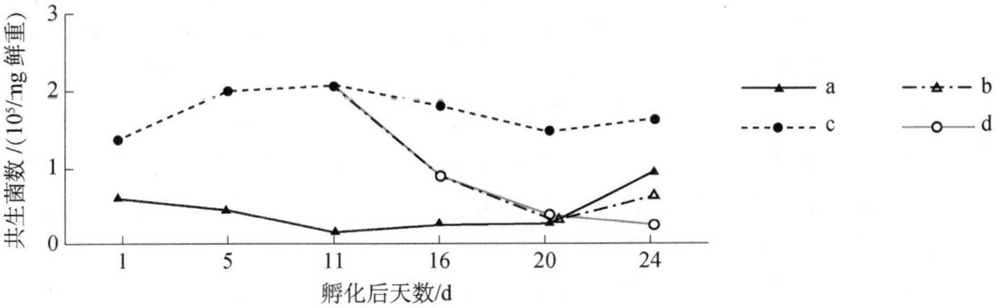


图 13-9　褐飞虱高温处理后体内共生类酵母菌数量的变化动态（傅强等，2001）

a. 处理雌虫；b. 处理雄虫；c. 对照雌虫；d. 对照雄虫

## （一）共生菌去除

利用抗生素处理的方法进行蚜虫的脱共生已有较多报道。可以将广谱抗生素利福平直接喷洒到虫体上达到脱去共生菌的目的，但效果最好的方法是经植物的内吸后对蚜虫起作用。其具体方法如下：将生长3周后的植物苗根部冲洗干净，浸在200μg/mL的利福平溶液中，24h后，接蚜虫成蚜使其产仔，10h后移去成蚜，再过48h后将若蚜移到正常小麦上饲养。脱共生的效果可以通过前面的共生菌检测方法（详见本章第一节）来检验。表13-1展示了不同培养时间下脱共生及共生麦长管蚜体内的菌胞数量（即专性共生菌巴克纳氏菌生活的微环境）。从表中可见，随着培养天数的增加，共生菌菌胞的数量在明显减少，表明抗生素的存在抑制了麦长管蚜体内共生菌的生长和繁殖。在培养15d后，脱共生麦长管蚜体内共生菌菌胞的数量减少至0，说明此时麦长管蚜体内专性共生菌全部降解消失。近年来，越来越多的科学家开始采用微注射的方式来选择性去除专性或兼性共生菌，结果也非常理想。以模式共生生物豌豆蚜为例：注射20ng/mg利福平可以选择性地去除专性共生菌巴克纳氏菌；注射1μg/mg氨苄青霉素可以选择性地去除兼性共生菌*Serratia symbiotica*，而不影响其专性共生菌巴克纳氏菌（图13-10）。

**表 13-1　不同培养时间下脱共生及共生麦长管蚜体内菌胞数量**（胡祖庆等，2008）

| 蚜虫类型 | 时间/d | | |
|---|---|---|---|
| | 5 | 10 | 15 |
| 脱共生麦长管蚜 | 2.43±0.42 | 1.45±0.12 | 0 |
| 共生麦长管蚜 | 24.48±4.20 | 60.35±5.71 | 105.73±5.80 |

注：表中数值为平均值±标准差，单位为个/虫

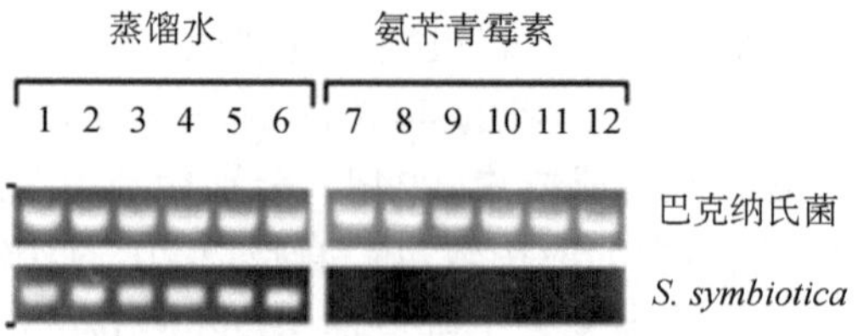


图 13-10　通过氨苄青霉素选择性地去除兼性共生菌 *S. symbiotica*（Koga et al.，2003）

1～6 号蚜虫，蒸馏水注射；7～12 号蚜虫，氨苄青霉素注射

### （二）共生菌添加

目前昆虫共生菌添加的方法主要包括自然感染法、菌株饲喂法和含菌体液（菌液）注射法。①自然感染法主要通过母体传递给后代（垂直传播），偶尔也会出现种类/种间的水平传播。例如，若蚜体内共生菌的获取主要来自母体的垂直传播。②菌株饲喂法主要通过将目标菌液与人工饲料混合，利用昆虫取食含有菌液的人工饲料的方式让目标共生菌进入昆虫体内。目前由于某些昆虫共生菌在人工饲料中存活时间较短，因此制约了饲喂法的开发利用。③菌液注射法相对简单、方便且副作用较小，是目前科学研究中使用最为普遍的共生菌添加技术，此方法由 Chen 和 Purcell（1997）最先提出。

以共生模式生物蚜虫为例，菌液（微）注射的方法如图 13-11 所示。将未感染共生菌的 2～3 龄若蚜固定在一头连有抽气机的吸管上，用微注射器吸取感染目标共生菌的成蚜体液（用 1×PBS 稀释 1～3 倍，效果更佳），随后立刻将其注射到未感染共生菌的蚜虫腹部，该蚜虫及其后代便可以含有目标共生菌。常采用特异性 PCR 扩增技术对新感染目标共生菌的蚜虫进行检测，确保共生菌添加的成功。需要注意的是在正式科学实验前，新感染蚜虫需要在实验室连续培养 10 代以上，以便新添加的共生菌可以在新宿主体内均匀分布。

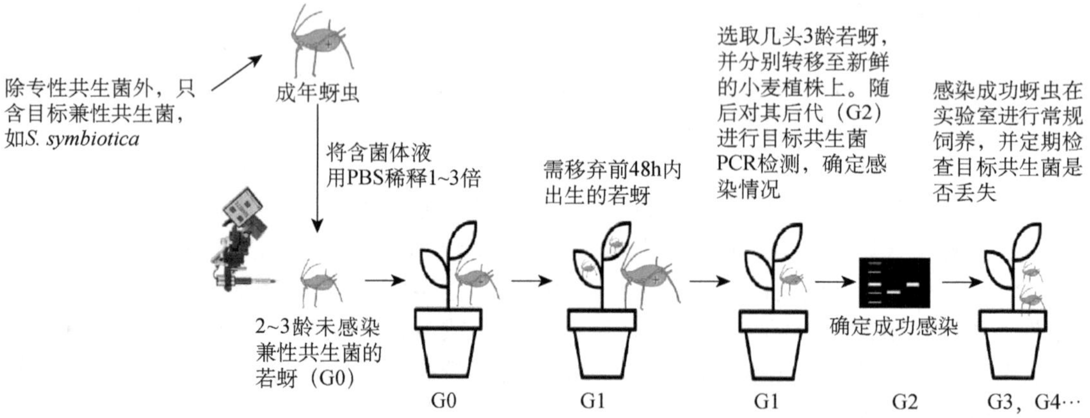


图 13-11　在蚜虫体内目标兼性共生菌（如 *S. symbiotica*）的感染及检测过程

## 二、多组学功能验证法

多组学（如基因组、转录组、蛋白组和代谢组等）研究所产生的大量实验数据，可以全方位、多层次且更加深入地（如从代谢物、基因表达等）研究“昆虫-共生菌”系统，是共生菌研究领域的热门方向。例如，通过基因组分析可以推测共生菌与宿主昆虫之间是否在遗传物质或潜在蛋白/基因方面存在互补现象；通过代谢组分析可以为共生菌代谢物与宿主表现型变化提供潜在证据；通过分析蛋白组和宏转录组可以推测宿主与共生菌之间的分子功能

交流。在科学研究中，可通过将多个组学数据加以整合来系统研究多个层面的分子变化，能更加准确地阐述一些关键基因的表达模式与参与通路等，为昆虫共生菌的功能研究提供更可靠和广泛的数据支撑。多组学研究和高通量测序类似，一般只需提供待测样品，送到对应公司进行检测即可。

## 第三节　共生菌与昆虫营养关系研究技术

半翅目昆虫与体内共生菌间的营养关系是建立在整个昆虫的营养水平上的。通过本章第二节的方法可得到缺少目标共生菌（缺菌）和人工添加目标共生菌（加菌）的昆虫个体，直接比较正常个体与缺菌/加菌个体的差异，即可推测出共生菌的部分生理功能。目前的人工饲料主要包括蔗糖、氨基酸、微量元素和维生素等，已经能成功饲养昆虫几个世代，这为研究宿主昆虫与共生菌的营养关系提供了有利条件：通过缺失某种饲料成分来研究正常试虫与缺菌试虫的不同反应，从而得出缺失成分与共生菌的相关性；也可通过测定某种关键代谢酶的活性和特殊代谢产物的滴度来反应缺菌个体与正常个体的生物合成能力及对营养物质的需求。目前这些生物学方法已经被用来探讨飞虱或蚜虫与其共生菌之间必需氨基酸和氮素代谢的营养关系。

### 一、褐飞虱和体内共生菌的营养关系研究

将孵化 24h 内的褐飞虱 1 龄若虫笼罩于稻苗上，在（35±1）℃下连续处理 3d 后，分别接于 21 种全纯人工饲料上，其中包括全组分对照人工饲料和 20 种分别比全组分人工饲料少一种氨基酸的缺失组分人工饲料，在（27±1）℃下饲养。同时，将未经高温处理的初孵 1 龄若虫在水稻上（27±1）℃饲养 3d 后接于 21 种人工饲料上作为对照。

通过计算得出（图 13-12）：同一饲料上，高温处理试虫的相对生长速度（RGR）与对照试虫相比都有所下降，除谷氨酰胺（Gln）、丙氨酸（Ala）未达显著水平，胱氨酸和半胱氨酸［Cys(s)］达到显著水平（$P$=0.012）外，其他都达到极显著水平（$P$<0.01）。其中，缺必需氨基酸的 10 种饲料上，处理试虫的 RGR 降幅均在 70%以上，特别是精氨酸（Arg）、异亮氨酸（Ile）、亮氨酸（Leu）、甲硫氨酸（Met）、苯丙氨酸（Phe）和苏氨酸（Thr）的缺失使处理试虫的 RGR 降低 80%以上；而缺非必需氨基酸的 10 种饲料上，RGR 的降幅除 Cys(s) 达到 56.7%外，其余均不超过 45%。从缺少不同氨基酸对两类试虫的影响来看，高温处理试虫在缺必需氨基酸的 10 种饲料上的 RGR 均显著低于全组分对照饲料上的 RGR，但在缺非必需氨基酸的 10 种饲料上，除缺 Gln、Cys(s)外，均与全组分饲料试虫无显著差异，但是对于缺失 Gln 饲料的试虫来说，其相对生长速率显著高于全组分饲料试虫。对照试虫在各饲料上的变化趋势虽然多与处理试虫相似，但变化幅度明显较小，对照试虫在缺必需氨基酸的 10 种饲料上的 RGR 降幅均在 30%以下，而处理试虫降幅均在 60%以上。上述结果表明：10 种必需氨基酸的缺失对高温处理后褐飞虱生长的影响明显较缺失 10 种非必需氨基酸的大。

### 二、蚜虫和体内共生菌的营养关系研究

蚜虫正常生长发育需要 10 种必需氨基酸：精氨酸（Arg）、组氨酸（His）、异亮氨酸（Ile）、亮氨酸（Leu）、赖氨酸（Lys）、甲硫氨酸（Met）、苏氨酸（Thr）、色氨酸（Trp）、撷氨酸（Val）和苯丙氨酸（Phe），而其主要食物是植物韧皮部汁液，这些汁液的营养很不平衡，其中许多蚜虫必需氨基酸的浓度很低，常常低于氨基酸总浓度的 20%，有的甚至无法检

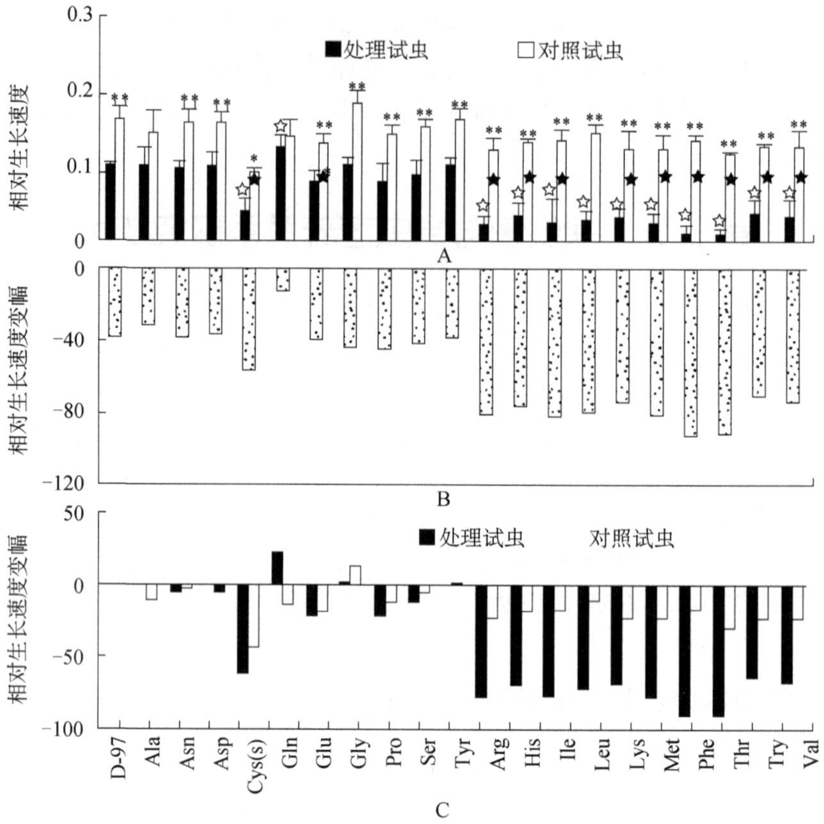


图 13-12　各饲料上褐飞虱试虫的相对生长速度及其变化（王国超等，2005）

A. 相对生长速度；B. 同一饲料上处理试虫与对照试虫相对生长速度的变幅［（处理试虫相对生长速度−对照试虫相对生长速度）/对照试虫相对生长速度×100］；C. 同一试虫在缺失氨基酸饲料和全组分饲料上相对生长速度的变幅［（缺失氨基酸饲料试虫相对生长速度−全组分饲料试虫相对生长速度）/全组分饲料试虫相对生长速度×100］。*和**分别表示同一饲料上处理试虫与对照试虫间差异显著（$P<0.05$）和极显著（$P<0.01$）。☆表示缺失单种氨基酸饲料上的处理试虫与全组分饲料上处理试虫间差异显著（$P<0.05$）。★表示缺失单种氨基酸饲料上的对照试虫与全组分饲料上对照试虫间差异显著（$P<0.05$）

出或缺失。有研究发现，所有以韧皮部汁液为食的半翅目昆虫体内均含有共生微生物，而那些取食完整植物细胞的类群则更加倾向于失去共生菌。前期证据表明，大部分蚜虫体内都含有一类生活在菌胞（一类特化的细胞）内的共生菌 *B. aphidicola*，它为宿主提供在韧皮部汁液中无法获取且蚜虫自身无法合成的一些必需氨基酸和其他营养物质，从而满足宿主蚜虫对必需氨基酸和其他营养物质的需要。

利用全纯饲料饲养桃蚜表明：10 种必需氨基酸被单个省去 7 种后，共生桃蚜的生长未受影响。另一项相关研究发现，脱共生桃蚜需要所有的氨基酸，在省去一种必需氨基酸的任何一种饲料上，蚜虫生长和存活都很差。因此，脱共生蚜虫对氨基酸依赖性的最合理解释是共生菌为宿主蚜虫提供了必需氨基酸。研究还发现：①脱共生的豌豆蚜和桃蚜的正常生长发育，其饲料中需要添加色氨酸，而共生蚜虫则不需要；②从共生桃蚜或豌豆蚜体内分离的共生菌有合成色氨酸的能力；③将共生蚜虫饲养在不含色氨酸的饲料上多日后，仍可以在它们的蜜露中检测出色氨酸。这三个试验强有力地证明共生菌为蚜虫提供了色氨酸。

## 第四节　共生菌的生态功能研究技术

除专性共生菌外，部分昆虫（如共生模式生物蚜虫）体内还存在一些兼性共生菌（*Facultative symbiont*），它们对宿主生态功能的影响更为重要（表 13-2）。专性共生菌一般存在于蚜虫体内特化的细胞（菌胞）内，而兼性共生菌则一般生活在菌胞周围的鞘细胞、生殖细胞、血淋巴、绛色细胞等中，其分布更为分散。目前，已经有 9 类兼性共生菌在自然蚜虫种群中被报道，最常见的有 *Hamiltonella defensa*，*Regiella insecticola* 和 *Serratia symbiotica*，而其他 6 类兼性共生菌（*Rickettsiella viridis*，*Fukatsuia symbiotica*，*Rickettsia*，*Spiroplasma*，*Wolbachia* 和 *Arsenophonus*）在自然蚜虫种群中的感染率普遍较低。和专性共生菌相比（大部分蚜虫体内都含有专性共生菌，其感染率约为 100%），昆虫体内兼性共生菌的感染率相对较低，但对宿主（如蚜虫）的表现型却有重要影响，进而间接影响宿主的生态位。例如，帮助蚜虫抵御寄生蜂和真菌的侵袭、影响宿主不同体色的形成、提供蚜虫耐高温的特性等。目前，共生菌生态功能研究最活跃的领域为抵御自然天敌（能协助宿主抵御自然天敌的共生菌被称为抵御性共生菌），主要原因在于抵御性共生菌与害虫的生物防治效率密切相关。兼性共生菌的深入研究不但有助于揭示共生菌与宿主昆虫的复杂关系，而且对理解内共生菌在细胞内环境中的演化有重要意义，从而有助于理解共生生物的进化史。综上所述，兼性共生菌是目前昆虫体内共生菌研究领域中的“新宠儿”。

**表 13-2　蚜虫体内兼性次级共生菌的多样性及其生态功能**

| 兼性次级共生菌 | 曾用名 | 分类地位 | 生态功能 | 参考文献 |
|---|---|---|---|---|
| *Hamiltonella defensa* | PABS，T-type | γ 变形菌纲 | 抵御寄生蜂；耐高温；寄主植物专化性；降低宿主存活率和繁殖率 | Olive et al.，2003；Russell and Moran，2006 |
| *Regiella insecticola* | PAUS，U-type | γ 变形菌纲 | 寄主植物转换；抵御真菌寄生；产生有翅型；降低宿主种群数量 | Tsuchida et al.，2004；Scarborough et al.，2005 |
| *Serratia symbiotica* | PASS，R-type | γ 变形菌纲 | 抵御寄生蜂；耐高温；提供营养物质；降低宿主体重； | Montllor et al.，2002；Oliver et al.，2010；Meseguer et al.，2017 |
| *Rickettsiella viridis* | — | γ 变形菌纲 | 改变蚜虫的体色；抵抗真菌；增加宿主体重 | Tsuchida et al.，2014 |
| *Fukatsuia symbiotica* | PAXS，S-type | γ 变形菌纲 | 抵御寄生蜂、真菌寄生 | Heyworth and Ferrari，2015；Guay et al.，2009 |
| *Rickettsia* | PAR，S-type | α 变形菌纲 | 提供营养；降低蚜虫适应性；抵御真菌 | Sakurai et al.，2005 |
| *Wolbachia* | — | α 变形菌纲 | 提供营养物质 | de Clerck et al.，2015 |
| *Spiroplasma* | — | 柔膜菌纲 | 抵御真菌寄生 | Lukasik et al.，2013 |
| *Arsenophonus* | — | γ 变形菌纲 | 寄主专化性；杀雄 | Wulff，2014 |

目前，对昆虫（如蚜虫）体内兼性共生菌生态学功能验证的主要途径为去除自然感染特定共生菌的蚜虫或往不含任何兼性共生菌的蚜虫体内添加目标共生菌，从而达到对目标兼性共生菌功能研究的目的。有意思的是，共生模式生物豌豆蚜基因组的结果显示：和其他昆虫不同，蚜虫免疫缺陷（IMD）信号通路上的许多重要基因严重缺失（如抗菌肽、病原体识别受体等），因此，蚜虫抵抗外界胁迫（除病毒外；病毒胁迫主要与 JAK/STAT 信号通路有关）主要依赖于 Toll 免疫信号通路（主要包括多酚氧化酶和溶菌酶），且这种适应性进化与体内兼性共生菌紧密相关，从而进一步确定了（兼性）共生菌在宿主生长发育和

进化中的重要作用和对其研究的潜在意义。特定兼性共生菌去除和添加技术可以参考本章第二节。

## 【思考题】

1. 光学显微镜如何检测昆虫体内的菌胞数量?
2. 简述分子生物学技术检测昆虫体内共生菌的一般步骤。
3. 简述昆虫去除/添加共生菌技术。
4. 简述昆虫与共生菌营养关系的研究技术。
5. 简述兼性共生菌对宿主生态学或表型可塑性的影响。

（胡祖庆，罗　晨）

# 第十四章　昆虫群落及生态系统研究方法

【内容提要】本章主要介绍昆虫群落调查、群落演替，以及生态系统研究与分析方法。

【学习目标】掌握昆虫群落演替的研究与分析方法；掌握生态系统分析方法；了解气候变化对昆虫生态系统影响的研究方法。

【基本要求】掌握群落演替与生态系统研究、分析方法。

昆虫在自然界中是以种群和群落为单位存在的，评价田间昆虫发生情况及防治效果都是以群体来进行的，昆虫在田间的生长、发育、存活及生殖能力均与其生存的生态环境密切相关。掌握昆虫群落调查、群落演替，以及生态系统研究与分析方法，有助于进一步了解昆虫群体在自然生态系统中的功能和作用。

## 第一节　昆虫群落调查分析方法

### 一、生物群落概念及特征

（一）概念

生物群落（biotic community）是占据一定空间、有着相似的自然资源需求的多个物种种群组成的集合体。生物群落中的各种生物种群相互依存、相互制约、相互联系，形成一个整体结构，在特定的生境条件或者时间段内表现出当前的外貌及结构特征。

（二）特征

生物群落（下文简称群落）具有一系列可以描述和研究的属性，这些属性不是组成它的各物种和种群所能包括的，而是表征其本身的群落水平上的特征，主要有以下 4 个特征。

**1. 群落中物种的丰富度**　群落中物种的丰富度即群落中的物种数。群落内共同生活的物种数量通常是极大的，不同生境下的一个相同表型的生物群落中其物种数量有很大的差异。例如，太行山区苹果园 4 月份调查发现 9 种昆虫，而 6 月份则调查发现 26 种，昆虫种群数量相差很大。

**2. 群落中物种的均匀度**　群落中物种的均匀度即群落中各物种个体数量的分布情况。群落的性质除取决于各组成物种质的特征外，还取决于量的特征。量的特征包括群落中物种的数目及各物种的个体数量两方面，可以用多样性指数来表示。

群落多样性（diversity of community）是群落中物种数和个体数构成群落结构特征的一种表示方法。某群落中有多个物种，且各物种数量比较均匀，表示该群落具有较高的多样性；如果群落中物种数少且各物种数量不均匀，则该群落的多样性较低。

**3. 群落的结构**　生物物种在环境中的分布及其与周围环境之间的相互关系所形成的结构，可称为群落的结构。

（1）空间结构　是指一个群落内不同垂直空间（如不同海拔、不同植被高度等）或者水平空间物种组成的不同。例如，食叶性鳞翅目、半翅目昆虫大多在树冠为害；蛀食性鞘翅目、膜翅目昆虫在树干上为害；步甲科、叩头甲科、金龟甲科等的幼虫多在植物根部取食。

（2）时间结构　群落中的物种除了在空间上有结构的分化外，由于许多自然环境因素（如光照、温度、湿度等）都有着极强的时间节律，因此物种在时间结构上也有分化。这是物种在长期自然选择过程中，其生理和生态习性与周围环境相适应而逐渐建立起来的周期节律。

（3）营养结构　营养结构是指群落内各物种间的捕食与被捕食关系。群落的营养结构决定群落内的能量流和物质流。营养结构可以用食物链（food chain）、食物网（food web）和生态锥体（ecological pyramid）来表示。

**4. 群落的优势种**　在整个群落的不同营养阶层中，在数量或者功能上占优势，对整个群落的外貌、性质及功能起着决定性影响的物种，称为优势种（dominant species），其余的物种称为从属种。就整个群落来说，优势种是自养生物（绿色植物），其他营养级作为群落时也有其优势种。例如，在麦田生物群落中，小麦是自养生物群落中的优势种，麦蚜则是麦田昆虫群落中的优势种。优势种在群落中不仅占有广泛的生境范围、利用较多的资源、具有较高的生产力，而且还具有较大容量的能量、生物量多、个体数量密度高等方面的特征。如果群落中的优势种去除，必然导致群落发生重要的变化，但把非优势种去除，一般不会引发群落大的波动。

## 二、昆虫群落动态调查方法

### （一）昆虫群落调查常用方法

昆虫群落调查采样方法主要有目测法、吸虫器法、诱捕法、陷阱法、马来氏网收集法、拍打法等。根据昆虫的种类、所处的环境、天气情况等来确定昆虫调查取样方法，在进行调查取样时要遵循“调查结果要准确、操作要简单方便和工作量小”的原则。

（1）目测法　根据调查目的，在田间设置合适的取样单位，直接观察并记录昆虫的数量，该方法是最常用的调查方法。

（2）吸虫器法　采用对昆虫具有一定吸力的装置，适用于罩在枝叶纤维较粗不易折断的作物上吸捕昆虫，也可吸捕地面上的害虫。

（3）诱捕法　一般采用灯诱法和性诱法，采用黑光灯、黄板、性诱剂等诱捕装置，主要针对具有趋光性或有性诱剂产品的昆虫，如夜蛾、灯蛾等。

（4）陷阱法　利用昆虫的趋化性，根据调查昆虫的趋性，在田间设置相应的诱捕陷阱，例如，利用粟芒蝇对腐臭鱼虾的趋性、利用小地老虎对糖醋酒液的趋性，采用合适的诱杀方式。

（5）马来氏网收集法　昆虫在飞行的过程中碰到黑色的阻隔筛网时，会一直向上飞行，直至马来氏网的收集装置的进口部位，利用收集装置的空瓶上半部分的温室效应杀死昆虫，落入下方装有乙醇的收集瓶中。

（6）拍打法或震落法　利用昆虫的假死习性，进行拍打震落，下面接水盆或者粘虫板进行收集。

### （二）昆虫群落调查取样方法

调查取样方法包括 5 点取样、棋盘式取样、随机抽样等，详见本书第五章。与一般物种调查不同的是，群落调查方法是将样点内所有昆虫种类与数量都记录下来。

### （三）昆虫群落动态调查注意事项

1）生物多样性调查工作应先由物种调查开始，一定要用目测法搜寻生物，不要一开始就大量杀生，然后再依据初步研究针对主要生物或者特定生物制定系统的取样调查方法。不同的调查方法获取昆虫的优势种类不同，例如，马来氏网收集法采集到的主要是膜翅目和双翅目昆虫；诱虫灯诱集到的大多数为夜间活动的昆虫；拍打法调查到的多是有假死习性的昆虫；粘虫板杀死的多是会飞且对黄或蓝色有趋性的昆虫，而对不会飞的昆虫则没有作用效果；有一些固着为害的昆虫如茶树上的黑刺粉虱、果树上的蚧类等仅能采用目测法来进行。

2）昆虫群落多样性调查时，不要仅采用一种方法调查，应多种调查方法相结合才能得到相对准确的结果。例如，马丽（2008）对洛川地区苹果园昆虫群落的调查就是一个很好的例子。在调查时，果树不同部位采用不同调查方法：树冠调查时环绕树体一周，先目测记录树冠上易动、易飞昆虫种类与数量，然后走近植株，扰动树冠后记载枝间易动昆虫，并在必要时网捕；地面昆虫群落动态调查时，在标定的苹果树盘及其周围地面植被上，先以目测法统计昆虫种类和数量，而后随机网捕；针对园内土壤昆虫，在既定的样区内挖查记载苹果树冠下土层内的昆虫种类与数量；针对趋光性昆虫，利用黑光灯和频振式诱虫灯，对苹果园昆虫进行诱集。

## 三、昆虫群落特性一般分析方法

### （一）群落的丰富度

群落的丰富度（richness）表示特定环境群落中包含的物种数，是表征一个群落特性的最基本的量度。常以 $S$ 来表征，丰富度越大，则物种数越多，生物物种间的关系越复杂。例如，马丽（2008）利用多种方法对洛川地区苹果园昆虫群落进行调查，发现其中害虫分属于8目48科80种，天敌分属于7目14科24种，总物种数为104种，则 $S$ 等于104。

### （二）群落的优势度和优势种

优势度（dominance）指数计算公式为

$$d = N_i / N$$

式中，$d$ 为优势度指数；$N_i$ 为优势种的个体数量；$N$ 为群落中全部物种的个体数量。需要指出的是，种群数量不是优势种的绝对判断依据，还要看其对群落贡献的大小。在评价优势度或者优势种时，一般用于同一营养层相似的种类分析比较有参考价值，生物群落中的不同营养级各有其优势种。天敌昆虫和害虫属于两个营养级，因此在进行某作物上昆虫优势度分析时，最好是把天敌和害虫区分开来分析，例如，贵州地区7月中旬玉米田害虫群落优势种群有亚洲玉米螟、玉米蚜和双斑长跗萤叶甲，天敌昆虫优势种为龟纹瓢虫、异色瓢虫和二星瓢虫。

### （三）群落生态优势度

群落生态优势度（ecological dominance）用集中性指数（$C$）表示，表示随机抽取两个个体为同种的概率，此概率值越大，则群落的集中性越高，多样性越低。计算公式为

$$C=\sum_{i=1}^{S}(P_i)^2=\sum_{i=1}^{S}\left(\frac{n_i}{N}\right)^2$$

式中，$S$ 为物种数；$i$ 表示第 $i$ 个物种；$P_i$ 为某物种在第 $i$ 等级资源数量占总资源数量的比例；$n_i$ 为第 $i$ 个物种出现的个体数量；$N$ 为群落中全部物种的个体数量。

### （四）群落物种多样性

群落物种多样性（species diversity）是一种利用群落中物种数和各物种个体数来表示群落特征的方法。有以下两种表示方法。

**1. Simpson 多样性指数（*D*）**

$$D=1-\sum_{i=1}^{S}(P_i)^2=1-C$$

式中，$S$ 为物种数；$i$ 表示第 $i$ 个物种；$P_i$ 为某物种在第 $i$ 等级资源数量占总资源数量的比例；$C$ 为集中性指数。假设有 $S$ 个物种，且每个物种个体数量相等时，群落集中性指数为 $\frac{1}{S}$，但在自然界中这种情况很少，因此多样性指数的范围为最低多样性指数 0 到最高多样性指数 $1-\frac{1}{S}$。

**2. Shannon-Wiener 多样性指数（*H′*）**

$$H'=-\sum_{i=1}^{S}P_i\cdot\ln P_i$$

式中，$S$ 为物种数；$i$ 表示第 $i$ 个物种；$P_i$ 为某物种在第 $i$ 等级资源数量占总资源数量的比例。各个物种个体数之间的分配越均匀则 $H'$ 值就越大。如果每个个体都属于同一种，则多样性指数就最小。

### （五）群落均匀度

群落均匀度（evenness）为实测多样性指数与最大多样性指数（在给定物种数下完全均匀群落的多样性指数）之比，均匀度指数（$J$）计算方法为

$$J=H'/H'_{\max}=H'/\ln S$$

式中，$S$ 为丰富度指数，即物种数；$H'$ 为物种的多样性指数；$H'_{\max}$ 为群落的最大多样性指数，即当有 $S$ 个物种时，若每个物种个体数量相等，其多样性指数值最大，为 $\ln S$。

群落多样性的高低，除了受取样大小、数量的影响外，主要依赖于群落中种类数量的多少及个体数在各个物种中分布是否均匀，即多样性是群落丰富度和均匀度的函数，归纳起来影响群落多样性的因素主要有以下几个方面。

（1）物种丰富度指数　群落中物种数越多，物种丰富度指数越高，群落多样性越高；反之物种数越少，群落多样性越小。

（2）群落的优势度或群落集中性指数　群落中优势种越突出，取到同一物种的概率越大，即群落集中性指数越高，群落多样性越低。

（3）群落均匀度指数　群落中各物种分布越均匀，物种多样性指数越高；各物种数量相等，则物种数越多，物种多样性指数越高。

### 四、昆虫群落特征分析的意义

#### （一）群落稳定性的一个重要尺度

所谓稳定性是指群落在一段时间过程中维持物种间相互组合及各物种数量关系的能力，以及在受到扰动的情况下恢复到原来平衡状态的能力。当一个群落包含了更多的种类，它们之间就容易形成一个较为复杂的相互关系，从而使群落抗干扰能力增强，稳定性增强。群落多样性在一定程度上还反映了群落自身的发展和演替。

#### （二）为害虫综合治理提供理论依据和新方法

人类活动常对农田生态系统和自然生态系统起干扰作用，如化学农药的使用，天敌昆虫的引种释放等。所有这些干扰都会明显地反映在群落多样性的变化上，如果我们能够事先了解群落的多样性及变化的可能趋势，对于控制和利用自然资源是极有意义的。国内外很多学者曾在理论和实践方面对农田节肢动物群落的结构和功能特征进行研究，并为害虫综合治理提供了有力的理论依据。例如，通过研究群落的时间格局，将整个群落划分为几个不同时间段，掌握害虫及天敌在不同时段内的发生规律，从而有针对性地进行害虫防治和天敌的保护利用；根据不同作物生长期和环境条件变化对昆虫群落的影响，可以预测害虫的发生趋势，明确防治对象并及时采取相应的防治措施，从而减少经济损失，维持群落的稳定性。

当前大规模单一栽培的生产模式，使群落结构单纯化，导致优势害虫种群突出，因此需要人为干预以防害虫猖獗。实行作物间作、套作、混作，使群落结构复杂化，增加群落多样性，有助于害虫的防控工作。例如，麦田套种油菜、玉米行间作绿豆、果园生草、功能植物的利用都是目前研究的热点。

#### （三）评估干扰对群落稳定的影响

研究昆虫群落多样性有利于评估人为干预如荒漠开垦、盐碱地改良、退耕还林、外来优良种引入等各项措施对群落稳定或生态系统的影响。例如，草原沙化与人工固沙林草地建立与恢复是草地生态系统的两个相互对立的生态演替过程，对这两个过程中昆虫群落多样性变化的研究，对于探讨昆虫多样性对环境因子变化的生态反应、合理安排人工植被结构、调控昆虫群落结构、控制有害种群暴发等有着重要的现实意义。

在引进、移植、释放天敌时应当考虑群落的多样性。既然多样性是群落稳定性的一个重要尺度，当群落多样性高时，要引进、移植一种新的天敌在群落中定居，或者在某生态系统中天敌群落发展到稳定期时再释放天敌，其成功的比例可能较低。同时对于多样性较低的群落，要考虑引进物种是否有成灾风险、是否会改变原有的群落结构。群落多样性还可评估外来入侵物种对当地生态系统的风险。此外，目前国外针对环境污染对特定群落多样性的影响做了不少研究。有的地区已应用多样性指数作为评价环境污染程度的生物学指标。

一般来说，对某地区或某作物群落进行多样性分析时，调查到的种类可达几十种甚至上百种，利用公式手算是很难完成的，扫右侧二维码可见借助计算工具来完成的过程视频。

## 第二节　昆虫群落演替研究与分析方法

群落演替（community succession）又称生态演替（ecological succession），是指在一定的

区域内，群落随时间而发生变化，由一种类型转变为另一种类型的生态过程。昆虫群落演替分为季节演替、昼夜演替和初级演替、次级演替。季节演替和昼夜演替属于农田生态系统中的次级演替过程。除此之外，群落演替是一个相当长的过程，因此研究存在诸多困难，需几十年、上百年的系统调查资料积累。例如，贺达汉等（1999）在宁夏沙坡头自然保护区进行草原沙化和人工固沙草地生态演替中昆虫群落多样性的分析时发现，随着沙化的加重，昆虫群落向着植栖性刺吸式、地栖性和钻蛀性类群演替。随着人工固沙草地植被的恢复，昆虫群落由以钻蛀性、地栖性为主的简单型向以植栖性食叶类、杂食性为主，进而向植食性、捕食性、寄生性和杂食性的复合型演变。

## 一、群落演替的一般特征

群落是动态的，只有通过对其演替过程的系统研究，人们才能取得预见自然发展趋势的能力。一般认为，群落演替中物种的相互关系要经历 4 个阶段，即相互不干扰、相互干扰、共摊风险和进化。而演替的过程则会因条件而异。昆虫相的变化经常可作为群落演替的指示，仓库害虫在粮堆生境中有规律的演替是一个极好的例子。初级仓虫如米象、谷象、谷蠹、豆象和麦蛾为害贮藏的新粮粒；次级仓虫如锯谷盗、拟谷盗、扁谷盗取食被初级仓虫破损了的粮粒或已加工的粉状粮食；三级仓虫如书虱、黑菌虫、皮蠹、露尾甲等主要取食粮食的尘末粉屑。

### （一）群落演替的时序性

稻田、棉田、菜地、果园等群落中昆虫物种的组成随季节的改变而相应改变，这是属于昆虫群落季节演替的形式。李少华（2018）对木瓜主要害虫群落进行调查并在时序上分为 4 个时段：第 1 时段（4 月 22 日至 5 月 13 日）群落主要围绕桃蚜发育；第 2 时段（5 月 20 日）群落主要围绕木虱和梨小食心虫发育；第 3 时段（5 月 27 日至 6 月 10 日）群落主要围绕广翅蜡蝉发育；第 4 时段（6 月 17 日至 10 月 7 日）梨小食心虫和苹掌舟蛾发育为优势种。

对于生态系统中特定昆虫群落的形成和演替，可以通过研究它们在作物生长过程中的消长情况得出一个大致的概念。例如，对雷州半岛无公害茶园昆虫群落的演替进行研究（谢振伦等，1994），随着树龄的变化，昆虫群落的演替可划分为 4 个阶段，即从建园开始至投产期为第 1 阶段，这一时期以趋嫩性害虫居多，如茶细蛾、沫蝉和零星分散的茶蓑蛾；从采摘盛期（封行后）开始进入第 2、3 阶段，这一时期因各种天敌的作用明显，害虫危害不显著；茶树进入老龄后为第 4 阶段，在这一时期里钻蛀性害虫为优势种。

### （二）群落演替的方向性

演替是群落组成有规律地、有顺序地向一定方向发展的过程，是可预见的，演替的方向是形成稳定的生态系统。在群落的发展趋势中，有机物质的总量由少到多，而无机营养物质从生物外的外生性（extrabiotic）逐渐向生物内的内生性（intrabiotic）转化。随着群落的发展逐渐特化，由适应范围宽到适应范围窄。群落中的有机体由简单的小型生物向高等的大型生物发展，由生活史短的生物向生活史长的方向演化。群落生产力反应在个体数量上逐渐减少，不必要的能量消耗也减少，而在质的方面却大大提高，从而能更充分地利用自然资源。从选择压力的角度看，青壮年群落主要是以 $r$ 对策昆虫的快速生长和繁殖为主，到成熟阶段，环境与生物间的相互关系复杂化了，生物之间的反馈控制系统建立起来，自然而然 $K$ 对策昆虫占了主导地位。例如，对苹果园的调查数据分析显示（李建荣等，1994），在不同树龄阶段，苹果树昆虫种类及数量有差异，从苗圃到结果初期为苹果树的营养生长期，叶少，害虫密度大，天敌丰富度低，卷叶蛾、蚜虫（*r* 对策昆虫）等害虫优势种群突出；而在生长结果期，树冠已形成，营养生长和生殖生长趋向平衡，害虫和天敌数量都很多，尤其是以叶螨、食心虫等危害重；至老龄果园衰老期，昆虫种类数下降，蚧类、天牛（*K* 对策昆虫）、金龟子等为主要害虫。

### （三）演替效应

演替效应是指群落内的物种在其自身发展过程中，对生境产生一些对自己生存不利，而对其他物种生存有利的因素，以致在此过程中创造了物种演替的环境条件。许多植食性害虫，由于对作物的为害而破坏了自身生活的适宜生境，但与此同时却为另外一些处于相继营养阶层的物种创造了繁殖的条件。

## 二、群落演替的类别

1）按演替出现的起点，可分为原生演替（primary succession）和次生演替（secondary succession）：原生演替是开始于从未被生物占据过的区域，又叫初级演替；次生演替是指在曾被生物占据过的或原来就有生物群落的地方发生的演替，如退耕还林、沙漠化治理等。

2）按引起演替的原因，可分为内因性演替（endogenetic succession）和外因性演替（exogenetic succession）：内因性演替是指由于群落内部不同物种间的竞争、抑制或生物活动导致的演替，如温室大棚内 B 型烟粉虱对温室白粉虱的竞争取代；外因性演替是指非生物因素变动引起的演替，如大气候的变化、农田生态系统种植相的改变等。

3）按群落代谢特征，可分为自养性演替（autotrophic succession）和异养性演替（heterotrophic succession）。群落中主要生物以增加光合作用产物的方式进行的演替属自养性演替，反之属异养性演替，主要是针对自养植物和异养微生物而言。

## 三、群落演替的研究意义与问题

### （一）研究意义

1）研究特定环境里的昆虫群落演替对于寄主状态有重要指示意义。例如，尸体上昆虫群落的演替有明显的时间规律可循，许多昆虫类群的出现时间与尸体腐败阶段有明确的对应关系，这种对应关系可以为法医科学中推测死后间隔时间提供有力依据。粮仓里次级仓虫种群数量的多少也可以指示当前储粮的受害程度。

2）研究昆虫群落的演替，还可作为有害生物的预警系统研究。例如，贺达汉等（2000）对宁夏新垦区昆虫群落生态演替，以及不同目、不同营养型类群、不同生态型类群昆虫多样性变化及时间系列演替进行了研究，结合历史上荒漠开垦中害虫暴发情况，提出了宁夏新垦区有害种类的预警系统和警级。

### （二）问题

除了昆虫群落季节演替、昼夜演替研究方法比较简单外，一般群落演替都是长期的甚至是上万年的演替过程。这样就会出现长期历史资料缺乏或调查方法的改变等问题，因此，长周期的群落演替十分困难。为了克服这些困难，杜超等采用了时空替代的方法来研究猕猴桃园节肢动物群落演替，是一种很好的创新方法。

## 四、群落演替研究实例

### （一）黑麦草草坪昆虫群落动态及季节演替研究方法

**1. 研究背景**　黑麦草（*Lolium perenne*）是冷季型草坪草种，属早熟禾本科黑麦草属。近年来随着黑麦草草坪面积的不断增加，害虫危害日趋严重，不仅害虫种类增多，而且危害面积也逐步增大，严重影响了黑麦草草坪的生长。多年来人们对黑麦草草坪昆虫的研究仅限于单个种群，不能为草坪害虫的综合治理提供全面系统的理论依据。2012 年 3～12 月，科学家对黑麦草草坪昆虫群落进行系统调查，探讨黑麦草草坪昆虫群落结构和群落动态（肖林云等，2014）。

**2. 调查方法**　调查选取河南科技学院内有代表性的两块黑麦草草坪作为调查田，每块田约 $500m^2$。草坪定植 6 年，长势较好。调查时间为 2012 年 3～12 月，每 10d 调查一次，每块田随机选点，每点 33cm×33cm，直接调查或采用拍盘的方法调查活动性不强的昆虫。对于飞翔、跳跃的昆虫，分两点网捕调查，每点随机网捕 10 次。每次调查后进行鉴定，记载昆虫种类及数量。

对群落组分分析分别采用自然系统分类法和生态功能分类法，对群落演替规律用样本总量（*N*）、丰富度（*S*）、多样性指数（*H'*）和均匀度（*J*）等群落指标的变化来分析。

**3. 调查结果**　黑麦草草坪昆虫群落主要由 51 种昆虫组成，分别属于 13 个目。各目所占比例从大到小依次为鞘翅目>半翅目>鳞翅目＞直翅目/同翅目>双翅目>膜翅目、蜘蛛目＞脉翅目/蜱螨目>螳螂目/革翅目/缨翅目。其中，鞘翅目、半翅目、鳞翅目、直翅目、同翅目 5 个目的昆虫种类占昆虫群落种类的 66.6%，它们是整个昆虫群落的主体，在黑麦草草坪的昆虫群落中起主要作用。

根据昆虫的营养水平与行为特点不同，将调查结果按不同功能组分划分。黑麦草草坪主要害虫占昆虫群落总数量的 72.9%，而种类却仅占总物种的 7.8%，即主要害虫种类少、数量大，说明蚜虫、螨类是黑麦草草坪昆虫群落的优势种，对黑麦草草坪的危害最大。次要害虫数量占昆虫群落数量的 13.0%，其种类占总物种的 47.1%，表现出数量少、种类多的特点，可作为兼治对象。天敌昆虫数量占昆虫群落总数量的 10.9%，其种类占总物种的 35.3%，其中蜘蛛类、瓢虫类是保护利用的主要对象。

黑麦草草坪昆虫群落指标 *N*、*S*、*H'*、*J* 的计算结果见表 14-1。根据昆虫群落随时间的变化及在田间的实际发生情况，将黑麦草草坪昆虫生群落的演替分为建群、发展、鼎盛、衰退 4 个阶段。

**表 14-1　黑麦草草坪不同时期昆虫群落演替情况**（肖林云等，2014）

| 项目 | 3 月 | 4 月 | 5 月 | 6 月 | 7 月 | 8 月 | 9 月 | 10 月 | 11 月 | 12 月 |
|---|---|---|---|---|---|---|---|---|---|---|
| *S* | 10 | 16 | 24 | 28 | 30 | 32 | 39 | 28 | 8 | 3 |
| *N* | 581 | 1 263 | 1 539 | 232 | 305 | 614 | 876 | 523 | 152 | 18 |
| *H'* | 0.667 0 | 0.753 7 | 0.815 2 | 2.714 5 | 2.667 1 | 2.561 4 | 2.895 0 | 3.632 7 | 0.902 4 | 0.919 8 |
| *J* | 0.079 6 | 0.090 0 | 0.973 0 | 0.324 2 | 0.318 4 | 0.305 9 | 0.334 1 | 0.433 8 | 0.110 3 | 0.109 8 |

（1）建群阶段　3 月初到 4 月底黑麦草草坪处于复苏期。这一时期草坪昆虫群落受到气候条件的影响，大部分昆虫刚度过越冬期，少部分害虫开始为害，个别低温型昆虫数量较

多。虽然群落的丰富度在上升，但多样性指数和均匀度均保持在低的水平，昆虫群落处于不稳定状态。

（2）发展阶段 5～7月是黑麦草草坪生长较快的阶段。此时昆虫的生存环境稳定、食料充足、气温适宜、丰富度稳定上升、昆虫种类不断增加，出现了以蚜虫为主的群落数量高峰，对草坪的危害大，是主要的治理对象。但6～7月天敌种类也增加，各物种间的种群数量比较平衡，昆虫群落处于较稳定的状态。

（3）鼎盛阶段 8～10月是黑麦草草坪由旺盛生长转向健壮生长时期。由于昆虫有充足的食物来源，黑麦草草坪昆虫群落的丰富度在9月达到全年的最高峰，此期群落的多样性指数和均匀度达到最高水平，昆虫群落处于稳定状态，害虫和天敌的种类都达到了最高峰。

（4）衰退阶段 11～12月黑麦草草坪生长逐渐进入休眠期。黑麦草草坪干枯、食料不足，昆虫的丰富度、多样性指数、均匀度都锐减，整个昆虫群落表现出衰退的低水平状态。

结论认为，研究区域内黑麦草草坪昆虫群落复杂，由13目51种昆虫组成，种类多、数量大，其中螨类和蚜虫是全年昆虫群落中的害虫优势种群，蜘蛛类和瓢虫类是全年昆虫群落中的主要天敌。9月昆虫种类最多，数量庞大，黑麦草草坪昆虫群落的丰富度达到全年的最高峰。5月虽然样本总量最高，但主要是优势种的数量，天敌很少，因此样本丰富度不高。

### （二）猕猴桃园节肢动物群落演替时空替代研究方法

猕猴桃大面积种植是20世纪八九十年代的事情。由于新产业的出现，最初果园中没有节肢动物。随着栽植年限的增加，果园逐渐出现了各种各样的节肢动物。而在猕猴桃产业形成过程中，果农为了保证产量与品质，不断地采用了化学防治的方法，果园中的节肢动物群落与野生猕猴桃园形成了鲜明的对比。怎样在30多年没有历史记载昆虫群落变化的情况下研究其演替的规律呢？杜超等（2011）采用了时空替代方法，即选取不同栽植年代的果园来代替时空变化，具体设计是选取3年、6年、9年、12年、15年、18年（栽植时间最长）的栽植果园及野生果园（历史很长，未知具体年限）进行调查（但在实际研究中受调查地域、农户果园实际情况的限制，最后只在3年、9年、14年及野生果园进行了调查），结果如图14-1所示。

猕猴桃园节肢动物群落的演替过程和规律：野生猕猴桃园节肢动物群落各类群的数量比较均匀，园中天敌和中性类群所占比例较大，害虫较少，主要类群为蜘蛛、蚁，占总群落的49%，生物多样性指数高，表明野生猕猴桃园节肢动物群落没有人为干扰，园内各类群分布均匀、结构复杂、群落稳定。而人工栽植的猕猴桃园中，天敌和中性类群所占比例较小，害虫比例较大，主要类群为山楂叶螨、小薪甲和叶蝉，三者之和均占群落总数量的80%以上。其中，山楂叶螨随树龄的增长所占比例逐渐减小，由3年猕猴桃园的81%逐渐降低到14年园的29%；小薪甲的比例逐渐增大，由2%增长到22%；叶蝉在14年园中所占比例骤然增加，达到40%。说明栽植猕猴桃园都受到人为因素的干扰，各类群分布不均，害虫比例上升，天敌对害虫的制约作用下降，群落稳定性较野生群落低。随着栽植时间的增长，在群落演替过程中不断有新的种群出现，抢占生态位，群落逐渐丰富起来，各类群所占比例的差异逐渐减小。

演替初期物种入侵定居阶段的3年园处于节肢动物群落演替的试探、适应、发展过程，物种数量少，无干扰、无竞争，演替过程慢；到9年、14年园时，物种数量增加逐渐加快，竞争加剧，如果没有人的干扰，节肢动物能协调生存，达到平衡；而野生园则达到了顶级群落，其结构完善、资源利用有效、群落稳定。再看演替的方向性，物种由低等到高等、生命周期由短到长、由自养到异养。猕猴桃园的节肢动物演替属于次级演替，其演替的速度较快。

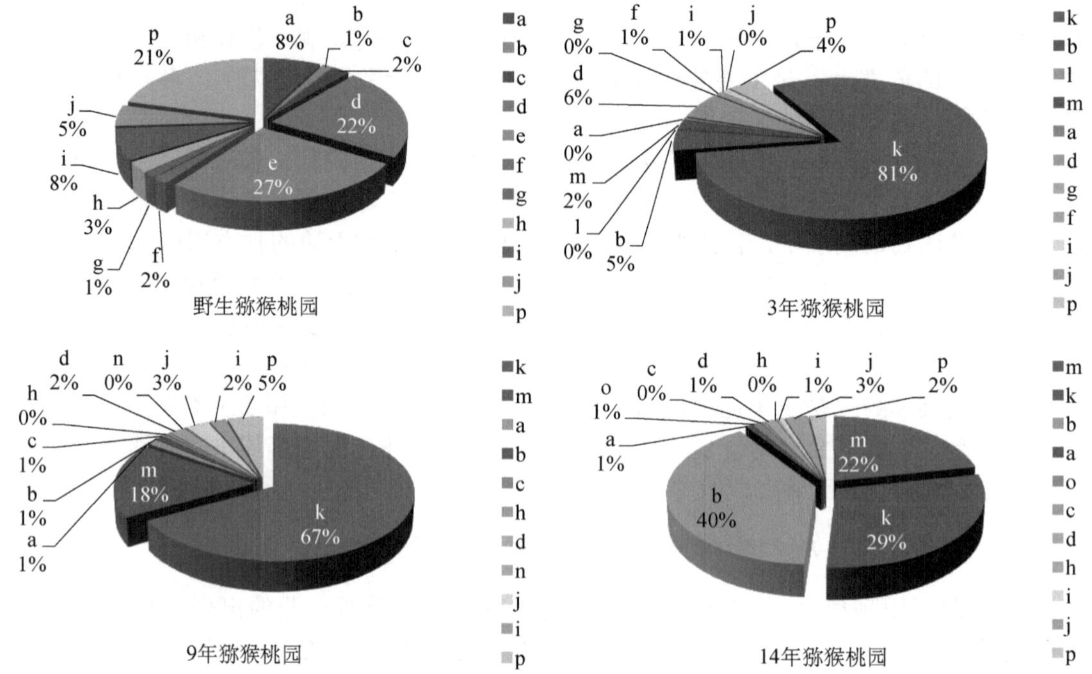


图 14-1　猕猴桃园节肢动物群落主要类群的组成

a. 瘿蚊；b. 叶蝉；c. 潜蝇；d. 蜘蛛；e. 蚁；f. 瓢虫；g. 食虫虻；h. 寄生蜂；i. 蝇类；j. 蚊；k. 山楂叶螨；l. 斑衣蜡蝉；m. 小薪甲；n. 食蚜蝇；o. 蝽类；p. 其他；寄生蜂包括姬蜂和小蜂；蝇类包括蝇、丽蝇、麻蝇，主要为腐食性和粪食性；蝽类包括茶翅蝽和斑须蝽

## 第三节　昆虫生态系统研究与分析方法

### 一、生态系统的基本概念

生态系统（ecosystem）是指在一定空间内，生物群落与非生物环境之间通过物质循环（物流）、能量流动（能流）和信息联系（信息流）等过程结合而成的生态单元，即生物群落与其环境条件所形成的统一整体。

自然界中有森林、草原、荒漠、江河、湖泊、海洋等，森林又可分为乔木、灌木等，它们在外貌特征、生物群落组成，以及物流、能流和信息流等方面虽有所不同，但都有其生物群落与环境之间通过物流、能流、信息流等而形成的统一整体，即各种不同的生态系统就生态系统本身而言，它不可能显示出其具体范围的大小，只是由于人们研究的对象、目的、内容及方式的不同，而划分所研究的生态系统范围有大有小而已。生态系统不是静止不变的，而是一个动态的系统。如果系统中某一要素（如生物群落中的某些成员、非生物环境中的某些生态因素）发生变化时，就可能通过物流、能流、信息流等的相应改变，而影响其他因素，进而引起整个生态系统的变化。

自 20 世纪 70 年代以来，随着数学、控制论、电子计算机、系统理论和分析等理论和方法渗透到生态系统研究中，以及人口激增、粮食不足、能源短缺、资源破坏、环境污染等问题，生态系统已成为现代生态学研究的中心课题。目前，国内外对农业害虫的治理也正在向着生态系统管理的方向发展。

## 二、生态系统的基本结构

生态系统的结构是指系统中各种成分及其相互关系的形式。从组织水平考虑，生态系统的生物成分可分为个体、种群和群落。某些较大的生态系统常可分为若干亚系统（子系统）。从空间结构考虑，陆地生态系统可分为光合作用层（即生产层，主要由绿色植物组成）和分解层（主要由分解者组成）。从营养功能考虑，生态系统的结构包含以下 4 个主要成分。

### （一）非生物环境

非生物环境包括：①土壤、水等的理化性质和成分，构成植物生长和动物活动的空间；②物质代谢的环境，如太阳能、$CO_2$、$O_2$、$N_2$、无机盐、水等；③生物代谢的媒介物质，如无机元素、无机化合物和有机物质（如蛋白质、糖类、脂肪、腐殖酸等）；④气候条件。

### （二）生产者

生产者（productor）即自养生物（autotroph），是指能利用太阳能，经过光合作用，将 $CO_2$ 和水合成碳水化合物的绿色植物。它可进一步合成脂肪和蛋白质以供自身所需，也为生态系统中的消费者和分解者提供营养。

### （三）消费者

消费者（consumer）是指那些不能将无机物质制造成有机物质、直接或间接依赖生产者制造的有机物质生活的生物，即异养生物（heterotroph）。消费者一般指大型消费者（macroconsumer），即以其他生物或生物残体为食的动物。食草动物（herbivore）称为一级消费者，指直接以植物为营养的动物，陆地上的食草动物主要是植食性昆虫和植食性哺乳动物；食肉动物（carnivore）称为二级消费者，指以草食性动物为食的动物，陆地上的食肉动物包括害虫的天敌昆虫、鸟类、哺乳动物等；顶极食肉动物（topcarnivore），指以食肉动物为食的动物，称为三级消费者，如以天敌昆虫为食物的寄生性和捕食性动物。实际上二级消费者以后还有若干级消费者，可按序称为三级、四级、五级消费者。同时有些消费者是杂食动物（omnivore），既食植物又食动物。

### （四）分解者

分解者（decomposer）是指小型消费者（microconsumer），又称腐养者（saprothroph），主要包括细菌和真菌等小型异养生物。它们能分解动物尸体或植物枯死枝叶，吸收其中一些分解产物，释放出能为生产者所利用的简单化合物或无机物。

## 三、生态系统的基本功能

生态系统的基本功能是指系统内和系统之间的物流和能流的运动过程。与生产者、消费者和分解者 3 种成分相对应，其基本功能可分为生产（production）、消费（consumption）和分解（decomposition）3 个过程。由于消费过程是食草动物和食肉动物将生产者已经生物合成的有机物质及贮存于其中的能量，按照一定途径在生态系统中运动，所以生态系统中实际上最基本的功能过程是生产过程和分解过程。

### （一）生产过程

生产过程是指生产者（自养生物）以无机物为原料，制造有机物并固定能量的过程。自然生态系统中最主要的生产过程，是含有叶绿素的植物经光合作用制造有机物的过程，此外，光合细菌（photosynthetic bacteria），如绿色或紫色硫细菌（多数水生）也可在光线透过而缺氧的场合下合成有机物。

### （二）分解过程

分解过程是指将复杂的有机物分解成简单的无机物质的过程，即释放能量于环境中的生物氧化过程。最主要的分解过程为有氧呼吸，它是与光合作用相反的过程。生态系统中的大多数生物都以这种方式进行呼吸、分解有机物质。此外，少数腐生生物（如一些细菌、真菌、原生动物）以无氧呼吸分解有机物质；酵母菌在缺氧、有酶的情况下进行发酵作用（属不完全呼吸作用），将有机物质分解为醇类和有机酸等。

生态系统的生产过程和分解过程的强度，即生产量和呼吸量的比值，可表明生态系统的发展状况。如生产量大于呼吸量，则生态系统的有机物质越来越多；反之，则有机物质越来越少；生产量与呼吸量大致相等，则生态系统处于平衡状态。

## 四、生态系统的能流和物流

能流（energy flow）是指在生态系统中各营养级生物间能量的输入、转换、传导、消失的过程，它是一个单向流动的过程。Lindema（1941）提出了能流的概念和“1/10 定律”，即从上一营养级到下一营养级能量的转化率为 10%。

各营养级生物的能都是直接或间接来自太阳辐射能，一般仅有 46%左右的太阳辐射能经过大气层到达地面。这些到达地面的辐射能，又经植物反射、非活性吸收和大量用于蒸腾作用，只剩下 1%～5%的能量用于光合作用，以化学能的形式贮存于植物组织内，称为初级粗生产量（gross primary production），其中又有一部分用于植物自身呼吸被消耗，所剩下的能称为初级净生产量（net primary production）。在最适宜的条件下，只有 2.4%的太阳辐射能可形成初级净生产量，以供给以后各营养级生物（异养生物）利用。生态系统中的能流过程，既受热力学第一定律支配，即能量不能创造也不能消灭，输入和输出平衡，又受热力学第二定律支配，即能量每转换一次，潜能就减少一次，在传递和转换过程中所产生的热能量总有一部分不能继续传递和做功，而以热的形式在生态系统中散失。

生态系统中的物流（material flow）是指物质在生态系统中流动的过程。能流和物流过程是互相联系的，贮存于化学键中的能量，在物质流动和变化的过程中，总是伴随有能量的流动和变化；但二者又有所区别，能量只能使用一次，故能流是单向的，而物质可被反复利用，故物流是循环的。生态系统的基本功能是物质循环（营养循环）和能量交流，如果人为管理措施不当，其基本功能遭到破坏，生态系统将失去平衡。

## 五、农田生态系统结构和能流分析研究实例

下文以竺锡武（1991）研究论文为例，分析棉田生态系统的结构与能流规律。该分析能够从整体认识棉田生态系统的结构及其功能，明确维持其功能的结构机制，指导制订棉田生态管理方案和棉花最佳控制方案，达到棉花生产持续、稳定、高产的目的。

### （一）研究思路与研究地点概述

由于棉田生态系统中各组单位无可比性，无法建立系统模型，进而难以进行分析。因此，需要将所有生物量转换成能量，建立能量流动模型，分析其参数变化，找出影响系统稳定性的关键因素，得出最佳生态系统管理策略。试验地选择西北农林科技大学农作一站（简称西农点）和陕西省大荔县农科所门江农场（简称大荔点）。西农点代表不施杀虫剂的棉田生态系统，大荔点代表施药棉田生态系统。

### （二）研究内容与方法

**1. 田间节肢动物类型数量动态调查**　定点调查和网捕的所有节肢动物数量动态信息。

**2. 节肢动物能量动态测量**　从大田采回的样本用瓦勃呼吸测定仪测定其呼吸量，并烘干称重。

**3. 棉株生物量测定**　每次调查节肢动物数量的同时，从每块调查棉田内随机取样，烘干、称重。

**4. 土壤采样及土壤微生物生物量、呼吸量测定**　每块田取样深度不超过 5cm，收集表土 200g，测定其微生物生物量和呼吸量。

**5. 棉株能量、节肢动物能量测定**　采用 GR-3500 型氧弹量热仪测定所有样品的能量值。

**6. 棉株生长发育进度的系统调查**　从苗期开始，在调查田内五点取样，每点 5 株，定点定株，每隔 2d 调查一次，系统记载株高、叶数、叶面积、蕾数、花数、小铃数、大铃数、吐絮数、叶片脱落数、蕾脱落数、小铃脱落数、大铃脱落数。

### （三）研究结果

**1. 西农点和大荔点棉田生态群落的能量收支**　将棉田生态系统分为棉花、害虫、捕食性天敌、寄生性天敌、天敌寄生蜂、蜘蛛、捕食蜘蛛类、土壤微生物 8 个亚系统，根据能量平衡原则，将各亚系统能量分配分为现存量、呼吸量、净生产力、摄食量和死亡量 5 大类。结果发现，西农点和大荔点棉田系统各亚系统现存量均呈现棉花>害虫>捕食性天敌>蜘蛛>寄生性天敌>捕食蜘蛛类>天敌寄生蜂；大荔点棉田害虫亚系统现存量高于西农点棉田系统，而其他亚系统现存量低于西农点棉田系统。说明药剂防治影响了棉田生态系统各亚系统的结构及其之间的比例协调性。

**2. 西农点和大荔点棉田生态系统能流模型及灵敏度和稳定性分析**　根据棉田生态系统能量流动路线，画出棉田生态系统能量流动图（图 14-2），组建大荔点棉田和西农点棉田的能流模型：

$$dx_1/dt=Q-a_{12}x_1-a_{18}x_1-r_1x_1-P$$

$$dx_2/dt=a_{12}x_1-a_{23}x_2-a_{24}x_2-a_{26}x_2-a_{27}x_2-a_{28}x_2-r_2x_2$$

$$dx_3/dt=a_{23}x_2-a_{35}x_3-a_{36}x_3-a_{38}x_3-r_3x_3$$

$$dx_4/dt=a_{24}x_2-a_{48}x_4-a_{46}x_4-a_{45}x_4-r_4x_4$$

$$dx_5/dt=a_{45}x_4-a_{58}x_5-a_{56}x_5-r_5x_5$$

$$dx_6/dt=a_{26}x_2+a_{36}x_3+a_{46}x_4+a_{56}x_5-a_{67}x_6-a_{68}x_6-r_6x_6$$

$$dx_7/dt=a_{27}x_2+a_{67}x_6-a_{78}x_7-r_7x_7$$
$$dx_8/dt=a_{18}x_1+a_{28}x_2+a_{38}x_3+a_{48}x_4+a_{58}x_5+a_{68}x_6+a_{78}x_7-r_8x_8$$

式中，$dx_1/dt$～$dx_8/dt$ 为 8 个亚系统一阶微分方程；$Q$ 为棉花生长期，棉株所吸收日光能和肥料能；$P$ 为棉花在收获之前输出的经济产量，这里为吐絮棉铃总能量；$x_1$～$x_8$ 为 8 个亚系统能量；$r_1$～$r_8$ 为 8 个亚系统呼吸量系数；$a_{ij}$ 为从 $i$ 亚系统流向 $j$ 亚系统的能量系数。

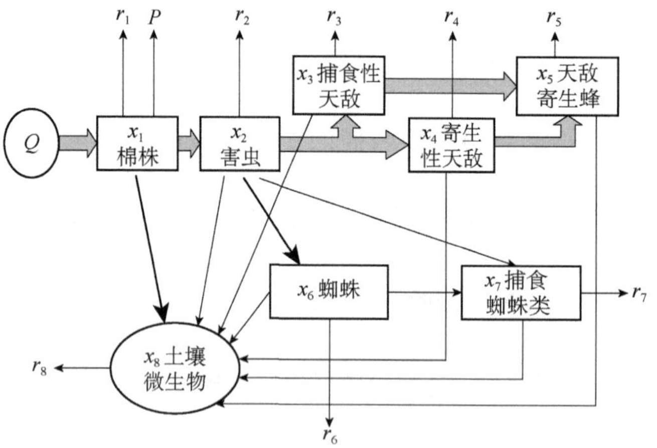


图 14-2　棉田生态系统的概念模型

上述模型包含 27 个参数和 8 个变量，利用杨戈逊（1990）的灵敏度分析公式：

$$S=\frac{\ni x/x}{\ni c/c}$$

式中，$S$ 为参数 $c$ 对状态变量 $x$ 的灵敏度分析；$\ni c$ 为参数变化值；$\ni x$ 为状态变量 $x$ 的变化值。结果发现，西农点和大荔点棉田系统中关键参数只与棉花、害虫、捕食性天敌三大亚系统有关。利用 Webster 等（1979）提出的稳定性分析公式 $R_s$（相对稳定性）=$T$（抗干扰能力）×$S$（恢复力），结果发现，西农点、大荔点棉田生态系统均为稳定系统，但西农点棉田系统稳定性程度高于大荔点棉田系统。

## 第四节　气候变化对昆虫生态系统影响的研究与分析方法

全球气候变化是现今人类社会面临的最艰巨挑战之一，已成为 21 世纪国际社会的重要议题。受全球气候变化影响，陆地生态系统的结构和功能正经受着难以预估的威胁。昆虫作为陆地生态系统的重要组成部分，它们的群落组成、结构和功能等对全球气候变化（如气候变暖、干旱和 $CO_2$ 浓度升高等）的响应极其敏感。气候变化会通过直接或间接作用引起昆虫的分布格局、食物网关系、群落组成及物种多样性等方面的改变，进而影响整个生态系统的结构和功能。因此，从昆虫的分子、生理、个体、种群、群落等多个层次研究其对全球气候变化的响应规律和适应性机理，将有助于揭示全球气候变化背景下生物的应对策略和反馈机制，为人类应对气候变化挑战策略的制定提供科学支撑。

目前，利用人工气候室构建室内和野外控制实验，模拟气候变化因子是应用最为广泛的研究手段，主要有密闭气室（closed chamber）、开顶式气室（open-top chamber）和开放空气 $CO_2$ 浓度升高系统（free-air $CO_2$ enrichment，FACE）。除人工气室模拟环境实验方法外，计算机模拟也是目前气候变化研究中应用较为广泛的方法。下文将针对这 4 种研究方法，以温室气体升高的研究为例展开介绍。

### 一、密闭气室

全封闭环境模拟室是以人工气候培养箱为主体，采用自动控制系统监测和控制箱体内光、温、水、肥、气等条件，进而研究和探讨气候变化对昆虫生态系统的影响，是目前气候变化研究的重要方法之一。全封闭环境模拟室分为密闭静态气室和密闭动态气室两种类型。

### （一）密闭静态气室

密闭静态气室是最早投入使用的气候变化研究装置，其通过一次性加入或逐次加入温室气体（$CO_2$、$O_3$等），使密闭环境内气体浓度升高至预期，但是由于很难稳定控制密闭环境内的气体浓度，并且存在密闭环境质量参数和自然环境参数相差甚远等问题。因此，这种气室已被淘汰，不被广大研究者使用。

### （二）密闭动态气室

为进一步精准研究气候变化对昆虫生态系统的影响，国内外学者将密闭静态气室装置进一步改进形成密闭动态气室，该气室环境质量参数（气体浓度、温度、湿度和光周期等）基本均匀，能够满足研究性实验的要求。下面以$CO_2$密闭动态气室为例具体阐释。

**1. 结构组成**　密闭动态气室的组成包括气源、气体浓度测控装置及封闭生长室三个部分。$CO_2$气源一般采用液态纯$CO_2$（一般直接购于气体公司），减压阀释放后，经$CO_2$注射器送入气室内；封闭生长室内安装$CO_2$浓度传感器（如Ventostat 8102型$CO_2$浓度测控仪、红外气体分析仪等均是目前使用较为广泛的$CO_2$浓度传感器），监测和控制$CO_2$浓度，根据实时记录的气体浓度，调控气阀开关，控制生长室内的气体浓度维持在实验需要的浓度范围内；封闭生长室是实验空间，可利用人工气候箱、密闭玻璃罩、人工气候室等形成一个$CO_2$密闭动态气室（图14-3）。

图14-3　密闭动态$CO_2$气室的结构和组成（戈峰等，2010）

① Ventostat 8102型$CO_2$浓度测控仪；② HPG280H型人工气候箱；③ $CO_2$钢瓶；④ 减压气阀；⑤ 电磁阀；⑥ 继电器；⑦ 变压器；⑧ 通气管

**2. 气体浓度和环境参数控制**　密闭动态气室内气体浓度和环境参数是密闭动态气室的重要质量参数之一。一般情况下，密闭动态气室内会在不同方位安装$CO_2$浓度测控仪，通过连续测定气室内的$CO_2$浓度，实时反馈于自动控制系统，调整气阀开闭，实现对气室内气体浓度的监测和控制。密闭气室内的环境参数（如温湿度、光周期、光照强度等）控制由人工气候箱的环境参数测控系统完成。

**3. 发展趋势**　多层次（分子、生理、种群、生态系统等）开展重要昆虫类群对气候变化响应分子机理、昆虫生理可塑性及生态学机制的研究是昆虫学领域发展的重要趋势。密闭动态气室环境稳定性高、环境可控性好，更适宜用于在室内开展昆虫对全球气候变化响应分子机制的研究，揭示其内在的环境适应性机理。因此，今后密闭动态气室的发展应更加着重于环境参数条件控制的准确性与稳定性，如气体浓度实时监测设备及精准控温、控湿设备的联配开发等。

## 二、开顶式气室

顾名思义，开顶式气室顶部敞开，一定浓度的污染气体从气室下部连续通入气室，再借助敞开的顶部扩散到大气中。目前国内外使用的开顶式气室为Haegle和Mandle改进型气室

（两位学者 1973 年同时在 *Journal of Environmental Quality* 杂志上介绍了开顶式气室研究方法）。20 世纪 80 年代初期，我国多家研究院所借鉴国内外经验自行设计建造了各自的开顶式气室，用于气候变化（硫化物、酸雨、臭氧、二氧化碳等）影响的研究。与上文提到的密闭气室相比，开顶式气室的环境质量参数与自然农田环境更为接近，能够接受一定的雨露、水分、授粉等自然条件，而且供试气体浓度控制精度较高，还可以同时进行多种气候变化的复合实验，实验结果更接近于实际。因此，开顶式气室是目前研究气候变化对农业生态系统影响的主要实验装置之一。

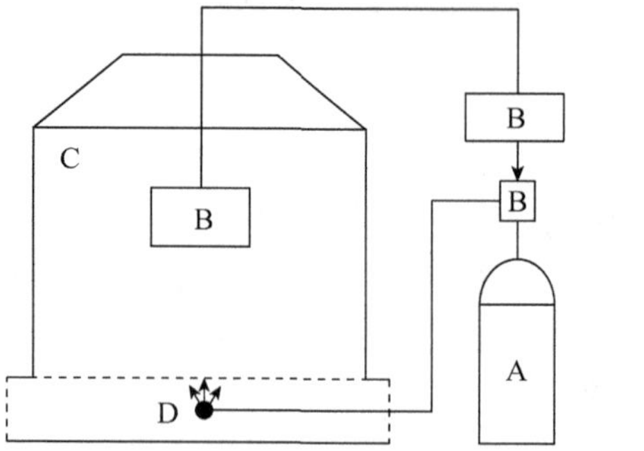


图 14-4　开顶式气室结构模式图（戈峰等，2010）
A.气源；B.气体监测和控制系统；C.气室；D.过滤循环系统

## （一）组成

开顶式气室一般由气源、气体监测和控制系统、气室及过滤循环系统 4 个部分组成（图 14-4），其中气室部分一般由室壁、框架、通风过滤系统 3 个主要部分组成（图 14-5）。下面将以 $CO_2$、$O_3$ 开顶式气室为例，具体介绍开顶式气室的构造。

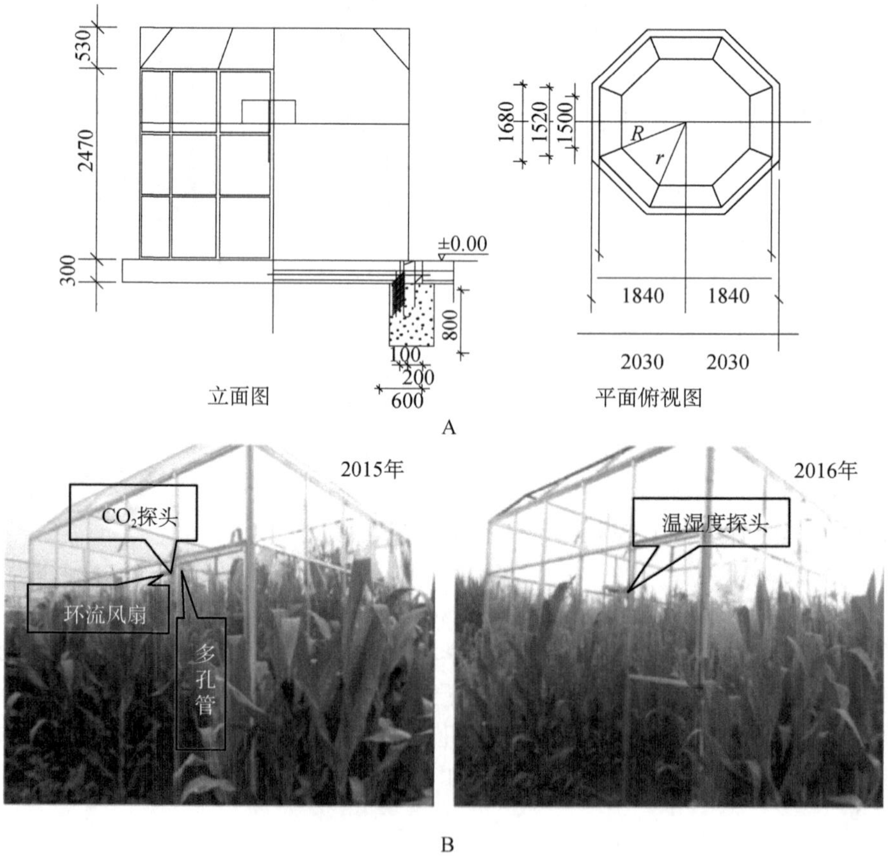


图 14-5　气室结构和组成（阮亚男等，2006；郭艳亮等，2017）
A. 结构模式图，数值单位为 cm，*R* 表示底面正六边形半径，*r* 表示顶部正六边形半径；B. 实景拍摄图

**1. 气源**　$CO_2$气体采用钢瓶装液态纯$CO_2$（直接购于气体公司），经减压阀释放送入气室内。$O_3$气体一般利用高频$O_3$发生器生成高浓度$O_3$送入气室内。

**2. 气体监测和控制系统**　气体由转子流量计定量控制后，经由风机送入气室内。气室内气体浓度借助气体检测仪器进行实时监测和记录（$CO_2$浓度可选用红外$CO_2$测控仪等；$O_3$可选用紫外吸收臭氧分析仪、APOH-350E型环境$O_3$分析仪等）。以智能监控系统为例，利用瑞典SenseAir $CO_2$传感器、新西兰Series 900臭氧分析仪实现对$CO_2$与$O_3$质量浓度的监测，气体检测仪监测到的信号转化输出为标准电压及电流信号，进入气室控制系统。气室控制器采用德国西门子PLC开发的LT/ACR-2002型设备，通过自动控制$O_3$发生器和$CO_2$电磁阀的开启和关闭实现实时监测和自动控制。气室控制器接收气体传感器及分析仪输入的电信号，经转化后输入计算机实现对PLC进行相同功能的遥控操作（图14-6）。

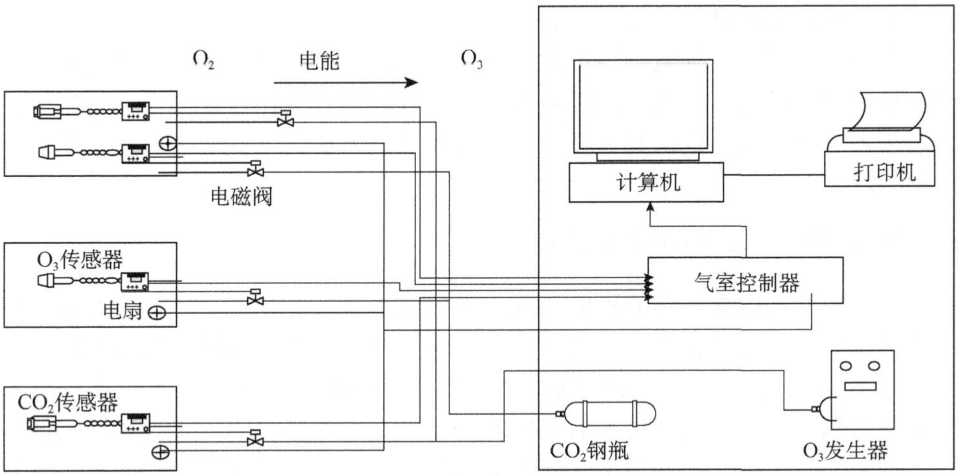


图14-6　气体浓度自动采集和测控系统（阮亚男等，2006）

**3. 气室**

（1）室壁　目前，国内外开顶式气室室壁有塑料薄膜、玻璃钢瓦、高透光玻璃等材料。塑料薄膜透光性好，价格便宜，但存在易老化、稳定性差等缺点，不宜长期使用。玻璃钢瓦结实耐用，但透光性较差，不宜使用。高透光玻璃具结实耐用、透光率好、不易老化、清洗方便、抗风等优点，较为常用。

（2）框架　气室结构框架一般为正八边形（高、边长可根据实验需要等略作调整，材质多为塑钢结构），框架顶部一般会增加一个收缩口，以减少外部气流从气室顶部侵入。整个气室框架“坐”在一个正八边形的底座上，底座顶部铺设厚度均匀的木质栅板，其上开有分布均匀的通风口，保证气体能够均匀进入气室。

（3）通风过滤系统　通风过滤系统包括风机和过滤器两个部分。

1）风机是开顶式气室的通风换气装置，一方面将供试气体连续不断送入气室；另一方面保证气室内的通风换气。风机的规格可灵活选择（满足每分钟2或3次的换气要求）。有些开顶式气室根据每分钟2或3次的换气要求安装一定数量换气扇以满足气室的通风换气要求。

2）过滤器用来排除灰尘等其他污染物进入气室，避免污染物对实验产生影响。过滤器可选用碳滤器，在碳滤器的进风口处可配备一个砂网粗滤器，主要用于阻挡大颗粒灰尘、树叶等，起到保护碳滤器的作用。

### （二）性能评价

对开顶式气室的性能评价指标主要表现在：能否精准控制气室内气体浓度；气室内环境质量参数是否与气室外环境因子质量参数接近；气体与污染气体有无反应面等。为确保气体浓度、气室内温湿度等技术参数的稳定性，实验中会在气室内水平和垂直方向上设置重复测定点，测定相关参数（气体浓度、温度、湿度等），确保开顶式气室内的气体浓度及环境参数在可控的合理范围内。

### （三）优势与缺陷

开顶式气室是经济而有效的人工模拟气候变化的设备，不但实现气室内气体浓度的自动监测和控制，而且气室内环境参数与自然环境也更为接近，获得的实验数据更贴近于实际情况，得到了丰硕的研究成果。

但是从本质上讲开顶式气室仍不可能完全模拟自然环境，难免存在一些缺陷与不足，如开顶式气室是半封闭环境，气室内的环境参数与周围环境仍存在一定差异；气室空间有限，存在气室边缘效应等。这些是研究人员在利用开顶式气室探讨气候变化对昆虫生态系统影响时应该注意的。

### （四）开顶式气室技术的发展趋势

随着全球气候变化研究内容的不断深入，多气候因素（如增温、$CO_2$、$O_3$等）综合作用下昆虫生态系统的响应规律和机制、更大尺度下的全球气候变化对昆虫生态系统的影响，以及气候变化因素的遗传效应等研究问题，都对气室环境的控制技术提出更高、更精准的要求。基于这些要求，开顶式气室技术的应用未来会有以下发展趋势：①气室控制的自动化和环境条件控制的准确性；②增加开顶式气室的可扩展性，解决气室空间局限性；③气室框架材料的改进，增加气室框架的耐腐蚀性及耐用性等。

## 三、开放空气 $CO_2$ 浓度升高系统

上文介绍的密闭气室、开顶式气室等都是封闭环境，其内部环境与自然环境相差较远，无法完全模拟自然环境下气候变化情况，不能真实反映未来气候变化下生态系统的响应特征。伴随着对气候变化研究的深入探讨，科学家也在探索、建立更加真实的气候变化模拟装置，发展无封闭条件下（更接近于自然环境条件）的气候变化研究实验方法一直是迫切需要解决的问题。开放空气 $CO_2$ 浓度升高系统（FACE）实验方法的提出使气候变化研究的实验方法从室内控制走向自然模拟。FACE 实验系统是在完全没有隔离的情况下，创造一个模拟未来气候变化的微域生态环境进行气候变化模拟实验，被认为是最理想的用于探讨气候变化对生态系统影响的研究方法。FACE 实验系统最初用于 $CO_2$ 的研究，后逐渐用于 $O_3$、温度等实验中，主要涉及森林、草地、农田（如小麦、玉米、棉花、水稻等）等生态系统的研究。

FACE 利用移动气管放气技术，直接将高浓度的气体通入实验区域，在田间作物的整个生长季节里，将作物周围的气体浓度维持在目标浓度水平，以确保能够在稳定的气体增高环境下观察实验小区内生物的响应特征。FACE 实验圈主要由气体供应装置和控制系统两部分组成：气体供应装置由气体发生装置、送气和放气管道组成；控制系统由主控计算机、放气控制系统及气体采样分析系统组成。下面以 $CO_2$ 浓度控制为例具体介绍 FACE 平台的构造。

**1. FACE 平台构成**　$CO_2$气体供应装置由$CO_2$储液罐、空气交换式气化装置、压力调节及送气管道组成。FACE 实验圈内铺设多根带有小孔的$CO_2$气体释放管带，一般铺设在作物冠层上方 50～60cm 处，确保作物冠层上方有气体扩散的空间。圈内安置多个$CO_2$气体采样头，用于控制 FACE 系统内$CO_2$浓度。在圈中心作物冠层高度安装两个$CO_2$采样口：一个为控制用$CO_2$采样口，采集的$CO_2$气样浓度作为控制系统检验控制状况的参量，调控圈内的气体浓度；另一个为校正仪器时备用的控制用采样口。同时也要在圈内不同位置及不同作物冠层高度分别铺设气体采样口，用于监测整个 FACE 实验圈内的气体浓度和分布情况。气体释放的控制由控制阀、采样阀、$CO_2$分析仪和数据记录仪组成的采样及控制装置完成。

**2. FACE 平台控制**　FACE 平台控制主要包括风向风速控制和$CO_2$浓度控制。

（1）风向风速控制　每个 FACE 实验圈内安装风速和风向的传感器，通过调控放气阀门开启的上下限实现风速控制。

（2）$CO_2$浓度控制　FACE 实验圈内$CO_2$浓度控制受到对照圈$CO_2$浓度和 FACE 实验圈中心作物冠层高度处$CO_2$浓度和$CO_2$浓度分布的影响。通过安置气体采样口，借助计算机系统性计算（如 PID 方程计算），实时调节控制螺纹杆阀门实现$CO_2$浓度的控制（图 14-7）。

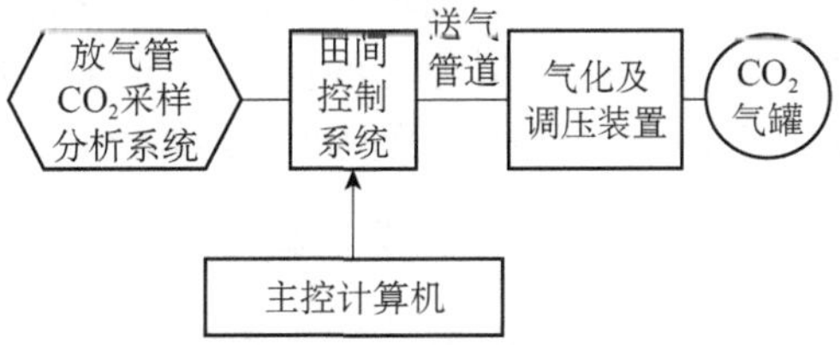

图 14-7　FACE 平台控制模式图（刘钢等，2002）

**3. FACE 技术性能评价**

（1）FACE 技术国内外发展现状　近年来，FACE 技术迅猛发展，已逐渐成为一项世界范围内气候变化研究的主要实验方法之一。目前全球范围内已有很多运行良好的 FACE 技术平台，并依托 FACE 平台取得了很多重要的科学成果。

1）国际 FACE 平台发展现状。FACE 方法是由美国能源部 Broohkaven 国家实验室 Hendery 等设计，最早由位于亚利桑那州凤凰城的美国农业部水分保持实验室应用于气候变化研究，随后陆续有 30 多个 FACE 基地建成，用于草原、森林、沼泽等生态系统和棉花、玉米、高粱、小麦、马铃薯、水稻等作物的农田生态系统的研究。

2）国内 FACE 平台发展现状。我国 FACE 技术平台也蓬勃发展，目前已有多个建成并在使用的 FACE 平台，如中国科学院沈阳应用生态研究所在长白山建立的温带森林 FACE 系统、中国科学院南京土壤研究所建在江苏无锡的水稻/小麦轮作的 FACE 系统等。我国江苏无锡的 FACE 系统在世界上首次于低纬度地区进行稻/麦轮作实验，对大气$CO_2$浓度升高下植物的响应特征与适应进行了全方位的研究。2009 年我国在江苏太湖地区（常熟）和扬州搭建了 T-FACE 平台，即在 FACE 平台基础上增加了温度因素，用于研究自由大气$CO_2$浓度升高和温度升高双因素作用下农田生态系统的响应特征及适应性机制。

（2）FACE 技术平台优势　FACE 系统的主要优点：①没有阻隔的开放性系统，克服了以往研究方法中封闭系统（密闭气室）或半封闭系统（开顶式气室）的箱壁效应，使系统内环境特征（如温湿度、光照、降水量、风等）更接近于自然生态环境，更能真实反映气候变化下生物的响应特征。②FACE 是一种较大尺度的农田生态模拟实验装置，为实验开展提供了合适尺度，如可以利用它进行森林系统的生态模拟，这是密闭气室和开顶式气室不可能实现的。因此，与其他气候变化研究方法相比，基于 FACE 系统的气候变化模拟实验，不仅具有更广泛的应用范围，而且能更真实地模拟未来气候变化，获得更能反映真实情况的实验数据。

（3）FACE 技术研究领域与发展趋势　针对世界各国应对全球气候变化的需求和科学发展的需要，依托于 FACE 平台，当前与今后的重点研究目标应集中在以下几个方面：①利用 FACE 系统探讨气候变化的遗传效应；②全球气候变化是一个多因子交互作用，多个环境变化因子协同互作对植物、昆虫，甚至整个农田生态系统的影响及作用机制等，是未来 FACE 研究的一个重要方向；③就时空尺度而言，全球气候变化不是一个时间点的环境变化，今后应该利用 FACE 平台收集长期的响应数据，并且结合历史资料、实地调查、遥感测定等数据，通过采用多种分析方法（如宏分析、模型预测等方法），揭示更大尺度下昆虫响应全球气候变化的生态学规律和机制。

## 四、计算机模拟

除上文提到的模拟气候变化装置（密闭气室、开顶式气室及开放空气 $CO_2$ 浓度升高系统）外，通过计算机辅助手段，利用数值模拟、作物生长模拟模型、人工神经网络模拟模型、物种分布模型等开展昆虫对全球气候变化响应规律和适应性机理的研究也是重要的方法。下面将针对几个模型展开具体介绍。

### （一）作物生长模拟模型

作物生长模拟模型综合考虑作物生理生态、农业气象、土壤环境和田间管理多方面因素，建立单作物专用模型或多作物长时段通用模型，对农业生态系统多种过程如光合作用、干物质积累、病虫害发生等方面开展细致和深入的研究，以反映作物生长发育内在规律，从而为作物生产提供一定参考。利用作物生长模型模拟作物生长发育的全过程阶段，考虑气候变化对作物的直接或间接作用，进而评估以其为食的昆虫的响应特征，实现了气候变化对昆虫生态系统影响的动态模拟。利用气候变化模型耦合作物或昆虫生长模型是采用作物生长模型研究气候变化对昆虫生态系统影响的基本方法。

### （二）人工神经网络模拟模型

人工神经网络模拟模型主要通过模仿动物的神经系统，进行分布式并行信息处理，它能在实测过程十分困难或者数据不完整的情况下，突破其他方法的限制，完成模型预测等方面的研究。多年来，国内外学者通过实地观测及模拟实验等，整理收集了大量气候变化环境下昆虫形态变化、生活史参数、物种丰富度、物种分布、群落结构等相关数据，基于这些实验数据，构建误差反向传播（BP）人工神经网络模型，对气候变化环境下昆虫响应特征做出合理模拟和预测，这将突破传统方法的局限性，大大加深对昆虫生态系统响应气候变化作用机制的理解，为科学研究及政府决策提供科学依据。

### （三）物种分布模型

物种分布模型是指利用气候环境数据和物种已知的分布（发生）地点的数据，模拟和预测该物种在气候环境条件适宜的地区可能发生的概率，常应用于生态、环境和气候变化等相关领域的科学研究。利用物种分布模型模拟生物的潜在地理分布，需要以气候环境数据作为基础数据，根据气候相似原理来模拟未知地区的发生情况。因此，考虑全球气候变化因素对利用物种分布模型正确模拟昆虫潜在分布过程至关重要。已经有很多模型研究将气候变化数据结合在模型建立的过程中。例如，GARP 模型是通过对物种分布数据和气候环境数据进行集合，在反复迭代的过程中寻找最适合刻画物种分布和气候环境因子关系的模型；CLIMEX

模型是通过物种已知的地理分布区域的气候参数，模拟获得物种在相应研究地区的生态气候指数，从而预测物种潜在分布区；Maxent 模型通过利用物种现有的实际分布地区数据和气候环境数据进行综合分析，得出包括物种潜在地理分布区域等一系列的预测结果。

## 【思考题】

1. 果园中害虫和天敌种类非常丰富，请查阅资料绘制食物网。

2. 某群落有 A 物种 100 头，B 物种 80 头，C 物种 1000 头，D 物种 20 头，请尝试分析该群落的多样性。

3. 如何进行北方茶园昆虫群落多样性调查分析？

4. 怎样进行昆虫季节群落演替和长周期群落演替研究？

5. 比较几种用于全球气候变化对昆虫生态系统影响的研究方法的优缺点。

6. 试述开顶式气室和 FACE 系统的基本结构。

7. 如何将控制实验和模型预测两种方法有机结合应用于气候变化对昆虫生态系统影响的研究？

（陈珍珍，赵惠燕，郭洪刚）

# 第十五章　昆虫信息学研究方法

**【内容提要】**随着生命科学与信息技术的交叉和发展，昆虫学相关的研究也日新月异、不断深入，相关文献和生物信息学数据急剧增长。使用各类数据库能够对大量数据和文献进行存储、处理、检索，利用计算机技术能够对昆虫基因组学、基因与蛋白质的表达和功能、代谢网络、生物多样性及种群进化等进行分析，这些信息技术的应用极大地推动了昆虫学的研究。本章主要介绍了昆虫学文献的检索方法、常用信息学软件的使用方法及昆虫种群历史动态的研究方法。

**【学习目标】**通过本章的学习，了解各类昆虫学相关的文献资源，并掌握文献检索和阅读方法；了解昆虫学相关的生物信息学背景和昆虫基因组组装与注释的基本流程，并掌握相关数据库的检索方法和序列比对软件的使用方法；了解昆虫种群历史动态研究的分子标记及数据分析流程。

**【基本要求】**掌握重要昆虫学相关数据库的检索方法和序列比对软件的使用方法；了解昆虫基因组组装和注释的基本流程，以及昆虫种群历史动态研究的数据分析流程。

当今世界科学技术，特别是互联网技术飞速发展，每时每刻都有大量的科技信息产生。科技文献就是通过各种手段（文字、图形、公式、代码、符号、声频、视频等）记录科学技术信息或知识的物质载体，是人们从事科学技术活动所获得劳动成果的表现形式之一。科技文献是人们开展科学技术研究的基础，是获取各种信息和知识的重要来源。科技文献检索，是指对文献资料的查找与获得，即检索者利用检索工具按照文献编排的特点，采取一定的途径、方法和步骤，将所需文献资料查找出来，并加以利用。

## 第一节　昆虫学文献检索方法

昆虫学文献主要包括重要的昆虫学图书、期刊、进展、年评、会议文献、文摘和索引、学位论文和总结报告等。

### 一、昆虫学重要图书、期刊等文献

#### （一）图书

一般来讲，科技图书是指内容比较成熟、资料比较系统、有完整定型的装帧形式的出版物。科技图书是一种重要的科技文献源，它大多是对已发表的科技成果、生产技术知识和经验的概括论述。昆虫学重要图书的范围较广，主要包括学术专著、参考工具书（手册、年鉴、百科全书、辞典、字典等）、教科书等。

#### （二）期刊

期刊（periodical）也称杂志（journal 或 magazine），是定期或不定期出版、汇集了多位著者论文的连续出版物。科技期刊在科技情报来源方面占有重要地位，占整个科技信息来源的 65%～70%。它与专利文献、科技图书被视为科技文献的三大支柱，也是科技查新工作利用率最高的文献源。每种科技期刊都有固定的名称和版式，有连续的出版序号，有专门的出版机构编辑出版，与图书相比，它出版周期短、刊载速度快、数量大、内容新颖且丰富。

国内重要的昆虫学期刊有 *Insect Science*、《昆虫学报》《应用昆虫学报》《环境昆虫学报》《植物保护学报》《植物保护》、*Entomotaxonomia*［《昆虫分类学报（英文版）》］等。国外重要的昆虫学期刊有 *Annual Review of Entomology*、*Journal of Pest Science*、*Current Opinion in Insect Science*、*Entomologia Generalis*、*Systematic Entomology*、*Insect Biochemistry and Molecular Biology*、*Pest Management Science*、*Journal of Insect as Food and Feed*、*Advance in Insect Physiology* 等。

### （三）重要评述性文献

评述性文献是对某时期某学科或某专题所发表的原始文献中有价值的内容进行综述和评论的文献，主要特点就是“述”和“评”，由于两者在重点、程度和水平上不同，形成综述和述评之分。专题述评是对某学术专题的研究状况进行概说、评论、展望和预测，重点在“评”，包括对专题研究状况的评价和建议，而“述”只是“概述”，处于次要地位，是评论的铺垫，不强调面面俱到，更不要材料罗列，因此对作者的素质要求较高，一般由专家或学科领头人撰写；文献综述是根据科研、教学的需要，围绕某一学术专题，收集某时期内的有关文献资料予以加工整理而成的综合性文献，重点在“述”，因本身就是经过加工的二次文献，因此讲究材料翔实，有检索和参考价值。

评述性文献主要包括进展（advances）和年评（annual review）。进展是专门汇集某一学科在一定时期内（一年或数年）的进展或成就的综述性论文；年评是本学科中某些专门性或特殊性问题的综述，每年一期。评述性文献是作者在通过广泛收集资料、全面研究、消化提炼与提高的基础上所作出的准确评价，能很快传递各种信息，综合报道最新文献，使读者了解相关领域的最新动态和进展。同时，由于评述性文献后均附有某一专题的大量参考文献，可以使读者很快获得相关文献状况，节约文献查阅时间。例如，*Entomologiste*（《昆虫学家》），1944 年创刊，双月刊，法文，出版者 A. villiers；*Annural Review of Entomology*（《昆虫学年评》），1956 年创刊，年刊，英文，综论昆虫学领域的研究进展与成果，出版者 Annual Reviews。

### （四）会议文献

会议文献是指各种科学技术会议上所发表的论文、报告稿、演讲稿等与会议有关的文献。目前，全世界每年出版的会议论文集已超过 4 000 种，会议论文数十万篇。学术会议往往宣读的是最新研究成果，会议文献传播信息及时、论题集中、内容新颖、专业性强、质量较高，代表某一学科或专业领域内最新学术研究成果，基本上反映了该学科或专业的学术水平、研究动态和发展趋势。会议文献是科技查新中重要的信息源之一。

会议文献包括会前文献、会间文献和会后文献三类：会前文献是在会前印刷出版的会议论文或摘要；会间文献是会议期间散发的论文或摘要，或会议的开幕词、闭幕词及会议决议等；会后文献是会议结束后正式发表的会议录、论文集、论文汇编、会议报告等。

### （五）学位论文

学位论文是高等院校和科研院所的本科生、研究生为获得学位资格（学士、硕士和博士）而撰写的学术性较强的研究论文，是在学习和研究中参考大量文献、进行科学研究的基础上而完成的。学位论文理论性、系统性较强，内容专一，阐述详细，具有一定的独创性，是一种重要的文献信息源。

**1. 国内学位论文的检索**　国内学位论文除在本单位被收藏外，一般还在国家指定单位进行专门收藏。国内收藏硕士、博士学位论文的指定单位是中国科学技术信息研究所和国家图书馆。检索国内学位论文可以利用中国学位论文全文数据库。

（1）中国学位论文全文数据库　资源由国家法定学位论文收藏机构中国科学技术信息研究所提供，并委托万方数据加工建库，收录了自1980年以来我国各学科领域的博士、硕士研究生论文。

该数据库精选相关单位近几年来的博硕论文，涵盖自然科学、数理化、天文、地球、生物、医药、卫生、工业技术、航空、环境、社会科学、人文地理等各学科领域，充分展示了中国研究生教育的庞大阵容。网址：http://svr.slas.ac.cn:85/cddb/ cddbft.htm。

（2）中国博士学位论文全文数据库　是目前国内相关资源最完备、高质量、连续动态更新的博士学位论文全文数据库，收录自1999年以来的博士学位论文。

该数据库分为十大专辑：理工A、理工B、理工C、农业、医药卫生、文史哲、政治军事与法律、教育与社会科学综合、电子技术与信息科学、经济与管理。十大专辑下分为168个专题和近3600个子栏目。收录了全国506家博士培养单位的近47万篇博士学位论文。网址：https://cdfd.cnki.net/dejournals/#/cdfd/science。

（3）中国优秀硕士学位论文全文数据库　是知网的学位论文全文数据库，收录了国内硕士学位论文全文近470万篇，学科涉及自然科学和社会科学，以及人文和教育等。网址：http://www.cnki.net/。

（4）国家科技图书文献中心学位论文检索系统　该系统收录了1984年至今我国高等院校、研究生院和研究院所等的硕士、博士学位论文及博士后的出站报告。学科范围以自然科学为主，兼顾社会科学和人文科学，现有论文近540万篇。网址：http://www.nstl.gov.cn。

（5）国家图书馆学位论文检索系统　国家图书馆收藏博士论文近25万篇，此外，还收藏部分院校的硕士学位论文和部分海外华人华侨学位论文。网址：http://www.nlc.cn/dsb_zyyfw/lw/lwzyk/。

（6）高校学位论文数据库　该数据库收录了国内包括北京大学和清华大学在内的83个CALIS（中国高等教育文献保障系统）成员单位的博士和硕士论文。网址：http://opac.calis.edu.cn/。

（7）香港大学学术库　网站（http://sunzi1.lib.hku.hk/hkuto/）收录了香港大学1941年以来的博士和硕士论文，涉及人文、教育、社会、医学和自然科学等多学科，部分可以查到原全文。

**2. 国外学位论文的检索**　可利用Dialog国际联机系统或国际大学缩微胶卷公司（University Microfilms International）编辑出版的国际学位论文文摘、美国博士学位论文及学位论文综合索引等检索工具来检索国外学位论文。例如，Dissertation Abstracts International（DAI），DAI分为A、B、C辑，其中B辑收录有关科学与工程方面的学位论文文摘，收录了美国、加拿大等国家450多个科学单位和西欧国家100多所科学单位的博士论文文摘，

B 辑按学科分为 5 个部分，其中 IB 有昆虫专栏。

（1）欧美学位论文全文数据库（ProQuest）　收录有欧美 1000 余所大学 1998 年以来授予学位的 21 万多篇博/硕士论文全文，每年仍以 1 万多篇的速度增长。网址：http://www.las.ac.cn/webdb/DBDetail.jsp？id=6&c=1。

（2）NDLTD 学位论文库　网址：http://www.ndltd.org/ndltd/find，该库是美国国家自然科学基金的一个网上学位论文共建共享项目，可利用 Open Archives Initiative-OAI 的学位论文联合目录检索，目前包含全球十几家成员，多数论文提供 PDF 格式全文。

### （六）昆虫学重要文献期刊

昆虫学文献期刊主要指昆虫学方面的二次文献，如目录、文摘、索引等，是检索原始论文的重要线索。昆虫学方面的主要文献期刊如下。

（1）*Abstracts of Entomology*（《昆虫学文摘》）　1970 年创刊，月刊，英文，出版者 Biosciences Information Service（BIOSIS）。该数据库收录了多种国际期刊昆虫学方面的文摘信息，内容涵盖农学、病害综合治理、生物化学、寄生虫学、经济昆虫学、城郊昆虫学、遗传学和系统学等学科。此外，还收录会议和书籍信息，为昆虫学研究提供了全面的信息。网址：http://www.biosis.org/products_services/ento.html。

（2）*Biological Abstracts*（《生物学文摘》）　1969 年创刊，英文，出版者 Biosciences Information Service（BIOSIS）。该数据库收录了 4000 多种期刊的文摘信息，内容涵盖普通生物学、植物学、动物学、微生物学、医学和实验技术等学科领域。该数据库每年新增文献 370 000 条。网址：http://www.biosis.org/products_services/ba.html。

（3）*Biological Abstracts/Reports*，*Reviews*，*Meetings*［《生物学文摘（报道、述评、会议）》］　出版者 Biosciences Information Service（BIOSIS）。该数据库收录了世界上有关生物学领域的报道、述评和会议等的摘要信息。网址：http://www.biosis.org/products_services/ba_rrm.html。

（4）*CAB Abstracts*（《CAB 文摘》）　1973 年创刊，月刊，由 CAB International 主办，主要收集农业、林业、人类健康、人类营养、动物健康和其他一些与生命科学相关的学科研究文献，数据库记录基本以摘要的形式著录，主要来自一些系列报告、书籍、专论、技术报告、会议、杂志等。数据库的记录从 1973 年至今快速增加，数据库内容一个季度更新一次。网址：http://edina.ac.uk/cab/。

（5）*Zoological Record*（《动物学记录》）　出版者 Biosciences Information Service（BIOSIS）。该数据库是目前世界上有关动物生物学的最早、最全面的数据库，包含了 4500 多种国际期刊的文摘信息。内容覆盖普通动物学、实验动物学、经济动物学、寄生虫学和分类学等。此外，还收录书籍、会议和报道等信息。该数据库每年新增 72 000 多条信息。网址：http://www.biosis.org/products services/zoorecord.html。

## 二、昆虫文献检索及数据库

### （一）OCLC First Search 数据库检索

Online Computer Library Center（OCLC，联机计算机图书馆中心），总部在美国俄亥俄州都柏林，是世界上最大的提供文献信息服务的机构之一。First Search Service（第一检索服务）是 OCLC 于 1992 年推出的一个综合性、完整性的参考咨询和检索服务系统。1999 年

8 月完成了新版的 First Search。该新版以 Web 为基础，向用户提供世界范围的参考资源。这些数据涉及的主题范畴覆盖了各个学科领域。

该数据库中收录的文献类型有图书、期刊、报纸等。所有数据库按收录文献的学科范围分成 15 个主题范畴，其中，“（10）life science”中包含昆虫学文献。网址：http://www.oclc.org/firstsearch/。主要数据库有以下几种。

（1）WorldCat　该数据库是一个联机联合目录（online union catalog）数据库，拥有 3.9 亿条记录。所收书目记录的原始文献涉及 491 种语言，记录着从公元 1000 年到现在的资料。

（2）ArticleFirst　收录 16 000 多种期刊的文章索引和世界各国收藏每一种期刊的图书馆名称。可在线提供全文文献。收录年限从 1990 年至今，每天更新数据。

（3）ECO　是一个可联机提供 5000 种期刊全文的期刊数据库，用户可查看所有收录期刊的题录信息和本单位所订购期刊的全文。数据库中的文章都以页映像（PDF、RealPage 或 HTML）格式显示。收录年限为 1995 年至今，每天更新数据。

（4）PaperFirst　世界会议论文索引。收录自 1993 年 10 月以来大英图书馆资料提供中心收集的会议论文。每两周更新一次数据。

（5）Proceedings　世界性会议录索引，也是 PaperFirst 的相关库。收录在世界各地举行的学术会议上发表的论文的目次表。收录年限从 1993 年至今。每周更新两次数据。

（6）WorldAlmanac　世界年鉴，基础参考资料。包括美国和世界许多年鉴的内容，涉及的学科有科学技术、经济、环境等。每年更新一次数据。

### （二）PQDD 网络数据库检索

PQDD（ProQuest Digital Dissertations）是由美国 Bell & Howell 信息学术公司（Bell & Howell Information and Learning，原为 UMI 公司）提供的国际学位论文文摘数据库的 Web 版。主要收录来自美国、加拿大和欧洲 1000 多所大学的博/硕士论文的题录、文摘共 200 余万篇，其中 100 多万篇有印刷型或缩微型原文收藏。该数据库每周更新一次数据。收录自 1861 年世界上第一篇学位论文到当前最新收到的学位论文的书目引文。从 1997 年开始，PQDD 提供部分论文的前 24 页原文内容的数字化格式，并和题录文摘链接在一起。自 2004 年起该公司制作的 ProQuest 系统更名为 ProQuest Dissertations and Theses & A & I（PQDT），网址：http://proquest.com。

### （三）Elsevier Science 期刊全文数据库

Elsevier Science 期刊全文数据库该数据库由 Elsevier Science 公司提供，自 1995 年以来收录全文文章总数已超过 1300 万篇，内容包括数学、物理学、生命科学、化学等学科领域。Elsevier Science 全文数据库收录的大多数都是核心期刊，并且被世界上许多著名的二次文献数据库所收录。ScienceDirect 是其全文数据库，并通过网络提供服务。网址：http://www.sciencedirect.com/。

### （四）SpringerLink 全文电子期刊数据库

德国施普林格（Springer-Verlag）是世界上著名的科技出版社，该社通过 SpringerLink 系统发行电子图书并提供学术期刊检索服务。目前共出版 1900 余种电子期刊。SpringerLink 服务系统实现了与重要的二次文献检索数据库的全文链接，目前已经与 SCI（科学引文索引）、EI（工程索引）建立了从二次文献直接到 SpringerLink 全文的链接。网址：http://springer.metapress.com/home/main.mpx。

### （五）中国期刊网全文数据库检索系统

中国期刊网全文数据库是中国知识基础设施（China National Knowledge Infrastructure，CNKI）工程知识创新网中最具特色的一个文献数据库，是由清华同方光盘股份有限公司、中国学术期刊（光盘版）电子杂志社、光盘国家工程研究中心等单位，于 1999 年 6 月在《中国学术期刊（光盘版）》（CAJ-CD）和中国期刊网（CJN）全文数据库建设的基础上研制开发的一个规模更大、内容更广、结构更系统的知识信息化建设项目。中国期刊网全文数据库是在《中国学术期刊（光盘版）》的基础上开发的一种基于因特网的大规模集成化、多功能动态学术期刊全文检索系统。该数据库收录 1994 年至今的 5300 种学术类核心与专业特色期刊全文，全文文献总量约 5800 万篇。内容包括九大专辑，其中理工 A 辑包含自然科学综合（含理科大学学报），农业专辑包含农业、林业、植保、生态、生物等。网址：http://www.cnki.net。

### （六）万方数据资源系统

万方数据资源系统是北京万方数据股份有限公司建立的网络化信息资源系统，包括科技信息、商务信息、数字化期刊、学位论文全文和学术会议论文子系统等。内容涉及自然科学和社会科学各个专业领域，收录范围包括期刊、会议、文献、书目、题录、报告、论文、标准、专利、连续出版物和工具书等，用户既可以单库、跨库检索，也可以在所有数据库中检索，同时还可以实现按行业需求的检索功能。网址：https://www.wanfangdata.com.cn/index.html。

（1）中国学位论文全文数据库（CDDB）　中国科技信息研究所是国家法定的学位论文收藏机构，收集了 1980 年以来我国自然科学领域的博士、硕士研究生论文及博士后出站报告，1995 年由万方数据公司加工并制成数据库产品。目前该数据库收录论文 27 万余篇，每年增补论文 3 万篇。论文收录字段包括论文题目、论文作者、作者专业、授予学位、导师姓名、关键词、文摘、授予学位单位、原文馆藏号码、中图法分类号、文摘语种、出版时间、论文总页数。

（2）中国科技文献数据库（CSTDB）　CSTDB 是由万方数据公司联合 40 多个科技信息机构共同开发的一个大型文献类数据库，是我国有史以来学科覆盖面最广、文献时间跨度最长、文摘率最高的文献型数据库。CSTDB 包含记录来源、文献题名、作者、母体文献、出版单位、馆藏号、主题标识、文献类型、作者单位、文献出处、出版日期、文摘、分类标识 13 个字段，9 个检索入口，每年更新一次。

### （七）超星数字图书馆

超星数字图书馆主要提供图书信息方面的检索服务，可以浏览书目信息，并对图书进行全文浏览、下载。另外，超星还有一个规模较大的论文资源数据库，网址：http://www.ssreader.com。

## 三、文献阅读与搜集的方法

### （一）阅读

随着现代科学技术的迅猛发展，科技文献浩如烟海，而人们的精力是有限的，不可能对每一篇文献、每一本书都去仔细、认真阅读。在科技文献的阅读方面应分为精读与泛读两种。首先要精读一部较好的教科书，以全面、系统地获得本学科的基本知识，然后泛读较多的同类书籍，以便了解不同的观点和见解。*Imm's General Textbook of Entomology* 是一本很好的昆虫学教科书，对昆虫解剖生理、发育变态、昆虫各科目分类与系统发育等均有详细介绍，该教科书自 1925 年问世以来，一直深受世界各国昆虫学者的喜爱。

1）在阅读参考书籍时，首先应细读目录、序言和内容概要，以获得对该书全部内容的粗略概念。然后再阅读正文中的大小标题，了解全书叙述的顺序、结构，根据自己的需要和时间来确定精读和泛读的内容。但无论采取何种阅读方式，都应明确书中重要的理论体系和观点，理解重要例子和记住主要的事实材料，尽可能对一些重要的理论、方法和材料做一些读书笔记或摘要等。

2）在阅读单篇科技论文时，应认真阅读和理解论文题目，看看是否为自己感兴趣的内容，与自己的研究方向是否有关。然后重点阅读摘要，明确该论文所解决的关键性问题和全文内容。若内容与自己的研究方向密切相关，再仔细阅读原文前言、材料和方法、结论和讨论等。同时，根据需要可有选择性地重点阅读相关部分。阅读论文时最好要做一些简单的摘要，这样有利于知识的积累，也要与同类研究进行比较分析，看看在方法、分析技术、主要结论等方面的相同和不同之处，总结相关领域的研究进展和存在的问题等。在阅读论文时，讨论部分是十分重要的，在该部分往往有对同一问题的总结分析和比较，提出一些关键性问题和进一步研究的内容等，启发读者思考，值得重点关注。

### （二）搜集

文献资料的积累是帮助记忆和掌握知识的一种重要手段，持之以恒地积累资料是一种重要的治学方法。通过对积累文献进行分析比较，可以从中看出人们对相关领域的认知过程和发展，了解其动态与趋势，有助于更全面、系统地认识所研究的问题。个人文献资料的积累一般仅限于积累者使用，因而其载录形式只适于积累者。积累的形式也因人因条件而异。一般个人文献积累有以下几种方法。

**1. 广泛搜集**　积累者所需要的文献大部分是分散的，甚至是隐蔽的，因而需要利用各种方法广泛搜集、重点搜集。利用各种检索手段搜集，可以获得系统的有关研究课题的文献信息；利用各种参考工具书，可以获得大量的事实资料和数据；利用计算机检索系统，可以迅速获得各种文献资料；经常浏览阅读新近文献，注意各种书刊广告、简讯、会议信息、学术交流等，这些均是文献搜集的重要途径。

**2. 选择**　文献资料搜索的目的性要强，要针对研究课题或从事的领域进行搜索，搜集来的资料要进行鉴别、选择。对搜集来的文献的可靠性、科学性和时效性进行分析，以便有针对性地选留。一般在选择文献时应选择学术水平高、有较高权威性、翔实可靠、有一定代表性、具有新见解的文献资料。选择时要以自己的具体需要为标准，要注意针对性，既要考虑目前需要，又要考虑将来的需求。

**3. 摘录**　摘录在资料积累中十分重要。摘录可以是节段照录，也可以是记录要点，记录自己的体会、见解与评论等，并记录文献的出处等信息。摘录可以用卡片，也可以用记录本。卡片摘录时每篇文献一卡或每个主题一卡，灵活机动，存取方便，前后长短不受限制，便于排检，但缺点是携带不便，且单张卡片记载内容有限，容易散失。记录本记录时，每条一号，连续记载，根据各条的内容及顺序编写主题索引，便于携带，利于查找。目前，采用计算机对文献资料进行存储和管理更为方便。

**4. 系统、连续、完善的积累**　文献资料的积累具有一定的系统性和完善性，要持之以恒，才能较好地发挥文献的作用。因此必须围绕某一研究领域和主题，有计划、有选择性地连续积累文献。

**5. 随时随地积累**　文献积累是一项经常性的工作，要随时随地加以留意，养成随读随记、不断积累的习惯。不论使用哪种方式，都应置备专用记录本，供参加学术会议、参观展览、调查研究时使用，也可记载一些偶然发现的文献线索、数据、情况等。

### 四、文献资料的利用原则

1）充分掌握必要的文献。在进行科学研究时，要尽可能广泛收集文献，然后加以科学分析和综合利用。现代科学技术的任何一种发明创造，都是在前人或他人已经取得成果的基础上进行的新探索，昆虫学研究也不例外，尤其是昆虫分类学的研究，离开文献寸步难行。

2）创造性地使用文献。对有价值的文献只能是借鉴、参考，在前人前期研究基础上的提升和创新，而非跟随和照搬。要在文献阅读的基础上，创造性地开展相关研究，同时不能让文献束缚自己的思想。

3）充分利用近期文献。科学技术的迅猛发展，使文献的寿命加速缩短，所以应有目的地收集关键性文献，收集时应由近及远，充分利用近期文献。

4）体现文献著者的贡献。在撰写科技总结报告或论文时应在结尾列出引用、参考的文献目录，并在文献中将引用文献中的方法、结论、观点等与自己的研究、见解、创新等区分开来：一方面让以后的研究者明确该项研究的进展；另一方面也是对文献著者研究贡献的尊重。

## 第二节　昆虫生物信息学

生命科学在当代科学技术日新月异的发展中格外瞩目，尤其随着DNA测序技术和计算机技术的快速发展，极大地促进了信息科学和分子生物学的发展与融合，使生命科学的研究进入了组学时代。自1990年人类基因组计划启动后，生物信息学应运而生并逐渐应用于生命科学的各个研究领域。随着昆虫学研究的不断深入，生物信息学在昆虫学研究中得到越来越多的应用，特别是在2000年果蝇基因组（Adams et al.，2000）的测序完成后，大量医学昆虫、经济昆虫和农业昆虫的基因组相继被测序，标志着昆虫学研究进入了一个新时代。生物信息学对于研究昆虫的遗传、进化、系统发育、生长、发育、变态、繁殖及害虫防治等各方面具有重要的作用，并对研究者利用昆虫的遗传信息在分子水平上改造和应用提供了最基本的依据（张传溪，2015）。生物信息学是运用计算机科学的方法来解答生物学问题的一门学科，它是一门新兴的交叉学科，包含对大量生物信息的获取、整理、加工、存储、分配、分析、解释、预测、仿真等内容，阐明海量数据所包含的生物学意义。本节对生物信息学及其在昆虫学研究中的技术方法做简要介绍。

### 一、测序技术

DNA测序技术是生命科学和医学领域非常重要的一项革命性技术，也是生物信息学研究的基础，自问世以来对遗传学、分子生物学、医学、古生物学、法医学等学科的发展起到至关重要的作用，并且推动了基因组学及其分支乃至其他密切相关学科的创立与发展，如生物信息学、比较基因组学、系统生物学及合成生物学等（Baxevanis et al.，2020）。

1）第一代测序技术是由Sanger最初在20世纪70年代发明的末端终止法（chain

termination method）（Sanger and Coulson，1975；Sanger et al.，1977）发展而来，他也因此获得 1980 年的诺贝尔化学奖。该方法利用带有放射性同位素标记的引物在 DNA 聚合酶的作用下延伸模板链，使用双脱氧核苷酸分别做 4 个末端终止反应，然后采用平板凝胶电泳技术分离 4 个反应所得产物。这种方法操作比较复杂，20 世纪 80 年代基于 Sanger 测序技术改进的第一代测序仪面市，采用荧光染料代替同位素标记，而且荧光基团不是标记在引物上，是在终止子上，这种方案可以实现一个反应中同时进行 4 个末端终止反应。20 世纪 90 年代，使用毛细管电泳代替平板电泳，使设备更易于实现并行化，极大地提升了测序仪的性能。这一代测序仪在人类基因组计划后期起到了至关重要的作用，而且由于第一代测序技术在原始数据质量及序列读长方面的优势，至今仍发挥着重要作用。

2）由于 Sanger 测序技术具有一定的局限性，例如，通量较低、成本较高，第二代测序技术在 20 世纪 90 年代末到 2005 年前后被相继发明并实现商用化。第二代测序技术也称下一代测序技术（next-generation sequencing）或高通量测序技术（high-throughput sequencing）。第二代测序技术在文库制备、片段扩增和信号检测等方面有多种方法，但都采用了大规模矩阵结构的微阵列分析技术，使阵列上的多个样品同时并行分析，极大地提高了测序通量（周晓光等，2010）。目前广泛使用的第二代测序平台主要包括 Illumina 的 Genome Analyzer、Roche 的 454 焦磷酸测序系统和 AB 的 SOLiD 测序系统。所有二代测序平台的工作流程都是类似的：首先构建文库，即将基因组 DNA 随机打断成小片段，随后加上接头，然后变性得到单链 DNA 并固定在固体表面上，扩增形成 DNA 簇阵列，利用聚合酶或连接酶进行一系列的生化反应，监测每个反应的信号并记录，最后将测序的小片段组装（Shendure and Ji，2008）。不同测序平台的区别主要是 DNA 阵列的排布、DNA 扩增、酶的反应等。第二代测序技术相较于传统测序的优势是采用大规模平行测序（massively parallel signature sequencing），可以产生更多的数据通量，使测序成本大幅降低；并能利用测序频次计算 DNA 的丰度，可以比较不同样品间基因表达的差异。但第二代测序技术读长都比较短（除 454 焦磷酸测序的读长最大有 500bp 左右），不利于后续组装，于是开发出了第三代测序技术。

3）第三代测序技术也称为单分子测序（single molecular sequencing），通过在单一 DNA 分子组成的阵列上进行合成测序，不需要扩增的步骤，具有高通量、长读长的特点。单分子测序以 Pacbio 平台的单分子实时（single molecule real time，SMRT）技术为代表，它利用金属板上很多直径 70nm 的零模波导孔（zero-mode waveguides）使光线衍射形成很小的检测空间，再利用波导孔下的聚合酶根据单链 DNA 模板合成互补链，实时监测互补链中加入的碱基中带有的荧光信号就能检测到模板链的碱基序列（McCarthy，2010）。单分子实时测序技术也采用了边合成边测序的方式，但它将荧光标记在磷酸上，可以在反应停止后随磷酸基团脱落，解决了噪声污染造成的读长较短的问题；而且不需要扩增，可降低测序成本。纳米孔测序技术（nanopore sequencing）是新的单分子测序技术，将直径只能容纳一个核苷酸的纳米孔两端加上一定电压，实时监测单链 DNA 的每个碱基通过纳米孔时引起的电流变化，由此推测 DNA 序列。纳米孔测序技术不需要荧光标记和复杂的光学探测系统，直接对 DNA 测序，将进一步降低测序成本。

从 20 世纪 70～80 年代的 Sanger 测序，到 90 年代末的第二代高通量测序，再到现在的第三代单分子测序，每一代测序技术都极大地推动了生命科学领域的发展和进步，也为人类探索生命的奥秘提供了强大的技术支持。可以说测序技术的发展和进步从根本上改变了生命科学的研究方式，促使生命研究的基本单位从基因或基因片段转变成整个基因组。这种转变也推动着昆虫系统学、昆虫生理学、医学昆虫学、农林业害虫防治、资源昆虫开发与利用等方面的研究进入了一个全新的时代。

## 二、生物信息数据库及其检索方法

随着测序技术和各种组学技术的发展，各种生物学的数据量迅速增长，必须建立大型的生物信息数据库对海量的生物学数据进行存储、处理及检索。数据库（database）是一类存储和管理数据的计算机文档，是大量相关数据的集合，通过统一的管理，方便用户检索和调用数据信息。生物信息数据库有很多，*Nucleic Acid Research* 杂志从 1994 年起，每年的第一期中都会介绍一些重要数据库的更新情况。几个比较全面的生物信息数据库，如 NCBI（美国国家生物技术信息中心，National Center for Biotechnology Information，https://www.ncbi.nlm.nih.gov）、EBI（欧洲生物信息研究所，European Bioinformatics Institute，https://www.ebi.ac.uk）、KEGG（京都基因与基因组百科全书，Kyoto Encyclopedia of Genes and Genomes，https://www.genome.jp/kegg）等在一些生物信息学书籍和论文中都有详细介绍，下文仅介绍几个针对昆虫的生物信息数据库。

### （一）Flybase

Flybase 是由美国国家人类基因组研究中心（National Human Genome Research Institute）、英国医学研究委员会（British Medical Research Council）和全世界的果蝇研究者共同支持并维护的一个关于果蝇基因和基因组信息的数据库（Thurmond et al.，2019）。Flybase 收集了以黑腹果蝇为主的 12 种果蝇的一系列大规模基因组项目的数据信息，数据类型包括基因序列、基因组的注释信息、基因产物的分子功能、突变表型、RNA-Seq 表达模式、解剖学图形数据、基因编辑的资料等。该数据库还提供 BLAST 比对和数据下载服务，研究者也可以提交自己的数据信息供他人使用。Flybase 的网址为 http://flybase.org，用户可以访问网站，通过 Tools→Search/Browse Portals→QuickSearch，用基因的名称、序列、功能、表型等进行搜索，也可以通过 Tools→Genomic Tools 下的各种工具浏览果蝇的基因组信息。

### （二）SilkDB

SilkDB 是由西南大学家蚕基因组研究团队建立并维护的家蚕基因组数据库。最新发布的 3.0 版是关于家蚕的多组学数据分析并生成可视化结果的在线平台，新版数据库提供了高质量的染色体水平的家蚕基因组组装结果、更准确的编码序列和基因集；提供了每个基因在序列、蛋白质结构、基因家族、直系同源、共线性等方面的信息，以及基因表达信息、遗传变异和基因组互作的信息；还提供了一系列可视化工具来展示数据的丰富信息（Lu et al.，2020）。SilkDB 网站（https://silkdb.bioinfotoolkits.net）的交互界面极为简洁，用户可以直接输入基因的名称搜索，也可以通过点击“blast”后输入检索序列，用比对得到的目标序列查看相关信息。右侧界面分页展示了基因的基本信息、组织和细胞内的表达信息、共表达网络、3D 结构、基因家族、泛基因组（包括 163 个地理样本的多序列比对、基因信息和地理位置），基因组注释信息、直系同源基因等。

### （三）InsectBase

InsectBase 是浙江大学昆虫科学研究所建立的一个综合性全能化的昆虫基因组与生物信息学数据库，为研究者提供昆虫的基因组、转录组等数据服务和交流合作平台（Yin et al.，2016）。数据库收集了 138 种昆虫的基因组，116 种昆虫的转录组，61 种昆虫的基因集，

60 种昆虫的 36 个基因家族，69 种昆虫的 7544 个 miRNA，2 种昆虫的 96 925 个 piRNA，78 种昆虫的 22 536 个通路，74 种昆虫的 160 905 个 CDS（编码序列，coding sequence）和 84 种昆虫的 679 881 个 UTR（非翻译区，untranslated region）。InsectBase 数据种类齐全、功能全面，是综合性的昆虫生物信息学数据库。InsectBase 数据库可以通过网站（http://insect-genome.com）访问，网站提供序列查询、序列比对、基因组可视化、信号通路和注释，以及基因家族、非编码 RNA 等数据的查询和下载服务。

上述 3 个昆虫相关的生物信息数据库涵盖的数据类型较多，功能比较全面，使用体验较好，数据也在一直更新，网站维护较好。还有许多数据类型和功能比较单一或只收集了某些特定类群的昆虫基因组数据库，例如，1KITE Database 是中国国家基因库建立的“1000 个昆虫转录组进化”（1000 insect transcriptomes evolution，1KITE）项目的数据库，还有蜜蜂基因组数据库 BeeBase、蝴蝶基因组数据库 ButterflyBase、蝗虫基因组数据库 LocustDB、小菜蛾基因组数据库 DBM-DB、帝王蝶基因组数据库 MonarchBase 等。

## 三、序列比对及其软件使用方法

序列比对是处理生物信息的基础，是比较两个或多个序列的相似性。序列比对可以将具有重叠序列的小片段组装成完整序列，也可以通过比较未知序列与已知序列的相似性来预测生物大分子的结构和生物学功能。序列相似性比对是生物信息学研究中运用最广泛的一种研究手段。序列比对的基本操作是通过一些算法来比较两条或多条序列中每个字符间的一一对应关系，从而描述序列之间的相似性。通常会用以下两个词来描述序列之间的相似性：相似（similar），描述的是序列之间的相似程度，是一个定量的指标；同源（homolog），指它们来自共同的祖先，是一个定性的描述。这两种描述是两个完全不同的概念，但又具有一定的联系，一般情况下同源的序列具有较高的相似性，因此把相似度超过 80%的序列认为是同源的。相似度是通过比对算法计算得来的，比对算法有很多，包括全局动态规划的 Needleman-Wunsch 算法、局部动态规划的 Smith-Waterman 算法、基于点阵图的 FASTA 算法、启发式的 BLAST 算法等，序列比对算法的研究具有非常重要的理论意义和实践意义。

序列比对软件非常多，有双序列比对（pairwise alignment）的 BLAST+、BLAT，短序列比对（short sequence alignment）的 Bowtie2、MUMmer 等，多重序列比对（multiple sequence alignment）的 ClustalW、T-Coffee、MUSCLE 等。多序列比对的理论基础是双序列比对，但又有很大区别，序列多重比对的目的是找到多条序列的共性，在分子结构、功能及进化关系等研究中有广泛的应用。下面介绍最常用的两个比对软件（BLAST/BLAST+和 Clustal）的使用方法。

### （一）BLAST/BLAST+

BLAST 的全称是 Basic Local Alignment Search Tool，即局部比对搜索工具。BLAST+是 BLAST 的升级版本（Altschul et al.，1997；Camacho et al.，2009），是生物信息学中应用最广的序列比对软件之一。

使用 BLAST 或 BLAST+必须清楚 3 个概念：数据库（database）、检索序列（query sequence）和目标序列（subject sequence）。用户可以下载公共数据库或用已收集的目标序列构建数据库，然后将需要比对的检索序列与数据库中的目标序列逐一比对，最后输出比对的结果。BLAST+是一个序列比对的整合工具包，内含 blastn、blastp、blastx、tblastn、tblastx 5 个基本程序和一些其他辅助程序。用户根据检索序列和数据库的类型调用不同的程序来实现 5 种可能的比对方式，例如，blastn 是用核酸序列比对核酸库；blastp 是用蛋白质序列比对蛋白库；blastx 是用核酸序列比对蛋白质数据库，先将核酸序列翻译成蛋白质序列，再与蛋白质数据库作比对；tblastn 是用蛋白质序列比对核酸数据库，先将库中的核酸序列翻译成蛋白序列，然后与核酸库比对；tblastx 是用核酸序列与核酸库在蛋白级别的比对，先将检索序列和库中的核酸序列都翻译成蛋白质序列，然后再进行比对。

BLAST 同时提供网页版服务和本地化运行两种方式，网页服务可以到 https://blast.ncbi.nlm.nih.gov/Blast.cgi 中选择相应的模块，然后输入或上传检索序列，选择遗传密码和数据库并设置好相应参数后直接在云端运行，结果以图形界面返回。网页服务的操作对初学者比较友好，结果的可视化也非常好，但其服务器设在国外，且访问人数众多，网络的不稳定和服务器的较高负载严重影响了工作效率，因此建议采用本地化运行的方式使用 BLAST+。本地化 BLAST+ 软件包可以到其 FTP 网站（ftp://ftp.ncbi.nlm.nih.gov/blast/executables/blast+）中下载对应系统的安装包解压后安装，然后打开终端或命令行输入相应的路径程序即可运行。使用 BLAST+主要有以下两个步骤。

**1. 构建数据库 makeblastdb** 用法：

```
makeblastdb [-h] [-help] [-in input_file] [-input_type type] -dbtype
molecule_type [-title database_title] [-parse_seqids] [-hash_index]
[-mask_data mask_data_files] [-mask_id mask_algo_ids] [-mask_desc
mask_algo_descriptions] [-gi_mask] [-gi_mask_name gi_based_mask_names]
[-out database_name] [-blastdb_version version] [-max_file_sz number_of_bytes]
[-logfile File_Name] [-taxid TaxID] [-taxid_map TaxIDMapFile] [-version]
```

其中，-dbtype 为必需参数，常用的几个参数如下。

-dbtype <String，'nucl'，'prot'>：数据库的类型，可选核酸和蛋白质。

-in <File_In>：输入序列的路径和文件名。

-input_type <String，'asn1_bin'，'asn1_txt'，'blastdb'，'fasta'>：输入文件的类型，包含 'asn1_bin'，'asn1_txt'，'blastdb'，'fasta'。

-parse_seqids：输入 FASTA 文件时解析序列 id 的选项，其他输入文件类型自动解析。

-hash_index：创建序列的哈希值。

-out <String>：输出构建数据库的路径和文件名。

**2. 序列比对** 根据检索序列和数据库类型选择合适的程序，本书以 blastx 为例，其他方式的比对程序类似。

用法：

```
blastx [-h] [-help] [-import_search_strategy filename] [-export_search_strategy
filename] [-task task_name] [-db database_name] [-dbsize num_letters] [-gilist
filename] [-seqidlist filename] [-negative_gilist filename] [-negative_seqidlist
filename] [-taxids taxids] [-negative_taxids taxids] [-taxidlist filename]
[-negative_taxidlist filename] [-ipglist filename] [-negative_ipglist filename]
[-entrez_query entrez_query] [-db_soft_mask filtering_algorithm] [-db_hard_mask
filtering_algorithm] [-subject subject_input_file] [-subject_loc range] [-query
input_file] [-out output_file] [-evalue evalue] [-word_size int_value] [-gapopen
open_penalty] [-gapextend extend_penalty] [-qcov_hsp_perc float_value] [-max_hsps
int_value] [-xdrop_ungap float_value] [-xdrop_gap float_value] [-xdrop_gap_final
float_value] [-searchsp int_value] [-sum_stats bool_value] [-max_intron_length
length] [-seg SEG_options] [-soft_masking soft_masking] [-matrix matrix_name]
```

```
[-threshold float_value] [-culling_limit int_value] [-best_hit_overhang float_
value] [-best_hit_score_edge float_value] [-subject_besthit] [-window_size int_
value] [-ungapped] [-lcase_masking] [-query_loc range] [-strand strand] [-parse_
deflines] [-query_gencode int_value] [-outfmt format] [-show_gis] [-num_
descriptions int_value] [-num_alignments int_value] [-line_length line_length]
[-html] [-sorthits sort_hits] [-sorthsps sort_hsps] [-max_target_seqs num_
sequences] [-num_threads int_value] [-remote] [-comp_based_stats compo] [-use_
sw_tback] [-version]
```

blastx 的参数非常多，常用的几个参数如下。

-query <File_In>：输入检索序列的路径和文件名。

-query_gencode <Integer，values between：1-6，9-16，21-31，33>：设置翻译检索序列的遗传密码，默认 1。

-db <String>：数据库的路径和文件名。

-evalue <Real>：设置输出结果的 $E$ 值。

-outfmt <String>：输出结果的格式，可自定义。

-out <File_Out>：输出结果的路径和文件名。

-max_target_seqs <Integer，>=1>：设置匹配目标序列的数量。

-num_threads <Integer，>=1>：设置搜索的线程数。

-subject <File_In>：双序列比对时输入目标序列的路径和文件名。

### （二）Clustal

Clustal 是最经典的多序列比对软件，包括交互式操作的 ClustalW，图形界面的 ClustalX，以及命令行操作的 Clustal Omega（clustalo）。Clustal Omega 是 Clustal 家族中最新的版本，相较于以前的版本可以显著地提高超多序列比对的速度和准确性（Sievers et al.，2011）。Clustal Omega 提供网页服务（https://www.ebi.ac.uk/Tools/msa/clustalo），输入或上传比对序列，设置好相应参数后即可提交运行。但网页服务限制序列数量和文件大小（不超过 4000 条序列，文件不超过 4MB），因此本地化运行 Clustal Omega 更适合大数据量的序列比对。Clustal Omega 的安装需要先安装 argtable2（http://argtable.sourceforge.net），然后访问 Clustal 的官方网站（http://www.clustal.org）下载编译好二进制文件或源代码，按照说明安装或编译后即可运行。

用法：

```
clustalo [-hv] [-i {<file>,-}] [--hmm-in=<file>]... [--hmm-batch=<file>]
[--dealign] [--profile1=<file>] [--profile2=<file>] [--is-profile] [-t {Protein,
RNA, DNA}] [--infmt={a2m=fa[sta], clu[stal], msf, phy[lip], selex, st[ockholm],
vie[nna]}] [--distmat-in=<file>] [--distmat-out=<file>] [--guidetree-in=<file>]
[--guidetree-out=<file>] [--pileup] [--full] [--full-iter] [--cluster-size=<n>]
[--clustering-out=<file>] [--trans=<n>] [--posterior-out=<file>] [--use-kimura]
[--percent-id] [-o {file,-}] [--outfmt={a2m=fa[sta], clu[stal], msf, phy[lip],
selex, st[ockholm], vie[nna]}] [--residuenumber] [--wrap=<n>] [--output-order=
{input-order,tree-order}] [--iterations=<n>] [--max-guidetree-iterations=<n>]
[--max-hmm-iterations=<n>] [--maxnumseq=<n>] [--maxseqlen=<l>] [--auto]
[--threads=<n>] [--pseudo=<file>] [-l <file>] [--version] [--long-version]
[--force] [--MAC-RAM=<n>]
```

clustalo 的选项参数也比较多，默认设置即可满足绝大多数的要求，因此其标准的调用命令可以简化为“clustalo-i my-in-seqs.fa-o my-out-seqs.fa”，其中-i 为多序列输入文件，-o 为多序列比对后的输出文件。

## 四、昆虫基因组学研究方法

测序技术的快速发展为生物信息学提供了强有力的技术保障，得到了更多物种的基因组数据之后，这些海量数据必须依靠计算机技术与相应软件算法来处理。基因组测序的结果通常要进行测序数据质控、基因组组装和注释后才能获得比较完整的全基因组序列和信息，用于后续的分析。

### （一）基因组 survey

基因组 survey，是基于低深度的测序结果或已知的测序数据，通过 *K*-mer 分析评估基因组的大小、GC 含量、杂合度及重复序列含量等信息，是全面了解某一物种基因组特征的有效方法，为后续的全基因组 *de novo* 测序组装策略的制定提供理论依据。基因组 survey 分析常用的软件有 Jellyfish+GenomeScope、KmerGenie、GCE 等，下文以 GCE-1.0.2 为例介绍基因组 survey 的方法。

GCE（genomic charactor estimator）是一种基于贝叶斯模型评估测序样品基因组大小、重复序列和杂合度的方法。软件可在其 FTP 网站（ftp://ftp.genomics.org.cn/pub/gce/gce-1.0.2.tar.gz）下载，解压后即可直接运行。GCE-1.0.2 软件包主要包含两个程序：kmerfreq，用于对测序数据进行 *K*-mer 频次计算；gce，用前者的统计结果估算基因组大小。

**1. 运行 kmerfreq 计算测序数据的 *K*-mer 频次、得到结果文件 kmer.freq.stat**　用法：

```
kmerfreq [options] <reads_files.lib>
```

常用的几个参数如下。

-k <int>：*K*-mer 值，推荐值为 13～19，默认值为 17。

-p <str>：输出结果文件的前缀，默认为输入文件名。

-t <int>：并行运算的线程数，默认为 10。

输入文件 reads_files.lib：包含所有序列文件的路径。

**2. 获取 *K*-mer 总数和 depth frequency file**

```
less kmer.freq.stat | grep "#Kmer indivdual number"
less kmer.freq.stat | perl -ne 'next if (/^#/ || /^\s/) ; print; ' | awk '{print
$1"\t"$2}' > kmer.freq.stat.2colum
```

**3. 运行 gce**　用法：gce [option]

几个常用的参数如下。

-f <string>：具有两列的 depth frequency file。

-g <int>：*K*-mer 总数。

-H <int>：使用混合模式（1）与否（0），默认为 0。

-c <int>：期望 *K*-mer 深度；*K*-mer 分布有明显非单峰或杂合率较高时设置。

-b <int> have bias（1）or not（0），default=0。

-m <int>：评估模式为离散（0）或连续（1），默认为 0。

-M <int>：最大深度值，高深度测序可忽略，默认值为 1500。

例如，运行 gce -g <Kmer indivdual number> -f freq.stat.2colum >gce.table 2>gce.log 后，

可在 gce.log 文件结尾处找到计算结果，根据基因组 survey 的结果可以制定合理的测序方案和组装策略。

### （二）测序数据质量控制

尽管目前的测序技术已经非常成熟，但由于 *de novo* 组装对数据质量比较敏感，因此测序的原始数据必须通过质控过滤掉低质量的序列和接头（adapter），得到干净数据（clean data），才能进行基因组的组装。常用的软件有 FastQC、Trimmomatic、Cutadapt、fastp 等，下文以 fastp 为例简要介绍数据质控的方法。

fastp 是一个对 FASTQ 数据执行质量控制、数据过滤和碱基校正的超快速工具。它具有 FastQC+Cutadapt+Trimmomatic+AfterQC 的大多数功能，而且 fastp 能够自动检测单端或双端测序数据的接头序列。相较于上述基于 Java 或 Python 开发的工具，fastp 是用 C/C++ 开发的具有很强多线程运行能力的工具，使其运行速度比其他工具快 2～5 倍。此外，fastp 具有纠正或消除序列错误的功能，使其能够获得比传统工具更好的 clean data（Chen et al.，2018）。可以在其官网（http://opengene.org/fastp/fastp）下载 Linux 系统编译好的二进制文件后直接使用，也可从 GitHub（https://github.com/OpenGene/fastp）下载源代码编译后使用。

用法：fastp -i <in1> -o <out1> [-I <in1> -O <out2>][options...]

fastp 的参数比较多，常用的参数如下。

-i, --in1：输入 read1 文件名。

-o, --out1：输出 read1 文件名。

-I, --in2：输入 read2 文件名。

-O, --out2：输出 read2 文件名。

-A, --disable_adapter_trimming：关闭去除接头序列功能，默认开启。

-a, --adapter_sequence：read1 文件的接头序列，单端测序自动识别接头序列。

　--adapter_sequence_r2：read2 文件的接头序列。

　--adapter_fasta：指定接头序列的 FASTA 文件。

　--detect_adapter_for_pe：开启双端测序结果自动识别接头序列。

-Q, --disable_quality_filtering：关闭质量过滤功能，默认开启。

-q, --qualified_quality_phred：设置质量值，默认 15。

-u, --unqualified_percent_limit：设置低质量碱基的百分比，默认 40。

-n, --n_base_limit：设置 read 中 *N* 的数量，超过此设置的 read 被去除，默认 5。

-L, --disable_length_filtering：关闭 read 长度过滤选项。

-l, --length_required：指定长度值，小于该长度的 read 被去除，默认 15。

-c, --correction：开启双端测序的重叠区域纠错功能，默认关闭。

-w, --thread：设置线程数量，默认 2。

fastp 还具有去除 poly G、poly X 序列，过滤低复杂度序列等功能。运行完成后会生成 html 和 json 格式的报告。报告中概括了测序结果的质量分布、碱基含量分布、*K*-mer 统计情况等。

### （三）基因组组装

基因组组装（genome assembly）是生物信息学领域的核心问题，基因组组装是将基因组测序生成的序列片段（read）根据重叠区域进行拼接，先生成较长的连续序列（contig），再将 contig 拼接成更长的允许包含空白序列（gap）的 scaffold，最后通过消除 scaffold 的错误和 gap 将这些 scaffold 定位到染色体上，得到高质量的全基因组序列。基因组组装对基因组分析是十分关键的，因为二代测序技术获得的测序序列一般都较短，需要组装成较长的完整序列用于进一步分析，而三代测序的读长较长，但准确性较低，因此目前许多学者采用二代和三代测序相结合的方法获取高质量的全基因组。基因组组装的软件非常多，常用的如 SPAdes、ABySS、IDBA-UD、SOAPdenovo2、Velvet 和 ALLPATHS-LG 等，下文以使用率较高的 SOAPdenovo2 为例简要介绍基因组的组装方法。

SOAPdenovo2 是一种短序列从头组装构建基因组的方法。可以从 GitHub（https://github.com/aquaskyline/SOAPdenovo2）下载源代码编译后生成三个可执行的二进制文件：soapdenovo-63mer 和 soapdenovo-127mer 分别支持最大 *K*-mer 为 63 和 127 的测序数据组装，soapdenovo-fusion 用于单细胞测序和宏基因组测序数据的组装（Luo et al.，2012）。组装前建议先进行基因组 survey 分析，预测最佳的 *K*-mer 值和基因组大小，方法与上文中基因组 survey 相似，得到预测的最佳 *K*-mer 用于组装。正式组装之前，还需要设置配置文件（configuration file）中的各项参数，告诉软件测序文件的位置及相关信息，具体如下。

```
max_rd_len=         #最大的 read 长度
[LIB]
avg_ins=            #文库插入片段平均长度（或插入大小分布图中的峰值位置）
reverse_seq=        #序列是否需要反转
asm_flags=          #read 用于哪部分：1 contig，2 scaffold，3 contig 和 scaffold，4 补 gap
rd_len_cutoff=      #read 长度被切除至设置长度
rank=                  #整数值确定 read 用于 scaffold 组装的顺序，对于短片段设为 1
pair_num_cutoff=       #连接两个 contig 的最小对数，paired-end 为 3，mate-pair 为 5
map_len=               #“map”过程中 read 和 contig 的最小对齐长度，pair-end 为 32，mate-pair
                       为 35
q1=                    #双端测序 fastq 文件 1 的路径/文件名
q2=                    #双端测序 fastq 文件 2 的路径/文件名
f1=                    #双端测序 fasta 文件 1 的路径/文件名
f2=                    #双端测序 fasta 文件 2 的路径/文件名
p=                     #双端测序在 1 个 fasta 文件的路径/文件名
b=                     #单端或双端测序 bam 文件的路径/文件名
f= or q=               #单端测序 fasta 或 fastq 文件的路径/文件名
```

配置好后即可根据预测的最佳 *K*-mer 值选择相应的二进制文件进行组装，用法：

```
soapdenovo-63mer/soapdenovo-127mer <command>[option]
```

组装可以用 all 命令一步进行，例如，${bin} all -s config_file -K 63 -R -o graph_prefix 1>ass.log 2>ass.err。也可以选择性地分 4 步（pregraph-contig-map-scaff）进行组装。

第一步：

```
${bin} pregraph -s config_file -K 63 -R -o graph_prefix 1>pregraph.log 2>pregraph.
err
```

或者

```
${bin} sparse_pregraph -s config_file -K 63 -z 5000000000 -R -o graph_prefix
1>pregraph.log 2>pregraph.err
```

第二步：

```
${bin} contig  -g graph_prefix  -R 1>contig.log 2>contig.err
```

第三步：

```
${bin} map  -s config_file  -g graph_prefix 1>map.log 2>map.err
```

第四步：

```
${bin} scaff  -g graph_prefix  -F 1>scaff.log 2>scaff.err
```

all 命令完整用法：SOAPdenovo all -s configFile -o outputGraph [-R -F -u -w][-K kmer -p n_cpu -a initMemoryAssumption -d KmerFreqCutOff -D EdgeCovCutoff -M mergeLevel -k kmer_R2C，-G gapLenDiff -L minContigLen -c minContigCvg -C maxContigCvg -b insertSizeUpper Bound -B bubbleCoverage -N genomeSize]

常用的参数如下。

-s <string>：指定配置文件。

-o <string>：指定输出文件前缀。

-K <int>：指定 *K*-mer 值（最小 13，最大 63）。

-p <int>：使用 CPU 线程数，默认 8。

-a <int>：指定初始内存避免重新分配，单位 G，默认 0。

-d <int>：设置 *K*-mer 频次的最小阈值，不超过该阈值将被删除，默认 0。

-R（optional）：利用 read 鉴别短的重复序列，默认不执行。

-D <int>：设置 EdgeCovCutoff 阈值，不超过该阈值将被删除，默认 1。

-M <int>：设置组装 contig 过程中合并相似序列的强度（最小 0，最大 3），默认 1。

-m <int>：指定 multi-kmer 组装的最大 *K*-mer 值，默认不执行。

-F（optional）：填补 scaffold 中的 gap，默认不执行。

-u（optional）：构建 scaffold 前不屏蔽高覆盖度的 contig，默认屏蔽。

组装完成后，结果包括一些信息文件，其中有两个主要的文件*.contig 和*.scafSeq，分别为组装好的 contig 序列和 scaffold 序列。组装后的结果还应进行质量评估，contig N50 和 scaffold N50 是第一指标，即将 contig 或 scaffold 长度进行降序排列并依次累加，当累加的和达到 contig 或 scaffold 总长度的 50%时，对应的 contig 或 scaffold 长度即为 contig N50 或 scaffold N50。一般来说，contig N50 和 scaffold N50 越长，表示组装结果越好。但是 N50 只是检验基因组组装结果的指标之一，还要从序列一致性和完整性等方面对组装结果进行评估，才能保证组装结果的可靠性。序列一致性评估是将 read 比到基因组上，验证 read 对基因组的覆盖情况，用于评估组装的完整性和测序的均匀性。较高的比对率（mapping rate，90%以上）及覆盖度（coverage，95%以上）认为组装结果和 read 有比较好的一致性。序列完整性评估是评估组装得到的基因组对基因区的覆盖程度，一般需要借助 RNA 方面的证据进行评估，如 EST 或 RNASeq 数据。由于用来评估的 RNA 方面证据不同，得到的比例也会有差别。一般来说，50%的 scaffold 覆盖基因的 95%以上，85%的 scaffold 覆盖基因的 90%以上，认为组装比较完整。保守性基因评估是根据广泛存在于大量真核生物中的保守蛋白家族集合，对组装得到基因组进行评估，通过该物种和同源物种基因组中的核心基因（core gene）的准确性和完整性，判断保守基因组装情况。常用 BUSCO、QUAST、CEGMA 等软件对组装结果进行质量评估。

### （四）基因组注释

基因组注释是对基因组的特征进行描述，注释的目标是尽可能地确定基因组中每一个核苷酸的生化和生物学功能（Chen et al.，2018）。基因组注释包括结构注释和功能注释，结构注释是对基因组中的重复序列、非编码 RNA，以及蛋白质编码基因及其元件（外显子-内含子结构）进行注释，功能注释主要预测蛋白质编码基因的功能。

**1. 重复序列的注释**　重复序列（repeat sequence）普遍存在于真核生物基因组中，如蝗虫基因组中有 60%的重复序列。重复序列的含量对基因组的组装和注释影响较大。

重复序列分为串联重复（tandem repeat）序列和散在重复（dispersed repeat）序列。①串联重复序列是重复单元首尾相接地串联在一起的序列，根据重复单元的长度又分为 3 类：重复单元为 1～6bp 的微卫星序列（microsatellite），又称简单重复序列（simple sequence repeat，SSR）；重复单元为 10～60bp 的小卫星序列（minisatellite）；重复单元更大的卫星序列（satellite）。②散在重复序列主要为转座元件（transposable element，TE），是一类可以移动的 DNA 片段，转座元件主要包含两类：通过 RNA 介导的“复制和粘贴”机制进行转座的反转录转座元件或反转子（retrotransposon）；通过 DNA 介导的 DNA 转座子（DNA transposon）。第一类转座元件主要由长末端重复（long terminal repeat，LTR）、长散在核元件（long interspersed nuclear element，LINE）和短散在核元件（short interspersed nuclear element，SINE）构成。DNA 转座元件又分为两个亚类，分别通过“复制和粘贴”及“剪切和粘贴”机制来转座。这些转座元件的移动是基因组变异的重要来源，促进了基因组的进化。

不同类型的重复序列需要使用不同的软件来注释。①串联重复序列由于其结构简单，识别也比较容易。识别串联重复序列的软件非常多，其中，Tandem Repeats Finder 和 Tandem Repeat Occurrence Locator 应用较广，识别串联重复序列的灵敏度和特异性较好。②识别转座元件相对比较复杂，识别的方法主要有两种：基于同源性（homology-based）的方法和从头预测的方法。基于同源性的方法通过比对基因组数据与已知转座元件的相似性来进行识别，最常用的软件是 RepeatMasker，该方法需要依赖已知重复序列的数据库，可用比较权威的 Repbase、Dfam 数据库或自定义的数据库。从头预测的方法是根据基因组序列的自身重复性来识别预测转座元件。从头预测转座元件的软件有两类：一类是通过 BLAST、PALS 的方法将基因组序列和自身比对，从而识别重复序列，应用最广泛的软件是 RECON；另一类是将重复序列看作 1 个长度为 *K* 的字符串，再对 *K*-mer 进行扩展，根据一定区域内 *K*-mer 出现的次数识别转座元件，最常用的软件是 RepeatScout。还有一些软件基于特定结构来识别某些特定的转座元件，如识别 LTR 的 LtrHharvest、Ltr_retriever，识别 helitron 转座子的 helitronfinder 等。

RepeatModeler 流程包括了以上述 RECON、RepeatScout、RepeatMasker、Tandem Repeats Finder 为主的一系列软件对基因组中的重复序列进行识别和分类。下文介绍 RepeatModeler 的安装与使用方法。

（1）软件获取与安装　RepeatMasker 的安装有两种方式：一种是通过下载集成 Dfam-TETools 的容器镜像，容器内配置好了 RepeatModeler 及其运行环境和 Dfam 数据库用到的转座子分析工具，在 docker 中直接运行即可；另一种是通过源码包来安装（安装说明详见 http://www.repeatmasker.org/RepeatModeler/），首先必须安装 Perl 5.8.0 以上版本、

RepeatMasker、RECON、RepeatScout、TRF（tandem repeats finder）和序列搜索引擎RMBlast或ABBlast，并下载Dfam数据库，还有一些可选的软件用来搜索LTR，如LtrHarvest、Ltr_retriever、MAFFT、CD-HIT、Ninja，用户可根据需要选择安装。然后下载RepeatModeler并解压，在终端中输入perl./configure后根据向导配置好软件环境后即可使用。

（2）软件使用

1）创建RepeatModeler的数据库：

```
BuildDatabase[-options]-name "mydb" <seqfile(s)in fasta format>
```

命令很简单，使用上述命令指定基因组的序列文件直接建库，也可以用-dir <directory>选项指定基因组序列所在的文件夹，指定文件夹下的所有fasta文件都会用来建库，或者用-batch <file>来指定一个含有fasta文件的列表文件来读取输入的序列文件。-engine <engine name>可以指定序列搜索引擎，如果安装软件时只配置了一个搜索引擎，建库时软件会自动识别，无须设置。

2）运行RepeatModeler：

```
RepeatModeler[-options]-database <XDF Database>
```

命令中-database指定上一步骤中所建的库，-pa #可以设置并行搜索的数量，RMBlast搜索每个任务可以利用4个CPU核心，ABBlast每次搜索只能用单核，如用计算机CPU有12个核心，用-pa 3来设置RMBlast搜索可以最大化地利用计算机的CPU。-LTRStruct为可选选项，可以选择用LTR_Harvest或LTR_retreiver来识别LTR结构，并将结果整合。

结果生成了一个文件夹，名称为RM_[PID].[DATE]，文件夹中的consensi.fa文件为基因组序列中的重复序列信息，作为RepeatMasker输入的自建库。

3）使用RepeatMasker计算和屏蔽重复序列：

```
RepeatMasker[-options]<seqfiles(s)in fasta format>
```

几个重要参数如下。

-lib[filename]：指定输入自建库。

-e(ngine)[crossmatch|wublast|abblast|ncbi|rmblast|hmmer]：设置搜索引擎。

-nolow：不屏蔽低复杂度DNA。

-norna：不屏蔽小RNA。

-species <query species>：指定输入序列的物种。

-no_is：忽略细菌转座元件。

-dir[directory name]：输出结果路径。

-gff：创建GFF格式的结果文件。

**2. 蛋白质编码基因结构注释**　蛋白质对生命活动具有十分重要的功能，所以蛋白质编码基因的注释是基因组注释中最重要的环节。编码基因结构注释是为了获得基因组中详细的基因分布和结构信息，也将为功能注释和进化分析工作提供重要的原料。结构注释包括预测基因组中的基因位点、开放阅读框（open reading frame，ORF）、翻译起始位点和终止位点、内含子和外显子区域、启动子、可变剪切位点，以及蛋白质编码序列等。蛋白质编码基因的结构注释有3种方法：第一种是基于证据的基因注释，根据已被实验证实的cDNA、表达序列标签（expressed sequence tag，EST）和蛋白质序列进行比对注释，常用的软件有

AAT、Splign、BLAT 等。第二种方法是从头预测，就是根据 DNA 序列来预测蛋白质编码基因，这种方法常用的软件有 Genscan、SNAP、Augustus、Glimmer、GlimmerHMM 等。第三种是重新预测，是基于与近缘物种基因组的同源比对来预测蛋白编码基因，常用的软件有 BLAST、GeneWise、Twinscan 等。第一种方法得到的注释结果最准确，但许多非模式物种的实验证据较少，因此在基因结构注释的时候大多都采用综合几种方法的注释流程。maker 是进行基因组结构注释的一整套流程，它综合了从头预测和基于证据的方法进行基因组注释和整合，使用非常便捷，下文对其进行介绍。

（1）软件获取与安装　maker 可以在 http://www.yandell-lab.org/software/maker.html 页面提交信息并下载最新版本。安装 maker 前必须先安装 Perl 5.8.0 或更高版本、BioPerl 1.6、NCBI-BLAST 2.2.X 以上版本（或者安装 WU-BLAST 2.0）、SNAP、RepeatMasker 3.1.6、RepeatModeler 及 Repbase、Exonerate 1.4，可以选择安装 Augustus 2.0、GeneMark-ES、FGENESH 2.6、GeneMarkS、snoscan、MPICH2，还要安装一些 perl 模块，比较复杂。建议使用 maker 的 easy install 方式安装，进入 maker/src/目录下运行 perl Build.PL 配置 maker 的安装环境，然后运行./Build install 完成 maker 的安装。

（2）软件使用　运行 maker-CTL，得到以下 3 个配置文件。

maker_exe.ctl：配置 maker 需要调用程序的路径。

maker_bopts.ctl：配置 BLAST 的各种阈值。

maker_opts.ctl：配置输入文件的路径及 maker 的运行流程。

然后修改 maker_opts.ctl 配置文件，需要修改的内容如下。

```
genome=               # 基因组序列文件
est=                  # EST 序列或转录组序列文件
protein=              # 蛋白质序列。建议从 swiss-prot 蛋白质数据库中下载。
rmlib=                # 本物种的重复序列数据库。该文件是利用 RepeatModeler 注释重复序列的结果。
snaphmm=              # SNAP 训练的 HMM 文件。该文件是将基因组序列和 EST 序列输入 PASA，得到用
                        于训练的基因，然后使用 SNAP 进行 training 后得到的 HMM 文件。
gmhmm=                # 物种 Genemark_es 的 HMM 文件。将基因组序列输入 genemark_es 软件进行
                        自我训练得到的 HMM 文件。
augustus_species=     # Augustus 预测的物种模型。该文件是将基因组序列和 EST 序列输入 PASA，得
                        到用于训练的基因，然后使用 Augustus 进行 training 后得到的物种模型。
est2genome=1          # 使用 EST 序列进行基因预测
protein2genome=1      # 使用蛋白质序列进行基因预测
trna=1                # 使用 tRNAscan 进行 tRNA 预测
snoscan_rrna=         # rRNA 文件用于 snoscan
```

配置文件修改完成后，直接运行 maker 即可。

**3. 蛋白质编码基因功能注释**　通过基因结构注释预测的蛋白质编码基因具有很多未知的功能信息，因此需要对这些基因进行功能注释，以预测它们的功能。功能注释主要基于同源性的方法来预测，即我们假设具有序列相似性的基因也具有相似的功能。这种方法很大程度上要依靠已有的数据库，将未知功能的基因与数据库中已知功能的基因进行序列比对，通过同源性指标（如 BLAST 的 identity 和 *E*-value）搜索后获取同源基因的功能信息，进而预测基因的功能（Luo et al.，2012）。常用的蛋白质数据库有 UniProt、InterPro、Pfam、NCBI 的 NR（非冗余蛋白质数据库）、GO（Gene Ontology）和 KEGGa 等。功能注释主要用到数据搜索比对软件，最常用的 BLAST 前文已经介绍了基本的使用方法，下文介绍 InterProScan。

InterPro 是一个综合性的蛋白质数据库，包括 Pfam、PANTHER、PRINTS、PROSITE、CATH-GENE3D、CDD 等多个蛋白质数据库（Jones et al.，2014）。InterProScan 可以借助数据库将蛋白质进行分类，并预测结构域，从而进行蛋白质功能分析（Brent，2008）。InterPro 提供网页服务（http://www.ebi.ac.uk/interpro/），用户可以输入序列，选择需要检索的数据库和序列特征后即可搜索。也可以使用本地化检索软件 InterProScan 进行蛋白质编码基因的功能注释。

（1）软件获取与安装　首先从 EBI 的 FTP 网站（ftp://ftp.ebi.ac.uk/pub/software/unix/iprscan/5/）选择 InterProScan 最新版本下载。然后下载 Panther Models 最新版本，下载地址 ftp://ftp.ebi.ac.uk/pub/software/unix/iprscan/5/data/。安装前先检查 Oracle's Java JDK/JRE version 11，安装完后将 InterProScan 解压，再将 panther-data 压缩包解压到 InterProScan/data/ 目录下，软件即可使用。

（2）软件使用　用法：interproscan.sh -i input.fasta

常用的参数如下。

-i, --input <INPUT-FILE-PATH>：输入序列的 fasta 文件。

-t, --seqtype <SEQUENCE-TYPE>：指定输入序列的类型[dna/rna(n)或 protein(p)]，默认输入文件为蛋白质序列。

-appl, --applications <ANALYSES>：指定使用 InterProScan 分析的内容，默认全部分析。

-goterms, --goterms：可选择 GO 注释，需要-iprlookup 选项。

-f, --formats：指定输出文件格式，蛋白序列默认输出 TSV、XML 和 GFF3。

-cpu, --cpu <CPU>：指定运行程序的 CPU 核心数。

蛋白质编码基因的功能注释主要通过同源性比对的方法，这种方法对数据库的信赖性较高。现在已有的数据库非常多，因此每个数据库的检索方法会有不同，绝大多数都可以通过 BLAST 的方法检索，大体的使用方法都是类似的。

**4. 非编码 RNA 注释**　非编码 RNA（non-coding RNA，ncRNA）是生物体内大量不编码蛋白质的 RNA。非编码 RNA 主要分为两类：长度小于 200nt 的非编码小 RNA（small ncRNA，sncRNA），包括 miRNA、piRNA、snRNA、snoRNA；长度大于 200nt 的长链 RNA，包括长非编码 RNA（long non-coding RNA，lncRNA）和环状 RNA（circular RNA，circRNA）。这些非编码 RNA 对许多基因表达的调控过程起重要作用。非编码 RNA 的注释比蛋白质编码基因更复杂，因为它们没有明显的编码结构，所以目前主要的预测方法是基于同源性的序列比对方法。Rfam 是目前最全面的 RNA 家族数据库（陈铭，2018），整合了数百万条 ncRNA 进行比对得到上千个基因家族，并对序列和结构特征进行建模，获得特定 RNA 家族的协方差模型（co-variance model，CM 模型）。Rfam（Griffiths-Jones et al.，2005）提供网页服务，可以访问 Rfam 的网站（https://rfam.xfam.org），进入 Search 页面后点击"Batch search"，提交序列文件进行检索；也可以使用 Infernal 软件包将数据库中的模型与基因组序列进行比对的方法来识别基因组中的 RNA。

（1）软件获取与安装　从 Infernal 官网（http://eddylab.org/infernal）下载最新版源码包，解压后进入目录，执行./configure 配置环境，make 编译，最后 make install 安装。还可以选择安装 easel，进入 easel 目录执行 make install。Infernal 软件包含 5 个核心程序（cmbuild、cmcalibrate、cmsearch、cmscan、cmalign）和 5 个其他程序（cmconvert、cmemit、cmfetch、cmpress、cmstat），具体可参考 Infernal 的用户指南（http://eddylab.org/infernal/Userguide.pdf）。

（2）下载数据库、创建索引　从 Rfam 官网（ftp://ftp.ebi.ac.uk/pub/databases/Rfam）下

载最新版 Rfam 的协方差模型数据库 Rfam.cm.gz 和 Rfam.clanin，解压后得到 Rfam.cm。执行 cmporess Rfam.cm 创建索引。

（3）用 cmscan 搜索 CM 模型数据库　用法：

```
cmscan -rfam --cut_ga -nohmmonly --tblout mrum -genome.tblout --fmt 2 \
--clanin Rfam.clanin Rfam.cm genome.fa > genome.cmscan
```

程序的基本用法是 cmscan[-options]<cmdb> <seqfile>，几个重要的参数如下。

--rfam：使用为大数据库设计的严格过滤策略，可加快搜索速度，但可能降低敏感度。

--cut_ga：使用 Rfam 认证 RNA 家族的阈值，得分高于这个阈值的序列被认为是真同源序列。

--nohmmonly：禁用 HMM-only 模式。

--tblout <f>：指定创建表格输出文件。

--fmt <n>：表格输出文件的格式为 2，其中包括重叠匹配的注释。

--clanin <f>：Clan 信息从 Rfam.claninfo 文件中读取，该文件列出了哪些模型属于同一 Clan，Clan 是同源的模型组。

基因组的组装、注释通过上述方法基本完成，然后就要将各种信息整合，再针对某些特殊的数据做更深入的研究。值得注意的是，生物信息学软件众多，每一步分析都有多种方法和软件工具可以完成，每个软件也都各具特点，本书仅介绍了一些最基本、最常用的软件的使用方法，在实际研究中应根据实际情况酌情选择最适合的方法和软件进行分析。

## 第三节　昆虫种群历史动态研究方法

种群历史动态是分子系统地理学研究的核心内容，主要采用分子标记技术，从分子水平探讨有效种群大小在历史上的波动事件和时间，并结合地质历史事件和气候变化等因素来分析种群波动的形成机制及现有分布格局形成的原因。近年来，高通量测序技术的广泛应用，以及种群遗传学、系统发育学、地理学、统计学等多门学科研究方法的迅速发展，使 DNA 序列的多态性分析变得更加精确，为研究种群的历史动态提供了便利条件。本节主要从昆虫种群遗传多样性、种群遗传结构及系统发育和种群历史动态（包括种群起源、扩张与分化）3 个方面对昆虫种群历史动态进行介绍。

### 一、昆虫种群遗传多样性研究

#### （一）概念和研究方法

种群遗传多样性指物种内的遗传变异，包括种群间与种群内部个体间的遗传变异总和。物种的遗传多样性是物种进化和多样性形成的基本条件，它与物种的种群数量及环境的适应能力密切相关。种群遗传多样性的研究方法先后经历了 4 个阶段：形态学水平、细胞（染色体）水平、等位酶水平和分子标记水平。基于表型识别的形态学标记、基于染色体结构和数目的细胞学标记及具备组织发育和物种特异性的等位酶标记这 3 个较早应用的遗传标记阶段，由于遗传表达不稳定、染色体数目易变异、易受发育阶段的影响、无法检测到非编码蛋白的基因变异等缺点，其应用受到了很大的限制。随着分子生物学技术的不断发展，分子标记已经突破了表达型标记的局限，成为遗传多样性的主要研究方法。

分子标记是明确个体间遗传差异的基础，是开展分子生态学研究的关键。由于物种基因组的庞大复杂，只有选取合适的分子标记，才能有效阐明物种的遗传变异规律，解决分子生态学中遇到的问题。目前，主要是基于 DNA 多态性检测的方法进行研究，针对分子标记的检测方法，主要分为以下 4 类。

**1. 基于杂交的分子标记**　限制性片段长度多态性（RFLP）使用限制性内切核酸酶来酶切基因组 DNA。位点的碱基序列发生突变会导致个体基因组 DNA 酶切片段的差异，从而产生多态性。通过凝胶电泳分离这些片段，然后用特异性标记探针与片段杂交检测多态性。由于 RFLP 有工作量大、成本高、需要使用放射性标记等缺点而受到应用上的限制。

**2. 基于随机引物的分子标记**

1）随机扩增多态性 DNA（RAPD），使用 8～10bp 的单个随机引物进行 DNA 多态性扩增。

2）DNA 扩增指纹印记（DNA amplification fingerprinting，DAF），使用 5～8bp 的单个随机引物进行 DNA 多态性扩增。

3）微卫星（microsatellite）也叫简单重复序列（SSR）或短串联重复标记（STR），序列中含重复基元为（AT）$_n$ 的重复序列，重复基元一般为 1～6bp，随着重复序列的增加或减少，多态性也随之改变。

4）简单重复序列间区（inter-simple sequence repeat，ISSR），使用的随机引物为微卫星重复序列，扩增的是重复序列之间的 DNA 片段。

**3. 基于非随机引物的分子标记**

1）扩增片段长度多态性（AFLP），使用限制性内切核酸酶（restriction endonuclease）来酶切基因组 DNA。如果位点的碱基序列发生突变，就会使不同个体的基因组 DNA 酶切片段发生差异，即产生多态性。AFLP 需要通过人工合成特定的 DNA 片段连接到 DNA 酶切片段上，然后使用特异性引物 PCR 扩增来检测不同个体的多态性。

2）酶切扩增多态性序列（CAPS），通过对 PCR 产物进行酶切来检测酶切片段长度的多态性。

3）序列特征化扩增区域（SCAR），通过对 RAPD 扩增产物进行克隆和测序，自己设计引物进行特异性扩增来比较多态性。

**4. 基于测序的分子标记**　基于测序的分子标记就是对一段序列进行测序，是近年来最常用的一类分子标记方法，其中应用较多的 3 种标记方法是表达序列标签微卫星（expressed sequence tag microsatellite，EST-SSR）、单核苷酸多态性（SNP）和序列分子标记（包括线粒体基因标记、叶绿体基因标记和核基因标记等）。

以上分子标记的使用无优劣之分，一般来说，进行物种或种群的进化分析常用序列分子标记；进行种群个体鉴定、亲缘关系、基因流等分析，常用 SSR 或 SNP。SSR 分子标记由于具有成本低、时间短、效率高等优点，现已广泛应用于种群遗传学及物种进化等方面的研究。

### （二）分子标记数据获取方法

根据微卫星（SSR）位点的来源不同可分为基因组微卫星和表达序列标签微卫星（EST-SSR）两类。基因组微卫星可从物种的基因组序列中直接分离获取，而 EST-SSR 是从物种的转录组数据或 cDNA 文库的 SSR 位点中获得。SSR 基因分型数据获取步骤如下：首先在物种基因组或转录组中获取并选择多条 SSR 位点序列，设计并合成每个位点的特异性引物，然后对少量样本利用非变性聚丙烯酰胺凝胶电泳（PAGE）进行扩增验证，筛选出具有多态性的 SSR 位点，最后合成荧光标记引物，参照 Schuelke（2000）的方法对多个地理种群的不同样本进行 PCR 扩增，使用 DNA 测序仪对 PCR 产物进行毛细管电泳测序和基因分型检测分析。

### （三）常用软件及使用方法

目前应用于昆虫种群遗传多样性研究的分析软件主要有 Microsatellite Toolkit（MS Tools）、Genepop、Popgene 及 Arlequin 等，下文介绍这几种常用软件的获取和使用方法。

**1. Microsatellite Toolkit** Microsatellite Toolkit 简称 MS Tool，是一款 Excel 插件，主要用于毛细管电泳基因分型原始数据转换成各种分析软件要求的数据格式文件，最新版本为 v3.1，下载地址为 http://animalgenomics.ucd.ie/sdepark/ms-toolkit。使用时先在 Excel 中将基因分型数据按照种群和位点顺序整理成二倍体数据格式（diploid data）后填到 Excel 中，然后在 Excel 菜单栏的“加载项”中依次选择“Microsatellites”→“Microsatellite Toolkit”，然后在“Input data format”下拉菜单中选择“One-column format”（单列数据）或“Two-column format”（双列数据），再把 Excel 中所有种群名称和位点名称分别加载在“Populations”和“Loci”选项中，即可转换为 Arlequin、Genepop 和 MicroSat 等软件需要的各种数据格式，供后续分析使用。

**2. Genepop** Genepop 是一款 Windows 操作系统下基于命令提示符的软件，主要用于对各种群在各位点上的哈迪-温伯格平衡（Hardy-Weinberg equilibrium）*P* 值进行无偏估测和连锁不平衡检测。最新版本为 v4.75，下载地址为 http://kimura.univ-montp2.fr/～rousset/Genepop.htm。利用 Genepop 软件可以按照各种群基因型的杂合子过剩和杂合子缺失两种情况分别进行哈迪-温伯格平衡检验（HWE），具体操作步骤可下载“examples.zip”文件查看。

**3. Popgene** Popgene 是一款用于检测遗传多样性的最普遍使用的软件，包括各地理种群及各位点的等位基因数（$N_a$）、有效等位基因数（$N_e$）、Shannon 指数（$I$）、观察杂合度（$H_o$）和期望杂合度（$H_e$）等参数，最新版本为 v1.32，下载地址为 https://sites.ualberta.ca/～fyeh/popgene_download.html。使用时首先在菜单栏中依次选择“file”→“load data”→“co-dominate marker data”，加载 dat 格式数据文件，然后再选择“Co-Dominant”→“Diploid Data”，在“Diploid Data Analysis”界面中选择需要计算的遗传多样性参数指标，即可得到结果。

**4. Arlequin** Arlequin 是一款著名的遗传学数据分析软件，其名称来源于法语“Arlecchino”，该软件包提供了许多方法和统计学检验，从遗传学和统计学数据中（如大量分子序列数据和传统等位基因频率等）挖掘数据。最新版本为 v3.5.2.2，下载地址为 http://cmpg.unibe.ch/software/arlequin35/。本软件可用于 *F*-统计量分析，计算种群内近交系数（$F_{is}$）、种群总近交系数（$F_{it}$）、种群间分化系数（$F_{st}$）和基因流[$N_m$=（$1-F_{st}$）/$4F_{st}$]等指标。

## 二、昆虫种群遗传结构及系统发育研究

### （一）概念和研究方法

种群遗传结构指物种总的遗传变异及其在种群内和种群间的分布模式。影响种群遗传结构的因素主要包括种群地理分布、大小、繁殖体系、祖先群体的多样性、迁移和突变等。对现存种群的多态位点百分数、杂合度、种群间遗传距离及基因流等方面的研究，可以估算种群遗传多态性和基因流的范围和方式，同时有助于推测祖先的种群结构，重建种群间的系统发育关系。

在实验技术方面，随着分子标记技术的快速发展，对于种群遗传结构的研究方法也日趋成熟。目前最常用的分子遗传标记技术包括线粒体基因（mtDNA）标记、叶绿体基因（cpDNA）标记和核基因（nDNA）标记。由于缺失叶绿体，在昆虫种群遗传结构及系统发育研究中，主要采用线粒体基因标记和核基因标记来估计昆虫种群的遗传变异。

**1. 线粒体基因标记法** 线粒体是高等动物进行有氧呼吸的主要场所，它携带有自己的遗传物质——线粒体 DNA，独立于细胞核染色体外的基因组。在昆虫体内，线粒体 DNA 主要通过卵细胞从母本传递到子代，严格遵循母系遗传。因为线粒体 DNA 具有分子结构简单、基因排列紧凑、进化速率较快、几乎不发生重组等特点，从而成为研究种群历史动态的有效工具。昆虫的线粒体 DNA 大小为 15.4～16.3kb，包含 37 个基因（2 个核糖体基因、22 个转运 RNA 基因和 13 个蛋白质编码基因）和 1 个包含复制起点的控制区等。其中，13 个蛋白质编码基因分别是细胞色素 b（*Cytb*）、ATP 酶的 2 个亚基（*ATPase6* 和 *ATPase8*）、细胞色素氧化酶的 3 个亚基（*CO Ⅰ*、*CO Ⅱ*和 *CO Ⅲ*）及 NADH 脱氢酶的 7 个亚基（*ND1*～*ND6* 及 *ND4L*），其中 *CO Ⅰ*、*CO Ⅱ*、*Cytb*、*ND2* 和 *ND5* 等基因的结构与功能研究最为清楚，而且进化速率快，被广泛应用于昆虫种间或种内遗传分化及昆虫种群历史动态分析中。

**2. 核基因标记法** 与线粒体基因相比，决定生物基本性状的核基因具有如下特点：携带丰富的遗传信息；进化速率较线粒体基因慢，适用于较高分类阶元（科、属）的系统发育研究；核基因的核苷酸替代速率比线粒体基因更均匀；核基因构建的系统发育树具有较高的一致性指数，因此核 DNA 在种群历史动态研究中占据着重要地位。目前在昆虫分子系统地理学研究中，常用的核基因主要包括延长因子 1α 基因（*EF-1α*）、白眼基因、CAD 基因和核糖体 DNA 基因（rDNA，包括编码 rRNA 内转录间隔区的 ITS、18S rDNA、5.8S rDNA 和 28S rDNA）等。

由于线粒体基因组和核基因组在细胞中各自进化，属于相对独立的遗传系统，而对于种群历史动态研究所关注的地质历史事件和环境变化对种群波动的形成机制，线粒体 DNA 等细胞质基因组仅能描述遗传谱系中的一部分，而大部分都可以在基因组的镶嵌谱系模式中得到。因此，在种群历史动态研究中，常常将两者结合起来使用。

### （二）分子标记数据获取方法

多基因联合分析方法是分子标记数获取的常用方法，其使用多个线粒体基因和核基因序列片段进行分析。数据获取步骤如下：首先选取 3 个线粒体基因（*CO Ⅰ*、*CO Ⅱ*和 *Cytb*）和 2 个核基因（*ITS1* 和 *ITS2*），分别设计合成引物，然后将多个地理种群不同样本进行 PCR 扩增得到基因片段后，对 PCR 扩增产物进行双向测序，获取每个样本的基因序列，最后将单个基因的所有样本序列整理在同一个 fas 格式文件中，用于软件后续分析。

### （三）常用软件及使用方法

目前应用于昆虫种群遗传结构研究的分析软件主要有 MEGA、DnaSP、MrBayes 和 Network 等，下文介绍这几种常用软件的获取和使用方法。

**1. MEGA** MEGA 全称为 Molecular Evolutionary Genetics Analysis，是一款专业的进化树软件，用于分析来自物种和种群的 DNA 和蛋白质序列数据，可用于序列比对、进化树推断、估计分子进化速率、验证进化假说等，非常适于进化分析和分子鉴定。MEGA 最新正式版本为 MEGA X，下载地址为 https://www.megasoftware.net/。MEGA 的序列比对方法：首先在菜单栏中选择“Align”→“Edit/Build Alignment”→“Retrieve a sequence from a file”，将上文“（二）分子标记数据获取方法”中的 fas 文件加载进系统，然后在“Alignment”菜单中选择合适的序列比对方法（“Align by ClustalW”或“Align by MUSCLE”），即可导出多条序列比对结果文件。

**2. DnaSP**　DnaSP 是一款专业的 DNA 序列比对分析软件，多用于分析核苷酸多态性，最新版本为 v6.12.03，下载地址为 http://www.ub.edu/dnasp/。DnaSP 的基因单倍型（haplotype）生成方法：首先在菜单栏中选择“File”→“Open Data File”，加载 MEGA 软件已导出的序列比对文件，然后在菜单栏选择“Generate”→“Haplotype Data File”，出现“Sites with gaps/missing”（序列缺失位点）和“Invariable Sites”（不变位点）选项及处理方法，一般用默认选项即可，最后在生成单倍型数据的“Generate”选项中提供了 3 种数据格式：NEXUS Haplotype、Arlequin Haplotype 和 Roehl Data，分别用于 MrBayes/PAUP、Arlequin 和 Network 等软件的后续分析。

**3. MrBayes**　MrBayes 是一款基于贝叶斯推理算法（Bayesian inference，BI）的系统发生分析软件，可对数据进行分隔，同时利用多条核酸及蛋白质序列构建系统发育树进行聚类分析，确定进化支数（clades），并将结果整合到进化树类型数据文件（.tre）中。MrBayes 也是一款基于命令提示符的软件，需要用户自己输入语句来设定运算参数并执行运算指令，其最新版本为 v3.2.7a，下载地址为 http://nbisweden.github.io/MrBayes/download.html。使用时首先将 DnaSP 生成的 nex 格式文件重新编辑，定义数据大小、数据格式及具体数据列表，然后读入 MrBayes 软件进行参数设定，软件运行通常所用模型为 GTR+I+G，程序运行 1 000 000 代，取样频率为 100，每隔 1000 代运算一次。程序运行结束后查看分列频率平均标准值（average standard deviation of split frequencies），当此值小于 0.01 时，即可终止运算，最后输入舍弃老化样本数量，对系统进化树进行总结，生成进化树文件。除 MrBayes 的贝叶斯法之外，MEGA 软件中还包括了其他一些构建系统发育树的方法（最大似然法、NJ 法、UPGMA 法等），用户可根据不同情况来选择不同算法进行系统发育分析。

**4. Network**　Network 是一款用于构建不同地理种群单倍型网络进化树的软件，它能够根据单倍型网络进化图中每个单倍型的相互位置关系来推断可能的祖先单倍型，进而实现对各地理种群之间遗传关系的分析，最新版本为 v10.2，下载地址为 https://www.fluxus-engineering.com/sharenet.htm。使用时首先在菜单栏中依次选择“Calculate Network”→“Network Calculations”→“Median Joining”→“File”→“Open”，将 DnaSP 生成的 Roehl Data 格式文件（后缀名为 rdf）导入软件，然后在“Parameters”中设定好运行参数，点击“Calculate network”后软件会自动计算并导出 out 格式文件运行结果。最后在“Draw network”中选择“File”→“Open”，将上一步中的 out 文件加载进来，软件会自动生成一个网络状的系统进化树，并可供用户进行树节点和分支的调整，导出成图。

## 三、昆虫种群历史动态研究

### （一）概念和研究方法

种群历史动态（demographic history）研究是近几年发展起来的种群进化学研究技术。种群动态研究技术可监测田间害虫种群动态，在生产上提供综合治理策略。而种群历史动态是利用分子系统地理学的方法检测种群在历史上是否发生过扩张事件，如果有扩张发生，则根据一定的算法推算扩张时间，并结合物种的生物学特征、气候、地质等因素来分析种群扩张及现有分布格局的原因。

目前常用于检测种群历史动态的方法有中性检测（neutrality test）、错配分布分析（mismatch distribution analysis）及贝叶斯天际线分析（Bayesian skyline plot，BSP）3 种。

1）中性检测常用于统计学模型中鉴定目标 DNA 在进化历史上是否遵循中性进化模型。中性检测统计将序列分离位点数量与序列两两之间的差异平均数估计值进行对比，如果两个数值在统计学上差异显著，则拒绝零假设，反之则支持零假设。中性检测最常使用的统计包括 Tajima's *D* 和 Fu's *Fs*。当统计值未明显偏离 0 时，说明种群处于中性选择状态，当统计值显著小于 0 时，可用于推断群体规模扩张及定向选择。

2）错配分布分析用于计算观察到的成对单倍型之间碱基差异数的分布。当种群长期处于平衡状态时，错配分布图呈现多峰分布或参差不齐的锯齿状；而当种群经历了近期扩张时，错配分布图为单峰。另外，适合度检验参数 *R*（粗糙指数）和 SSD（方差）也能用于衡量结果与预期模型是否相符。当 SSD 显著时，种群不符合群体扩张模式，而当 *R* 较小且不显著时，说明种群动态与预期的近期扩张模式相符合。

3）贝叶斯天际线分析方法是基于溯祖理论来量化种群大小与地理历史关系的方法，采用分子钟或化石校正，基于马尔可夫链蒙特卡罗（Markov chain Monte Carlo，MCMC）算法求出有效种群大小随着时间推移的变化，运算结果通过 Tracer 的贝叶斯天际线（BSP）重建功能进行读取。近些年来随着 DNA 测序成本降低及计算机运算效率提高，多分子联合标记的方法在分子系统地理学中的研究也越来越受青睐。

### （二）分析方法及常用软件

**1. 中性检测和错配分布分析**　在昆虫种群历史动态研究中，通常用中性检验与错配分布结合的方法来推断种群的扩张事件。当种群处于扩张时，我们可以计算出扩张前后种群大小及发生扩张的时间。错配分布分析是以可视化方式体现种群历史动态的一种方式，一般种群在过去经历过扩张时，其错配分布曲线会呈现单峰泊松分布，且 Tajima's *D* 和 Fu's *Fs* 等中性检验值显著偏离中性突变；而群体大小保持稳定时，错配分布曲线则呈现多峰曲线分布，中性检验不显著。

中性检测主要用 Arlequin 软件，利用上述已统计出的昆虫线粒体基因单倍型数据，导入 Arlequin 软件中，分别采用 Tajima'*D* 法和 Fu's *Fs* 法对昆虫地理种群进行中性检验，如果昆虫种群在历史上经历过种群的快速扩张，则 Tajima's *D* 值和 Fu's *Fs* 值为负值且具有显著性；如果这两个值显著大于零，则可能为瓶颈效应和平衡选择。

绘制错配分布曲线可以使用 DNAsp 和 Arlequin，这两种软件都可进行错配分布分析，利用单倍型间碱基对的差异频率，绘制错配分布曲线来呈现种群的历史动态，如果种群在过去经历扩张或持续增长，其错配分布曲线会呈现单峰的泊松分布，当种群大小保持稳定时，错配分布曲线通常呈现多峰曲线。Arlequin 还可以进行种群扩散参数估计，假设模型为快速扩张模式，通过离差平方和（SSD）及实际值和期望值之间的粗糙指数（Harpending's raggedness index，*R*）这两个参数评估模型的有效性，同时估计扩散时间参数（$\tau$）和突变参数（$\theta$）。另外，通过公式 $T = \tau/2\ (ut)$ 可以计算出昆虫种群支系的扩张时间，式中，$\tau$ 是由 Arlequin 软件计算出的错配分布的时间参数；$t$ 为物种每年发生代数；$u$ 为序列的基因突变率，$u = N\mu$，$N$ 为核苷酸序列长度，$\mu$ 为核苷酸突变率。目前常用的昆虫线粒体 DNA 的平均替换速率 $2\mu$ 为每百万年 3.54%，即昆虫线粒体 DNA 中每一百万年会有 3.54%的碱基序列发生变化，替换为其他序列。

**2. 贝叶斯天际线分析**　贝叶斯天际线分析（BSP）是基于溯祖理论（coalescent

theory）量化基因序列的谱系与种群地理历史之间关系的方法，目前用于贝叶斯天际线分析的主要软件为 BEAST。BEAST 全称为 Bayesian evolutionary analysis by sampling trees，是一款基于 java 开发的多平台的贝叶斯系统发育分析软件，它适用于分析种群或物种水平的分子数据，并且可以评估系统发育树及其节点的分化时间，最新版本为 v2.6.5，下载地址为 http://www.beast2.org。BEAST 软件功能强大且繁多，用户可以在其官方网站中下载文档（http://www.beast2.org/tutorials/）学习软件使用方法。使用 BEAST 时的主要参数设置如下：碱基替换模型选择 GTR+I+G 模型，选择非相关的对数正态松散分子钟模型（relaxed clock model: uncorrelated lognormal），算法选择基于马尔可夫链蒙特卡罗算法，运行 100 000 000 代，每 1000 代抽样一次，burn-in 设为 10%，参数设置完成后开始计算，软件运行结束后会自动绘制出物种在不同历史时期的有效种群大小的趋势分析图。

## 【思考题】

1. 进入中国知网数据库进行昆虫学相关文献的检索和阅读。
2. 登录 FlyBase、SilkDB、InsectBase 三个数据库网站进行了解学习。
3. 使用 BLAST 和 Clustal 工具分别进行双序列和多序列比对，并对结果进行简单分析。
4. 简述基因组注释的基本流程。
5. 简述昆虫种群历史动态研究常用分子标记的主要特点。
6. 试述昆虫种群历史动态研究的数据分析流程与注意事项。

（侯有明，杜 超，罗 坤，洪 波）

# 第十六章　科技论文写作方法

**【内容提要】**本章主要介绍科技论文的定义、基本特点、常见科技论文的类型和特点、期刊论文的一般结构和写作要求，并介绍科技论文的写作规范、写作步骤和方法等。

**【学习目标】**了解科技论文的基本特点，常见科技论文的类型和特点，期刊论文的一般结构和写作要求，撰写科技论文的步骤、方法及注意事项等。

**【基本要求】**掌握科技论文的基本特点和写作要求，并能根据科技论文的类型撰写符合专业论文规范的科技论文。

科技论文又称学术论文或科学论文，是记录、保存、交流和传播科研成果及学术思想的重要载体。因此，要想将所研究的成果表述清楚，科技论文的写作技术就不可或缺，此外，掌握科技论文写作的知识也可以更好地促进科学研究的合作与交流。

## 第一节　科技论文的定义和特点

大多数的科技论文以实验为研究手段，通过实验发现新现象，寻找科学规律，或验证某种理论和假说，这些实验结果的科学记录和总结就是科技论文。例如，昆虫学领域的科技论文，往往基于实验或观测的研究结果，报道涵盖昆虫形态、生理、生化、分类、病理、传毒机理、生态、害虫管理和系统学等方面的创新研究成果。了解科技论文的定义和基本特点，不仅有利于快速阅览海量文献，也有助于掌握科技论文写作的知识。

### 一、科技论文的定义

科技论文是创新性科学技术研究工作成果的科学论述，通常采用科技语言、科学逻辑思维方式，并按照一定的写作格式撰写，是某些理论性、实验性或观测性新知识的科学记录，或是某些已知原理应用于实际中取得新进展、新成果的科学总结。

已撰写科技论文的科学严谨性必须经过本领域专家的评定，同行评议时主要考量已观察资料的科学价值、是否可获得重复性的实验结果、整个研究过程的学术价值等，满足上述条件的研究总结可以被科学出版刊物公开发表。正如我们在阅读同行的论文时受到的启发一样，已发表的科技论文向同行宣告了最新的研究结果，或说明对某一问题的观点和看法，不仅能避免学术领域中不必要的重复研究，也可能引起同行对新成果的兴趣。由于科学研究主要探究不以人的意志为转移的客观真理，随着研究工作的持续深入，研究结果便不停留在运用现成的观点和原则对客观事物作一般的论述和评价的层面上，它的论断更接近客观真理。因此，新发表的论文所提供的信息很可能直接帮助同行解释他们的实验结果，或者向他们提示了新的解决问题的途径，进而推动科学研究的发展。

## 二、科技论文的特点

科技论文是科学技术研究成果的书面表达形式，是客观存在的自然现象及其规律的反映，而且文中的观点、论据、方法都受到生产和科学实践的严格检验，因而具有科学性、原创性、学术性、理论性、规范性和可读性等特点。

### （一）科学性

科学性是科技论文必须具备的首要特性。科技论文是指导和启示人们从事科学生产和科学研究的依据，因此，其科学性主要表现在如下三个方面：一是论文内容的科学性。表现为论文的内容是真实的，即论据真实充分、方法准确可靠、观点正确无误，是可以复现的成熟理论、技巧或物件，或者是经过多次使用已成熟、能够推广应用的技术。二是论文表述的科学性。表述要准确、明白，这是表达最基本的要求，语言的使用上要十分贴切，没有疏漏、差错或歧义；表述概念要进行科学定义或选择恰当的科学术语，以消除口头语言的模糊性；表述数字要有符合要求的准确的数值，同时要求把准确的数值表述出来。三是论文结构的科学性。表现为论文的结构具有严密的逻辑性。只有遵从科学的途径和方法来做科学研究和撰写论文，才能确保科研论文的科学性。

### （二）原创性

原创性是科技论文必须具备的基本特性。所谓原创性，就是要有所发现、有所发明、有所创造、有所前进，要以科学、实事求是、严肃的态度提出自己的新见解，创造出前人没有过的新理论或新知识。一篇原创性的科技论文的写作，前提必须有一项独创性的研究，因此，在研究实施之初，作者需要仔细翻阅本领域的文献资料，并通过自己的理论体系审视和评价自己的研究工作是否可以获得原创性的研究结果。根据已得到的全新研究成果撰写科技论文的过程，本身就是进一步的创新过程，通过作者的反复思考、深入研究、总结分析等环节，常常会导致一个新思想发展成比初始时更有趣、更有意义、更深刻、更意想不到的理论和结果。此外，一篇论文的创新程度可能大些，也可能很小，但总会有一些独到之处，进而丰富科学技术知识宝库和推动科学技术的发展。

### （三）学术性

学术性是科技论文的本质特征，也是区别于其他科技文体的基本特性。所谓学术，是指系统和专门的学问，即有较深厚的实践基础和一定的理论体系的知识。科技论文的学术性是指一篇科技论文应具备一定的学术价值，一篇科技论文的学术价值一般包括两个方面：一是对实验或观测中所获得的研究结果，要从一定的理论高度进行分析和总结，形成一定的科学见解，包括提出并解决一些有科学价值的问题；二是对文中提出的科学见解或问题，要用事实和理论进行符合逻辑的论证与分析或说明，要将实践上升为理论。因此，科技论文要有一定的理论高度，要分析有学术价值的问题，要研究某种专门的、系统的学问，要引述各种事实和道理去论证论文中的新见解。

### （四）理论性

理论性是科技论文的另一本质特征，撰写科技论文时将实验、观测所得的感性认识通过理论分析上升到理性认识，进而找到带有规律性的东西，得出科学的结论。论文所表述的发现，不但具有应用价值，而且还应具有理论价值，使论文呈现浓厚的理论色彩。结合科技论文的其他特点，科技论文的写作一定要从实际出发，提出问题、分析问题、解决问题，做出合乎客观实际的结论。

#### （五）规范性和可读性

撰写科技论文是为了交流、传播、储存新的科技成果，并助推科技的发展。因此，规范性和可读性是科技论文必须具备的重要特征，一篇科技论文失去了规范性和可读性，将严重降低它的应用价值。为了更好地传播与推广科技成果，科技论文必须按一定格式和要求进行规范撰写，而且应具有良好的可读性。在文字表达上，要求语言准确、简明、通顺，条理清楚，层次分明，论述严谨。在技术表达方面，包括名词术语、数字、符号的使用，图表的设计，计量单位的使用，都应采用国际通用或法定的名词术语、数字、符号、计量单位等，参考文献的著录应符合规范化的要求。

## 第二节　科技论文的分类和写作特点

在科学技术研究工作中，人们的研究内容和方式往往是不同的，导致科技论文的类型多种多样。尽管不同类型的科技论文有很多共性，然而每一种论文都有其侧重点，因此，了解科技论文的分类与写作特点，会有助于撰写不同类型的论文。

### 一、科技论文的分类

科技论文按写作目的和作用一般可分为研究型期刊论文（也称科学论文或学术论文）、科技报告（可行性、开题、进展、实验、考察）、学位论文（学士、硕士、博士学位论文）、专题研究和研究简报、综述与评论等。

### 二、常见的科技论文写作特点

#### （一）学术论文

学术论文是一类由研究人员提供给学术性期刊发表或向学术会议提交的论文，是科技论文的常见形式，它以报道学术研究成果为主要内容。学术论文应提供新的科技信息，包括新的观点、新的分析方法和新的数据或结论等，并反映该学科领域最新的、最前沿的科学水平和发展动向，对科学技术事业的发展起着重要的推动作用。此外，学术论文是对科研工作所获得的创新成果的进一步整理、判断和推理，在理论上升华研究内容，且形成论点和见解。

#### （二）科技报告

科技报告是记述科学技术研究进展或结果的文件，或是陈述科学技术问题现状的文件，侧重于报告科技工作的过程、方法和说明有关情况。科技报告常常作为内部的科研记录，或者是向有关部门报告科研工作进展，因此其内容一般不公开发表，保密性强于学术论文。依据其内容，科技报告可分为可行性报告、开题报告、进展报告、实验报告 4 种类型。

#### （三）学位论文

学位论文泛指学位申请者申请授予学位时所用的学术论文，以其从事的科学研究取得创新性研究结果或新见解为内容撰写而成。学位论文一般要经过评审和答辩，因此，学位论文与一般的学术论文的差异体现在以下方面：首先，学位论文为说明作者的知识程度和研究能力，一般都较详细地介绍自己论题的研究历史和现状，而一般学术论文则大多开门见山，直切主题，把论题的背景等以注解或参考文献的方式列出。其次，学位论文中往往详细描述实验装置，一些具体的实验、观测或计算等方法，而学术论文是写给同专业的人员看的，要力求简洁，只需给出研究的主要过程和结果即可。再次，学位论文比较强调文章的系统性，而学术论文是为公布研究成果，强调文章的学术性和应用价值。除此之外，学位论文与学术性论文、技术性论文之间并无其他严格的区别。依据申请授予学位的类别，学位论文分为学士学位论文、硕士学位论文和博士学位论文三种。

### （四）专题研究和研究简报

专题研究是指对某专项课题的研究。专题研究论文是对其创造性的科学研究成果所做的理论分析和总结。专题研究论文与科技报告和学术论文有所不同：科技报告侧重过程记录；学术论文主要体现创造性成果和理论性、学术性。可以通俗地说，专题研究论文介于上述二者之间。

由于版面字数等的限制，有些专题研究论文常以研究简报（研究快报和研究通讯）的形式发表。研究简报主要展现作者的观点和独到的研究方法。其篇幅以2500～3000字为宜。可以写研究简报的情况：①重要科研项目的阶段总结或小结（有新发现）；②某些方面有突破性的成果；③重要技术革新成果，包括技术或工艺上取得突破，经济效益好。快报类科技期刊只收研究简报类文章。

### （五）综述和评论

综述是以当代某领域科学技术成果为对象，通过广泛地对国内外资料进行鉴别、整理、重新汇编组合，反映自己的见解观点。其目的是使读者在短期内了解某问题的历史、现状、存在问题、最新成果及发展方向等。评论是在综述基础上进行分析、推断、评论、预测未来和提出建议的文章。一般来说综述和评论合为一体写作，只“综”不“评”的文章多不受欢迎。阅读综述和评论可以节约科技工作者查阅专业文献的时间，便于了解动态，并为其提供文献线索，从而帮助选择科研方向、寻找科研课题等。这类论文应是在作者博览群书的基础上，综合介绍、分析、评述该学科（专业）领域国内外的研究新成果、发展新趋势，并表明作者自己的观点，做出发展的科学预测，提出比较中肯的建设性意见和建议。

## 第三节　科技论文的结构与写作要求

科技论文的结构形式具有一定的规律性，形成了一套严格的结构和编排格式，国家标准《科学技术报告、学位论文和学术论文的编写格式》（GB7713—87）对科技论文的结构和编排格式有详细规定。在国家标准中，科技论文的组成部分和排列依次是题名、作者署名和单位、摘要、关键词、中图分类号、引言、正文、结论（和建议）、致谢、参考文献和附录等。国际期刊的组成部分与排列遵循相似的顺序。本节主要列举公开发表的期刊论文的一般结构和写作要求。

## 一、题名

题名（title）又叫题目、标题或文题，是以最恰当、最简明的词语反映报告、论文中最重要的特定内容的逻辑组合，且准确地表述论文的核心内容。题名除了吸引读者外，还有助于文献追踪或检索。由于文献检索系统多以题名中的主题词作为线索，为避免产生漏检，科技论文题名应选择最明晰、最简练且便于检索的词组，尽可能将表达核心内容的关键词放在题名开头，以简洁、有效、准确地概括论文中最主要的内容和特色。此外，题名应慎重使用缩略语，并避免使用化学式、上下角标、特殊符号（数字符号、希腊字母等）、公式、不常用的专业术语和非英语词汇（包括拉丁语）等。因此，科技论文命名时，须遵从简短性、明确性、可检索性、特异性的特征。

## 二、署名和单位地址

在期刊论文上署名能表明署名者的身份，即拥有著作权，并表示承担相应的义务，对论文负责。署名（name）的顺序依据其贡献大小排列名次，仅参加部分工作、又对全面工作缺乏了解者，不应署名；但可列在致谢中，表明其贡献。署名和单位地址（affiliation）的编写是检索工具编制作者检索途径、单位检索途径的需要，是引用、引文统计的需要，是评价作者水平和学术地位、影响等的需要，是出版社及读者与作者联系的需要。

一般学术性期刊中将署名置于题名下方，国内作者向外文期刊投稿署名或有必要附注汉语拼音时，必须遵照国家规定，即姓在名前，名连成一词，不加连字符、不缩写。作者工作单位名称及地址则位于署名的下方。在论文发表前，如果作者换了新地址，则应在脚注中写上新地址。两名以上作者，应按编写作者名单的序列，编写每个作者所在地址。工作单位地址应包括所在城市名及邮政编码。

## 三、摘要

摘要（abstract）是对文章内容准确概括而不加评论的简短陈述。摘要应具有独立性和完整性，其内容一般由三部分组成：研究目的、研究方法、研究结果或结论。摘要一般采用第三人称写作，简短精练，明确具体。文字表达上应符合“语言通顺，结构严谨，标点符号准确”的要求。格式要规范，尽可能用规范术语，不用非共知共用的符号和术语。不得简单地重复题名中已有的信息，并切忌罗列段落标题来代替摘要。一般不出现插图、表格，以及参考文献序号，一般不用数学公式和化学结构式，不分段。此外，联合国教科文组织规定：全世界公开发表的科技论文，不管采用何种文字撰写，都必须有一篇英文摘要。值得注意的是，书写任何部分的英文摘要时，必须做到内容与中文相应部分相符。摘要段常置于作者及其工作单位之后、关键词之前。

## 四、关键词

关键词（keyword）是为了满足文献标引或检索工作的需要而从论文中选取出的词或词组。科技期刊普遍要求作者提供论文关键词。关键词是从文章的题名、摘要、正文中抽出的，并能表达全文内容主题，具有实在意义的单词或术语。关键词包括主题词和自由词两个部分：主题词是专门为文献的标引或检索而从自然语言的主要词汇中挑选出来并加以规范的词或词组。大多数科技人员是利用主题检索途径，通过文摘、索引等二次文献工具来获取某一领域所需文献，因此准确选择主题词是十分重要的。每篇论文中应专门列出 3～8 个关键词，它们应能反映论文的主题内容。关键词作为论文的一个组成部分，常列于摘要段之后。

## 五、分类号

根据国家标准《科学技术报告、学位论文和学术论文的编写格式》（GB7713—87）的要求，学术期刊论文一般应按照《中国图书资料分类法》（第四版）注明分类号（classification code），同时尽可能注明《国际十进分类法》（universal decimal classification，UDC）的分类号。科技论文著者可以利用《中国图书资料分类法》逐步对论文进行分类。例如，论文涉及"小麦蚜虫的综合治理"内容，可依次按"S 农业科学""S4 植物保护""S43 病虫害及其防治""S435 农作物病虫害及其防治""S435.1 禾谷类作物病虫害""S435.12 麦类病虫害""S435.122 麦类虫害""S435.122.2 麦蚜"，确定其中图分类号为"S435.122.2"。也可以利用《国际十进分类法》对论文进行细分，可依次按"6 技术""63 农业和相关科学和技术.林业.耕作.野生动物利用""632 植物的损害，伤害.植物病害.害虫，有害植物的生物体.植物保护"，确定其 UDC 分类号为"632"。

## 六、引言

引言（introduction）的目的是引出文章的主题，因此应给出必要的背景材料，让对这一领域并不特别熟悉的读者能够快速了解进行这方面研究的意义、前人已达到的水平、已解决和尚待解决的问题等，最后用一两句话简要说明论文的目的和主要创新之处。

在昆虫学科技论文的撰写中，引言简要说明研究对象的生物学属性、为害状，研究工作的目的、范围，相关领域的前人工作和知识空白，研究设想、研究方法和实验设计，预期结果和意义等。引言应言简意赅，不与摘要雷同，不成为摘要的注释。一般教科书中已有的知识，在引言中不必赘述。学位论文为了反映作者已掌握了坚实的基础理论和系统的专门知识、具有开阔的科学视野、对研究方案做了充分论证，有关历史回顾和前人工作的综合评述及理论分析等，可以单独成章，用足够的文字叙述。

## 七、正文

正文（main text）是科技论文的核心，是体现研究工作成果和学术水平的主要部分。由于研究工作涉及的学科、选题、研究对象和研究方法、工作进程、结果表达方式等存在很大差异，因此对正文要写的内容不能做统一规定，一般来说，科技论文的正文内容包括材料与方法（materials and methods）、结果（results）、讨论和结论（discussion and conclusions）等。

1）材料与方法部分主要围绕"怎样研究这个问题"而展开。实验材料是研究的基础，该部分需要详尽描述材料的来源、性质和数量，以及材料的选取和处理等事项。按照其来源，实验材料可以分为三种：直接材料，即作者亲自通过调查或科学实验得到的材料；间接材料，即作者从文献资料中得到的或由他人提供的材料；发展材料，即作者对直接材料和间接材料加以整理、分析、研究而形成的材料。实验用的试剂应写明制造厂商或提供单位和个人、规格、纯化级别等。实验方法是材料与方法部分的重点阐述对象，包括实验仪器、设备、实验条件、处理方法与研究方法等。由于研究成果必须接受实践的检验，介绍清楚研究材料与方法等内容，目的在于使别人能够重复操作，因此，材料和方法的阐述必须具体、真实。描述实验仪器和设备时，应注明仪器或设备的型号、制造厂商、出厂年份、甚至主要性能等。在处理方法中，需要具体说明分组的方法、实验设计方法及对照名称、每个处理组的数量等。如果研究采用的材料和方法是自己提出的，则应详细说明，必要时可用示意图、方框图或照片图等配合表述。如果使用众所周知或前人已报道的方法，只需指出方法名称与参考文献出处；如果是改进前人的，则要详细交代改进之处并解释为何进行修改。数据处理与统计方法也需要详尽阐述。

2）结果部分主要围绕“发现了些什么”，这是论文的关键部分，也是论文的价值所在。以绘图和（或）列表等手段展示研究结果，并对结果进行定量或定性的分析，通过数理统计和误差分析说明结果的可靠性、再现性和普遍性等。给出实验结果时应尽量避免把所有原始实验数据和盘托出，而要对数据进行整理或统计处理，并采用合适的表达形式如插图或表格等。在整理数据时，不能只选取符合自己预料的，而随意舍去与自己料想不符或相反的数据。有些结果异常，尽管无法解释，也不要轻易舍去，可以加以说明；只有找到确凿证据足以说明它们确属错误之后才能剔除。值得注意的是，结果分析时，要压缩或删除那些众所周知的一般性道理的叙述，省略那些不必要的中间步骤或推导过程，突出精华部分，而且必须在正文中说明图表的结果及其直接意义；复杂图表应指出作者强调或希望读者注意的问题。此外，根据“材料与方法”中的观测指标，逐项叙述结果，如果内容过多，可分成若干段落，并添加小标题，使结果的层次更加分明。

3）讨论部分往往涵盖结论与建议，是论文中最有创造性的部分，其目的是对所获实验或观察结果做出理论解释和讨论，进而阐释全文结果的科学意义，由此看来，结果是讨论的基础与前提，讨论是结果的升华，二者相辅相成。在讨论部分，最主要的是突出论文的创新处，即新发现、新发明，并说明研究结果的必然性或偶然性。因此，需要通过比较与分析自己的成果与前人研究成果或观点的异同，解释产生区别的可能原因，讨论尚未定论之处和相反的结果，提出进一步研究的方向和问题。结论是全文的理论升华，依据正文中的工作和结果，通过综合分析与逻辑推理、归纳得出新论点，结论应写得像法律条文，即只有一种解释，不能模棱两可，不用“大概”“也许”“可能”等词。结论应简练，一般应有以下内容：①研究结果所揭示的原理与普遍规律；②所研究内容具有的理论意义、实用价值；③与前人或他人工作的异同，或改进、补充、发展；④尚未解决的问题及进一步研究的设想与建议。应注意避免将论文结论写成摘要或引言的重复。

## 八、致谢

现代科学技术研究往往不是一个人能单独完成的，需要他人的合作与帮助，因此，当研究成果以论文形式发表时，凡对研究直接提供过资金、设备、人力，以及文献资料等支持和帮助的团体和个人，作者应当对他们的辛勤付出表示感谢，以充分肯定与尊重他人的劳动。致谢（acknowledge）部分可以列出标题并贯以序号，位于正文后、参考文献前。

## 九、参考文献

在科技论文中，凡是引用前人（包括作者自己过去）已发表的文献中的观点、数据和材料等，都要对它们在文中出现的地方予以标明，并在文末列出参考文献（reference）。参考文献在文内标注格式有两种：一种采用顺序编码制，在引文处，按它们出现的先后用阿拉伯数字连续编码，并将序码置于方括号内，视具体情况把序码作为上角标，或者作为语句的组成部分；另一种采用著者-出版年编码制，论文正文部分引用的文献在引文后标注著者（当引用三位或三位以上著者的文献时，只需标注第一著者，其后加“等”字）和出版年份，并将二者置于圆括号内，作为语句的组成部分。因此，文后参考文献列表的编写方式有两种：以参考文献在引文中出现的先后顺序，或者以参考文献的第一著者姓氏的首字母顺序和年代顺序，依次排列于文后参考文献表列表中。此外，不同期刊对引文格式及参考文献的书写格式有不同的要求，需要严格按照期刊的要求整理参考文献列表。

### 十、附录

附录（appendix）是论文主体的补充项目，对于每一篇科技论文并不是必需的。附录大致包括如下材料：①比正文更为详尽的理论根据、研究方法和技术要点，建议阅读的参考文献题录，对了解正文内容有用的补充信息等；②由于篇幅过长或取材于复制品而不宜写入正文的资料；③不便写入正文的罕见珍贵资料；④一般读者并非必要阅读，但对本专业同行很有参考价值的资料；⑤某些重要的原始数据、数学推导、计算程序、框图、结构图、统计表、计算机打印输出件等。附录置于参考文献之后。附录中的插图、表格、公式、参考文献等的序号与正文分开，另行编制。

## 第四节　科技论文的写作步骤与方法

一份创新性的研究成果是撰写一篇好的科技论文的前提条件，然而科技论文的写作不能追求一蹴而就。在正式开始写作之前，应做好充足的准备工作。全面细致的准备工作完成之后，便可以正式开始写作科技论文，要想写出符合专业论文规范，且可被有效引用的论文，须全力做好正文的写作。

### 一、准备工作

科技论文写作的前期准备工作，主要通过查阅海量的参考文献对现有实验依据进行反复的考证与分析，并列出具有可操作性的详细写作计划，一般包括以下步骤：调研、拟定提纲、制订计划等。

#### （一）调研

实验数据的可靠性是撰写科技论文的基础，在前期准备工作中，首先需要再次检查研究结果。有了实验基础和事实依据之后，接下来需要考虑怎么用独特的思路来组织论文的架构，以吸引读者的注意力，因此思路的创新性是科技论文写作的另一基础条件。尽管在研究开展之初对拟开展研究的领域进行过全面的调查，然而科学技术每时每刻都在发生巨大变化，因此再次全面调查目前本领域国内外的研究现状是非常必要的。文献调研着重围绕本领域已经解决了哪些问题，还有哪些问题没有解决，本研究结果可以解决哪些问题等，进而评估本研究的创新性与研究意义。此外，阅览大量的参考文献，可以帮助作者理清写作思路，进一步优化论文的写作框架，为科技论文的创新性写作奠定基础。

#### （二）拟定提纲

根据论文提纲的详略程度，将其分为简单提纲和详细提纲两种。①简单提纲一般只有两个层次：扼要地提示论文要点；编排论文目次。至于各部分怎样论证、用哪些材料、何种方法等都不写。②详细提纲是在简单提纲基础上拟定的，添加每部分的主要论点、论据、材料、论证方法及篇幅大小等详细内容。通常一篇科研论文提纲的拟定过程包括三个步骤。第一，确定论文提要，即把论文的题目、各个部分的大/小标题拟定出具体的名称之后，插入研究中所用到的材料，就形成了论文内容的提要。第二，根据论文内容的篇幅长短，初步拟定各个部分的文字篇幅大小，这样的意向性字数分配，便于资料的配备和安排，使得写作更具有计划性。第三，编写提纲，论文提纲应涵盖以下问题：研究的主题和主要研究问题；研究的主目标和各部分的分目标；研究的重要意义；研究的主要方法论；研究所获得的重要结果与结论等。由于科研论文的结构主要包括绪论、本论、结论等三个部分，而本论是论文的重点阐述部分，因此，论文提纲的本论部分为提纲的主要内容。拟定此部分提纲时，须用简单的文字拟出各个部分内容的大标题、小标题，一般要求至少分解到二级标题，最好是三级标题；每部分内容应涵盖不同的论点，且列举重要的支撑论据或研究结果，并得出简要结论。论文提纲拟定之后，还需要进行反复推敲和修改，以编写出各层次和段落之间联系紧密、过渡自然的论文框架体系。

### （三）制订计划

为了确保论文的撰写能如期完成，制订切实可行的写作计划是十分必要的。不仅可以从整体上把握各个部分的写作进度，也可以科学安排撰写论文的步骤和方法。写作计划的主要任务是制定时间表和安排写作任务，当然时间安排应紧凑而科学，并且留有余地。论文的撰写计划一般分为以下几个时间段。第一阶段：通常是资料收集、整理，确定论文的写作思路，论文提纲，论文写作计划等；第二阶段：完成论文绪论部分；第三阶段：完成论文本论部分；第四阶段：完成论文结论部分，且完成论文的全部初稿；第五阶段：论文交给同行进行评议，根据评议意见，补充完善论文，并完成修改稿；第六阶段：修改稿再次交给同行进行评议，根据修改意见，继续完善论文，初稿经过两次修改和完善便可定稿。各阶段的具体时间应根据成文周期和需要进行分配，写作计划一旦制订，就应严格执行写作计划，按部就班完成写作计划规定的各部分任务。

## 二、正文的写作

正文的撰写，即依据论文提纲用文字将实验结果书写成初稿的过程，这是研究结果变成科技文章的第一步。将撰写出的初稿，经过反复修改，使内容和形式达到完美统一，最后写出观点正确、逻辑严密、结构合理、语言流畅且符合格式的论文，论文写作的工作才算基本完成。

### （一）撰写初稿

在一切准备工作就绪后，就可以正式开始论文写作了。常见的论文初稿撰写的方法有以下两种：按照提纲顺序依次撰写和打破顺序分段撰写。大多数作者往往按照提纲的顺序依次撰写，这是因为提纲是经过反复思考、精心安排的，也是论文内在逻辑的反映，这种方法适合对全文各部分的内容、各种材料均已准备齐全的情况，最终成文效率高且文字连贯。对于初写者，打破顺序分段撰写法更有利于保证论文的质量，这是因为论文各个部分的内容是相对独立的部分或章节，集中精力写好每一部分，再统筹兼顾，将其衔接成一篇完整的文章。不论采取哪种写法，都需要遵循以下原则：①读者在检索一篇文献时首先关注的是文献的题目与摘要，因此题目与摘要在论文写作中占了很重要的作用，在拟定时应紧紧围绕论文的主要内容和核心观点，不偏不倚。由于摘要是论文内容准确的简短概括，很多学者在论文正文部分完成之后，花费很多工作撰写论文文摘，进而写出吸引人们眼球的摘要。②论文的引言起着引导读者阅读和理解全文的作用。③材料与方法是复现论文研究结果的关键环节。④结果与讨论是整篇论文的核心，主要用于展示论文研究结果，并将论文的研究结果升华到理论层面。任一部分的书写都应该充分利用现有资料，严格依照写作规范来完成，不断完善写作细节，以提高初稿的撰写质量。

在昆虫学研究中，除科技论文外，综述性论文也是重要的科技论文分支。如前所述，综述性论文是作者针对某一专题的历史背景、前人工作、争论焦点、研究现状和发展前景等内容进行评论而写成的一种科学性论文。由此看来，对文献资料进行综合分析、归纳整理，使材料更精练明确、有逻辑层次是综述论文的首要任务，在此基础上对综合整理后的文献进行专门、全面、深入、系统地论述是写好综述论文的关键。因此，掌握本领域最新最全面的文献资料是写好综述论文的基础；在引用文献时应注意选用代表性、可靠性和科学性较好的文献，并忠实文献内容，应分清作者的观点和文献的内容，不能随意篡改文献的内容；凡是在文中引用过的观点的参考文献，必须在文末参考文献列表中出现。此外，严格按照上述原则，并遵从科技论文撰写规范，往往可以撰写出对所讨论学科的进一步发展起到引导作用的综述性论文。

### （二）修改

论文的修改是论文定稿前的重要环节，常用的方法有以下几种：①通读法，即初稿完成后，通读几遍，一边读，一边思考，把表达不完整、解释不详尽的地方修改过来；②搁置法，即将初稿放置一段时间，等到头脑清醒、思路清晰后，再拿出来修改；③请教法，即将论文发给同行，虚心请教，征求他人意见。

论文的修改主要包括三部分内容：修改篇幅、结构与内容。第一，在修改过程中，对于篇幅的修改，作者应该以读者或编辑的身份来对待自己的文稿，要有勇气，敢于取舍。第二，在结构修改方面，着重考量：①每个单元、每个段落的主标题和分标题排列的次序先后是否自然，是否便于推理和合乎逻辑；②各分标题是否应该属于其主标题之下，或是划归其他主标题之下更为合适；③提纲中原定为分标题的，成文后是否显得重要，因而需改为一个主标题；④在一个主标题之下，是否需要增加分标题；⑤每一个标题之下各段的内容是否符合该段的意思，若不太符合可否归到其他段落等。通过审视上述问题，就可以逐步理顺结构。第三，内容的修改是重中之重，首先，从宏观上检查是否有足够的材料来支持自己的论点；论文是否过于简要；所有的材料是否都符合著者的主要目的，读者需要了解的资料是否完全满足；论文是否有不必要的重复。然后，逐项检查修改，在修改题目时应考虑题目是否确切概括论文的性质和内容；是否简短、易读、易懂，但又不过于简单、空泛；文字中是否确切包括被研究对象和被观察的因素，不包括细节和结论；字句的语法和次序是否适当，重要的字句应尽可能排在前边等。在修改段落时应判断段落的长短，太短或太长的段子都不好，在一篇论文里，应根据内容的需要，对段落的长短做恰当的安排。在修改句子时，应恰当地运用连接词、短语或其他的字，把字和句连接起来，以显示句与句之间的连贯性和相互关系。尽管在表达关系复杂时，句子的结构就会复杂些，也会长些，但应尽可能使用简短的句子准确、清楚地描述想要表达的意思。关于同行评议之后的论文修改，首先需要逐条严格审阅评阅人的意见，严格按照评阅人的意见进行修改，倘若遇到评阅人的意见与自己的想法相悖的时候，应及时将自己的想法反馈于评阅人，在讨论中确定最终修改意见。

### （三）论文撰写的注意事项

科技论文写作过程中常见的错误：①盲目夸大结论，即仅从很少的数据（事实）就做出结论，或者从有限的数据就做出很广泛的结论；②因果关系不明确，即按照某些现象出现的先后顺序而误将它们当成前因后果的关系，或者在两件或多件事物中仅根据它们的一个共同特点，就推想其他特点也都是共同的，或者从两个实验过程中得出同样的规律，就误以为这两个过程的机制就是完全一样的；③主观臆测，即存在片面的思想，拒绝承认某些不中意的实验结果；④字句含糊，即对于某些不属于自己专业范围内的技术名词，随便使用，或者不加区分地使用一些意义相似但却不相同的名词，或者随便使用比较词。在论文撰写和修改的过程中，都应该杜绝出现以上错误。

## 三、论文发表的基本流程

作者在完成论文写作之后，一般都希望能够将论文以最快速度发表在本领域被认可的期刊上，并能最大限度地被需要的读者所检索，在最大的时空内交流和传递研究信息。论文投稿是科技论文走向大众视野的第一步，为选择恰当的投稿期刊，在投稿前应再次评估论文的水平，并详细了解备选目标期刊的征稿范围、学术地位、影响、期刊等级及近期发表的论文情况（昆虫学领域的一些重要期刊详情参见本书第十五章）。根据论文的水平，最终从中选取一个期刊投稿，并严格遵照期刊的投稿要求，格式化正文与参考文献。无论选择什么期刊，投稿的流程基本是一致的，已提交的稿件在完成资格审查之后，编辑会指定若干个审稿人评议稿件。

经过等待之后，编辑会将审稿结果和审稿人的评审意见返给论文著者，一般会出现 4 种审稿结果：无须修改即可录用、修改后录用、退稿（或改后再审）或直接拒稿等，修改后录用是最常见的审稿结果，其中又分为两种情况：大修后录用或小修后录用。收到审稿结果之后，应仔细阅读并思考审稿人或编辑提出的修改意见，严格按照审稿人的评审意见修改论文，并在修改信中逐条说明修改的内容；如果认为审稿人或编辑的修改建议不合理，可坚持己见，但一定要有十分充足的理由，论文修改完成之后尽快返回修改稿。如果审稿意见是退稿或拒稿，应认真思考审稿人或编辑提出的退稿或拒稿意见，按照意见修改稿件，并重投到同一期刊或改投其他期刊。

一旦论文被接受，接下来的步骤就是等待出版，校稿是出版前最重要的环节，作者需要仔细核对文章的书写及排版错误等，核对无误之后尽快返回编辑部，并及时缴纳论文版面费。经过几周或几个月之后，论文可以被刊载，并被相应的数据库收录。

## 【思考题】

1. 简述科技论文的定义和基本特点。
2. 简述科技论文的常见类型及各种类型科技论文的写作特点。
3. 科技论文有哪些关键组成部分？各部分的具体写作要求是怎样的？
4. 试述科技论文的结果与讨论部分的不同之处。
5. 简述科技论文撰写的基本流程与注意事项。

（罗　坤）

# 主要参考文献


白义. 2016. 中国疣蝗的形态变异、遗传分化以及种群动态历史研究. 西安：陕西师范大学.

鲍锐. 2006. 昆虫监测多普勒雷达的数据处理. 南京：南京信息工程大学.

蔡普默，仪传冬，季清娥，等. 2019. 寄主水果 11 种挥发性成分对斑翅果蝇的引诱效果. 福建农林大学学报（自然科学版），48（3）：285-290.

曹雷，许夏瑜，高彬，等. 2016. 绝对定量的多聚酶链式反应技术的发展现状及其生物医学应用. 中国科学：生命科学，46（7）：809.

曹利军. 2016. 基于微卫星标记的美国白蛾中国种群入侵遗传学研究. 北京：北京林业大学.

曹祝，李广雨，赵惠燕，等. 2015. 高压静电场对小麦叶片保护酶系统及麦长管蚜种群动态的影响. 生态学报，35（1）：1-6.

车文艳，梁霞，王萍，等. 2017. UVB 长期胁迫对麦长管蚜子代种群动态的影响. 生态学报，37（24）：8549-8555.

陈法军，戈峰，苏建伟. 2005. 用于研究大气 $CO_2$ 浓度升高对农田有害生物影响的田间试验装置-改良的开顶式气室. 生态学杂志，24：585-590.

陈皓，彭威，韩宝瑜. 2020. 功能基因组技术在昆虫抗药性研究中的应用展望. 植物保护学报，47（2）：223-233.

程登发，封洪强，吴孔明. 2005. 扫描昆虫雷达与昆虫迁飞监测. 北京：科学出版社.

丁昌萍. 2017. 粉蝶科分子系统发育暨中国区系研究（鳞翅目：凤蝶总科）. 杨凌：西北农林科技大学.

丁岩钦. 1994. 昆虫数学生态学. 北京：科学出版社.

都二霞，郭建文，赵惠燕. 2006. 紫外辐射诱导桃蚜 DNA 变异. 应用生态学报，17（7）：1245-1249.

冯瑞芳，杨万勤，张健，等. 2017. 模拟大气 $CO_2$ 浓度和温度升高对亚高山冷杉（*Abies faxoniana*）林土壤酶活性的影响. 生态学报，27（10）：4019-4026.

戈峰. 2008. 昆虫生态学原理与方法. 北京：高等教育出版社.

谷祝平. 1985. 光学显微镜. 兰州：甘肃人民出版社.

郭文英. 2011. 蚜虫代表物种的线粒体基因组研究. 吉林：东北师范大学.

韩勇，刘钢，朱建国，等. 2002. 稻麦轮作 FACE 系统平台Ⅱ. 系统控制和数据分析软件. 应用生态学报，13（10）：1259-1263.

胡想顺，赵惠燕，胡祖庆，等. 2007. 禾谷缢管蚜在三个小麦品种上取食行为的 EPG 比较. 昆虫学报，50（11）：1105-1110.

胡祖庆，亢菊侠，赵惠燕，等. 2008. 麦长管蚜脱巴克纳氏共生菌的分子验证. 生态学杂志，27（1）：126-129.

黄翠虹，李静静，周琳，等. 2014. 收集挥发性样品的吸附剂法和固相微萃取法. 应用昆虫学报，51（2）：573-578.

黄龙花，吴清平，杨小兵，等. 2011. 基于特定引物 PCR 的 DNA 分子标记技术研究进展. 生物技术通报，（2）：61-65.

雷朝亮. 1999. 家蝇的利用研究. 武汉：武汉大学出版社.

李广雨，高瑞，赫娟，等. 2016. 高压静电胁迫对麦长管蚜种群生长发育与繁殖的影响. 生态学报，36（13）：3987-399.
李军，赵惠燕，赵学达. 2005. 不同强度紫外线对蚜虫生态学特征及酶活性影响的研究. 西北农林科技大学学报，33（4）：61-64.
李卫国. 2018. 作物遥感识别与病虫害监测方法. 北京：中国农业科学技术出版社.
梁霞，赵贝，李媛，等. 2018. 紫外长期胁迫对高世代麦长管蚜生命表参数的影响. 生态学报，38（17）：6228-6234.
刘国生. 2007. 微生物学实验技术. 北京：科学出版社.
刘孝贤，李兰，王婷，等. 2020. 基于 CLIMEX 预测黑角负泥虫在中国的潜在地理分布. 生物安全学报，29（2）：106-114.
刘月仙，沈佐锐，蔡新颜. 2002. 农业害虫辅助鉴定与防治咨询系统的研制. 计算机与农业，1：9-11.
娄国强，吕文彦. 2006. 昆虫研究技术. 成都：西南交通大学出版社.
雒瑜珺，崔金杰，辛惠江，等. 2011. 绿盲蝽在棉花上取食行为的刺探电位分析. 棉花学报，23（5）：25，26.
吕龙石，丛明亮，孟艳玲. 2010. 一种昆虫过冷却点的简易测定装置. 昆虫知识，47（6）：1257-1260.
牟吉元，徐洪福，李火苟，等. 1997. 昆虫生态与农业害虫预测预报. 北京：中国农业科学技术出版社.
齐心，傅建炜，尤民生. 2019. 年龄-龄期两性生命表及其在种群生态学与害虫综合治理中的应用. 昆虫学报，62（2）：255-262.
宋雅茜，高欢欢，张丽，等. 2017. Cd 和 Zn 复合胁迫对麦长管蚜生命表参数及繁殖的影响. 植物保护学报，44（3）：406-412.
孙扬越，申双和. 2019. 作物生长模型的应用研究进展. 中国农业气象，40（7）：444-459.
谈晶晶. 2018. 小麦转基因技术优化的探索. 扬州：扬州大学.
覃连红，黄艳花，梁萍，等. 2007. 有机玻璃盒装昆虫标本制作技术. 科学教育，13（6）：60，61.
王菁桢. 2019. 两种星天牛嗅觉相关蛋白基因的鉴定及关键气味结合蛋白的功能分析. 北京：北京林业大学.
王萍，杜一民，杨杰，等. 2016. UVB 与重金属 Cd 双重胁迫对麦长管蚜种群生长发育和繁殖的影响. 昆虫学报，59（1）：55-63.
王争艳，苗世远，何梦婷，等. 2020. 昆虫共生菌对宿主功能研究的方法体系. 应用昆虫学报，57（3）：744-758.
吴勃. 2014. 科技论文写作教程. 2 版. 北京：中国电力出版社.
武善增. 2013. 马氏珠母贝 SSR 和 SNP 标记的筛选鉴定与分析. 北京：中国科学院大学.
徐丽萍，刘树英，于淼，等. 2014. 常见的植物转基因技术及方法研究进展. 北方园艺，（20）：184-188.
许再福. 2009. 普通昆虫学. 北京：科学出版社.
闫凤鸣，王满囷. 2017. 昆虫刺吸电位技术及其应用. 郑州：河南科学技术出版社.
姚建秀，赵惠燕. 2001. 紫外条件诱导下麦长管蚜 DNA 的变异研究. 西北农业学报，10（1）：33-36.
袁锋，张雅林，冯纪年，等. 2005. 昆虫分类学. 北京：中国农业出版社.
翟保平. 2001. 昆虫雷达：从研究型到实用型. 遥感学报，5（3）：231-240.
张傲，赵惠燕. 2009. 用生命表方法研究重金属对麦长管蚜生态学参数的影响. 西北农林科技大学学报，37（11）：131-137.
张丽，周冬，赵惠燕，等. 2013. UVB 胁迫小麦上麦长管蚜的生命表参数和取食行为. 昆虫学报，56（6）：665-670.
张孝羲. 2001. 昆虫生态及预测预报. 3 版. 北京：中国农业出版社.
赵贝. 2019. UV-B 长期胁迫对麦长管蚜种群参数、表皮及几丁质合成酶的影响研究. 陕西：西北农林科技大学.

赵惠燕，李东鸿，张改生，等. 2002. XZ 系列杂种小麦对麦长管蚜抗性机制的研究. 西北农林科技大学学报，30（1）：73-75.

赵志模，周新远. 1984. 生态学引论. 北京：科学技术文献出版社.

竺锡武. 1991. 棉田生态系统能流分析及系统控制. 杨凌：西北农林科技大学.

Baxevanis A D, Bader G D, Wishart D S. 2020. Bioinformatics. New York: John Wiley & Sons.

Boukal D S, Bideault A, Carreira B M, et al. 2019. Species interactions under climate change: connecting kinetic effects of temperature on individuals to community dynamics. Current Opinion in Insect Science, 35: 88-95.

Branco S, Mateus E P, Silva M, et al. 2020. Identification of pheromone candidates for the eucalyptus weevil, *Gonipterus platensis* (Coleoptera: Curculionidae) . Journal of Applied Entomology, 144 (1/2): 41-53.

Cai C, Yin X, He S, et al. 2016. Responses of wheat and rice to factorial combinations of ambient and elevated $CO_2$ and temperature in FACE experiments. Global Change Biology, 22 (2): 856-874.

Chalk P M, Lam S K, Chen D. 2016. $^{15}N$ methodologies for quantifying the response of $N_2$-fixing associations to elevated[$CO_2$]: a review. Science of the Total Environment, 571: 624-632.

Chang C, Huang Y C, Dai S M, et al. 2016. Genetically engineered ricin suppresses *Bactrocera dorsalis* (Diptera: Tephritidae) based on demographic analysis of group-reared life table. Journal of Economic Entomology, 109 (3): 987-992.

Chen S, Zhou Y, Chen Y, et al. 2018. fastp: an ultra-fast all-in-one FASTQ preprocessor. Bioinformatics, 34 (17): 884-890.

Chen D J, Hou R F. 2005. Determination and distribution of a female-specific protein in the brown planthoppper, *Nilaparvata lugens* Stal (Hornoptera:Delphacidae). Tissue and Cell, 37: 37-45.

Cheng W, Sakai H, Yagi K, et al. 2010. Combined effects of elevated[$CO_2$]and high night temperature on carbon assimilation, nitrogen absorption, and the allocations of C and N by rice (*Oryza sativa* L.) . Agricultural and Forest Meteorology, 150 (9): 1174-1181.

Chi H, Su H Y. 2006. Age-stage, two-sex life tables of *Aphidius gifuensis* (Ashmead) (Hymenoptera: Braconidae) and its host *Myzus persicae* (Sulzer) (Homoptera: Aphididae) with mathematical proof of therelationship between female fecundity and the net reproductive rate. Environmental Entomology, 35 (1): 10-21.

Chi H, You M S, Atlihan R, et al. 2020. Age-stage, two-sex life table: an introduction to theory, data analysis, and application. Entomologia Generalis, 40 (2): 103-124.

Cornara D, Marra M, Morente M, et al. 2020. Feeding behavior in relation to spittlebug transmission of *Xylella fastidiosa*. Journal of Pest Science, 93 (2): 1197-1213.

de Clerck C, Fujiwara A, Joncour P, et al. 2015. A metagenomic approach from aphid's hemolymph sheds light on the potential roles of co-existing endosymbionts. Microbiome, 3 (1): 63.

Dier M, Meinen R, Erbs M, et al. 2018. Effects of free air carbon dioxide enrichment (FACE) on nitrogen assimilation and growth of winter wheat under nitrate and ammonium fertilization. Global Change Biology, 24 (1): 40-54.

Filazzola A, Matter S F, Roland J. 2020. Inclusion of trophic interactions increases the vulnerability of an alpine butterfly species to climate change. Global Change Biology, 26 (5): 2867-2877.

Fu L, Li Z H, Huang G S, et al. 2014. The current and future potential geographic range of West Indian fruit fly, *Anastrepha obliqua* (Diptera: Tephritidae) . Insect Science, 21 (2): 234-244.

Gao H H, Zhao H Y, Du C, et al. 2012. Life table evaluation of survival and reproduction of the aphid, *Sitobion avenae*, exposed to cadmium. Journal of Insect Science, 12: 44.

Guo H, Sun Y, Yan H, et al. 2020. $O_3$-induced priming defense associated with the abscisic acid signaling pathway enhances plant resistance to *Bemisia tabaci*. Frontiers in Plant Science, 11: 93.

Guo Z J, Kang S, Sun D, et al. 2020. MAPK-dependent hormonal signaling plasticity contributes to overcoming *Bacillus thuringiensis* toxin action in an insect host. Nature Communications, 11: 3003.

Hamada H, Linghu Q, Nagira Y, et al. 2017. An in planta biolistic method for stable wheat transformation. Scientific Reports, 7 (1): 11443.

Harrewijn P, Kayser H. 2015. A fast-acting and selective inhibitor of aphid feeding. *In-situ* studies with electronic monitoring of feeding behaviour. Pest Management Science, 49 (2): 130-140.

Hart K M, Curioni G, Blaen P, et al. 2020. Characteristics of free air carbon dioxide enrichment of a northern temperate mature forest. Global Change Biology, 26 (2): 1023-1037.

Hedrich R, Salvador-Recatalà V, Dreyer I. 2016. Electrical Wiring and long-distance plant communication. Trends in Plant Science, 21: 5.

Hendrey G R, Ellsworth D S, Lewin K F, et al. 1999. A free-air enrichment system for exposing tall forest vegetation to elevated atmospheric $CO_2$. Global Change Biology, 5 (3): 293-309.

Hu X S, Zhao H Y, Hu Z Q, et al. 2008. EPG comparison of *Sitobion avenae* (Fab.) feeding behavior on three wheat varieties. Agricultural Sciences in China, 7 (2): 180-186.

Hu Z Q, Zhao H Y, Thieme T. 2014. Comparison of the potential rate of population increase of brown and green color morphs of *Sitobion avenae* (Homoptera: Aphididae) on barley infected and uninfected with Barley yellow warf virus. Insect Science, 21 (3): 326-333.

Jin S, Chen Z M, Backus E A, et al. 2012. Characterization of EPG waveforms for the tea green leafhopper, *Empoasca vitis* Göthe (Hemiptera: Cicadellidae), on tea plants and their correlation with stylet activities. Journal of Insect Physiology, 58: 1235-1244.

Jones P, Binns D, Chang H Y, et al. 2014. InterProScan 5: genome-scale protein function classification. Bioinformatics, 30 (9): 1236-1240.

Kimball B A. 2016. Crop responses to elevated $CO_2$ and interactions with $H_2O$, N, and temperature. Current in Opinion in Plant Biology, 31: 36-43.

Kong W N, Hu R S, Zhao Z G, et al. 2014. Effects of trap height, location, and spacing on pheromone-baited trap catch efficacy for oriental fruit moths (Lepidoptera: Tortricidae) in a peach orchard. Canadian Entomologist, 146 (6): 684-692.

Liu Y Y, Li G Y, Yang L, et al. 2018. Demography andmass rearing of the medicinal blister beetle *Epicauta impressicornis* (Pic) (Coleoptera: Meloidae) at different temperatures. Environmental Entomology, 111 (5): 2364-2374.

Lu F, Wei Z, Luo Y, et al. 2020. SilkDB 3.0: visualizing and exploring multiple levels of data for silkworm. Nucleic Acids Research, 48 (D1): 749-755.

Lu S H, Chen M S, Li J J, et al. 2019. Changes in *Bemisia tabaci* feeding behaviors caused directly and indirectly by cucurbit chlorotic yellows virus. Virology Journal, 16: 106.

Lucini T, Panizzi A R. 2018. Electropenetrography monitoring of the neotropical brown-stink bug (Hemiptera: Pentatomidae) on soybean pods: an electrical penetration graph-histology analysis. Journal of Insect Science, 18 (6): 5.

Lukasik P, Guo H, Asch M V, et al. 2013. Protection against a fungal pathogen conferred by the aphid facultative endosymbionts *Rickettsia* and *Spiroplasma* is expressed in multiple host genotypes and species and is not influenced by co-infection with another symbiont. Journal of Evolutionary Biology, 26 (12): 2654-2661.

Meseguer A S, Manzano-Marin A, Coeur A A, et al. 2017. *Buchnera* has changed flatmate but the repeated replacement of co-obligate symbionts is not associated with the ecological expansions of their aphid hosts. Molecular Ecology, 26 (8): 2363-2378.

Mou D F, Lee C C, Smith C L, et al. 2015. Using viable eggs toaccurately determine the demographic and predation potential of *Harmonia dimidiata* (Coleoptera: Coccinellidae) . Journal of Applied Entomology, 139 (8): 579-591.

Oliver K M. 2019. Editorial overview: microbial manipulation of insect-parasite interactions. Current Opinion in Insect Science, 32: 6-9.

Paczkowski S, Paczkowska M, Dippel S, et al. 2014. Volatile combustion products of wood attract *Acanthocnemus nigricans* (Coleoptera: Acanthocnemidae) . Journal of Insect Behavior, 27 (2): 228-238.

Rambaut A, Drummond A J, Xie D, et al. 2018. Posterior summarization in Bayesian phylogenetics using tracer 1.7. Systematic Biology, 67 (5): 1-3.

Ren L L, Balakrishnan K, Luo Y Q, et al. 2017. EAG response and behavioral orientation of *Dastarcus helophoroides* (Fairmaire) (Coleoptera: Bothrideridae) to synthetic host-associated volatiles. PLoS One, 12 (12): e0190067.

Schmitz A, Caroline A, Marc R, et al. 2012. The cellular immune response of the pea aphid to foreign intrusion and symbiotic challenge. PLoS One, 7 (7): e42114.

Silfver T, Heiskanen L, Aurela M, et al. 2020. Insect herbivory dampens Subarctic birch forest C sink response to warming. Nat Communication, 11 (1): 2529.

Sun D, Guo Z J, Liu Y, et al. 2017. Progress and prospects of CRISPR/Cas systems in insects and other arthropods. Frontiers in Physiology, 8: 608.

Sun H, Zhang X, Wang E, et al. 2016. Assessing the contribution of weather and management to the annual yield variation of summer maize using APSIM in the North China plain. Field Crops Research, 194: 94-102.

Tjallingii W F, Gabrys B. 1999. Anomalous stylet punctures of phloem sieve elements by aphids. Entomologia Experimentalis et Applicata, 91 (1): 97-103.

Tsuchida T, Koga R, Fujiwara A, et al. 2014. Phenotypic effect of '*Candidatus* Rickettsiella viridis', a facultative symbiont of the pea aphid (*Acyrthosiphon pisum*), and its interaction with a coexisting symbiont. Applied and Environmental Microbiology, 80 (2): 525-533.

Tsuchida T, Koga R, Horikawa M, et al. 2010. Symbiotic bacterium modifies aphid body color. Science, 330 (6007): 1102-1104.

Willett D S, George J, Willett N S, et al. 2016. Machine learning for characterization of insect vector feeding. PLoS Computational Biology, 12 (11): e1005158.

Wróblewska-Kurdyk A, Gniłka R, Dancewicz K, et al. 2019. β-Thujone and its derivatives modify the probing behavior of the peach potato aphid. Molecules, 24: 1847.

Wu J, Kronzucker H J, Shi W. 2018. Dynamic analysis of the impact of free-air $CO_2$ enrichment (FACE) on biomass and N uptake in two contrasting genotypes of rice. Functional Plant Biology, 45 (7): 696-704.

Wulff J A. 2014. The role of the bacterial endosymbiont, *Arsenophonus*, in the soybean aphid, *Aphis glycines*. Dissertations & Theses-Gradworks.

Xu T T, Chen J, Jiang L Y, et al. 2021. Diversity of bacteria associated with Hormaphidinae aphids (Hemiptera:

Aphididae) . Insect Science, 28 (1): 165-179.

Yang X, Xie W, Li R M, et al. 2017. RNA interference-mediated knockdown of the hydroxyacid-oxoacid transhydrogenase gene decreases thiamethoxam resistance in adults of the whitefly *Bemisia tabaci*. Scientific Reports, 7: 41201.

Yin C, Shen G, Guo D, et al. 2016. InsectBase: a resource for insect genomes and transcriptomes. Nucleic Acids Research, 44 (D1): D801-D807.

Zhang K, Liu H, Pan H, et al. 2020. Shifts in potential geographical distribution of *Pterocarya stenoptera* under climate change scenarios in China. Ecology Evolution, 10 (11): 4828-4837.

Zhang Z, Li X, Xue Y, et al. 2017. Increased trapping efficiency for the peach fruit moth *Carposina sasakii* (Matsumura) with synthetic sex pheromone. Agricultural and Forest Entomology, 19 (4): 424-432.

Zhao Z, Rong E, Li S, et al. 2013. Research on the practical parameters of sex pheromone traps for the oriental fruit moth. Pest Management Science, 69 (10): 1181-1186.

Zhu J H, Liu X Q, Zhu K M, et al. 2020. Knockdown of TRPV genes affects the locomotion and feeding behavior of *Nilaparvata lugens* (Hemiptera: Delphacidae) . Journal of Insect Science, 20 (1): 1-7.

扫码见全部
参考文献

# 附录1 制作毒瓶

## 一、制作传统毒瓶

选择优质的广口玻璃瓶（管），配上严密的软木塞或橡皮塞、磨口玻璃塞。较理想的毒剂是氰化物，一般用纱布包上5～10g氰化钾（钠）小块或粉末放在瓶底，也可在瓶底直接放药粉，加锯木屑，压紧后倒入石膏糊固定（石膏粉加清水调成石膏糊）。

氰化物遇水即放出氰化氢（HCN），毒性很强，在制作毒瓶时要注意安全，室内通风，不接触皮肤；毒瓶要有专人专管；野外采集时，万一打碎毒瓶要用镊子将瓶中药物夹入另一空瓶（管），并将碎瓶埋入土中1m以下，避开水流之地。此外还可用乙酸乙酯、三氯甲烷、四氯化碳和敌敌畏等药物作毒瓶的毒剂：在瓶里放入适量脱脂棉，用长滴管滴入药液，然后用硬纸片卡住。这类药剂挥发快，作用时间短，要适时加药。

毒瓶应保持清洁，瓶中放些纸条，既可以防止虫体相互摩擦而损坏标本，还可吸去多余水分。鳞翅目昆虫要单放一个毒瓶，以免与其他昆虫混在一起而损坏标本和玷污其他昆虫。

## 二、制作临时毒瓶

1）罐头瓶改作法。材料选择有塑料盖的玻璃罐头瓶、装青霉素用的小玻璃药瓶、酒精灯、试管夹、纸带等。先将罐头瓶上的塑料盖取下，在中央位置开一个比青霉素药瓶口略小的小孔，然后用试管夹将青霉素小瓶瓶口放到酒精灯上烧烫，并趁热将瓶口嵌入塑料盖小孔，待冷却后盖在罐头瓶上即可。使用时在青霉素瓶中放入一些棉花，加入适量熏蒸能力强的杀虫剂，在罐头瓶中放一些纸带效果会更好（图4-8C）。

2）广口瓶翻作法。材料选择广口瓶（大小均可，但要求瓶盖内为凹进者）、海绵或棉花、砂纸或砂轮、纸带、硬纸板等。制作时将广口瓶盖取下，在反面凹陷处嵌入一块大小适当的海绵（图4-8D），海绵的大小以其不易脱落为准；也可以先在凹陷处填入适量棉花，再剪一块比瓶盖内凹陷处略大的圆形硬纸板（中央位置钻一个小孔）将棉花压住。用砂纸或砂轮将瓶盖凹处内壁打毛以防止海绵或硬纸板脱落。使用时将杀虫剂滴到海绵上或从硬纸板的小孔处滴到棉花上，再将处理过的瓶盖盖在广口瓶上即可使用。

以上两种临时毒瓶最大的优点是将产毒装置和杀虫空间分开，避免标本与药剂直接接触，解决了老式临时毒瓶易黏附小型标本、易造成鳞片脱落等问题。

3）其他简易毒瓶。氰化物是剧毒药物，不易购买，而且青少年学生使用很不安全。可找一些替代药品来制作简易毒瓶。瓶体材料可以用装洗发膏的塑料盒（或其他广口塑料瓶、玻璃罐头瓶等），配合脱脂棉花（或草纸）、市售95%乙醇溶液（或高度白酒），制作成一两个蚕豆大小的酒精棉球投入瓶中，拧紧盖子即成毒瓶。也可用碳酸氢铵、乙醚、醋酸乙烷、氯仿等作毒剂，做成的毒瓶安全有效、简单易行，适用于学生采集昆虫标本。毒瓶制作方法如下：以碳酸氢铵为例，取约50g碳酸氢铵放到广口瓶或罐头瓶瓶底，摊平；在碳酸氢铵上放0.5～1cm厚的木屑，稍压实，在上面铺一张扎若干个小孔的硬纸片，或把与瓶内径相同的圆纸板扎数个孔，放入瓶内与碳酸氢铵稍接触即可。毒瓶要用瓶盖盖严。使用时，不要靠近面部打开瓶盖，以免刺激眼睛和鼻黏膜。

# 附录2 标本制作与保存用的各种混合液配方

## 一、昆虫标本保存液

（1）乙醇浸渍液

75%乙醇溶液

（2）福尔马林浸渍液

| | |
|---|---|
| 福尔马林 | 1份 |
| 蒸馏水 | 17～19份 |

（3）乙酸白糖浸渍液

| | |
|---|---|
| 冰乙酸 | 5mL |
| 白糖 | 5g |
| 福尔马林 | 5mL |
| 蒸馏水 | 100mL |

（4）乙酸福尔马林乙醇混合保存液

| | |
|---|---|
| 80%乙醇溶液 | 15份 |
| 福尔马林 | 5份 |
| 冰醋酸 | 1份 |

## 二、永久玻片标本固定液与软化液

（1）布勒氏固定液

| | |
|---|---|
| 40%甲醛溶液 | 7mL |
| 冰乙酸 | 3mL |
| 70%乙醇溶液 | 90mL |

（2）软化液

| | |
|---|---|
| 乳酸 | 50份 |
| 苯酚 | 25份 |
| 蒸馏水 | 25份 |

## 三、临时玻片标本封藏剂

（1）Berlese’s阿拉伯胶氯醛液

| | |
|---|---|
| 蒸馏水 | 20mL |
| 水合氯醛 | 16g |
| 阿拉伯胶 | 15g |
| 冰乙酸 | 5mL |
| 葡萄糖 | 10g |

（2）Hoyer’s阿拉伯胶氯醛液

| | |
|---|---|
| 蒸馏水 | 20mL |
| 水合氯醛 | 200g |
| 阿拉伯胶 | 30g |
| 甘油 | 20mL |

（3）聚乙烯醇封片剂

| | |
|---|---|
| 蒸馏水 | 30mL |
| 聚乙烯醇 | 5g |
| 乳酸 | 30mL |
| 甘油 | 3mL |

## 四、染色液配方

（1）硼砂洋红

| | |
|---|---|
| 硼砂 | 4g |
| 蒸馏水 | 100mL |
| 洋红 | 1g |
| 70%乙醇溶液 | 100mL |

（2）锂洋红

| | |
|---|---|
| 碳酸锂 | 1.5g |
| 蒸馏水 | 100mL |
| 洋红 | 2.5g |

## 五、制片胶液配方

（1）甘油鱼胶液

| | |
|---|---|
| 清洁的鱼胶 | 4g |
| 蒸馏水 | 70mL |
| 甘油 | 80mL |
| 苯酚 | 2mL |

（2）蛋白甘油液

| | |
|---|---|
| 鸡蛋白 | 50mL |
| 福尔马林 | 40mL |
| 甘油 | 10mL |

（3）阿拉伯胶甘油乙醇液

| | |
|---|---|
| 蒸馏水 | 60mL |
| 阿拉伯胶粉 | 30～45g |
| 甘油 | 3mL |
| 95%乙醇溶液 | 3mL |
| 乳酸 | 0.5mL |
| 冰乙酸 | 2～3mL |

（4）阿拉伯胶混合液

| | |
|---|---|
| 阿拉伯胶 | 30g |
| 蒸馏水 | 50mL |
| 甘油 | 20mL |
| 水合三聚乙醛 | 200g |

（5）水合三氯乙醛酚混合液

| | |
|---|---|
| 苯酚晶体 | 1份 |
| 水合三氯乙醛 | 1份 |

60～80℃水浴加热至苯酚晶体溶解为液体，再徐徐加入水合三氯乙醛，混合均匀。

## 六、幼虫标本浸渍液

（1）绿色幼虫标本浸渍液

| | | |
|---|---|---|
| 第一液——注射液 | 95%乙醇溶液 | 90mL |
| | 甘油 | 2.5mL |
| | 冰乙酸 | 2.5mL |
| | 氯化铜 | 3g |
| 第二液——浸渍液 | 白糖 | 5g |
| | 冰乙酸 | 5mL |
| | 福尔马林 | 4mL |
| | 蒸馏水 | 100mL |

（2）黄色幼虫标本浸渍液

| | | |
|---|---|---|
| 第一液——注射液 | 苦味酸饱和液 | 75mL |
| | 福尔马林 | 25mL |
| | 冰乙酸 | 5mL |
| 第二液——浸渍液 | 白糖 | 5g |
| | 冰乙酸 | 5mL |
| | 福尔马林 | 4mL |
| | 蒸馏水 | 100mL |

（3）红色标本浸渍液

| | |
|---|---|
| 硼砂 | 2g |
| 50%乙醇溶液 | 100mL |

（4）黑褐等色幼虫浸渍液

| | | |
|---|---|---|
| 第一液 | 砂糖 | 10g |
| | 冰乙酸 | 5mL |
| | 福尔马林 | 2mL |
| | 蒸馏水 | 100mL |
| 第二液 | 砂糖 | 10g |
| | 福尔马林 | 2mL |
| | 蒸馏水 | 100mL |

（5）红色、棕色幼虫浸渍液

| | |
|---|---|
| 甘油 | 20mL |
| 冰乙酸 | 5mL |
| 福尔马林 | 5mL |
| 蒸馏水 | 100mL |